PC技術規準シリーズ

複合橋設計施工規準

社団法人 プレストレストコンクリート技術協会 編

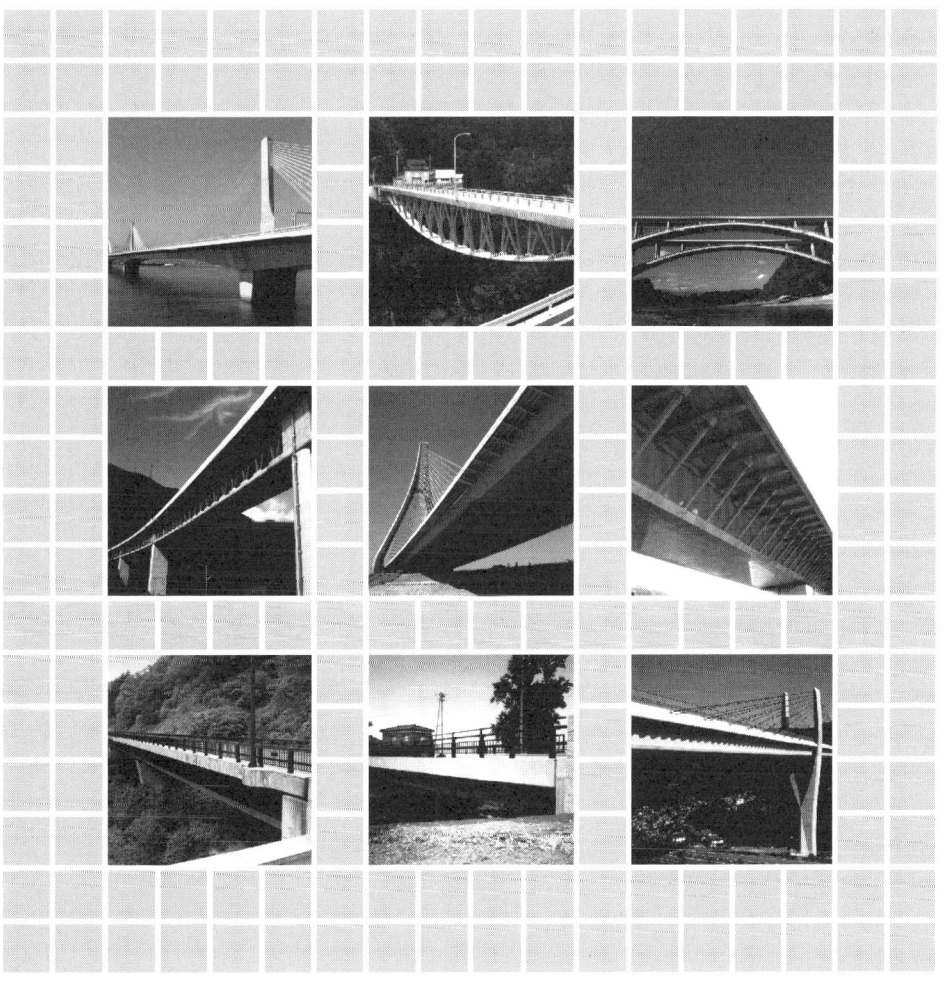

技報堂出版

まえがき

　プレストレストコンクリート技術協会は，PC の普及と振興を図る目的で，土木学会，日本建築学会，農業土木学会の有志により昭和 33 年（1958 年）に設立された。同時に本協会は国際プレストレストコンクリート連合（FIP）に日本を代表して加入し，国際交流が図られてきた。FIP はその後ヨーロッパ・国際コンクリート委員会（CEB）と統合し，新たに国際構造コンクリート連合（fib）として組織され，日本では本協会と日本コンクリート工学協会とが共同して加盟しており，新組織での第 1 回大会が平成 14 年（2002 年）に大阪市で開催された。

　本協会内における諸規準の整備は，平成 6 年（1994 年）から平成 12 年（2000 年）にかけて PC 関係各社からの受託により「PC 技術規準研究委員会」を設けて調査・研究を行い，以下に示す成果を規準（案）およびマニュアルとしてとりまとめたことに端を発している。

　PPC 構造設計施工規準（案）　平成 8 年 3 月

　外ケーブル構造・プレキャストセグメント工法設計施工規準（案）　平成 8 年 3 月

　複合橋設計施工規準（案）　平成 11 年 12 月

　PC 構造物耐震設計規準（案）　平成 11 年 12 月

　PC 斜張橋・エクストラドーズド橋設計施工規準（案）　平成 12 年 11 月

　PC 吊床版橋設計施工規準（案）　平成 12 年 11 月

　PC 橋の耐久性向上マニュアル　平成 12 年 11 月

　平成 13 年（2001 年）からは，これらの成果のメンテナンスおよび技術の進歩・発展に備えるため，改めて協会内に常設の委員会として「PC 技術規準委員会」を設置し，対応することとなった。また，成果は出版物として一般に市販するというかたちで外部へ発信することも決定され，その最初の成果として本年 6 月に「外ケーブル構造・プレキャストセグメント工法設計施工規準」を発刊した。今回はそれに続く PC 技術規準シリーズとして，「複合橋設計施工規準」を発刊することとなった。また，これと同時に「貯水用円筒形 PC タンク設計施工規準」を発刊することとした。

　本規準の発刊にあたっては，複合橋設計施工規準改訂委員会の塩田良一委員長、岡田稔規幹事長をはじめとする委員および幹事各位に多大のご努力を賜った。ここに深甚の謝意を表する次第である。

平成 17 年 11 月

(社)プレストレストコンクリート技術協会
PC 技術規準委員会
委員長　池田　尚治

序

　鋼・コンクリート複合橋は，鋼橋あるいはコンクリート橋の単独構造とは異なる力学特性の創出により，橋梁の高性能化やコスト縮減に寄与する第三の橋梁形式として注目されている。特に，主方向にPC技術を利用した複合橋の実績は，波形ウェブ橋については国内で40橋程度以上となり，また複合トラス橋や混合桁橋でも徐々に増えつつある。床版にPC技術を利用した鋼合成桁橋は，床版の耐久性向上とコスト縮減から採用が増加している。

　これらのPC技術を利用した複合橋の設計・施工に際し，本規準の前身である「複合橋設計施工規準(案)，平成11年12月」が果たした役割は大きいものと推察される。

　本改訂規準は，大幅に増加した設計・施工事例より，できるだけ速やかに最新知見を取り込むことと，限界状態設計法から性能照査型規定への変更等に留意して整備したものである。

　規準の構成は以下に示すとおり前回と同様であるが，各編には新たに設計実務者に参考となる「構造計画」の章と，限界状態設計法の照査だけでは補えない要求性能の確保として「耐久性の確保」の章を追加した。各編の改訂に関する留意点は，以下のとおりである。

Ⅰ　共通編
① 要求性能（安全性，供用性，耐久性等）の確保を目的とする性能照査型規定に変更
② 主要材料・部材の安全性，供用性の確保は，基本的に限界状態設計法により照査
③ 鋼・コンクリートの接合部等の耐久性の確保は，設計・施工段階における対応を解説

Ⅱ　波形ウェブ橋編
① 波形鋼板の設計は，従来のせん断座屈パラメーターを0.6以下とした仕様規定から連成座屈の影響を考慮することも可能な選択肢のある合理的規定に変更
② ずれ止めの耐力として橋軸方向水平せん断耐力に加え橋軸直角方向の曲げ耐力を追加

Ⅲ　複合トラス橋編
① 施工実績の増加に伴い，各種格点構造の実験，設計法（鋼材間で直接的に伝達される格点構造と，コンクリートを介して伝達される格点構造）を紹介

Ⅳ　鋼合成桁橋編
① Eurocode, DIN，旧JH等におけるテンションスティフニング効果の考え方を解説
② コンパクト断面とノンコンパクト断面による終局限界状態の耐力照査手法を解説
③ 各種ずれ止めの設計耐力，特に頭付きスタッドの耐力式の見直しを行い解説

Ⅴ　混合桁橋編
① 接合位置は，モーメント変曲点接合に加え，非交番モーメント点接合を解説
② 接合方式として前面支圧板，後面支圧板，前後面併用支圧板他を解説
③ 接合部の設計，種々の架設方法等を分かりやすく解説

Ⅵ　資料編
① 既往実績を一覧表にまとめ，波形ウェブ橋38橋，複合トラス橋7橋，鋼合成桁橋5橋，混

合桁橋 21 橋に関する橋梁データを整理し，関連する文献や実験一覧等を掲載

　本規準は，複合橋に関する最新の知見および技術に関して，第一線の技術者が自己の経験に鑑みて原案を執筆し，それをもとに審議を重ねて成文化したものであり，橋梁の計画・設計・施工に係わる実務者や研究者に大いに活用いただければ望外の喜びである。

　最後に，本規準の出版にあたり，審議いただいた PC 技術規準委員会委員各位，ならびに改訂原案の作成および編集にご尽力いただいた複合橋設計施工規準改訂委員会の委員，幹事，協力者の方々に心から謝意を表したい。

平成 17 年 11 月

　　　　　　　　　　　　　　　　　　　　　　　　　(社) プレストレストコンクリート技術協会
　　　　　　　　　　　　　　　　　　　　　　　　　　　　　複合橋設計施工規準改訂委員会
　　　　　　　　　　　　　　　　　　　　　　　　　　　　　　　　委員長　塩田　良一
　　　　　　　　　　　　　　　　　　　　　　　　　　　　　　　　幹事長　岡田　稔規

プレストレストコンクリート技術協会
PC技術規準委員会　委員構成
(平成17年度)

委員長	池田　尚治	(複合研究機構)
副委員長	山﨑　淳	(日本大学)
委　員	安部　要	(大林組)
	石川　育	(大成建設)
	出雲　淳一	(関東学院大学)
○	大塚　一雄	(鹿島建設)
○	春日　昭夫	(三井住友建設)
	河野　広隆	(土木研究所)
	酒井　秀昭	(中日本高速道路)
○	菅野　昇孝	(富士ピー・エス)
	多久和　勇	(復建エンジニヤリング)
	椿　龍哉	(横浜国立大学)
	手塚　正道	(オリエンタル建設)
	二羽淳一郎	(東京工業大学)
	星野　武司	(八千代エンジニヤリング)
	本間　淳史	(中日本高速道路)
○	前田　晴人	(日本構造橋梁研究所)
	前原　康夫	(八千代エンジニヤリング)
	宮川　豊章	(京都大学)
	睦好　宏史	(埼玉大学)
○	森　拓也	(ピーエス三菱)
	横山　博司	(安部工業所)

(○印：委員兼幹事，平成17年現在，五十音順，敬称略)

プレストレストコンクリート技術協会
複合橋設計施工規準改訂委員会　委員構成
(平成17年度)

委員長	塩田　良一	(日本構造橋梁研究所)
委　員	星埜　正明	(日本大学)
	二羽淳一郎	(東京工業大学)
	村田　清満	(鉄道総合技術研究所)
	芦塚憲一郎	(西日本高速道路)
	鹿野　善則	(中日本高速道路)
	上平　謙二	(ドーピー建設工業)
	佐藤　幸一	(ピーエス三菱)
	鈴木　洋一	(日本高圧コンクリート)
幹事長	岡田　稔規	(八千代エンジニヤリング)
	○大澤　浩二	(川田建設)
	○岡田　淳	(JFE技研)
	○落合　勝	(オリエンタル建設)
	○加藤　敏明	(大林組)
	○上迫田和人	(鹿島建設)
	○北川　幸二	(川田工業)
	○小原　淳一	(八千代エンジニヤリング)
	○桜田　道博	(ピーエス三菱)
	○白谷　宏司	(大成建設)
	○白水　晃生	(横河工事)
	○立神　久雄	(ドーピー建設工業)
	○富本　信	(ハルテック)
	○中村　敢志	(三井住友建設)
	○保坂　勲	(日本構造橋梁研究所)
	○真鍋　英規	(富士ピー・エス)
	○万名　克実	(オリエンタルコンサルタンツ)
	○吉川　一成	(パシフィックコンサルタンツ)
協力者	織田　一郎	(鹿島建設)
連絡幹事	大塚　一雄	(鹿島建設)
	春日　昭夫	(三井住友建設)

(○印：委員兼幹事，平成17年現在，五十音順，敬称略)

目　次

Ⅰ　共通編

1章　総　則 —————————————————————————— 2

    1.1　適用の範囲 ··· 2
    1.2　用語の定義 ··· 4
    1.3　記　号 ·· 6
    1.4　関連規準 ··· 6

2章　設計の基本事項 —————————————————————— 8

    2.1　設計の原則 ··· 8
    2.2　設計供用期間 ·· 8
    2.3　要求性能と性能照査 ··· 8
        2.3.1　一　般 ·· 8
        2.3.2　要求性能 ·· 8
        2.3.3　性能照査の原則 ·· 9
    2.4　性能照査 ·· 11
    2.5　安全係数 ·· 11
    2.6　荷重係数 ·· 13
    2.7　修正係数 ·· 15

3章　限界状態に対する検討 —————————————————— 16

    3.1　供用限界状態に対する検討 ······································ 16
    3.2　終局限界状態に対する検討 ······································ 16
    3.3　疲労限界状態に対する検討 ······································ 16

4章　調査・計画 ——————————————————————— 17

    4.1　調　査 ·· 17
    4.2　計　画 ·· 19

5章 使用材料 20

5.1 コンクリート 20
5.2 鋼材 20
5.2.1 鉄筋 20
5.2.2 PC鋼材 20
5.2.3 構造用鋼材 21
5.3 その他の材料 22
5.3.1 定着具および接続具 22
5.3.2 PCグラウト 22
5.3.3 ずれ止め 23

6章 材料の設計用値 24

6.1 一般 24
6.2 コンクリート 24
6.2.1 強度 24
6.2.2 疲労強度 25
6.2.3 応力-ひずみ曲線 25
6.2.4 引張軟化特性 25
6.2.5 ヤング係数 25
6.2.6 ポアソン比 25
6.2.7 熱特性,クリープ・収縮 25
6.3 鋼材 25
6.3.1 強度 25
6.3.2 疲労強度 26
6.3.3 応力-ひずみ曲線 26
6.3.4 ヤング係数 26
6.3.5 ポアソン比 26
6.3.6 熱膨張係数,リラクセーション率 26

7章 限界値 27

7.1 一般 27
7.2 供用限界状態における限界値 27
7.2.1 応力度の限界値 27
7.2.2 ひび割れ発生を許さない部材に対する限界値 28
7.2.3 ひび割れ発生を許す部材に対する限界値 29

  7.2.4 変位・変形に対する限界値························30

  7.2.5 振動に対する限界値······························30

8章　荷　重 ··········31

 8.1 一　般 ···31

 8.2 荷重の特性値 ··31

 8.3 荷重の種類 ··32

  8.3.1 考慮する荷重の種類 ······························32

  8.3.2 プレストレス力 ··································32

  8.3.3 コンクリートの収縮およびクリープの影響 ············33

  8.3.4 温度変化の影響 ··································33

9章　施　工 ··········34

 9.1 一　般 ···34

 9.2 コンクリート部材の施工 ······························34

 9.3 鋼部材の施工 ··34

10章　耐久性の確保 ··········35

 10.1 一　般 ··35

Ⅱ　波形ウェブ橋編

1章　一　般 ··········38

 1.1 適用の範囲 ··38

 1.2 構造計画 ··39

 1.3 用語の定義 ··41

 1.4 記　号 ···42

2章　設計に関する一般事項 ··········44

 2.1 設計計算の原則 ······································44

 2.2 構造解析 ··45

  2.2.1 一　般 ···45

  2.2.2 各限界状態を検討するための構造解析手法 ············47

 2.3 断面力の算出 ··47

| | 2.3.1 温度変化の影響 | 47 |
| | 2.3.2 衝撃係数 | 48 |

3章　供用限界状態に対する検討　49

3.1　曲げモーメントおよび軸方向力に対する検討　49
3.1.1　一般　49
3.1.2　応力度の算定　49
3.1.3　応力度の照査　50
3.2　せん断力に対する検討　50
3.2.1　一般　50
3.3　ねじりモーメントに対する検討　51
3.3.1　一般　51
3.3.2　ひび割れ発生ねじりモーメント　52
3.3.3　ねじりひび割れの照査　54
3.4　変位・変形に対する検討　54
3.4.1　一般　54
3.4.2　変位・変形量の照査　54
3.5　振動に対する検討　55

4章　終局限界状態に対する検討　56

4.1　一般　56
4.2　曲げモーメントおよび軸方向力に対する安全性の検討　56
4.2.1　一般　56
4.2.2　設計断面耐力　56
4.3　せん断力に対する安全性の検討　57
4.3.1　一般　57
4.3.2　設計せん断力　58
4.3.3　設計せん断耐力　58
4.4　ねじりモーメントに対する安全性の検討　59
4.4.1　一般　59
4.4.2　設計ねじり耐力　59

5章　疲労限界状態に対する検討　62

5.1　一般　62
5.2　疲労に対する安全性の検討　63

5.3　設計変動断面力と等価繰返し回数の算定 …………………………………………63

6章　ずれ止めの設計　　　　　　　　　　　　　　　　　　　　　　　　　　65

　　6.1　一　般 ………………………………………………………………………………65
　　6.2　ずれ止めの設計断面力 ………………………………………………………………66
　　6.3　ずれ止めの設計耐力 …………………………………………………………………67

7章　波形鋼板の設計　　　　　　　　　　　　　　　　　　　　　　　　　　72

　　7.1　一　般 ………………………………………………………………………………72
　　7.2　波形鋼板の設計せん断耐力 …………………………………………………………72
　　　7.2.1　一　般 …………………………………………………………………………72
　　　7.2.2　弾性全体せん断座屈強度 ……………………………………………………74
　　　7.2.3　弾性局部せん断座屈強度 ……………………………………………………76
　　7.3　波形鋼板の連結 ………………………………………………………………………76
　　　7.3.1　一　般 …………………………………………………………………………76
　　　7.3.2　継手の設計せん断力 …………………………………………………………77
　　　7.3.3　継手の設計せん断耐力 ………………………………………………………77
　　　7.3.4　すみ肉溶接による継手部の疲労に対する検討 ……………………………78
　　7.4　波形鋼板とフランジ鋼板の溶接部の設計 …………………………………………79

8章　床版の設計　　　　　　　　　　　　　　　　　　　　　　　　　　　　81

　　8.1　一　般 ………………………………………………………………………………81
　　8.2　床版の最小全厚 ………………………………………………………………………81
　　8.3　床版の支間 ……………………………………………………………………………81
　　8.4　床版の設計曲げモーメント …………………………………………………………82
　　8.5　床版の供用限界状態に対する検討 …………………………………………………82
　　8.6　床版の終局限界状態に対する検討 …………………………………………………83

9章　横桁・隔壁等の設計　　　　　　　　　　　　　　　　　　　　　　　　84

　　9.1　一　般 ………………………………………………………………………………84
　　9.2　横桁・隔壁 ……………………………………………………………………………84
　　9.3　偏向部 …………………………………………………………………………………84

10章　構造細目 ——————————————————————————— 86

    10.1　一　般 ……………………………………………………………………… 86
    10.2　接合部近傍の床版の配筋 …………………………………………………… 86
    10.3　PC鋼材の定着 ……………………………………………………………… 86
    10.4　付加曲げ応力に対する補強 ………………………………………………… 87
    10.5　接合部の防錆 ………………………………………………………………… 88
    10.6　排水管の処理 ………………………………………………………………… 89
    10.7　床版の防水 …………………………………………………………………… 89

11章　施　工 ——————————————————————————————— 91

    11.1　一　般 ………………………………………………………………………… 91
    11.2　コンクリートの打設 ………………………………………………………… 91
    11.3　波形鋼板の製作 ……………………………………………………………… 92
    11.4　波形鋼板の防錆 ……………………………………………………………… 93
    11.5　波形鋼板の現場溶接 ………………………………………………………… 93
    11.6　波形鋼板の取扱い …………………………………………………………… 94
    11.7　架　設 ………………………………………………………………………… 94

12章　耐久性の確保 ————————————————————————————— 95

    12.1　一　般 ………………………………………………………………………… 95
    12.2　接合部の施工および防錆 …………………………………………………… 95
    12.3　波形鋼板ウェブの防錆 ……………………………………………………… 95
    12.4　維持管理用設備 ……………………………………………………………… 95

Ⅲ　複合トラス橋編

1章　一　般 ———————————————————————————————— 98

    1.1　適用の範囲 …………………………………………………………………… 98
    1.2　構造計画 ……………………………………………………………………… 99
    1.3　用語の定義 ………………………………………………………………… 101
    1.4　記　号 ……………………………………………………………………… 101

2章　設計に関する一般事項 ———————————————— 104

- 2.1　設計計算の原則 ———————————————— 104
- 2.2　構造解析 ———————————————— 104
  - 2.2.1　一　般 ———————————————— 104
  - 2.2.2　各限界状態を検討するための構造解析手法 ———————————————— 107
- 2.3　解析モデル ———————————————— 107
  - 2.3.1　解析モデル ———————————————— 107
  - 2.3.2　コンクリートと鋼の結合条件 ———————————————— 110
- 2.4　断面力の算出 ———————————————— 110
  - 2.4.1　一　般 ———————————————— 110
  - 2.4.2　コンクリートのクリープ・収縮 ———————————————— 111
  - 2.4.3　温度の影響 ———————————————— 111
  - 2.4.4　衝撃係数 ———————————————— 111

3章　供用限界状態に対する検討 ———————————————— 113

- 3.1　曲げモーメントおよび軸方向力に対する検討 ———————————————— 113
  - 3.1.1　一　般 ———————————————— 113
  - 3.1.2　応力度の算定 ———————————————— 113
  - 3.1.3　応力度の照査 ———————————————— 114
- 3.2　せん断力に対する検討 ———————————————— 114
  - 3.2.1　一　般 ———————————————— 114
- 3.3　ねじりモーメントに対する検討 ———————————————— 115
  - 3.3.1　一　般 ———————————————— 115
  - 3.3.2　ひび割れ発生ねじりモーメント ———————————————— 115
  - 3.3.3　ねじりひび割れの照査 ———————————————— 117
- 3.4　変位・変形に対する検討 ———————————————— 117
  - 3.4.1　一　般 ———————————————— 117
  - 3.4.2　変位・変形量の照査 ———————————————— 118
- 3.5　振動に対する検討 ———————————————— 118

4章　終局限界状態に対する検討 ———————————————— 119

- 4.1　一　般 ———————————————— 119
- 4.2　曲げモーメントおよび軸方向力に対する安全性の検討 ———————————————— 119
  - 4.2.1　一　般 ———————————————— 119
  - 4.2.2　設計断面耐力 ———————————————— 120

| 4.3　せん断力に対する安全性の検討 ··· 121
| 4.3.1　一　般 ·· 121
| 4.4　ねじりモーメントに対する安全性の検討 ··· 121
| 1.1.1　　　般 ·· 121
| 4.4.2　設計ねじり耐力 ·· 122

5章　疲労限界状態に対する検討 ─────────────────────123

     5.1　一　般 ··· 123
     5.2　疲労に対する安全性の検討 ··· 123
     5.3　設計変動断面力と等価繰返し回数の算定 ··· 124

6章　格点部の設計 ─────────────────────────125

     6.1　一　般 ··· 125
     6.2　格点部への作用力 ··· 127
     6.3　格点部の設計 ··· 128
     6.4　疲労に対する安全性の検討 ··· 129

7章　鋼トラス材の設計 ──────────────────────130

     7.1　一　般 ··· 130
     7.2　鋼トラス材への作用力 ··· 130
     7.3　鋼トラス材の設計 ··· 130
     7.4　疲労に対する安全性の検討 ··· 131

8章　床版の設計 ───────────────────────── 133

     8.1　一　般 ··· 133
     8.2　床版の最小全厚 ··· 133
     8.3　断面力の算出 ··· 133
     8.4　床版の供用限界状態に対する検討 ··· 134
     8.5　床版の終局限界状態に対する検討 ··· 135
     8.6　格点部間のコンクリート部材の設計 ··· 135

9章　横桁・偏向部の設計 ―――――――――――――――― 138

9.1　一　般 ……………………………………………………………… 138
9.2　横桁の構造 …………………………………………………………… 138
9.3　横桁への作用力 ……………………………………………………… 139
9.4　横桁の設計 …………………………………………………………… 139
9.5　偏向部の構造 ………………………………………………………… 139

10章　構造細目 ――――――――――――――――――――― 141

10.1　一　般 ……………………………………………………………… 141
10.2　鋼トラス材の配置 …………………………………………………… 141
10.3　格点部の構造 ………………………………………………………… 142
10.4　定着部の構造 ………………………………………………………… 142

11章　施　工 ―――――――――――――――――――――― 144

11.1　一　般 ……………………………………………………………… 144
11.2　コンクリートの打設 ………………………………………………… 144
11.3　鋼トラス材の架設 …………………………………………………… 144

12章　耐久性の確保 ――――――――――――――――――― 148

12.1　一　般 ……………………………………………………………… 148
12.2　格点部の維持管理 …………………………………………………… 148
12.3　鋼トラス材の防錆 …………………………………………………… 148
12.4　接合部の防錆 ………………………………………………………… 148
12.5　外ケーブルの保護 …………………………………………………… 149

Ⅳ　鋼合成桁橋編

1章　一　般 ―――――――――――――――――――――― 152

1.1　適用の範囲 …………………………………………………………… 152
1.2　構造計画 ……………………………………………………………… 153
1.3　用語の定義 …………………………………………………………… 156
1.4　記　号 ………………………………………………………………… 156

2章　設計に関する一般事項 ──────── 158

 2.1 設計計算の原則 ································· 158
 2.2 構造解析 ··· 159
  2.2.1 一　般 ····································· 159
  2.2.2 各限界状態を検討するための構造解析手法 ···· 159
 2.3 断面力の算出 ····································· 160
  2.3.1 床版の合成作用の取扱い ···················· 160
  2.3.2 床版の有効幅 ······························· 161
  2.3.3 コンクリート床版のクリープ・収縮 ·········· 162
  2.3.4 コンクリート床版と鋼桁との温度差 ·········· 162
  2.3.5 荷重と剛性 ································· 163
  2.3.6 施工による応力履歴 ························· 163

3章　供用限界状態に対する検討 ──────── 165

 3.1 一　般 ··· 165
 3.2 橋軸方向にプレストレスされた鋼合成桁のひび割れに対する検討 ··· 166
  3.2.1 ひび割れの発生を許さない部材の検討 ········ 166
  3.2.2 ひび割れの発生を許す部材の検討 ············ 167
 3.3 橋軸方向にプレストレスされない鋼合成桁のひび割れに対する検討 ··· 172
 3.4 変形・振動に対する検討 ··························· 172

4章　終局限界状態に対する検討 ──────── 174

 4.1 一　般 ··· 174
 4.2 曲げモーメントおよび軸方向力に対する安全性の検討 ··· 174
  4.2.1 一　般 ····································· 174
  4.2.2 合成前の検討 ······························· 177
  4.2.3 合成後の検討 ······························· 177
  4.2.4 横倒れ座屈に対する検討 ···················· 180
 4.3 せん断力に対する安全性の検討 ····················· 180
 4.4 ねじりモーメントに対する安全性の検討 ············· 181

5章　疲労限界状態に対する検討 ──────── 182

 5.1 一　般 ··· 182

6章　ずれ止めの設計 ──────────────────────────── 183

6.1　一　般 ·· 183
6.2　ずれ止めの種類 ·· 183
6.3　ずれ止めの各限界状態に対する検討 ··· 186
6.4　コンクリート床版の収縮あるいは温度差により生じるせん断力 ············ 186
6.5　ずれ止めの設計耐力 ·· 187
6.5.1　頭付きスタッドの設計耐力 ··· 187
6.5.2　ブロックジベルの設計耐力 ··· 190
6.5.3　孔あき鋼板ジベルの設計耐力 ·· 191
6.6　ずれ止めに対する床版のせん断補強 ··· 191

7章　床版の設計 ──────────────────────────── 195

7.1　一　般 ·· 195
7.1.1　適用の範囲 ··· 195
7.1.2　床版の構造 ··· 196
7.1.3　床版の区分および構造 ··· 196
7.2　床版の支間 ·· 197
7.3　床版の最小全厚 ·· 198
7.4　断面力の算出 ··· 199
7.5　床版の供用限界状態に対する安全性の検討 ···································· 200
7.5.1　一　般 ··· 200
7.5.2　橋軸方向の曲げひび割れ幅の照査 ······································· 200
7.6　床版の終局限界状態に対する安全性の検討 ···································· 201
7.6.1　一　般 ··· 201
7.6.2　床版の押抜きせん断力の安全性に対する検討 ························ 201
7.7　プレキャストPC床版 ·· 201
7.7.1　基本構造 ·· 201
7.7.2　橋軸直角方向の設計 ·· 202
7.7.3　橋軸方向の設計 ·· 203
7.7.4　RCループ継手部の設計 ·· 204
7.7.5　PC構造による橋軸直角方向目地の設計 ······························· 205
7.8　桁端部の床版 ··· 205

8章　横桁の設計 ———————————————————————— 207

 8.1　一　　般 ……………………………………………………………… 207

9章　構造細目 ———————————————————————————— 209

 9.1　一　　般 ……………………………………………………………… 209
 9.2　床版防水 ……………………………………………………………… 209
 9.3　ハンチ ………………………………………………………………… 209
 9.4　継　　手 ……………………………………………………………… 210
 9.5　プレキャスト床版の目地 …………………………………………… 211
 9.6　プレキャスト床版のずれ止め用の孔 ……………………………… 212

10章　施　工 ————————————————————————————— 213

 10.1　一　　般 ……………………………………………………………… 213
 10.2　鋼桁の製作および施工 ……………………………………………… 213
 10.3　コンクリート床版の施工 …………………………………………… 214
  10.3.1　一　　般 ………………………………………………………… 214
  10.3.2　コンクリートの養生 …………………………………………… 215
  10.3.3　橋軸方向プレストレス力あるいは軸方向力の導入方法 …… 216

11章　耐久性の確保 —————————————————————————— 219

 11.1　一　　般 ……………………………………………………………… 219
 11.2　コンクリート床版 …………………………………………………… 219
 11.3　接合部 ………………………………………………………………… 220

Ⅴ　混合桁橋編

1章　一　般 —————————————————————————————— 222

 1.1　適用の範囲 …………………………………………………………… 222
 1.2　構造計画 ……………………………………………………………… 222
 1.3　用語の定義 …………………………………………………………… 223
 1.4　記　号 ………………………………………………………………… 224

2章　設計に関する一般事項 ——————————————————————— 225

2.1　設計計算の原則 ———————————————————————————— 225
2.2　構造解析 ——————————————————————————————— 229
2.2.1　一　般 ————————————————————————————————— 229
2.2.2　各限界状態を検討するための構造解析手法 —————————————— 230

3章　供用限界状態に対する検討 ———————————————————— 232

3.1　曲げモーメントおよび軸方向力に対する検討 ———————————————— 232
3.1.1　一　般 ————————————————————————————————— 232
3.1.2　応力度の照査 —————————————————————————————— 232
3.2　せん断力およびねじりモーメントに対する検討 —————————————— 233
3.3　変位・変形に対する検討 —————————————————————————— 233

4章　終局限界状態に対する検討 ———————————————————— 234

4.1　一　般 ————————————————————————————————————— 234
4.2　曲げモーメントおよび軸方向力に対する安全性の検討 ——————————— 234
4.3　せん断力およびねじりモーメントに対する安全性の検討 ————————— 234
4.3.1　せん断力に対する検討 —————————————————————————— 234
4.3.2　ねじりモーメントに対する検討 ————————————————————— 235

5章　疲労限界状態に対する検討 ———————————————————— 238

5.1　一　般 ————————————————————————————————————— 238

6章　接合部の設計 ———————————————————————————— 239

6.1　一　般 ————————————————————————————————————— 239
6.2　接合部の構造 ———————————————————————————————— 242
6.2.1　構造一般 ————————————————————————————————— 242
6.2.2　接合部の厚さと長さ ——————————————————————————— 242
6.2.3　ずれ止めの種類 ————————————————————————————— 243
6.2.4　鋼板の厚さ ———————————————————————————————— 244
6.3　接合部の設計断面力 ———————————————————————————— 244
6.4　接合要素の設計 ——————————————————————————————— 245
6.4.1　一　般 ————————————————————————————————— 245

6.4.2　接合要素の応力伝達……………………………………………………………246
　　　6.4.3　接合要素の荷重分担率…………………………………………………………247
　　　6.4.4　ずれ止めに作用するせん断力の分布…………………………………………250
　　　6.4.5　ずれ止めのばね定数……………………………………………………………252
　　　6.4.6　2方向せん断力を受けるずれ止め………………………………………………254
　　　6.4.7　支圧板等…………………………………………………………………………254
　　　6.4.8　支圧板の溶接……………………………………………………………………255
　　　6.4.9　中詰めコンクリート……………………………………………………………255

7章　構造細目 — 257

　　7.1　一　般………………………………………………………………………………257
　　7.2　主桁断面形状および接合部部材寸法………………………………………………257
　　7.3　PC鋼材の配置と定着………………………………………………………………257
　　7.4　補強リブ………………………………………………………………………………258
　　7.5　補強鉄筋………………………………………………………………………………258

8章　施　工 — 260

　　8.1　一　般………………………………………………………………………………260
　　8.2　鋼部材…………………………………………………………………………………261
　　8.3　中詰めコンクリート…………………………………………………………………261
　　8.4　プレストレッシング…………………………………………………………………265
　　8.5　架　設………………………………………………………………………………265

9章　耐久性の確保 — 272

　　9.1　一　般………………………………………………………………………………272
　　9.2　接合部の防錆…………………………………………………………………………272
　　9.3　中詰めコンクリートの充填…………………………………………………………273

Ⅵ　資料編

1章　波形ウェブ橋 — 276

　　1.1　実績一覧および橋梁データ…………………………………………………………276
　　1.2　実験一覧………………………………………………………………………………325
　　1.3　波形鋼板ウェブの設計方法…………………………………………………………328

| 1.3.1 概　要 …………………………………………………………………………… 328
| 1.3.2 記号の定義 ………………………………………………………………………… 329
| 1.3.3 局部座屈照査 ……………………………………………………………………… 330
| 1.3.4 全体座屈照査 ……………………………………………………………………… 333
| 1.3.5 連成座屈照査 ……………………………………………………………………… 336

2章　複合トラス橋 ─────────────────────────────── 338

   2.1 実績一覧および橋梁データ ………………………………………………………… 338
   2.2 実験一覧 ……………………………………………………………………………… 348
   2.3 複合トラス構造に関する立体FEM解析と棒理論によるねじり挙動の比較 ……… 356
       2.3.1 解析の目的 ………………………………………………………………………… 356
       2.3.2 解析モデル ………………………………………………………………………… 356
       2.3.3 解析条件 …………………………………………………………………………… 357
       2.3.4 解析結果 …………………………………………………………………………… 358
       2.3.5 棒理論によるねじり挙動との比較 ……………………………………………… 360
       2.3.6 評　価 ……………………………………………………………………………… 362

3章　鋼合成桁橋 ───────────────────────────────── 363

   3.1 実績一覧および橋梁データ ………………………………………………………… 363
   3.2 実験一覧 ……………………………………………………………………………… 370

4章　混合桁橋 ───────────────────────────────── 372

   4.1 実績一覧および橋梁データ ………………………………………………………… 372
   4.2 実験一覧 ……………………………………………………………………………… 397
   4.3 接合部の検討例 ……………………………………………………………………… 398
       4.3.1 検討構造 …………………………………………………………………………… 398
       4.3.2 ずれ止めの配置 …………………………………………………………………… 399
       4.3.3 各限界状態における断面図 ……………………………………………………… 399
       4.3.4 ずれ止めの荷重分担率 …………………………………………………………… 400
       4.3.5 各限界状態における応答値 ……………………………………………………… 401
       4.3.6 各限界状態における制限値 ……………………………………………………… 401
       4.3.7 各限界状態の照査 ………………………………………………………………… 402

I 共通編

1章　総　則

1.1　適用の範囲

（1）本規準は，プレストレストコンクリートの技術を利用し，鋼とコンクリートからなる複合構造を用いた橋梁（複合橋）の上部構造の設計および施工に適用する。
（2）本規準の適応範囲となる複合橋とは，鋼とコンクリートを断面内で合成した合成構造や，橋軸方向で接合した混合構造を用いた橋梁をいう。
（3）本規準においては，複合橋の要求性能を設定し，その要求性能を満たすことを限界状態設計法により確認することで，複合橋の性能照査を行うこととする。ただし，地震荷重に対する性能照査は，本規準の適用外とする。

【解　説】
（1）について　　本規準は，1999年12月にプレストレストコンクリート技術協会から発行された同名の規準（案）を基にその後に得られた知見を加えて改訂したものである。
　複合橋の設計に当たっては，ひとつの橋の中で材料によって，あるいは部位によって安全度が異なるといった矛盾が生じないように統一された思想により設計することが重要である。また，複合橋の最も重要な部分である接合部の安全性や耐久性を高めることも重要であるため，設計のみならず施工においても品質保証ができるように配慮しなければならない。
（2）について　　複合橋を分類すると解説 図1.1.1のようになる。

　複合橋の構造形式は多岐にわたるが，H鋼埋込み桁橋，SRC桁橋および合成床版は，設計上鉄筋コンクリート構造と等価なので，従来の設計規準で対応が十分可能である。また，剛結ラーメン橋は鋼桁とコンクリート橋脚を剛結したもので，それぞれは個別に取り扱うことができるため，本規準の対象外とする。したがって，本規準ではこれらの構造以外の波形ウェブ橋，複合トラス橋，鋼合成桁橋および混合桁橋について取り扱い，それぞれ編立てした構成とした。

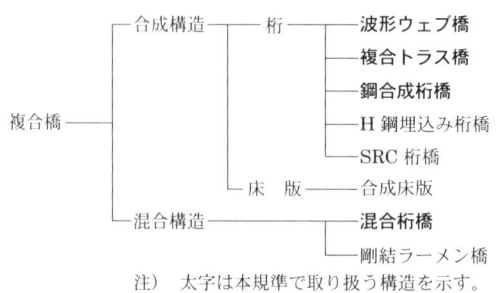

解説 図1.1.1　複合橋の分類

波形ウェブ橋は，国内でもその採用が近年増加しており，架設方法も張出し架設や押出し架設など多様である。1987年にフランスで実用化された合成構造の橋梁形式であるが，波形鋼板の研究はわが国においても比較的早くからなされており，1976年には波形鋼板ウェブを用いた鋼桁がクレーンの受梁として利用されている。また，波形鋼板ウェブ同士や波形鋼板ウェブとコンクリート床版の接合方法はわが国独自の工法も開発され，経済性や力学的特性の改良が進んでいる。

複合トラス橋も波形ウェブ橋と同様に主桁の重量低減の目的で開発されてきた。鋼トラスの上弦材の上にコンクリート床版を合成したタイプは，ドイツなどを中心に建設されてきたが，上弦材を設けないで直接鋼トラス材とコンクリート床版を結合する形式は，フランスで開発・実用化されたものである。支間長によっては接合部に作用する応力が大きくなるため，その構造詳細に留意する点が多いが，適用範囲は高架橋から斜張橋までと広く，採用実績も徐々にではあるが増加している。

PC床版を有する鋼合成桁は，経済性を追求した少数主桁の採用により道路橋を中心にその実績が増えている。鋼合成桁の歴史は他の合成構造に比べて古いが，鋼合成桁構造の供用限界状態や終局限界状態における設計手法の整備が望まれるところであった。

混合桁橋は，今までは支間割りがアンバランスな斜張橋で中央径間を鋼桁，側径間をコンクリート桁といった方法で採用されることが多かった。この場合は高軸方向力の部分に接合部が設置されるが，最近では，支間割りがアンバランスな連続桁橋にこの構造を採用する事例があり，曲げモーメントが交番しないところに接合部を設けることが多い。しかし，いずれの場合も，鋼とコンクリートの間で応力を円滑に伝達する構造と，剛性が急変する接合部の床版の耐疲労性に配慮したディテールについて十分な検討がなされなければならない。

以上のように，本規準は現時点での最新情報を取り入れ，今後発展が特に予想される構造形式に

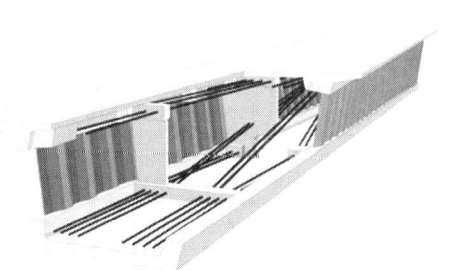

解説 図1.1.2 波形ウェブ橋の例

解説 図1.1.3 複合トラス橋の例

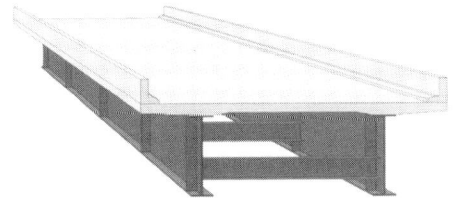

解説 図1.1.4 鋼合成桁橋の例

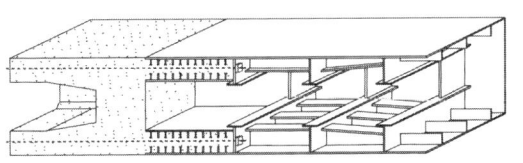

解説 図1.1.5 混合桁橋の接合部の例

ついて規定している。しかし，構造的に十分に解明されているとは言い難い部分もあることから，設計・施工の中で実験を含めた検討や検証によりデータを蓄積していくことが重要である。

（3）について　本規準は，性能照査型設計法によるものとする。

性能照査においては，その使用目的や設計供用期間に応じた要求性能を設定し，部分安全係数を用いた限界状態設計法を用いてその要求性能が満たされることを照査する。ただし，地震荷重に対する性能照査は本規準の適用外とし，「PC構造物耐震設計規準（案）」等に準ずることとする。

1.2 用語の定義

本規準の各編で共通に用いる用語の意味を次のように定義する。

（1）　複合構造——合成構造，混合構造の総称。

（2）　合成構造——断面が2種類以上の構造材によって構成され，一体として挙動するとみなせる1種類の合成部材で作られた構造。ただし，普通の鉄筋コンクリートとプレストレスとコンクリート部材を除く。

（3）　混合構造——2種類以上の部材を接合して作られた構造。ただし，ここでいう接合とは，曲げモーメント，せん断力および軸方向力が伝達される種類のものに限る。

（4）　要求性能——橋梁に求められる性能でその用途，設置される周辺環境および運用条件などから定める。

（5）　性能照査——橋梁に求められる性能を，適切な照査指標を用いて照査すること。

（6）　設計供用期間——設計時において，橋梁の構造または部材が，その目的とする機能を十分果たさなければならないと規定した期間。

（7）　安全性——橋梁の利用者や周辺の人の生命の安全を確保する性能。

（8）　供用性——橋梁を快適に使用するための性能と，使用上の不都合を生じない性能。

（9）　耐久性——橋梁の性能（機能）低下の経時変化に対する抵抗性。

（10）　照査指標——目標性能を照査するための指標，力，変位，変形などがある。

（11）　応答値——構造解析によって得られる構造物または部材に生じる力や変位・変形などの値。

（12）　限界値——構造物が要求性能を満足していることを確認するために設定される値。

（13）　限界状態——この限界を超えると，構造物または部材が設計された性能を果たさなくなる状態。

（14）　終局限界状態——構造物または部材が破壊したり，転倒，座屈，大変形等を起こし安定や機能を失う状態。

（15）　供用限界状態——構造物または部材が過度のひび割れ，変位，変形，振動等を起こし安定や機能を失う状態。

（16）　疲労限界状態——構造物または部材が変動荷重の繰り返し作用により疲労破壊する状態。

（17）　荷重——構造物または部材に応力や変形を起こさせる作用。

（18）　永久荷重——変動がほとんどないか，変動成分が持続的成分に比べて無視できるほど小

さい，あるいは変動成分が持続的成分に比べてある大きさを持つ場合にもその変動がきわめて緩やかな荷重．

(19) 変動荷重――変動が頻繁に，あるいは連続的に起こり，かつ変動が持続的成分に比べて無視できないほど大きい荷重．

(20) 偶発荷重――構造物または部材の設計供用期間中にほとんど作用しないが，作用すれば重大な影響を及ぼす荷重．

(21) 設計荷重――おのおのの荷重の特性値にそれぞれの荷重係数を乗じた値．

(22) 荷重の特性値――構造物の施工中または設計供用期間中に作用する荷重について，そのばらつき，検討すべき限界状態および荷重の定められた試験法による材料強度の試験値のばらつきを想定したうえで，試験値がそれを下回る確率がある一定の値となることが保証される値．

(23) 荷重の公称値――荷重の特性値とは別に，関連示方書に定められていないが，慣用的に用いられる荷重の値．

(24) 材料強度の特性値――定められた試験法による材料強度の試験値のばらつきを想定したうえで，試験値がそれを下回る確率がある一定の値となることが保証される値．

(25) 設計強度――材料強度の特性値を材料係数で除した値．

(26) 材料係数――材料強度の特性値から望ましくない方向への変動，供試体と構造物中との材料特性の差違，材料特性が限界状態に及ぼす影響，材料特性の経時変化等を考慮するための安全係数．

(27) 荷重係数――荷重の特性値からの望ましくない方向への変動，荷重の算定方式の不確実性，設計供用期間中の荷重の変化，荷重特性が限界状態に及ぼす影響，環境作用の変動等を考慮するための安全係数．

(28) 構造物係数――構造物の重要度，限界状態に達したときの社会的影響等を考慮するための安全係数．

(29) 構造解析係数――断面力算定時の構造解析の不確実性等を考慮するための安全係数．

(30) 部材係数――部材耐力の計算上の不確実性，部材寸法のばらつきの影響，部材の重要度すなわち対象とする部材がある限界状態に達したときに構造物全体に与える影響等を考慮するための安全係数．

(31) 荷重修正係数――荷重の規格値あるいは公称値を特性値に変換するための係数．

(32) 材料修正係数――材料強度の規格値を特性値に変換するための係数．

(33) 設計断面力――設計荷重により生じる断面力に構造解析係数を乗じた値．

(34) 設計断面耐力――材料の設計強度を用いて算定した断面耐力を部材係数で除した値．

(35) ずれ止め――鋼とコンクリートを機械的に接合わせるために用いる結合材．

(36) 接合部――異種部材同士を連結し，曲げモーメント，せん断力および軸力を伝達するために必要な領域．

(37) 点検――構造物の現状を把握する行為の総称．

【解　説】

本規準は，橋梁上部構造の各種複合構造を対象にしている．ここでは，各編で共通して用いられ

Ⅰ 共 通 編

る用語のみを記述した。各構造に用いられる用語は各編で定義することとする。また，コンクリート構造および鋼構造に一般的に用いられる用語は，「コンクリート標準示方書」，「鋼構造物設計指針」等を参照することとし，PPC構造，外ケーブル構造およびプレキャストセグメント構造に関する用語はプレストレストコンクリート技術協会の関連する規準を参照することとする。

1.3 記　　号

本編で用いる記号を次のように定める。

I_{Rd} ：設計応答値
I_{Ld} ：設計限界値
γ_a ：構造解析係数
γ_b ：部材係数
γ_c ：コンクリートの材料係数
γ_f ：荷重係数
γ_i ：構造物係数
γ_m ：材料係数
γ_s ：鋼材の材料係数
ρ_f ：荷重修正係数
ρ_m ：材料修正係数
f'_{ck} ：コンクリートの圧縮強度の特性値，設計基準強度
f_{bck} ：コンクリートの曲げ強度の特性値
f_{puk} ：PC鋼材の引張強度の特性値
f_{yk} ：鋼材の引張降伏強度の特性値
w_{Ld} ：ひび割れ幅の限界値
c ：かぶり

1.4 関連規準

本規準に規定されていない事項については，プレストレストコンクリート技術協会および土木学会等の規準によるものとする。また，橋梁に作用する自動車荷重や列車荷重等の設計荷重については，各関連事業者の定める規定によるものとする。

【解　説】
本規準は，複合橋の上部構造の設計および施工に特有の事項について示したものである。したがって，本規準に規定されていない事項については，以下の規準によるものとする。
・PPC構造設計規準，平成8年8月　プレストレストコンクリート技術協会
・PC構造物の耐震設計規準（案），平成11年12月，プレストレストコンクリート技術協会

- PC斜張橋・エクストラドーズド橋設計施工規準（案），平成12年11月，プレストレストコンクリート技術協会
- PC橋の耐久性向上マニュアル，平成12年11月，プレストレストコンクリート技術協会
- 外ケーブル構造・プレキャストセグメント工法設計施工規準，平成17年6月，プレストレストコンクリート技術協会
- PCグラウト＆プレグラウトPC鋼材施工マニュアル（改訂版），平成14年10月，プレストレストコンクリート建設業協会
- プレストレストコンクリート工法設計施工指針，平成3年4月，土木学会
- PART-A 鋼構造物設計指針（一般構造物），平成9年5月，土木学会
- PART-B 鋼構造物設計指針（合成構造物），平成9年9月，土木学会
- 鋼・コンクリート複合構造の理論と設計(1) 基礎編：理論編，平成11年4月，土木学会
- 鋼・コンクリート複合構造の理論と設計(2) 応用編：設計編，平成11年4月，土木学会
- 複合構造物の性能照査指針(案)，平成14年10月，土木学会
- 2001制定 コンクリート標準示方書［維持管理編］，平成13年1月，土木学会
- 2002制定 コンクリート標準示方書［構造性能照査編］，平成14年3月，土木学会
- 2002制定 コンクリート標準示方書［施工編］，平成14年3月，土木学会
- 2002制定 コンクリート標準示方書［耐震性能照査編］，平成14年3月，土木学会
- 2005制定 コンクリート標準示方書［規準編］，平成17年3月，土木学会
- 道路橋示方書［Ⅰ共通編］・同解説，平成14年3月，日本道路協会
- 道路橋示方書［Ⅱ鋼橋編］・同解説，平成14年3月，日本道路協会
- 道路橋示方書［Ⅲコンクリート橋編］・同解説，平成14年3月，日本道路協会
- 道路橋示方書［Ｖ耐震設計編］・同解説，平成14年3月，日本道路協会
- 鋼道路橋塗装便覧（改訂版），平成2年6月，日本道路協会
- コンクリート道路橋施工便覧，平成10年1月，日本道路協会
- 鋼道路橋の疲労設計指針，平成14年3月，日本道路協会
- 鉄道構造物等設計標準・同解説 鋼・合成構造物，平成4年11月，国土交通省鉄道局監修/鉄道総合技術研究所編
- 鉄道構造物等設計標準・同解説 鋼とコンクリートの複合構造物，平成10年8月，国土交通省鉄道局監修/鉄道総合技術研究所編
- 鉄道構造物等設計標準・同解説 耐震設計，平成11年10月，国土交通省鉄道局監修/鉄道総合技術研究所編
- 鉄道構造物等設計標準・同解説 コンクリート構造物，平成16年4月，国土交通省鉄道局監修/鉄道総合技術研究所編

また，橋梁に作用する自動車荷重および列車荷重などについては，当該橋梁の事業者がその使用目的や設計供用期間を考慮して設定する要求性能でもあるため，当該橋梁の事業者が定める関連要領，設計標準および指針等によるものとした。

2章　設計の基本事項

2.1　設計の原則

　橋梁は，その目的に適合し，安全でなければならない。このためには，橋梁が施工中ならびに供用中に受ける荷重に対して適度な安全性を持ち，供用時においては，自動車および列車などが安全かつ快適に走行できるように設計しなければならない。
　また，設計供用期間を通じて，所要の性能を保持すること，維持管理が容易であること，環境に適合することにも留意しなければならない。

【解　説】
　複合橋の設計においては，自然条件，社会条件，施工性，経済性，環境適合性などを考慮した設計目的に応じて，所要の性能を持つものでなければならない。

2.2　設計供用期間

　橋梁の設計供用期間は，橋梁に要求される供用期間と維持管理の方法，環境条件，橋梁に求められる耐久性および経済性を考慮して定めるものとする。

【解　説】
　設計供用期間とは，橋梁または部材が，その供用にあたり所要の性能を果たさなければならない設計上与えられた期間である。性能照査設計体系においては，構造性能の変化を考慮する必要があるため，設計供用期間を明確にすることが不可欠である。一般の環境条件の場合，設計供用期間は，適切な検査等の維持管理がなされるということを前提で，100年としてよい。

2.3　要求性能と性能照査

2.3.1　一　　般

　橋梁の性能照査においては，その使用目的や設計供用期間に応じた要求性能を設定し，その要求性能を満たすことを適切な照査指標を用いて照査することを原則とする。

2.3.2　要求性能

（1）　橋梁には，施工中および設計供用期間内において，2.1節に適合するために要求されるすべての性能が設定されてなければならない。
（2）　橋梁には，一般に安全性，供用性および耐久性に対する要求性能を設定するものとする。

（3） 安全性は，想定される全ての荷重に対し，橋梁が使用者や周辺の人の生命を脅かさないために保有すべき性能である。
（4） 供用性は，想定される荷重に対し，橋梁の使用者や周辺の人が快適に使用するための性能および橋梁に要求される諸機能に対する性能である。
（5） 耐久性は，時間の経過に伴って生じる材料特性の変化に起因した，橋梁や部材の性能の変化に対する抵抗性能である。

【解　説】
（2）について　　橋梁には，一般に安全性，供用性および耐久性の3つの性能を設定することにしたが，これらの照査項目および照査指標の例を解説 表2.3.1に示す。

解説 表2.3.1　要求性能と照査項目・照査指標の例[1]

要求性能	照査項目	照査指標の例
安全性	破壊，崩壊 疲労破壊	断面力 断面力または応力度
供用性	走行性，乗り心地 外観 水密性 振動	変位・変形（クリープの影響を含む） ひび割れ幅，応力度，構造用鋼材の塗膜の劣化，保護皮膜層の減少 ひび割れ幅，応力度 固有振動特性
耐久性	鋼材（鉄筋・PC鋼材）の腐食 鋼材（構造用鋼材）の腐食 コンクリートの劣化	ひび割れ幅，応力度，中性化，塩化物イオン 塗膜の劣化，保護皮膜層の減少 アルカリ骨材反応，凍結融解，化学的侵食作用

（5）について　　耐久性については，独立した要求性能ではなく，材料劣化を考慮した性能を算定する行為において常に考慮すべきものであるとの考えもあるが，統一された方向性が示されていないため，本規準においては独立させた要求性能として取り扱うこととした。

2.3.3　性能照査の原則

（1）　橋梁の要求性能に応じた限界状態を，施工中および設計供用期間中の橋梁あるいは構成部材ごとに設定し，設計で仮定した形状・寸法・配筋等の構造詳細を有する橋梁あるいは構造部材が限界状態に至らないことを確認することで，構造物の性能照査を行うことを原則とする。
（2）　限界状態は，これを終局限界状態，供用限界状態および疲労限界状態に区分するものとする。

【解　説】
（1）について　　橋梁または橋梁の一部が，限界状態と呼ばれる状態に達すると，供用性が急激に低下し，場合によっては破壊を生じる。この状態では，橋梁はその機能を果たせず，さまざまな不都合を生じて要求性能を満足しなくなる。この場合には，限界状態の検討を行うことで，橋梁の性

Ⅰ 共 通 編

能照査に代えることができる。限界状態を設定する場合，橋梁や部材の状態，材料の状態に関する指標を選定し，要求性能に応じた限界値を設定する。さらに荷重の影響により生じる応答値を算定し，これが限界値を超えないことで照査の可否を判定する。

（2）について　　終局限界状態は，最大耐荷性能に対する限界状態であり，安全性の照査に用いる限界状態である。供用限界状態は，通常の供用性や機能確保，または耐久性に関連する限界状態であり，供用性あるいは耐久性の照査に用いる。疲労限界状態は，繰返し荷重により疲労破壊を生じて安全性が損なわれる状態である。

解説 表2.3.1に示す要求性能に対し，本規準においては，解説 表2.3.2の限界状態を対応させて具体的な照査方法と限界値を提示することとした。

解説 表2.3.2　本規準で取り扱う照査項目・指標と限界状態[1]

要求性能	照査項目・指標	限界状態	備　考
安全性	破壊＝断面力 疲労破壊＝断面力または応力度	終局限界状態 疲労限界状態	Ⅰ編 3.2，Ⅱ～Ⅴ編4章 Ⅰ編 3.3，Ⅱ～Ⅴ編5章，7章， Ⅲ編5～7章，Ⅳ・Ⅴ編5章
供用性	外観＝ひび割れ幅，応力度 走行性＝変位・変形，振動	供用限界状態	Ⅰ編 3.1，Ⅱ～Ⅴ編3章
耐久性	鉄筋・PC鋼材の腐食＝ひび割れ幅，応力度	供用限界状態	Ⅰ編 3.1，Ⅱ～Ⅴ編3章

耐久性に対する照査として，構造物の設計供用期間中における性能の経時変化を考慮するために，① 鋼材（鉄筋・PC鋼材）の腐食に対する検討，② コンクリートの劣化に対する検討を行うことを原則とするが，鋼材およびコンクリートは設計供用期間中に劣化，腐食などによりその性状，断面寸法が変化することが一般的であるので，この経時変化による性能低下の影響を直接考慮できる手法を用いて照査することを原則としている。

コンクリート構造物の耐久性に影響を与える主な因子としては，以下の因子がある。
① コンクリートの中性化
② 塩化物イオンの侵入
③ 凍結融解作用
④ 化学的侵食
⑤ アルカリ骨材反応

これらの因子は，それらが単独で作用する場合の他，複数の因子が複合して作用するのが普通であるが，卓越する因子の影響を独立に評価することで十分な場合も多い。また，現時点では，複合作用の影響を考慮した照査技術が十分には確立されていない。しかし，複合作用を受ける場合には単独作用の場合に比べて，構造物の劣化が進むことが多いので，その影響が著しい場合には，安全係数を大きくするなどの対応が望ましい。以下に示す個々の影響因子に対する性能照査の方法が「コンクリート標準示方書【施工編】」（土木学会）に記載されているので，耐久性を具体的に照査する場合には，以下の照査を行うことが望ましい。
① 中性化に対する照査
② 塩化物イオンの侵入に伴う鋼材腐食に関する照査

③ 凍結融解作用に関する照査
④ 化学的侵食に関する照査
⑤ アルカリ骨材反応に関する照査

2.4 性能照査

（1） 性能照査は，原則として材料強度および荷重の特性値ならびに2.5節に規定する安全係数を用いて行うものとする。

（2） 性能照査は，一般に式(2.4.1)により行うものとする。

$$\gamma_i \cdot I_{Rd}/I_{Ld} \leq 1.0 \qquad (2.4.1)$$

ここに，I_{Rd}：設計応答値
　　　　I_{Ld}：設計限界値
　　　　γ_i：構造物係数で，2.5節によるものとする。

【解　説】

（2）について　　性能照査は，一般には経時変化の影響を考慮し，設計供用期間終了時点での状態で式(2.4.1)により行う必要がある。本規準で取り扱う設計応答値および設計限界値の例は，各編の2章に示しており，その照査方法は**解説 図2.4.1**に示すとおりである。各限界状態に対する設計応答値は，8章に示す荷重による応答値に，2.6節に示す荷重係数を乗じて求めた値とする。

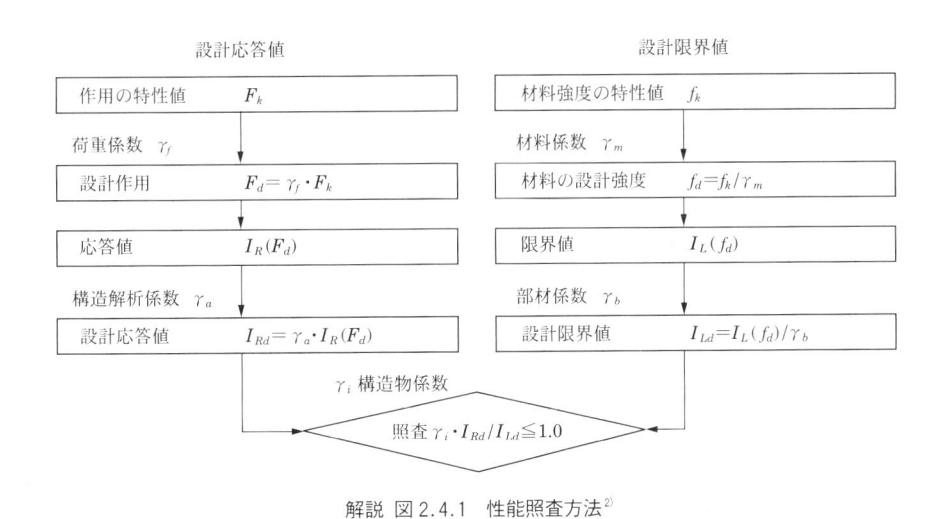

設計応答値	設計限界値
作用の特性値　F_k	材料強度の特性値　f_k
荷重係数　γ_f ↓	材料係数　γ_m ↓
設計作用　$F_d = \gamma_f \cdot F_k$	材料の設計強度　$f_d = f_k/\gamma_m$
応答値　$I_R(F_d)$	限界値　$I_L(f_d)$
構造解析係数　γ_a ↓	部材係数　γ_b ↓
設計応答値　$I_{Rd} = \gamma_a \cdot I_R(F_d)$	設計限界値　$I_{Ld} = I_L(f_d)/\gamma_b$

γ_i 構造物係数
照査 $\gamma_i \cdot I_{Rd}/I_{Ld} \leq 1.0$

解説 図2.4.1　性能照査方法[2]

2.5 安全係数

（1） 安全係数は，設計の不確実性を考慮して材料係数 γ_m，荷重係数 γ_f，構造解析係数 γ_a，部材係数 γ_b および構造物係数 γ_i があり，これらは各設計変数に割当てられた安全係数である。

I 共通編

（2） 材料係数 γ_m は，材料強度の特性値からの望ましくない方向への変動，供試体と構造物中の材料特性の差異，材料特性が限界状態に及ぼす影響，材料特性の経時変化等を考慮して定めるものとする。
（3） 荷重係数 γ_f は，荷重の特性値からの望ましくない方向への変動，荷重の算定方法の不確実性，設計供用期間中の荷重の変化，荷重特性が限界状態に及ぼす影響，環境作用の変動等を考慮して定めるものとする。
（4） 構造解析係数 γ_a は，断面力算定時の構造解析の不確実性等を考慮して定めるものとする。
（5） 部材係数 γ_b は，部材耐力の計算上の不確実性，部材寸法のばらつきの影響，部材の重要度，すなわち対象とする部材がある限界状態に達した時に構造物全体に与える影響等を考慮して定めるものとする。
（6） 構造物係数 γ_i は，構造物の重要度，限界状態に達したときの社会的影響等を考慮して定めるものとする。

【解 説】

（1）について　各限界状態に対する安全性の照査においては，荷重から設計応答値 I_{Rd} を求める過程で γ_f と γ_a の2つの安全係数を，また，材料強度から設計限界値 I_{Ld} を求める過程で γ_m と γ_b の2つの安全係数を設定し，さらに設計応答値と設計限界値を比較する段階で構造物係数としての安全係数 γ_i を設定した。式（2.4.1）を書き換えることで式（解2.5.1）のように表すことができる。

$$\gamma_i \cdot I_{Rd}(\gamma_f, \gamma_a) / I_{Ld}(\gamma_m, \gamma_b) \leq 1.0 \qquad (解2.5.1)$$

これらの各設計変数に割当てられた安全係数の目的から，終局限界状態や疲労限界状態では，荷重係数 γ_f および構造解析係数 γ_a は設計応答値 I_{Rd} を増加させる方向に寄与するのに対し，材料係数 γ_m および部材係数 γ_b は設計限界値 I_{Ld} を低減させる方向に寄与することになる。

解説 表2.5.1に「コンクリート標準示方書【構造性能照査編】」に示される標準的な安全係数の値を示す。また，鉄道橋における安全係数は「鉄道構造物等設計標準・同解説」（鉄道総合技術研究所）において，解説 表2.5.2の値として示されている。ただし，荷重係数については，各機関において設定方法が異なるため，解説 表2.5.1および解説 表2.5.2では，具体的な係数表示を避け，後述する2.6節で詳しく説明することとした。

解説 表2.5.1　標準的な安全係数[2]

安全係数＼限界状態	材料係数 γ_m		荷重係数 γ_f	構造解析係数 γ_a	部材係数 γ_b	構造物係数 γ_i
	コンクリート γ_c	鋼材 γ_s				
供用限界状態	1.0	1.0	*	1.0	1.0	1.0
終局限界状態	1.3	1.0〜1.05	*	1.0	1.1〜1.3	1.0〜1.2
疲労限界状態	1.3	1.05	*	1.0	1.0〜1.1	1.0〜1.1

2章 設計の基本事項

解説 表2.5.2 鉄道橋における標準的な安全係数[3]

安全係数 限界状態	材料係数 γ_m		荷重係数 γ_f	構造解析 係数 γ_a	部材係数 γ_b	構造物 係数 γ_i
	コンクリート γ_c	鋼材 γ_s				
供用限界状態	1.0	1.0	*	1.0	1.0	1.0
終局限界状態	1.3	1.0	*	1.0	1.1	1.0〜1.2
疲労限界状態	1.3	1.05	*	1.0	1.0〜1.1	1.0〜1.1

注) 荷重係数については，2.6節を参照とする。

(3)について　荷重係数 γ_f は荷重の種類によって変化するものとともに，限界状態の種類および検討の対象としている設計応答値への作用の影響（例えば，最大値，最小値のいずれかが不利な影響を与えるか等）によっても異なる。一般的に，道路橋および鉄道橋における荷重係数は，2.6節の解説に示す解説 表2.6.1および解説 表2.6.2の値を用いてよい。

(5)について　部材の重要度とは，例えば主部材が2次部材より重要であるというように，構造物中に占める対象部材の役割から判断される。曲げ破壊とせん断破壊とに意図的に差を与える場合や，特定の部材で破壊を生じさせる必要のある場合には，部材係数 γ_b で考慮することができる。

(6)について　構造物の重要度に関する構造物係数 γ_i の中には，対象とする構造物が限界状態に至った場合の社会的影響や，防災上の重要性，再建あるいは補修に要する費用等の経済的要因も含まれる。

2.6 荷重係数

施工中および設計供用期間中に生じる荷重の荷重係数は，各限界状態に対して構造物の安全を確保するように，適切に定めなければならない。

【解　説】

標準的な荷重係数の値を解説 表2.6.1に示す。また，鉄道橋における荷重係数は「鉄道構造物等設計標準・同解説」において，解説 表2.6.2の値が荷重組合わせとして示されている。両者は，ほぼ同等な荷重係数となっている。

一方，「道路橋示方書・同解説」（日本道路協会）は限界状態設計法を採用していない。そのため，解説 表2.5.2および解説 表2.6.1に示す標準的な安全係数ならびに荷重係数を用いた性能照査に対して，「道路橋示方書」との整合性を図るための1つの方法として，解説 表2.6.3および解説 表2.6.4に示す安全係数と荷重係数を用いる方法も考えられる。ただし，「道路橋示方書」は限界状態設計法への移行を検討中であることから，その安全係数ならびに荷重係数の採用にあたっては十分注意する必要がある。

I 共通編

解説 表 2.6.1 標準的な荷重係数[2]

限界状態	荷重の種類	荷重係数
供用限界状態	すべての荷重	1.0
終局限界状態	永久荷重	1.0〜1.2 (0.9〜1.0)
	主たる変動荷重	1.1〜1.2
	従たる変動荷重	1.0
	偶発荷重	1.0
疲労限界状態	すべての荷重	1.0

注) ( ) 内は小さい方が不利となる場合に採用。

解説 表 2.6.2 鉄道橋における荷重組合せと荷重係数[3]

	永久荷重				変動荷重				備考
	D1	D2	PS	CR + SH	L	I	T	W	
供用限界状態	1.0	1.0	1.0	1.0	—	—	1.0	—	たわみ 長期変形
	1.0	1.0	1.0		1.0	1.0	—	—	
	1.0	1.0	1.0	1.0	—	—	—	—	
終局限界状態	1.0	1.2	1.0	[1.0]	1.1	1.1	[1.0]	1.0	
	1.0	1.2	1.0	[1.0]	—	—	[1.0]	1.2	
	1.0	1.0	1.0	[1.0]	1.0	—	—	—	
疲労限界状態	1.0	1.0	1.0		1.0	1.0	—	—	

注) [ ] を付けた荷重係数は，必要に応じて組合せを考慮する。

解説 表 2.6.3 道路橋における安全係数の例[4]

安全係数 限界状態	材料係数 γ_m		荷重係数 γ_f	構造解析係数 γ_a	部材係数 γ_b	構造物係数 γ_i
	コンクリート γ_c	鋼材 γ_s				
供用限界状態	1.0	1.0	—	1.0	1.0	1.0
終局限界状態	1.0	1.0	—	1.0	1.0	1.0

注) 荷重係数については，解説 表 2.6.4 を参照のこと。

2 章 設計の基本事項

解説 表 2.6.4 道路橋における荷重組合せと荷重係数[4]

	永久荷重				変動荷重				備考
	$D1$	$D2$	PS	$CR+SH$	L	I	T	W	
供用限界状態	1.0	1.0	1.0	1.0	—	—	—	—	
	1.0	1.0	1.0	1.0	1.0	1.0	—	—	
	1.0	1.0	1.0	1.0	1.0	1.0	1.0	—	
	1.0	1.0	1.0	1.0	1.0	1.0	—	1.0	
	1.0	1.0	1.0	1.0	1.0	1.0	1.0	1.0	
終局限界状態	1.3	1.3	1.0	1.0	2.5	2.5	—	—	
	1.0	1.0	1.0	1.0	2.5	2.5	—	—	
	1.7	1.7	1.0	1.0	1.7	1.7	—	—	

注) T, W との組合せに関しては,限界値の割増を考慮する。
 荷重に関連する記号の意味は以下に示すとおりである。
 ここに, $D1$：固定死荷重
 $D2$：付加死荷重
 PS：プレストレス力
 CR：コンクリートのクリープの影響
 SH：コンクリートの収縮の影響
 L ：活荷重
 I ：衝撃
 T ：温度の影響
 W ：風荷重

2.7 修正係数

(1) 修正係数は,材料修正係数 ρ_m および荷重修正係数 ρ_f とする。
(2) 材料修正係数 ρ_m は,材料強度の特性値と規格値との相違を考慮して定めるものとする。
(3) 荷重修正係数 ρ_f は,荷重の特性値と規格値または公称値との相違を考慮して,それぞれの限界状態に応じて定めるものとする。

【解 説】
 「コンクリート標準示方書【構造性能照査編】」2 章 2.7 節に準拠する。材料修正係数 ρ_m および荷重修正係数 ρ_f は,一般に 1.0 としてよい。
 道路橋の設計において,解説 表 2.5.1 に示す標準的な安全係数と解説 表 2.6.1 に示す標準的な荷重係数を用いて終局限界状態の照査を行う場合,その終局耐力を「道路橋示方書・同解説」に準じた終局耐力と等価な状態にするためには,材料係数 ρ_m および荷重修正係数 ρ_f を用いて安全係数を補正する必要があることに注意する。

参考文献

1) プレストレストコンクリート技術協会：外ケーブル構造・プレキャストセグメント工法設計施工規準, 2005.6
2) 土木学会：コンクリート標準示方書 [構造性能照査編], 2003.3
3) 国土交通省鉄道局監修／鉄道総合研究所編：鉄道構造物等設計標準・同解説 コンクリート構造物, 2004.4
4) 日本道路協会：道路橋示方書 [Ⅲコンクリート橋編]・同解説, 2002.3

3章　限界状態に対する検討

3.1　供用限界状態に対する検討

供用限界状態に対する検討は，設計供用期間における十分な機能を保持するため，応力度およびひび割れ幅などについて，適切な方法によって行わなければならない。

【解　説】

供用限界状態に対する検討は，コンクリートや鋼材の応力度およびコンクリートのひび割れに対して検討するものとした。なお，その他の照査項目としては，主桁の変位，変形，振動などについても必要に応じて適切に限界値を定め，検討するのがよい。

3.2　終局限界状態に対する検討

終局限界状態に対する検討は，耐力について，適切な方法によって行わなければならない。

3.3　疲労限界状態に対する検討

疲労限界状態に対する検討は，設計疲労強度または設計疲労耐力について，適切な方法によって行わなければならない。

【解　説】

疲労限界状態に対する検討は，コンクリート部材については「コンクリート標準示方書【構造性能照査編】」（土木学会）8章8.1節によるものとする。ただし，供用限界状態においてひび割れ発生を許さないPC構造として設計する部材のコンクリート，鉄筋およびPC鋼材については，この検討を省略してよい。

4章　調査・計画

4.1　調　　査

（1）　波形ウェブ橋・複合トラス橋・鋼合成桁橋を採用するにあたっては，経済性，施工方法，適用支間，維持管理方法および架橋地点の環境を十分に調査しなければならない。
（2）　混合桁橋を採用するにあたっては，経済性，施工方法および支間割りを十分に調査しなければならない。

【解　説】
（1），（2）について　　複合構造の本来の目的はそれぞれの材料特性を生かした構造を目指すものである。その意味では，鉄筋コンクリートに始まりプレストレストコンクリートや単純鋼合成桁，あるいは斜張橋も複合構造の大きな範疇に入るものである。一方，波形ウェブ橋や複合トラス橋は，コンクリート橋の重量を低減する目的で考え出された新しい複合構造ということができる。これらの構造が上部工重量を低減することから，特に経済性等は下部工も含めた検討を行わなくてはならない。また，鋼橋およびコンクリート橋の維持管理は今まで蓄積された技術があるが，これらの構造の鋼とコンクリートの接合部についても，架橋地点の環境に配慮し十分に維持管理ができる体制が取れるかどうかを調査する必要がある。

　混合構造の場合は，長支間部の上部工重量や断面力の低減，不均等な支間割りの反力や断面力の改善，跨線部や跨道部等の交差条件や架設条件への適合，走行性・耐震性・連続化による維持管理性の向上等の目的で採用される。そして，この構造では鋼桁とコンクリート桁の接合部をどこに設けるかが重要になるため，接合位置の選定には特に留意する必要がある。

　本規準の適用範囲である複合橋の特徴を**解説 表4.1.1**に示すが，いずれの形式もこれまでの橋以上に維持管理に対して十分留意することが望ましい。なお，各複合橋の適用支間としては，**解説 表4.1.2**を目安にしてよい。ただし，実線は国内外を含めて現在実績のある支間を，破線は概略の試算に基づくそれぞれの構造が適用可能と考えられる支間を示す。複合橋を斜張橋やエクストラドーズド橋等の吊構造の桁に適用した場合は，適用支間がさらに大きくなると考えられるが，ここでは通常の桁橋の場合を示す。

Ⅰ 共 通 編

解説 表 4.1.1 各複合橋の特徴と留意点

	特　徴	設計・施工・耐久性に関する留意点
波形ウェブ橋	・波形鋼板ウェブの採用により，せん断耐力を確保しながら軽量化，プレストレスの導入効率の向上が可能となる。 ・コンクリートウェブの型枠・鉄筋工およびコンクリート打設が不要となるため，施工の省力化，工期短縮が可能となる。 ・支保工架設・張出し架設・押出し架設など架設工法の適用範囲が広い。	・波形鋼板の波形状（波高・パネル幅）および板厚は，せん断座屈強度を支配するパラメータであるため，その選定に留意する。 ・ずれ止めは，波形ウェブ橋の重要部位であるため，接合構造の選定に留意する。 ・波形ウェブおよび接合面の防錆処理が橋の耐久性に及ぼす影響が大きい。
複合トラス橋	・鋼トラス材の採用により，せん断耐力を確保しながら軽量化，プレストレスの導入効率の向上が可能となる。 ・コンクリートウェブの型枠・鉄筋工およびコンクリート打設が不要となるため，施工の省力化，工期短縮が可能となる。 ・コンクリートウェブを鋼トラス材に置き換えた構造であるため，トラス構造にはPC箱桁構造，下路桁構造，吊り床版構造，スペーストラス構造など多様な構造への適用が可能である。	・張出し架設の場合には，施工性を考慮して鋼トラス材を配置する必要がある。 ・コンクリート床版と鋼トラス材の結合する格点部は，複合トラス橋の重要部位であるため，格点構造の選定に留意する。また，格点構造は鋼トラス材に作用する断面力を確実に床版に伝達する構造としなければならない。 ・鋼トラス材および格点部の防錆処理が橋の耐久性に及ぼす影響が大きい。
鋼合成桁橋	・引張りに強い鋼桁と圧縮に強いコンクリート床版が一体となって作用外力に抵抗する構造である。 ・少数主桁，PC床版および合成構造の採用により鋼重・たわみが減少し，経済性・耐久性の向上が可能となる。 ・架設段階に応じて抵抗断面が変化する。	・主桁配置は，床版応力のバランスを考慮し，特に永久荷重作用時に床版に引張力が生じないような横締め鋼材配置と主桁配置を検討する必要がある。また，桁高は，鋼重に加え，桁輸送および現場架設に留意して決定する。 ・コンクリート床版と鋼桁上フランジとの接合部は，合成桁の重要部位であるため，接合方法の選定に留意する。 ・プレキャスト床版の目地部および場所打ち床版の打継目の耐久性に留意する。
混合桁橋	・鋼桁とコンクリート桁を結合することにより，アンバランスな支間割りによる反力や断面力の改善，交差条件や架設条件への適合，走行性・耐震性・連続化による維持管理性の向上が可能となる。	・接合部の位置・構造が橋の構造特性・経済性および耐久性に影響するため，その選定に留意する。 ・接合部の防錆処理が橋の耐久性に及ぼす影響が大きい。 ・接合部の中詰めコンクリートの施工性に留意する。

解説 表 4.1.2 各複合橋の実績と適用可能支間

	0	50	100	150 (m)
波形ウェブ橋		━━━━━━━━━━	━━━━━	‥‥‥
複合トラス橋		━━━━━━━━━━	━━━	‥‥‥‥
鋼合成桁橋		━━━━━━━━━━	‥‥	

4.2 計　　画

　複合橋を設計・施工する場合は，架橋地点の諸条件，経済性，施工性，維持管理，環境との調和について十分検討を行い，支間割り，構造形式，接合部の構造，防錆方法，架設方法などを計画しなければならない。

【解　説】
　経済的で安全性の高い複合橋を計画するためには，以下に示す項目について留意しなければならない。
（ⅰ）　鋼とコンクリートの複合構造が成立する大前提である接合部が弱点とならないように，安全性，耐久性を十分確保する。
（ⅱ）　設計および施工は，鋼とコンクリートの構造特性および耐久性能を十分理解した技術者が行う。
（ⅲ）　コンクリートのクリープ・収縮が鋼部材に与える影響を適切に把握する。
（ⅳ）　主桁については，通常のコンクリート桁に比べて橋軸直角方向地震時が厳しくなるため，とくに長支間に適用する場合は安全性の検討を十分に行う。
（ⅴ）　実績が多くないことから，新技術・新工法の採用にあたっては模型実験等を実施して挙動を把握する。
（ⅵ）　材料のばらつきは，限界状態設計法において安全係数や修正係数の差で考慮できるが，施工のばらつきは思わぬ欠陥を生じることになるのでディテールに十分注意する。
（ⅶ）　波形ウェブ橋と複合トラス橋については，内ケーブルがウェブに定着できないため外ケーブルとの併用が多くなると考えられるので，その定着にあたっては十分検討を行う。
（ⅷ）　鋼合成桁橋については，2主桁橋の場合に支間が70mを超えると，耐風安定性に留意する必要がある。
（ⅸ）　混合桁橋については，鋼とコンクリートの接合位置の選定が重要となるため，その選定に際しては橋の構造特性に留意する必要がある。
（ⅹ）　鋼とコンクリートを合成した構造のため，維持管理には十分配慮する。とくに，接合部は十分検査ができるようにし，管理できない部材が生じないように注意する。
（ⅺ）　設計の段階で点検時のチェックポイントや項目，損傷度合の判断基準などを記した維持管理マニュアルを作成しておくのが望ましい。
（ⅻ）　構造の選定にあたっては，支間割りはもとより，コンクリート橋や鋼橋との比較検討において，経済性のみならず周辺環境との調和，維持管理体制なども鑑みて決定する。
　なお，複合橋には接合部などの部位において特許技術も利用されているため，その採用に当たっては十分注意が必要である。

5章　使用材料

5.1　コンクリート

（1）　コンクリートは「コンクリート標準示方書」（土木学会）に適合するものを使用するものとする。
（2）　レディーミクストコンクリートを使用する場合は，JIS A 5308 に適合するもの，または同等品を使用するものとする。
（3）　耐久性より定まる水・セメント（または結合材）比の最大値は，50％を標準とする。

【解　説】

「コンクリート標準示方書【施工編】」によった。

5.2　鋼　材

5.2.1　鉄　筋

鉄筋は，原則として JIS G 3112 に適合するもの，または同等品を使用するものとする。

【解　説】

使用する鉄筋は，JIS G 3112 に適合する材料を標準とする。それ以外の材料を使用する場合は，設計で期待されている性能の全項目について，所定の性能を満足していることを検証しなければならない。

再生棒鋼の JIS G 3117 適合製品は，本規準で扱う構造物の重要度から除外した。

腐食環境でエポキシ樹脂塗装鉄筋を使用する場合は，「エポキシ樹脂塗装鉄筋の品質規格」（土木学会）[1]に適合するものとし，その防錆効果を妨げない使用計画が必要である。

5.2.2　PC鋼材

（1）　PC鋼線およびPC鋼より線は JIS G 3536 に，PC鋼棒は JIS G 3109 および 3137 に適合するもの，または同等品を使用するものとする。
（2）　プレグラウト鋼材に用いるPC鋼より線は，JIS G 3536 に適合するものとし，シースは高密度ポリエチレンを使用し，樹脂は使用環境や条件に応じた適切なものを選択するものとする。

【解　説】

プレグラウト鋼材を除く一般的なPC鋼材は「コンクリート標準示方書【施工編】」に，プレグラウト合材は，「PCグラウト＆プレグラウトPC鋼材施工マニュアル（改訂版）」（プレストレスト

コンクリート建設業協会）に準拠する。

　プレグラウトPC鋼材は，PC鋼材の表面に未硬化の常温硬化エポキシ樹脂を塗装した上に，高密度ポリエチレンで被覆し，その表面を凹凸形状に加工したものである。この樹脂は，温度履歴および時間の経過とともに硬化する特性を有している。この特性を生かし，現場における使用環境や条件に応じた適切な樹脂を選定することで，樹脂は緊張作業時までは未硬化の状態を維持し，その後硬化する。このことにより部材コンクリートとPC鋼材が一体化され，現場のグラウト作業が不要となる。

　樹脂の種類は，近年開発された湿気硬化型と，従来から用いている熱硬化型に大別される。湿気硬化型樹脂は硬化に及ぼす温度の影響が少ない特徴があり，コンクリート硬化時の温度の上昇が予想される部材等には湿気硬化型樹脂を用いたプレグラウト鋼材を使用する場合もあるが，その他の仕様の樹脂も開発されているので，採用にあたっては注意が必要である。

5.2.3　構造用鋼材

（1）　複合橋に使用する構造用鋼材は，JIS規格，土木学会，あるいはその他実験などで適切であることが検証されたものであれば使用することができる。

（2）　波形鋼板に用いる材質は，JIS G 3101，JIS G 3106およびJIS G 3114に適合するものを原則とする。ただし，溶接を行う場合は原則としてSS400材は使用できない。

（3）　鋼トラス材は鋼管または角型鋼管を使用するのを原則とし，JIS G 3444およびJIS G 3406に適合するもの，または同等品を使用することとする。ただし，必要があれば構造用鋼材JIS G 3101，JIS G 3106，JIS G 3114を使用してもよいものとする。

【解　説】

（1）について　　解説 表5.2.1に示すように，JIS規格に適合するものを標準とする。しかし，これ以外の鋼材であっても，適切な材料であれば使用することができる。

（3）について　　「鉄道構造物設計標準・同解説【鋼・合成構造物】」（鉄道総合技術研究所）および「道路橋示方書【Ⅱ鋼橋編】・同解説」（日本道路協会）によった。

解説 表5.2.1　構造用鋼材の規格と名称[2]

規格および名称		記号	鋼材
JIS G 3101	一般構造用圧延鋼材	SS400，SS490，SS540	構造用鋼材
JIS G 3106	溶接構造用圧延鋼材	SS400，SM490，SM490Y SM520，SM570	
JIS G 3114	溶接構造用耐候性熱間圧延鋼材	SMA400，SMA490，SMA570	
JIS G 3444	一般構造用炭素鋼鋼管	STK400，STK490	鋼管
JIS G 5201	一般構造用角形鋼管	STKR400，STKR490	
JIS G 3452	溶接構造用遠心力鋳鋼管	SCW490-CF	
JIS G 3550	配管用炭素鋼鋼管	SGP	
JIS G 3353	一般構造用軽量形鋼	SSC400	形鋼
JIS G 3112	一般構造用溶接H形鋼	SWH400，SWH400L	

I 共通編

鋼トラス材は製作性，メンテナンス性を考え，鋼管または角型鋼管を使用するのを原則とした。ただし，支点部近傍で軸方向力が大きくなり，設計的に必要な部材や構造規模の大きなものに対してはビルドアップによる構造も可能とし，構造用鋼材を使用してもよいものとした。

5.3 その他の材料

5.3.1 定着具および接続具

（1） 定着具および接続具は，定着または接続された PC 鋼材が規格に定められた引張荷重値に達する前に破壊したり，著しい変形が生じることのないような構造および強さを有するものでなければならない。

（2） 定着具および接続具の性能は，「PC 工法の定着具および接続具の性能試験方法」（土木学会）[3] に基づいて確かめられていることを原則とする。

【解　説】

PC 鋼材の定着具および接続具の性能を確認する場合には，定着具をコンクリートと組み合わせた試験および接続具の緊張材と組み合わせた試験により性能を確かめるのがよい。

その試験結果は次の項目を満足するものとする。

（ⅰ）　定着具をコンクリートと組み合わせた試験

定着具は緊張材の規格引張荷重の 100% 以上に耐えることとする。

（ⅱ）　定着具および接続具の緊張材と組み合わせた試験

付着のない状態での静的引張試験で，定着具の定着効率および接続具の接続効率は，緊張材の規格引張荷重の 95% 以上とする。ただし，PC 鋼材に加工を施したために定着効率および接続効率が 95% 未満の場合には，それが 90% 以上ならば新たに規格値を定め使用してよい。

これらの定着具や接続具の標準的な試験方法として土木学会規準「PC 工法の定着具および接続具の性能試験方法」[3] が定められているので，これに基づいて試験することを原則とした。ただし，これらの試験は新しい形式のものを用いる場合に行うものであって，「プレストレストコンクリート工法設計施工指針」（土木学会）の各工法指針編で規定されおり，かつ，すでに試験データがあるもの，または品質が保証され実績のあるものは省略できる。

5.3.2　PC グラウト

PC グラウトは，「コンクリート標準示方書【施工編】」に適合するものを使用するものとする。

【解　説】

PC グラウトに関する詳細事項は，条文に示す規準の他に，「PC グラウト＆プレグラウト PC 鋼材施工マニュアル（改訂版）」（プレストレストコンクリート建設業協会）を参照するものとする。

5章 使用材料

> ### 5.3.3 ずれ止め
> 複合橋のずれ止めは，鋼とコンクリートを機械的に接合する構造を原則とする．ただし，適切な実験あるいは解析により安全であることを確かめた場合には，本章によらず，適切と考えられる構造を採用してよい．

【解　説】

鋼とコンクリートとを一体化する方法は，機械的に接合する方法，摩擦接合によるもの，および接着によるものに分類される．ずれ止めの方法と代表的な種類を以下に示す．

機械的接合：頭付きスタッド，形鋼，ブロックジベル，孔あき鋼板ジベルなど

摩擦型接合：高力ボルト

付着型接合：突起付き圧延鋼材

接着型接合：エポキシ樹脂

本規準で標準とするずれ止めは，JIS B 1198-1995 の規格を満足する頭付きスタッド，JIS 規格に適合する形鋼および鉄筋を用いるものである．また，既往の研究によりずれ止めとしての性能が確認されているブロックジベル，孔あき鋼板ジベルなども採用してもよい（Ⅱ編6章，Ⅳ編6章参照）．

参考文献

1) 土木学会：エポキシ樹脂塗装鉄筋の品質規格
2) 土木学会：複合構造物の性能照査指針(案)
3) 土木学会：コンクリート標準示方書[規準編]，PC 工法の定着具および接続具の性能試験方法（JSCE-E 503-1999），2005

6章 材料の設計用値

6.1 一 般

本章は，本規準で対象とする複合橋に使用される材料の設計用値に関する規定を示す。

【解 説】

コンクリートおよび鋼材については，本章の規定による。ただし接合用鋼材，溶接用鋼材等の材料を使用する場合は，「鋼構造物設計指針」（土木学会）[1],[2]によるものとする。その他，本章で規定されていない事項については，各関連規準を参照するのがよい。

6.2 コンクリート

6.2.1 強 度

（1）コンクリートの強度の特性値は，原則として材齢28日における試験強度に基づいて定める。ただし，構造物の使用目的，主要な荷重の作用する時期および施工計画などに応じて，適切な材齢における試験強度に基づいて定めてもよい。

　圧縮試験は，JIS A 1108「コンクリートの圧縮強度試験方法」による。

　引張試験は，JIS A 1113「コンクリートの割裂引張強度試験方法」による。

（2）JIS A 5308に適合するレディーミクストコンクリートを用いる場合には，購入者が指定する呼び強度を，一般に圧縮強度の特性値 f'_{ck} としてよい。

（3）コンクリートの付着強度および支圧強度の特性値は，適切な試験により求めた試験強度に基づいて定める。

（4）コンクリートの引張強度，付着強度および支圧強度の特性値は，「コンクリート標準示方書【構造性能照査編】」（土木学会）による。

（5）コンクリートの曲げ強度は，式（6.2.1）により求めてよい。

$$f_{bck} = k_{0b} k_{1b} f_{tk} \tag{6.2.1}$$

ここに，$\quad k_{0b} = 1 + \dfrac{1}{0.85 + 4.5(h/l_{ch})} \tag{6.2.2}$

$\quad k_{1b} = \dfrac{0.55}{\sqrt[4]{h}} \quad (\geq 0.4) \tag{6.2.3}$

k_{0b}：コンクリートの引張軟化特性に起因する引張強度と曲げ強度の関係を表す係数
k_{1b}：乾燥，水和熱など，その他の原因による曲げ強度の低下を表す係数
$\quad h$：部材の高さ（m）（>0.2）
l_{ch}：コンクリートの特性長さ(m)（$= G_f E_c / f^2_{tk}$，E_c：ヤング係数，G_F：破壊エネルギー，f_{tk}：引張強度の特性値）ただし，この場合の破壊エネルギーおよ

びヤング係数は 6.2.4 項および 6.2.5 項に従って求めるものとする。
(6) コンクリートの材料係数 γ_c は，一般に終局限界状態の検討においては，1.3（$f'_{ck} \leqq 80\text{N/mm}^2$ の場合），供用限界状態の検討においては 1.0 としてよい。

【解　説】
(5)について　「外ケーブル構造・プレキャストセグメント工法設計施工規準」5 章 5.2.1 項による。

6.2.2　疲労強度
コンクリートの疲労強度は，「コンクリート標準示方書【構造性能照査編】」による。

6.2.3　応力-ひずみ曲線
コンクリートの応力-ひずみ曲線は，「コンクリート標準示方書【構造性能照査編】」による。

6.2.4　引張軟化特性
コンクリートの引張軟化特性は，「コンクリート標準示方書【構造性能照査編】」による。

6.2.5　ヤング係数
コンクリートのヤング係数は，「コンクリート標準示方書【構造性能照査編】」による。

6.2.6　ポアソン比
コンクリートのポアソン比は，「コンクリート標準示方書【構造性能照査編】」による。

6.2.7　熱特性，クリープ・収縮
コンクリートの熱特性，クリープ・収縮は，「コンクリート標準示方書【構造性能照査編】」による。

6.3　鋼　　材

6.3.1　強　　度
(1)　鉄筋および PC 鋼材に関する規定は，「コンクリート標準示方書【構造性能照査編】」による。

I　共　通　編

（2）　構造用鋼材に関する規定は，「複合構造物の性能照査指針（案）」（土木学会）による。

6.3.2　疲労強度
（1）　鉄筋およびPC鋼材の疲労強度の特性値は，「コンクリート標準示方書【構造性能照査編】」による。
（2）　構造用鋼材の疲労強度の特性値は，「複合構造物の性能照査指針（案）」による。

6.3.3　応力-ひずみ曲線
（1）　鉄筋およびPC鋼材の応力-ひずみ曲線は，「コンクリート標準示方書【構造性能照査編】」による。
（2）　構造用鋼材の応力-ひずみ曲線は，「複合構造物の性能照査指針（案）」による。

6.3.4　ヤング係数
（1）　鉄筋およびPC鋼材のヤング係数は，「コンクリート標準示方書【構造性能照査編】」による。
（2）　構造用鋼材の応力-ひずみ曲線は，「複合構造物の性能照査指針（案）」による。

6.3.5　ポアソン比
　　鋼材のポアソン比は，一般に0.3としてよい。

6.3.6　熱膨張係数，リラクセーション率
　　鋼材の熱膨張係数，PC鋼材のリラクセーション率は，「コンクリート標準示方書【構造性能照査編】」による。

参考文献
1)　土木学会：PART-A　鋼構造物設計指針（一般構造物），1997.5
2)　土木学会：PART-B　鋼構造物設計指針（合成構造物），1997.9

7章 限 界 値

7.1 一 般

(1) 各限界状態に対しての照査は，各応答値が各限界値を超えないことを確認することにより行うものとする。
(2) 構造物または部材が供用期間中に十分な機能を保持するために，一般には応力度，ひび割れ，変位・変形，振動等に対する供用限界状態を設定し，適切な方法によって検討しなければならない。
(3) 供用限界状態に対する限界値は7.2節による。また，終局限界状態および疲労限界状態に対する各限界値は，各編の2章2.1節の原則による。

【解 説】

本章で規定されていない構造用鋼材に関する限界値については，「鋼構造物設計指針」（土木学会）[1),2)]を参照するものとする。その他，本章で規定されていない事項については，各関連規準を参照するのがよい。

(2)について　構造物が設計供用期間における十分な機能を保持するためには，応力度，ひび割れ，変位・変形，振動等に関する限界値を設定し検討しなければならない。なお，架設時も同様であるが，限界値は関係機関と協議のうえ適切に定めるものとする。

7.2 供用限界状態における限界値

7.2.1 応力度の限界値

曲げモーメントおよび軸方向力によるコンクリートの圧縮応力度，PC鋼材と鉄筋の引張応力度は，それぞれ次の(1)〜(3)に示す限界値を超えてはならない。
(1) コンクリートの曲げ圧縮応力度および軸圧縮応力度の限界値は，永久荷重作用時において，$0.4f'_{ck}$ の値とする。ここに，f'_{ck} はコンクリートの圧縮強度の特性値である。
(2) PC鋼材の引張応力度の限界値は $0.7f_{puk}$ の値とする。ここに，f_{puk} はPC鋼材の引張強度の特性値である。
(3) 鉄筋の引張応力度の限界値は f_{yk} の値とする。ここに，f_{yk} は鉄筋の降伏強度の特性値である。

【解 説】

「コンクリート標準示方書【構造性能照査編】」（土木学会）7章7.3節および10章10.4.1項に準拠した。

Ⅰ 共通編

(1)について　過度なクリープひずみ，大きな圧縮力に起因して生ずる軸方向ひび割れ等を避けるために，コンクリートの圧縮応力度を制限することとした．

(2)について　「外ケーブル構造・プレキャストセグメント工法設計施工規準」6章6.2.1項によると，外ケーブルとして使用されるPC鋼材は，偏向部において内ケーブルに比べて小さな曲げ半径で配置するため，偏向部分のケーブルに局部的な付加曲げ応力が生じる．これによる発生応力はおよそ$0.1f_{puk}$程度であることがわかっているため，外ケーブルに関するPC鋼材の引張応力度の限界値は$0.6f_{puk}$の値とすることが望ましい．

7.2.2　ひび割れ発生を許さない部材に対する限界値

（1）　コンクリートの縁引張応力度の限界値は6章6.2.1項で定める曲げ強度とする．
（2）　コンクリートの斜め引張応力度の限界値は，次の（ⅰ），（ⅱ）に示す値とする．
　（ⅰ）　せん断力またはねじりモーメントを考慮する場合の限界値は，コンクリートの設計引張強度の75%の値とする．
　（ⅱ）　せん断力とねじりモーメントをともに考慮する場合の限界値はコンクリートの設計引張強度の95%の値とする．

【解　説】

(1)について　「コンクリート標準示方書【構造性能照査編】」3章3.2節および「外ケーブル構造・プレキャストセグメント工法設計施工規準」6章6.2.2項に準拠した．

粗骨材の最大寸法d_{max}を25mmとした場合について，コンクリートの曲げ強度の計算例を**解説 表7.2.1**に示す．なお，部材の局部応力に対するひび割れの照査では，コンクリートの引張強度を用いるのがよい．

(2)について　「コンクリート標準示方書【構造性能照査編】」10章10.4.2項に準拠した．

コンクリートの各設計基準強度別に，斜め引張応力度の限界値を**解説　表7.2.2**に示す．

解説 表7.2.1　コンクリートの縁引張応力度の限界値(N/mm²)[3]

部材の高さ (m)	設計基準強度f'_{ck} (N/mm²)					
	30	40	50	60	70	80
0.25	2.3	2.7	3.0	3.4	3.7	4.0
0.50	1.7	2.1	2.3	2.6	2.9	3.1
1.00	1.4	1.6	1.9	2.1	2.3	2.5
2.00	1.1	1.3	1.5	1.7	1.9	2.0
3.00 以上	1.0	1.2	1.3	1.5	1.7	1.8

解説 表7.2.2　コンクリートの斜め引張応力度の限界値(N/mm²)[3]

作用荷重	設計基準強度f'_{ck} (N/mm²)					
	30	40	50	60	70	80
せん断またはねじり	1.7	2.0	2.3	2.6	2.9	3.2
せん断とねじり	2.1	2.6	3.0	3.4	3.7	4.1

7.2.3 ひび割れ発生を許す部材に対する限界値

（1） ひび割れ幅の限界値 w_{Ld} は，構造物の使用目的，環境条件および部材の条件等を考慮して定めることを原則とする。

（2） 鋼材の腐食に対するひび割れ幅の限界値は，一般に環境条件，かぶりおよび鋼材の種類に応じて表7.2.1のように定めてよい。ただし，表7.2.1に適用できるかぶり C は，100mm以下を標準とする。

表7.2.1 ひび割れ幅の限界値 w_{Ld} (mm)[4]

鋼材の種類	鋼材の腐食に対する環境条件		
	一般の環境	腐食性環境	特に厳しい腐食性環境
異形鉄筋・普通丸鋼	$0.005c$	$0.004c$	$0.0035c$
PC鋼材	$0.004c$	—	—

【解　説】

「コンクリート標準示方書【構造性能照査編】」7章7.4.2項によった。

Ⅳ編では，主桁および床版の設計において，ひび割れの発生を許す場合があるため，Ⅰ編でひび割れ幅の照査を行う場合の限界値を示した。

（1）について　コンクリート構造物の耐久性に最も大きく関与するものは，鋼材の腐食である。外的要因に起因する鋼材の腐食に対する影響度から，解説 表7.2.3に示すような3つの環境条件に区分されている。

解説 表7.2.3 鋼材の腐食に対する環境条件の区分[4]

一般の環境	塩化物イオンが飛来しない通常の屋外の場合，土中の場合等。
腐食性環境	1. 一般の環境に比較し，乾湿の繰返しが多い場合および特に有害な物質を含む地下水位以下の土中の場合等，鋼材の腐食に有害な影響を与える場合等。 2. 海洋コンクリート構造物で海水中や特に厳しくない海洋環境にある場合等。
特に厳しい腐食性環境	1. 鋼材の腐食に著しく有害な影響を与える場合等 2. 海洋コンクリート構造物で干満帯や飛沫帯にある場合および激しい潮風を受ける場合等

（2）について　表7.2.1の腐食性環境および特に厳しい腐食性環境の場合に，PC鋼材に対してひび割れ幅の限界値を設定していない理由は，PC部材ではプレストレスによる曲げひび割れの発生を許さない制御が可能であること，PC鋼材の腐食に対しては特別な配慮が必要であること等を考慮して，条文のように定めたものである。したがって，このような環境下では，一般にひび割れの発生を許さない設計を行うことが望ましいが，ひび割れを許す場合は，環境条件，荷重条件および耐久性等に対する検討を十分行って，適切なひび割れ幅の限界値を設定する必要がある。

ひび割れ制御の基本的な方針は，コンクリート表面のひび割れ幅を環境条件およびかぶりによっ

I　共　通　編

て定まるひび割れ幅の限界値以下に制御することである。特に構造物が供用される環境が，塩化物イオン等の有害物質が飛来しない「一般の環境」であり，かつ一般的な部材を対象として，ひび割れ幅の鋼材腐食に対する影響が十分小さいと考えられる場合には，設計上の簡便さを考え永久荷重による鋼材応力度の増加量が解説 表7.2.4に示す値より小さいことが確認されるならば，ひび割れ幅の検討を省略してもよい。

解説 表7.2.4　ひび割れ幅の検討を省略できる場合の，永久荷重によって生じる鉄筋応力度の増加量 σ_{se} および PC 鋼材応力度の増加量 σ_{pe} の限界値（N/mm²）[4]

鋼材の種類	鋼材応力度の増加量の限界値（N/mm²）
異形鉄筋	120
普通丸鋼	100
PC 鋼材	100

7.2.4　変位・変形に対する限界値

構造物または部材の変位・変形量の限界値は，構造物の種類と使用目的，荷重の種類等を考慮して定めるものとする。

【解　説】

「コンクリート標準示方書【構造性能照査編】」7章7.5節による。

7.2.5　振動に対する限界値

構造物または部材の振動の限界値は，構造物の種類と使用目的，荷重の種類等を考慮して定めるものとする。

【解　説】

「コンクリート標準示方書【構造性能照査編】」7章7.6節による。

参考文献

1)　土木学会：PART-A　鋼構造物設計指針（一般構造物），1997.5
2)　土木学会：PART-B　鋼構造物設計指針（合成構造物），1997.9
3)　プレストレストコンクリート技術協会：外ケーブル構造・プレキャストセグメント工法設計施工規準，2005.6
4)　土木学会：コンクリート標準示方書［構造性能照査編］，2002.3

8章 荷　　重

8.1 一　　般

（1）　構造物の設計には，施工中および設計供用期間中に作用する荷重を，検討すべき限界状態に応じて，適切な組み合わせのもとに考慮しなければならない。
（2）　設計荷重は，荷重の特性値に荷重係数を乗じて定めるものとする。
（3）　設計荷重は，それぞれの限界状態に対し，一般に表8.1.1に示すように組み合わせるものとする。

表8.1.1　設計荷重の組合せ

限界状態	考慮すべき組合せ
供用限界状態	永久荷重＋変動荷重
終局限界状態	永久荷重＋主たる変動荷重＋従たる変動荷重 永久荷重＋偶発荷重＋従たる変動荷重
疲労限界状態	永久荷重＋変動荷重

【解　説】
「コンクリート標準示方書【構造性能照査編】」（土木学会）4章4.1節による。

8.2 荷重の特性値

（1）　荷重の特性値は，検討すべき限界状態について，それぞれ定めなければならない。
（2）　供用限界状態の検討に用いる荷重の特性値は，構造物の施工中および設計供用期間中に比較的しばしば生ずる大きさのものとし，検討すべき限界状態および荷重の組合わせに応じて定めるものとする。
（3）　終局限界状態の検討に用いる永久荷重，主たる変動荷重および偶発荷重の特性値は，構造物の施工中および設計供用期間中に生ずる最大荷重の期待値とする。ただし，荷重が小さい方が不利となる場合には，最小荷重の期待値とする。また，従たる変動荷重の特性値は，主たる変動荷重および偶発荷重との組合わせに応じて適切に定めるものとする。
（4）　疲労限界状態の検討に用いる荷重の特性値は，構造物の設計供用期間中の荷重の変動を考慮して定めるものとする。
（5）　荷重の規格値または公称値がその特性値とは別に定められている場合には，荷重の特性値は，その規格値または公称値に荷重修正係数を乗じた値とする。

I 共 通 編

【解　説】

「コンクリート標準示方書【構造性能照査編】」4章4.2節による。

8.3　荷重の種類

8.3.1　考慮する荷重の種類

設計にあたっては，一般に次の荷重を考慮するものとする．

表8.3.1　荷重の種類

区分	荷重
永久荷重	1. 死荷重　固定死荷重 　　　　　付加死荷重 2. プレストレス力 3. コンクリートのクリープの影響 4. コンクリートの収縮の影響 5. 静止土圧，水圧
変動荷重	6. 活荷重 7. 衝撃 8. 温度変化の影響 9. 風荷重 10. 雪荷重 11. 流体力および波力 12. 遠心荷重および制動荷重 13. 施工時荷重
偶発荷重	14. 地震の影響 15. 衝突荷重
特殊荷重	16. 地盤変動の影響 17. 支点移動の影響

【解　説】

個々の荷重の特性値については，「コンクリート標準示方書」，その他の規準を参照して，その実状に応じて定めるものとする．

8.3.2　プレストレス力

（1）　プレストレッシング直後のプレストレス力は，PC鋼材の緊張端に与えた引張力に次の影響を考慮して算出するものとする．

　（ⅰ）　コンクリートの弾性変形
　（ⅱ）　緊張材とダクトの摩擦
　（ⅲ）　緊張材を定着する際のセット

（2）　有効プレストレス力は，（1）の規定により算出するプレストレッシング直後のプレストレス力に，次の影響を考慮して算出するものとする．

　（ⅰ）　PC鋼材のリラクセーション
　（ⅱ）　コンクリートのクリープ

（ⅲ）　コンクリートの収縮
　　（ⅳ）　鉄筋の拘束力
（3）　供用限界状態および疲労限界状態でのプレストレス力による不静定力の算出には，（2）により求めた有効プレストレス力を特性値としてよい。

【解　説】
　プレストレスに関しては，「PPC構造設計規準（案）」による。外ケーブルは「外ケーブル構造・プレキャストセグメント工法設計施工規準」による。

8.3.3　コンクリートの収縮およびクリープの影響
　「コンクリート標準示方書【構造性能照査編】」による。

8.3.4　温度変化の影響
（1）　温度変化の影響は，構造物の種類，環境条件，部材の寸法，被覆の程度，検討事項等に応じて定めることを原則とする。
（2）　部分的に温度が異なる場合には，その影響を考慮しなければならない。

【解　説】
（1）について　　鋼桁とコンクリート桁を接合する場合，その両者に対する温度変化の影響が異なっているため，断面力，変位等の計算においては，その特性を十分に考慮した解析モデルを仮定する必要がある。
（2）について　　床版と桁の温度差についても，この温度変化の部分的な変化による内部応力を考慮する必要がある。

9章 施 工

9.1 一 般

(1) 複合橋を施工する場合は,設計図書に示されている施工方法と施工順序に従うとともに,各施工段階における施工精度が構造物の安全性に及ぼす影響を考慮して,入念に施工しなければならない。
(2) 複合橋の施工にあたっては,事前に十分な施工計画を立てなければならない。

【解 説】
(1),(2)について　複合橋は,コンクリート部材と鋼部材から成り立っているため,施工に関しても設計と同様,両方の材料に関して十分な知識を持った技術者があたらなければならない。そのためにも,事前に十分検討を行い,それぞれの施工精度が構造物全体の安全性を損なわないように,十分な施工計画を立てることが重要である。

9.2 コンクリート部材の施工

コンクリート部材の施工にあたっては,その施工に関する十分な知識を有する技術者として,PC技士もしくは同等以上の能力を有する技術者を現場に配置しなければならない。

【解 説】
複合橋は,施工精度や施工手順の影響が大きな構造物である。したがって,コンクリート部材の施工においては,十分な専門知識と経験を有する有資格者を現場に常駐させ,必要な施工管理を行うことが重要である。

9.3 鋼部材の施工

鋼部材の施工にあたっては,その施工に関する十分な知識を有する技術者を現場に配置しなければならない。

【解 説】
鋼部材もコンクリート部材と同様,十分な専門知識と経験を有する技術者を工場や,また必要に応じて現場に常駐させ,必要な施工管理を行うことが大切である。

10章　耐久性の確保

10.1　一　　般

（1）　本章は，複合橋の設計用期間における耐久性の確保のための留意点について述べたものである。
（2）　複合橋に使用される鋼材には，設計用期間中その性能を確実に発揮できるように適切な腐食対策を施さなければならない。
（3）　鋼部材とコンクリート部材の接合部には，設計用期間中その性能を確実に発揮できるように適切な防錆・防水処理を施さなければならない。
（4）　鋼部材とコンクリート部材の接合部は，充分に検査，点検ができる構造となるように留意しなければならない。

【解　説】
（1）について　　2章2.3.2項において設定した複合橋の要求性能（安全性，供用性，耐久性）を限界状態設計法により確認することで，複合橋の性能照査を行うことを規定した。複合橋の部材のうち，コンクリート部材内の鉄筋やPC鋼材の腐食は，ひび割れ幅や応力度を照査することで，コンクリート部材の耐久性の確保を図るものであるが，それ以外の複合橋に使用する鋼材および鋼・コンクリートの接合部等の耐久性の確保については本章で取り扱うものとする。

本章で取り扱う事項は，複合橋の設計や施工段階において実務者が行うことのできる耐久性の確保のための対策であり，複合橋の維持管理については，別途規定することが望ましいと考えられるため，本規準では取り扱わないものとする。

（2）について　　鋼材は酸化鉄や水酸化鉄を混合した鉄鉱石を人為的に還元して造った材料であるため，自然界では不安定な状態の物質である。そのままにしておけば大気中の酸素や水と結びついて元の安定した状態に戻ろうとする。これがいわゆる腐食であり，構造材料として使用する場合はこの腐食を防ぐ処置を施す必要がある。一般に構造物に使用される鋼材の腐食・防錆対策には，以下の方法が使用されている[1]。

①　耐腐食性材料（ステンレス鋼，アルミニウム，耐候性鋼材など）
②　鋼材表面の被覆（塗装，めっき，溶射，クラッド鋼，ライニングなど）
③　防錆環境の維持（他の材料と併用して，乾燥した環境を維持する）
④　電気防食（人為的に直流電流を鋼材に供給し，腐食電池の生成を抑制する）

このうち，「鋼道路橋塗装便覧(改訂版)」（日本道路協会）[2]では，鋼道路橋に使用される防錆処理として解説 表10.1.1に示す方法が用いられているのでこれに準じて防錆処理を施すのがよい。

（3）について　　波形鋼板ウェブ，鋼トラス材および鋼桁とコンクリート床版の接合部は，波形鋼板ウェブ，鋼トラス材および鋼桁とコンクリート床版の合成作用を構成する重要な部位であり，波形ウェブ橋，複合トラス橋および鋼合成桁橋が，設計用期間中においてその性能を発揮するため

Ⅰ 共　通　編

解説 表10.1.1　鋼道路橋に採用される防錆処理[2]

防錆方法	塗装		溶射	めっき	耐候性鋼材
	一般塗装	重防食塗装			
防錆原理	塗膜による環境遮断	塗膜による環境遮断とジンクリッチペイントによる防錆	アルミ・亜鉛層による防錆	亜鉛層による防錆	安定錆による防錆
塗装材料 処理方法	塗料 表面塗付	塗料 表面塗付	亜鉛・アルミ溶射ガンによる溶射	溶融亜鉛めっき処理槽に浸せき	なし 製鋼時に調整
構造上の制限	特になし	特になし	特になし	溶融めっき槽による寸法制限あり	構造上の配慮が必要
作業 　素地調整 作業内容	パワーツール処理 塗装作業 防護，足場	ブラスト処理 塗装作業 防護，足場	ブラスト処理 溶射作業	酸洗 めっき作業	
維持管理	塗替えが必要	塗替えが必要	アルミ・亜鉛層の追跡調査が必要	亜鉛層の追跡調査が必要	安定錆の生成を追跡調査が必要
色・外観	色彩は自由に選択できる	色彩は自由に選択できる	色彩は限定される	色彩は限定される	色彩は限定される

に充分な耐久性と安全性を維持しなければならない。

　また，同様に鋼桁とコンクリート桁の接合部は，鋼桁とコンクリート桁の一体性を確保する重要な部位であり，混合桁橋が設計供用期間中においてその性能を発揮するために充分な耐久性と安全性を維持しなければならない。

　波形ウェブ橋，複合トラス橋の下床版との接合部は，雨水や結露に対しての排水・止水措置を施すなど，適切な防錆・防水処理を行う必要がある。

参考文献

1) プレストレストコンクリート技術協会：PC橋の耐久性向上マニュアル，p.57，2000.11
2) 日本道路協会：鋼道路橋塗装便覧(改訂版)，p.7，1990.6

Ⅱ 波形ウェブ橋編

1章 一般

1.1 適用の範囲

本編は，PC箱桁のウェブを波形鋼板に置き換え，内ケーブルあるいは外ケーブルによりプレストレスを与えた波形ウェブ橋の設計および施工に適用する。

【解　説】

本編は，ウェブに波形鋼板を有する複合PC箱桁橋（以降，波形ウェブ橋と呼ぶ）の設計および施工に適用する事項を示したものである。

波形ウェブ橋は，**解説 図1.1.1**に示すように，PC箱桁橋のコンクリートウェブを鋼部材に置き換えることにより死荷重の低減および現場作業の省力化を図った合成構造橋梁であり，1987年にフランスにおいて実用化されたものである[1]。

わが国においても，波形鋼板の研究は古くから行われており，1965年に島田[2]の研究があるほか，1976年には波形鋼板ウェブを用いた鋼桁がクレーンの受梁として実用化されている[3]。その後，1992年にわが国で初めて波形ウェブ橋[4]が施工され，現在までに多くの橋梁が供用されている。

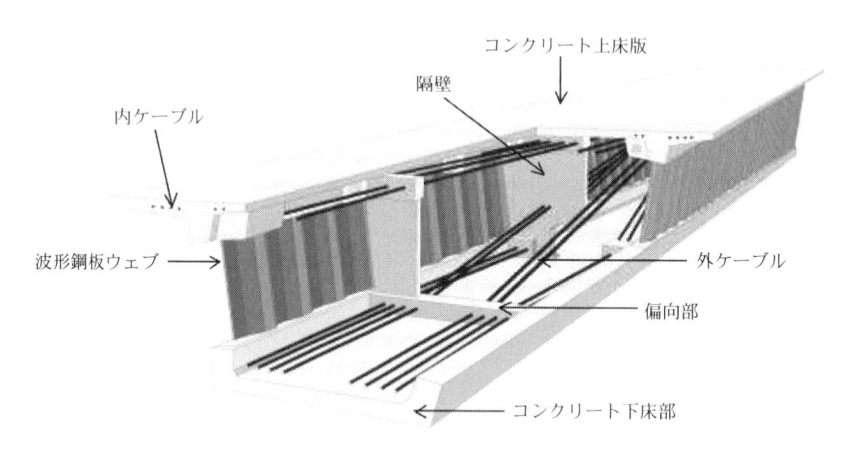

解説 図1.1.1　波形ウェブ橋の概念図

波形鋼板ウェブは，アコーディオン効果によって主桁軸線方向の力に対しては自由に変形することができるが，波に対して直角な方向の力に対しては変形に抵抗する性質を有する。また，波の折れ線によって区切られるパネルが座屈に対して十分な抵抗をもつことは，既往の実験により検証されている。波形ウェブ橋ではウェブに波形鋼板を用いているため，ウェブが橋軸方向力に対する抵抗が少なく，通常のPC橋に比べてプレストレスの導入効率が向上する。このことは，既往の研究[4]からも明らかになっており，同じ板厚の平鋼板と比較した場合，波形鋼板ウェブの橋軸方向剛性が約1/600程度以下に低下し，アコーディオン効果が十分発揮されていることが確認されている。**解説 図1.1.2**に波形鋼板の性質[5]を示す。

1章 一 般

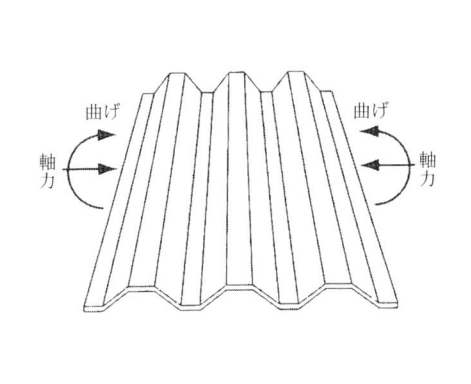

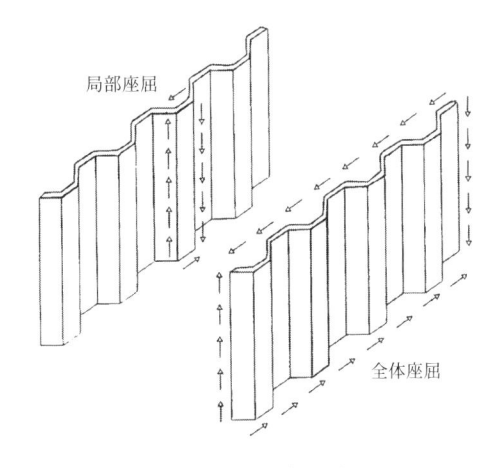

(a) アコーディオン効果　　　(b) 高いせん断座屈耐力

解説 図1.1.2　波形鋼板の性質

「コンクリート標準示方書」（土木学会）には，鋼・コンクリート合成構造に関する規定が示されているが，主に対象とした合成構造の種類は，鉄骨鉄筋コンクリート部材，コンクリート充填部材，サンドイッチ部材である．本編の適用範囲となるウェブに波形鋼板を用いた鋼とコンクリートの合成構造については，「道路橋示方書」（日本道路協会）などにも詳細な規定がない．本編は，経済性，省力化などの点から有効となる波形ウェブ橋の設計，施工について国内外の諸規準および最新の研究成果を参考に規定したものである．本編で対象とする波形ウェブ橋は，上下の床版がコンクリート床版で箱桁断面を有するものとし，その他の形式については別途検討するものとする．また，斜橋，曲線橋および広幅員橋への適用性および適用支間については，実績の範囲内であればとくに問題はないが，これから逸脱する場合については充分な検討を行うものとする．

1.2　構造計画

（1）　波形ウェブ橋を設計・施工する際には，架設地点の地形条件，経済性，施工性，耐久性，維持管理などを十分に検討し，構造形式，支間割，架設方法などを計画しなければならない．

（2）　波形鋼板ウェブの形状，寸法および材質は，作用断面力，運搬，施工性，および経済性等を考慮し，適切に定めなければならない．

（3）　波形鋼板ウェブの防錆方法は，耐久性，施工性および経済性，等を考慮し，適切に定めなければならない．

（4）　波形鋼板ウェブとコンクリート床板の接合部，および波形鋼板ウェブ同士の継手は，その構造特性，耐久性および経済性を十分考慮して選定するものとする．

（5）　曲線橋や斜橋においては，横桁・隔壁の配置に十分留意しなければならない．

（6）　連続桁および連続ラーメン構造においては，支点部付近の安全性を適切な方法で検討し，必要に応じて支点部付近を補強しなければならない．

【解 説】

(1)について　波形ウェブ橋は，主桁自重の軽減，プレストレス導入効率の向上，施工の省力化等が可能となる合理的な構造である。また，波形ウェブ橋は，いくつかの留意点を除いて，通常のPC橋と同様に計画できることも大きな特徴であり，解説 図1.2.1に示すように，適用支間，桁高，床板支間および床板厚に関しては，通常のPC橋とほぼ同程度に設定できる。ただし，桁高に関しては，若干高めに設定した方が経済的になるという報告もある[5]。

考慮すべきいくつかの留意点として，波形鋼板ウェブの形状・寸法・材質の決定，鋼板の防錆，接合部と継手の選定，曲線橋への対応，および連続構造における支点部の安全性等が挙げられる。また，波形ウェブ橋は，場所打ち工法，押出し工法および張出し工法等ほとんどの施工方法に対応でき，あらゆる架橋条件に適用可能である。

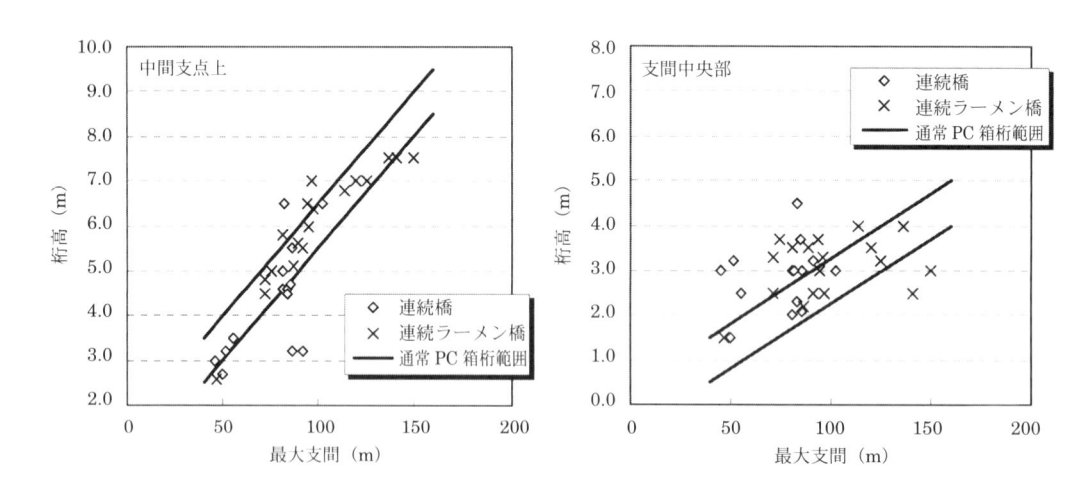

解説 図1.2.1　波形ウェブ橋の桁高

(2)について　波形鋼板ウェブの形状，寸法および材質は，作用せん断力，せん断座屈耐力，床版支間部の横方向モーメント，運搬，施工性および経済性等を考慮して決定する必要がある。特に波形鋼板ウェブの寸法を決定する際には，運搬による制約に十分な注意を払う必要がある。また，波形鋼板ウェブはコンクリートウェブに比べ面外曲げ剛性が小さいため，床版の橋軸直角方向曲げモーメントが大きくなる傾向にある。このため，波形鋼板の波高を必要以上に小さくすると，ウェブの横方向剛性が低下し，床版支間部の曲げモーメントが大きくなる等の悪影響も考えられる。したがって波形形状は，既住実績を参考に決定するのがよいが[6],[7]，既住実績と大きく異なる波形鋼板ウェブ形状を採用する場合には，FEM解析等による適切な検討を行う必要がある。

(3)について　波形鋼板ウェブの防錆方法として，塗装，溶融亜鉛めっき，金属溶射，耐候性鋼板の使用等の方法があるが，実績は塗装と耐候性鋼板がほとんどである。

塗装の場合は，定期的に塗り替えるための足場の設置方法を検討しておく必要がある。

耐候性鋼板の場合は，基本的にメンテナンスフリーであるが，湿度や飛来塩分等により安定錆が生成せずに，所要の耐候性が得られないこともあるので，耐候性鋼板の採用に際しては，波形鋼板ウェブが置かれる環境を十分考慮しなければならない。

(4)について　波形ウェブ橋の接合部におけるずれ止めの実績として，アングルジベル，孔あき鋼板ジベル，頭付きスタッドジベルおよび埋込みウェブジベルがある。アングルジベル，孔あき鋼板ジベルおよび頭付きスタッドジベルは，鋼フランジを有する接合方法であり，埋込みウェブジベルは鋼フランジを必要としない接合方法である。

　鋼フランジを必要としない埋込みウェブジベルは，鋼材重量と溶接長が小さくなるため波形鋼板ウェブの価格はフランジを有する接合方法に比べ小さくなる。しかしながら，雨水や結露による水滴が下床板との接合部に侵入する可能性があり，接合部の腐食耐久性が不明確である。

　埋込みウェブジベルを使用する際は，下床板の防水方法および防水材の耐久性等について十分検討する必要がある。

　波形鋼板ウェブ同士の継手には，溶接継手および高力ボルト継手がある。波形鋼板ウェブには軸方向力が作用せず，継手において軸線を一致させる必要がないことから，重ね継手とされることが多い。溶接継手とするか高力ボルト継手とするかは，立地条件，景観，施工性，経済性を考慮して選定するものとする。

　なお，接合部のずれ止めおよび波形鋼板同士の継手の種別によっては，特許を有する場合もあるので，その採用にあたっては十分な注意が必要である。

(5)について　波形ウェブ橋は，通常のPC箱桁に比べ，ねじり剛性が小さく，断面変形しやすい傾向にある。ねじりモーメントにより断面変形が生じると，そり応力（コンクリート床板に生じる軸方向応力）が大きくなり，ひび割れ等の原因となる。したがって，大きなねじりモーメントが作用する曲線橋や斜橋等においては，断面変形を拘束するよう中間横桁や隔壁を適切に配置しなければならない。

(6)について　連続構造における支点部付近は，曲げモーメントとせん断力が同時に卓越するうえ，下部工への反力が主桁に伝達される箇所であり，複雑な応力状態となっている。また，波形鋼板ウェブは，製作時の加工精度や平滑度（初期不整）等の影響を受けることもあるため，ウェブ高が大きい場合にはせん断座屈耐力が低下することがある。したがって，過去に実績のない波形形状を使用する場合や，これまでの実績に比べ大きな桁高となる場合には，適切な検討を行い，必要に応じて支点部付近の波形鋼板ウェブを補強しなければならない。

　一方支点付近では，10.4節に示すようにコンクリート床板と波形鋼板ウェブのせん断変形の差により，コンクリート床板には付加曲げモーメントが発生し，波形鋼板ウェブには鉛直方向力が生じる。これらについても適切に検討し，補強しなければならない。このような波形鋼板ウェブのせん断座屈防止，床板の付加曲げモーメントの低減に対する補強例として，中間支点部付近のウェブをコンクリートで補強した例もある。

　また，斜張橋やエクストラドーズド橋の斜材定着部に関しても同様に，FEM解析等を行い，必要に応じて定着部周辺を適切に補強しなければならない。

1.3　用語の定義

本編では，波形ウェブ橋に関する用語を次のように定義する。
(1)　波形鋼板——波形形状に折り曲げた構造用鋼板。

Ⅱ 波形ウェブ橋編

（2） 波形ウェブ橋——PC箱桁のウェブを波形鋼板に置き換えた合成構造であり，内ケーブルあるいは外ケーブルによりプレストレスを与える形式の橋梁。

（3） ずれ止め——波形鋼板ウェブとコンクリート床版の接合部の構造。

（4） 波長——波形鋼板の山と山，谷と谷の距離（図1.3.1におけるl）。

（5） ウェブ高——波形鋼板の上下床版間の鉛直方向純高さ（図1.3.1におけるh）。

（6） 板厚——波形鋼板の厚さ（図1.3.1におけるt）。

（7） 波高——波形鋼板の波の振幅（図1.3.1におけるd）。

（8） パネル幅——波形鋼板の折り目と折り目の幅（図1.3.1におけるa, c）。

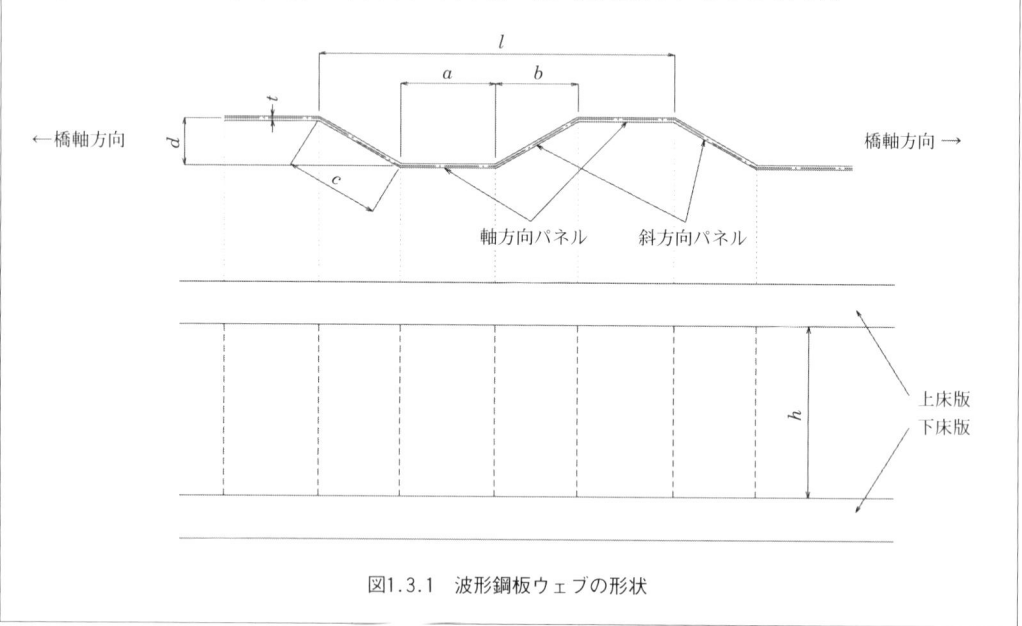

図1.3.1 波形鋼板ウェブの形状

1.4 記　号

本編では，波形ウェブ橋の設計計算に用いる記号を次のように定める。

- a ：波形鋼板ウェブのパネル幅
- d ：波形鋼板ウェブの波の高さ
- f_{td} ：コンクリートの設計引張強度
- h ：ウェブ高（波形鋼板ウェブの高さ）
- k ：座屈に関する係数
- t ：波形鋼板の厚さ
- I_x ：波形鋼板の橋軸方向中立軸に関する単位長さあたりの断面2次モーメント
- I_y ：波形鋼板の高さ方向中立軸に関する単位長さあたりの断面2次モーメント
- V_{ped} ：軸方向緊張材の有効緊張力のせん断力に平行な成分
- V_{jd} ：波形鋼板ウェブ継手部の設計せん断耐力
- V_{td} ：ねじりモーメントによる設計せん断力

V_{ud} ：有効高の変化の影響を考慮した設計せん断力

V_{hd} ：上下床版コンクリートに発生する曲げ圧縮力および曲げ引張力のせん断力に平行な成分

V_{wd} ：波形鋼板ウェブの設計せん断耐力

V_{yd} ：設計せん断耐力

α ：波形鋼板ウェブとコンクリート床版に発生する，ねじりせん断応力度に関する修正係数

α_c ：部材圧縮縁が部材軸となす角

α_p ：軸方向緊張材が部材軸となす角

α_t ：引張鋼材が部材軸となす角

β ：波形鋼板の上下端の固定度に関する係数

γ ：波形鋼板ウェブの幅厚比

μ ：波形鋼板のポアソン比

η ：波形鋼板の橋軸に沿った長さと波形に沿った長さの比

σ_{st} ：引張鋼材の引張応力度の限界値

τ^e_{crg} ：波形鋼板の弾性全体せん断座屈強度

τ^e_{crl} ：波形鋼板の弾性局部せん断座屈強度

参考文献

1) Jacques Combault 著,大浦 訳：シャロール近くのモーブレ橋，プレストレストコンクリート，Vol.34, No.1, pp.63-71, 1992
2) 島田：Ripple Web Girder による鋼板のせん断試験，土木学会論文集，第124号，pp.1-10, 1965
3) 田川，岡本，中田：コルゲートウェブガーダーの研究，日本鋼管技報，No.71, 1976
4) 近藤，清水，小林，服部：波形鋼板ウェブPC箱桁橋新開橋の設計と施工，橋梁と基礎，Vol.28, No.9, pp.13-20, 1994
5) 高速道路調査会：PC橋の複合構造に関する調査研究（その2），1998
6) 波形鋼板ウェブ合成構造研究会：波形鋼板ウェブPC橋計画マニュアル（案），1998
7) 波形鋼板ウェブ合成構造研究会：波形鋼板ウェブ橋に関するQ&A，2002

2章 設計に関する一般事項

2.1 設計計算の原則

設計では，原則として供用限界状態，終局限界状態および疲労限界状態において，それぞれの部材が安全であることを確かめなければならない。

【解　説】

波形ウェブ橋が設計供用期間においてその機能を十分に果たすため，設計では供用限界状態，終局限界状態および疲労限界状態に対し，それぞれの部材が安全であることを確かめることを原則と

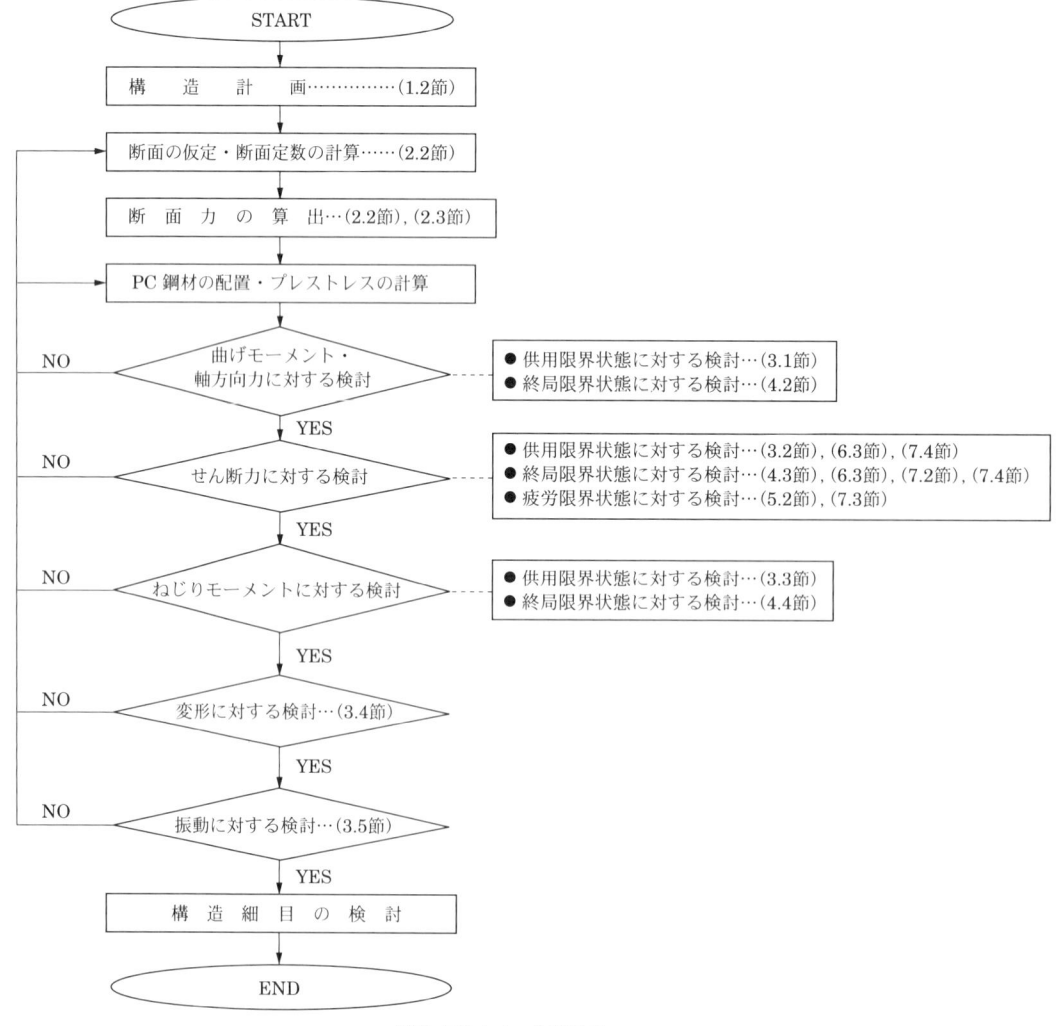

```
                    START
                      ↓
              構　造　計　画 ……………(1.2節)
                      ↓
      →  断面の仮定・断面定数の計算 ……(2.2節)
      │               ↓
      │       断　面　力　の　算　出 …(2.2節),(2.3節)
      │               ↓
      │     PC鋼材の配置・プレストレスの計算
      │               ↓
      │        ◇ 曲げモーメント・     ● 供用限界状態に対する検討 …(3.1節)
   NO │        ◇  軸方向力に対する検討 ● 終局限界状態に対する検討 …(4.2節)
      │               ↓ YES
      │                                ● 供用限界状態に対する検討 …(3.2節),(6.3節),(7.4節)
   NO │        ◇ せん断力に対する検討  ● 終局限界状態に対する検討 …(4.3節),(6.3節),(7.2節),(7.4節)
      │                                ● 疲労限界状態に対する検討 …(5.2節),(7.3節)
      │               ↓ YES
      │        ◇ ねじりモーメントに    ● 供用限界状態に対する検討 …(3.3節)
   NO │        ◇   対する検討          ● 終局限界状態に対する検討 …(4.4節)
      │               ↓ YES
   NO │        ◇ 変形に対する検討 …(3.4節)
      │               ↓ YES
   NO │        ◇ 振動に対する検討 …(3.5節)
      │               ↓ YES
                構　造　細　目　の　検　討
                      ↓
                     END
```

解説 図2.1.1　主桁設計フロー

した。

供用限界状態では，通常の使用または耐久性に関する限界状態として，ひび割れ，変位・変形，振動について規定した。

終局限界状態では，最大耐荷能力に対応する限界状態として，断面破壊の限界状態について規定した。

疲労限界状態は，繰返し荷重により疲労破壊を生じる状態であり，破壊が静的強度ではなく，応力振幅や繰返し回数によって定まるため，終局限界状態とは別個に取り扱うこととした。

なお，解説 図2.1.1に主桁の設計フローを示し，本編で取り扱う設計応答値および限界値を解説 表2.1.1に示す。

解説 表2.1.1 設計応答値および設計限界値

限界状態	検討部材		設計応答値		設計限界値		備 考 (性能照査目的)
			項 目	適 用	項 目	適 用	
供 用	主 桁		コンクリート圧縮応力度	Ⅱ編3.1.2項	コンクリート応力度の限界値(曲げ圧縮，軸方向圧縮)	Ⅰ編7.2.1項	供用性・耐久性
			コンクリート引張応力度	Ⅱ編3.1.2項	コンクリート応力度の限界値(縁引張)	Ⅰ編7.2.2項	
			PC鋼材応力度	Ⅱ編3.1.2項	PC鋼材応力度の限界値(引張)	Ⅰ編7.3節	
			鉄筋応力度	Ⅱ編3.1.2項	鉄筋応力度の限界値(引張)	Ⅰ編7.4節	
			ねじりモーメント	Ⅱ編3.2.2項	ひび割れ発生ねじりモーメントの70%	Ⅱ編3.3.3項	
			変位・変形	Ⅱ編3.4.1項	変位・変形の限界値	Ⅰ編7.2.4項	
			振 動	Ⅱ編3.5節	振動の限界値	Ⅰ編7.2.5項	
	ずれ止め		設計断面力	Ⅱ編6.2節	設計耐力	Ⅱ編6.3節	
	波形鋼板とフランジ鋼板の溶接部		溶接部応力度	Ⅱ編7.4節	溶接部のせん断応力度の限界値	Ⅰ編7.1節	
	床 版	(橋軸直角方向)	コンクリート応力度	Ⅱ編8.5節	コンクリート応力度の限界値(縁引張)	Ⅰ編7.2.2項	
		(橋軸方向)	ひび割れ幅		ひび割れ幅の限界値	Ⅰ編7.2.3項	
終 局	主 桁		設計曲げモーメント	Ⅱ編4.2節	設計断面耐力	Ⅱ編4.2.2項	安全性
			設計せん断力	Ⅱ編4.3節	設計せん断耐力	Ⅱ編4.3.2項	
			設計ねじりモーメント	Ⅱ編4.4節	設計ねじり耐力	Ⅱ編4.4.2項	
	ずれ止め		設計断面力	Ⅱ編6.2節	設計耐力	Ⅱ編6.3節	
	波形鋼板ウェブ		設計せん断力	Ⅱ編4.3節	せん断座屈強度	Ⅱ編7.2	
	波形鋼板連結部		設計せん断力	Ⅱ編4.3節	設計せん断耐力	Ⅱ編7.3.3項	
	波形鋼板とフランジ鋼板の溶接部		溶接部応力度	Ⅱ編7.4節	溶接部のせん断応力度の限界値	Ⅰ編7.1節	
疲 労	床版コンクリート，鉄筋，付着のあるPC鋼材，波形鋼板ウェブ部材		設計変動応力度	Ⅱ編5.1節	設計疲労強度の限界値	Ⅱ編5.2節	安全性・耐久性
	すみ肉溶接による継手部		設計変動応力度	Ⅱ編7.4節	設計疲労強度の限界値	Ⅱ編7.3.4項解説	

2.2 構造解析

2.2.1 一 般

（1） 構造解析は，各限界状態に応じて信頼性と精度があらかじめ検証された解析モデルを設定して解析を行い，設計荷重に対する断面力やたわみ等の応答値を算定する。

（2） 波形ウェブ橋は，その形状に応じた部材とそれらを組み合わせ単純化された構造モデルを仮定して解析を行ってよい。

Ⅱ 波形ウェブ橋編

（3） 構造解析において荷重は，その分布状態を単純化したり，動的荷重を静的荷重に置き換えたりする等，実際のものと等価または安全側のモデル化を行ってよい。
（4） 断面力の算出において変動荷重は，設計断面に最も不利となるように載荷するものとする。

【解　説】

「コンクリート標準示方書【構造性能照査編】」（土木学会）5 章 5.1 節に準拠する。

構造解析は，一般には任意骨組モデルにより行うのがよい。ただし，一室箱桁直線橋等のように構造が単純な場合には，はりモデルで解析してよい。

また，解説 表 2.2.1 に示すように，一般の PC 橋と波形ウェブ橋では，曲げ剛性とねじり剛性

解説 表 2.2.1　PC 箱桁橋と波形ウェブ橋の剛性比較(例)

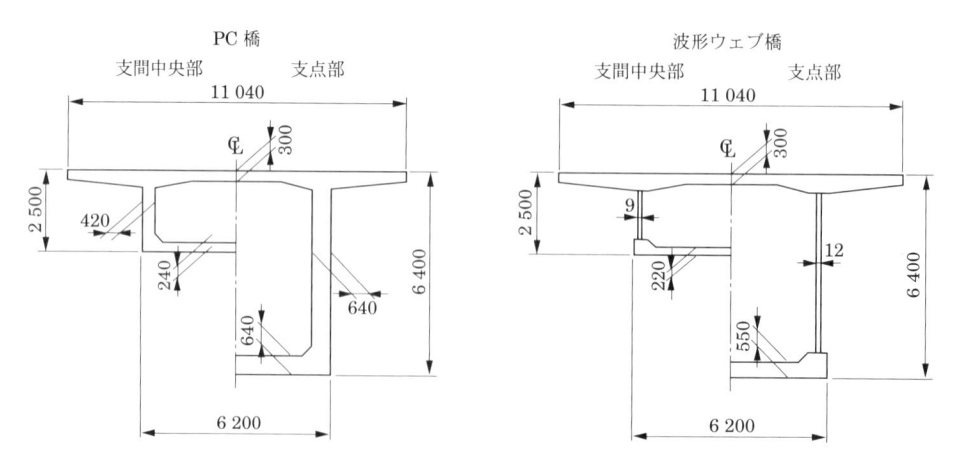

		単位	① PC 橋 (コンクリートウェブ)	② 波形ウェブ橋	比(②/①)
支間中央部	断面積 A	m^2	7.12	5.80	0.81
	断面 2 次モーメント I	m^4	6.19	5.61	0.91
	ねじり定数 J_t	m^4	12.31	5.16	0.42
	ウェブ断面積 A_w	m^2	2.10	0.027	—
	曲げ剛性 $E_c \cdot I$	$kN \cdot m^2$	1.92×10^8	1.74×10^8	0.91
	ねじり剛性 $G_c \cdot J_t$	$kN \cdot m^2$	1.60×10^8	6.71×10^7	0.42
	せん断剛性 $G_c \cdot A_w$	kN	2.73×10^7	2.08×10^6	0.08
支点部	断面積 A	m^2	14.94	7.85	0.53
	断面 2 次モーメント I	m^4	86.60	68.24	0.79
	ねじり定数 J_t	m^4	95.04	27.37	0.29
	ウェブ断面積 A_w	m^2	8.19	0.122	—
	曲げ剛性 $E_c \cdot I$	$kN \cdot m^2$	2.68×10^9	2.12×10^9	0.79
	ねじり剛性 $G_c \cdot J_t$	$kN \cdot m^2$	1.24×10^9	3.56×10^8	0.29
	せん断剛性 $G_c \cdot A_w$	kN	1.06×10^8	9.39×10^6	0.09

注）
1. コンクリートの圧縮強度　　$f'_{ck} = 40 \, (N/mm^2)$
2. コンクリートのヤング係数　$E_c = 3.1 \times 10^4 \, (N/mm^2)$
3. コンクリートのせん断弾性係数　$G_c = 1.3 \times 10^4 \, (N/mm^2)$
4. 鋼板のヤング係数　$E_s = 2.0 \times 10^5 \, (N/mm^2)$
5. 鋼板のせん断弾性係数　$G_s = 7.7 \times 10^4 \, (N/mm^2)$

2章 設計に関する一般事項

の比率が異なり，曲線橋でのねじり特性がPC橋と異なることが予想されるため，波形ウェブ曲線橋の構造解析は，主桁のねじりモーメントを適切に評価できるモデルにより行うのがよい．

2.2.2 各限界状態を検討するための構造解析手法

（供用限界状態を検討するための断面力および変形の算定）
（1） 供用限界状態に対する検討に用いる断面力および変位・変形の算出は，線形解析に基づくことを原則とする．

（終局限界状態を検討するための断面力の算定）
（2） 断面破壊の終局限界状態を検討するための断面力の算出には，一般に線形解析を用いてよい．

（疲労限界状態を検討するための断面力の算定）
（3） 疲労限界状態に対する検討に用いる断面力の算出は，線形解析に基づくことを原則とする．

【解　説】
「コンクリート標準示方書【構造性能照査編】」5章5.2～5.4節に準拠する．

（1）について　　波形ウェブ橋のウェブは，せん断力に抵抗するが，軸方向力にほとんど抵抗しない構造であることから，構造解析においては曲げ剛性は上下のコンクリート床版のみを有効とし，せん断剛性は波形鋼板ウェブのみを有効として算出している．ただし，せん断剛性の大小による断面力の差はほとんど無いことから，断面力の算出では一般的にせん断変形を無視（せん断剛性無限大）し，変形量の計算においてのみ考慮している．解説 図2.2.1に，一般的な波形ウェブ橋の線形解析に用いる剛性の算出断面を示す．

（2）について　　終局限界状態の検討において，非線形有限要素解析などを用いて終局限界状態を検討する場合には，断面力や断面耐力以外の破壊形態に対応した指標を設定し，設計荷重に対する応答値を算出することも可能である．

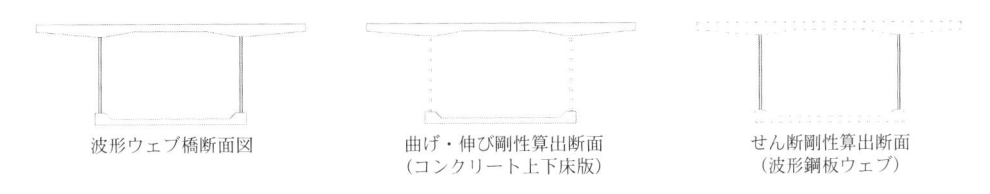

| 波形ウェブ橋断面図 | 曲げ・伸び剛性算出断面
（コンクリート上下床版） | せん断剛性算出断面
（波形鋼板ウェブ） |

解説 図2.2.1　線形解析に用いる剛性の算出断面

2.3　断面力の算出

2.3.1　温度変化の影響

波形ウェブ橋では，温度変化の影響はコンクリート床版のみを考慮すればよい．

Ⅱ 波形ウェブ橋編

【解　説】
　波形鋼板ウェブは軸方向剛性が小さいため，コンクリート床版のクリープ・収縮および温度変化による変形をほとんど拘束しないと考えられる。
　したがって温度変化の影響を検討する際は，コンクリート床版のみを考慮すればよいこととした。

2.3.2　衝撃係数
　衝撃係数は，波形ウェブ橋の構造特性に留意し適切な値を用いなければならない。

【解　説】
　波形ウェブ橋の衝撃係数は，中規模橋梁の径間部において，PC橋の衝撃係数よりも小さな値を示したとの報告[1]があるが，一般に国内の波形ウェブ橋の設計ではPC橋の衝撃係数が用いられていることが多い。

参考文献
1) 立神，上平，本田，梶川：車両走行による波形鋼板ウェブPC橋の動的応答と衝撃係数に関する研究，第8回プレストレストコンクリートの発展に関するシンポジウム論文集，プレストレストコンクリート技術協会，pp.19-24，1998

3章　供用限界状態に対する検討

3.1　曲げモーメントおよび軸方向力に対する検討

3.1.1　一　　般

波形ウェブ橋の曲げモーメントおよび軸方向力の検討は，供用限界状態においてコンクリート部材にひび割れを発生させないのがよい。

【解　説】

近年プレストレストコンクリート橋では，機能性，経済性から供用限界状態においてひび割れの発生を許すPPC構造が増加している。

しかし波形ウェブ橋は，以下に示す理由から現時点では供用限界状態においてコンクリート部材にひび割れを発生させないひび割れ発生限界部材として設計するのがよい。

・上下床版のみで曲げモーメントおよび軸方向力に抵抗する構造であり，床版のひび割れが橋梁の機能や耐久性に与える影響が大きいこと。
・ひび割れがウェブと床版の接合部の機能や耐久性に与える影響が懸念されること。
・PPC構造の採用実績がほとんどないこと。

したがってひび割れの発生を許す場合は，実験等によりその安全性を検討しなければならない。

3.1.2　応力度の算定

（1）　曲げモーメントおよび軸方向力に対する有効断面は，ウェブを無視したコンクリート床版のみで算出してよい。

（2）　コンクリート，鉄筋およびPC鋼材の応力度は，次の規定に基づいて求めてよい。
　（i）　繊維ひずみは，断面の中立軸からの距離に比例するものとする。
　（ii）　コンクリートおよび鋼材は，弾性体とする。
　（iii）　コンクリートは全断面を有効とする。
　（iv）　付着のあるPC鋼材のひずみ増加量は，同じ位置のコンクリートのそれと同一とする。
　（v）　部材軸方向のPC鋼材配置用のダクトは，有効断面とみなさない。
　（vi）　PC鋼材とコンクリートが一体化した後の断面定数は，PC鋼材とコンクリートのヤング係数比を考慮して求める。

【解　説】

（1）について　　波形鋼板ウェブの軸方向剛性は，上下コンクリート床版に比べて著しく小さく，軸方向力に対してほとんど抵抗しないことから，波形ウェブ橋の曲げモーメントおよび軸方向力に対する検討は，ウェブを無視したコンクリート床版のみで行ってよい[1]。

（2）について　　既往の実験・研究[1),2),3)]によれば，波形ウェブ橋でも基本的に平面保持の仮定が

成立する。したがって，部材断面の応力度は一般的な PC 構造と同様に算出してよいこととした。ただし，せん断力が急変する領域では，局部的な曲げ応力度が生じることに留意する必要がある。

解説 図3.1.1 に，曲げモーメントおよび軸方向力に対する有効断面と応力分布を示す。

有効断面　　　　　　　　　軸方向力　　　　曲げモーメント

解説 図3.1.1　曲げモーメントおよび軸方向力に対する有効断面と応力分布

3.1.3　応力度の照査

（1）　コンクリートの縁引張応力度は，1編7章7.2.2項（1）に示す設計引張強度の限界値を超えてはならない。

（2）　コンクリートの縁応力度が引張応力となる場合には，式(3.1.1)により算出される断面積以上の引張鋼材を配置することを原則とする。この場合引張鋼材としては，異形鉄筋を用いることを原則とする。

$$A_s = T_c/\sigma_{st} \tag{3.1.1}$$

ここに，A_s：引張鋼材の断面積
　　　　T_c：コンクリートに作用する全引張力
　　　　σ_{st}：引張鋼材の引張応力度の限界値で，異形鉄筋に対しては 200N/mm² としてよい。
　　　　　　ただし，引張応力が生じるコンクリート部分に配置されている付着がある PC 鋼材は，引張鋼材と見なしてよい。この場合，プレテンション方式の PC 鋼材に対しては引張応力度の限界値を 200N/mm² としてよいが，ポストテンション方式の PC 鋼材に対しては，100N/mm² とするのがよい。

【解　説】

「コンクリート標準示方書【構造性能照査編】」（土木学会）10章10.4.1項に準拠する。

3.2　せん断力に対する検討

3.2.1　一　　般

　波形ウェブ橋の主桁のせん断力に対する検討は，終局限界状態に対してのみ行えばよい。

【解 説】

波形ウェブ橋では，ウェブですべてのせん断力に抵抗するとしてよい[3]．また，そのウェブは鋼部材であり，7章の規定に従う場合には供用限界状態の検討の省略できるため，波形ウェブ橋の主桁のせん断力に対する検討は，終局限界状態に対してのみ行うこととした．ただし架設方法により，施工時が最も厳しい条件となる場合には，別途検討を行うものとする．

3.3 ねじりモーメントに対する検討

3.3.1 一 般

（1）供用限界状態においては，ねじりモーメントにより上下コンクリート床版にねじりひび割れを発生させてはならない．

（2）ねじりモーメントを考慮する場合には，純ねじりモーメントとそりねじりモーメントを考慮するのがよい．ただし，波形ウェブ橋においては，一般にそりねじりの影響を無視することができる．

（3）ねじりモーメントに対する検討においては，ねじりモーメントによる断面変形の影響を適切に評価しなければならない．

【解 説】

（1）について　曲げモーメントおよび軸力に対する検討と同様に，ねじりモーメントに対しても供用限界状態においては，上下コンクリート床版にひび割れを発生させないこととした．

（2）について　波形ウェブ橋の計画においては，通常の荷重状態において過度なねじりモーメントが発生しないように計画するのが望ましい．しかし架橋条件等により，曲率の大きい曲線橋や斜角の小さい斜橋，また広幅員橋などとしなければならない場合には，ねじりの影響に配慮する必要がある．

一般の構造部材のねじりモーメントは，式(解 3.3.1)に示すようにねじりモーメントは純ねじりモーメント（St.Venant のねじり）とそり拘束ねじりモーメント（Wagner のねじり）の和で表現される．純ねじりモーメントは，断面内にせん断応力のみを生じさせ，そり拘束ねじりモーメントは，橋軸方向のそりねじりによる垂直応力と，それに釣合うそりねじりによるせん断応力を生じさせる．

$$M_t = M_s + M_w = GJ\frac{d\Phi}{d_z} - EI_w\frac{d^3\Phi}{dz^3} \tag{解 3.3.1}$$

ここに，M_t ：作用ねじりモーメント
　　　　M_s ：純ねじりモーメント
　　　　M_w ：そり拘束ねじりモーメント
　　　　Φ ：ねじれ角
　　　　G ：せん断弾性係数
　　　　J ：ねじり定数
　　　　E ：ヤング係数

I_ω ：曲げねじり定数

　一つの部材断面内では必ず両者が存在することから，厳密には純ねじりモーメントとそり拘束ねじりモーメントによる影響を考慮するのがよい。ただし，ＰＣ箱桁橋のように閉断面構造では，そり拘束ねじりモーメントによる応力度よりも純ねじりモーメントによる応力度の方が卓越する。PC箱桁橋においても，一般にそり拘束ねじりモーメントの影響は無視しているため，本規準の適用範囲における波形ウェブ橋においても，そり拘束ねじりの影響を無視し，純ねじりの影響のみを考慮すればよいこととした。ただし，曲率の大きい曲線橋や斜角の小さい斜橋の場合には，そり拘束ねじりモーメントの影響を考慮する必要がある。

（３）について　　波形ウェブ橋はねじりモーメントが作用した場合の断面変形が，通常の PC 箱桁橋より大きくなる傾向にある。断面変形が大きくなると，そり応力が増加するため，適切な間隔で隔壁を配置し，断面変形を抑える必要がある。隔壁の配置に関しては，9章の規定に従うとともに，FEM 解析や既往の実験・研究等[4),5),6),7)]を参考にねじりモーメントによる断面変形の影響を適切に評価・検討しなければならない。

3.3.2 ひび割れ発生ねじりモーメント

　上下コンクリート床版のひび割れ発生ねじりモーメント M_{tcd} は，式(3.3.1)により求めてよい。

$$M_{tcd} = \beta_{nt} \cdot K_t \cdot f_{td} / \gamma_b \tag{3.3.1}$$

ここに，K_t：ねじりに関する係数

$$K_t = 2A_m \cdot t_i$$

$$A_m = b_1 \cdot h_1$$

　　　　t_i：上床版（t_2），下床版（t_4）の小さい方の値

　　　β_{nt}：プレストレス力等の軸方向圧縮力に関する係数

$$\beta_{nt} = \sqrt{1 + \sigma'_{nd}/(1.5 f_{td})}$$

　　　　f_{td}：コンクリートの設計引張強度

$$f_{td} = 0.23 f'_{ck}{}^{2/3}/\gamma_c$$

　　　　σ'_{nd}：軸方向による作用平均圧縮応力度。ただし，$7f_{td}$ を超えてはならない。

　　　γ_b：部材係数

　　　γ_c：コンクリートの材料係数

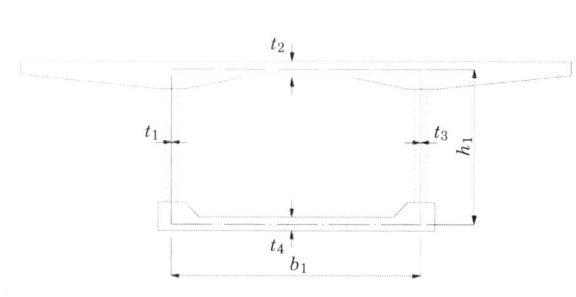

図 3.3.1　ねじりに関する係数

3章 供用限界状態に対する検討

【解　説】

「コンクリート標準示方書【構造性能照査編】」6章6.4.2項に準拠する。

ねじりひび割れ発生前のコンクリート部材のねじりモーメントに対する挙動は，コンクリート全断面を有効として，弾性理論により算定できる。この段階においてはひずみ量が小さいので，鉄筋により分担されるねじり抵抗は，コンクリート断面のそれと比較すると一般に無視できる。

したがって，ひび割れ発生前については，鉄筋の影響を無視したコンクリート断面に弾性理論を適用することとした。なお，供用限界状態における γ_b，γ_c は，一般に1.0としてよい。軸方向引張力を受ける部材における β_{nt} は，軸方向引張力が小さくひび割れが発生しない場合（$\sigma_{td}<f_{td}$）には，式(解3.3.1)による算出値を用いてよい。また，軸方向引張力のみによってひび割れが発生する場合（$\sigma_{td}\geqq f_{td}$）には，$\beta_{nt}=0$ とする。

$$\beta_{nt}=\sqrt{1-\sigma_{td}/f_{td}} \tag{解3.3.1}$$

ただし，$0\leqq\beta_{nt}\leqq 1$

ここに，σ_{td}：軸方向引張力による作用平均引張応力度

1室箱桁断面構造を対象とした，PC箱桁橋と波形ウェブ橋のねじり定数 J_t の算定式をそれぞれ式(解3.3.2)，式(解3.3.3)に示す。

$$J_t=\frac{4\cdot A_m^2}{\left(\dfrac{h_1}{t_1}+\dfrac{b_1}{t_2}+\dfrac{h_1}{t_3}+\dfrac{b_1}{t_4}\right)} \tag{解3.3.2}$$

ここに，J_t：PC橋のねじり定数
　　　　A_m：ボックス断面積（$=b_1\cdot h_1$）
　　　　b_1：ウェブ中心間隔
　　　　h_1：コンクリート床版中心高
　　　　t_1, t_3：コンクリートウェブ厚
　　　　t_2, t_4：上・下コンクリート床版厚

$$J_t=\frac{4\cdot A_m^2}{\left(\dfrac{h_1}{n_s\cdot t_1\cdot(1+\alpha)}+\dfrac{b_1}{t_2\cdot(1-\alpha)}+\dfrac{h_1}{n_s\cdot t_3\cdot(1+\alpha)}+\dfrac{b_1}{t_4\cdot(1-\alpha)}\right)} \tag{解3.3.3}$$

ここに，J_t：波形ウェブ橋のねじり定数
　　　　A_m：ボックス断面積（$=b_1\cdot h_1$）
　　　　b_1：ウェブ中心間隔
　　　　h_1：コンクリート床版中心高
　　　　n_s：G_s/G_c
　　　　G_s：鋼のせん断弾性係数
　　　　G_c：コンクリートのせん断弾性係数
　　　　t_1, t_3：波形ウェブの鋼板厚
　　　　t_2, t_4：上・下コンクリート床版厚
　　　　α：修正係数（$=0.4\cdot(h_1/b_1)-0.06\geqq 0$）

3.3.3 ねじりひび割れの照査

設計ねじりモーメント M_{td} は，ひび割れ発生ねじりモーメント M_{tcd} の70％以下とする。

【解　説】

「コンクリート標準示方書【構造性能照査編】」7章7.4.7項に準拠する。

供用限界状態において，ひび割れ発生ねじりモーメント M_{tcd} より設計ねじりモーメント M_{td} が小さい場合には，ねじりひび割れは発生しないと考えられるが，安全を考慮してこのように規定した。

3.4　変位・変形に対する検討

3.4.1　一　　般

（1）　主桁の変位・変形が，橋梁の機能，使用性，耐久性および美観を損なわないことを，適切な方法によって検討しなければならない。

（2）　変位・変形は，短期の変位・変形と長期の変位・変形に区別して考えるものとする。短期の変位・変形とは，荷重作用時に瞬時に生じる変位・変形であり，長期の変位・変形とは，短期の変位・変形と長期にわたり持続的に付加される変位・変形との和である。

（3）　主桁の短期および長期の変位・変形量は，限界値以下となることを確かめなければならない。

【解　説】

「コンクリート標準示方書【構造性能照査編】」7章7.5.1項に準拠する。

3.4.2　変位・変形量の照査

（1）　短期の変位・変形量は，全断面有効として弾性理論を用いて計算してよい。

（2）　長期の変位・変形量は，永久荷重によるコンクリートのクリープ・収縮等の影響を考慮して求めるものとする。

【解　説】

「コンクリート標準示方書【構造性能照査編】」7章7.5.3項に準拠する。

コンクリートウェブを有するPC橋は，せん断剛性が大きく，曲げ変形量に比べせん断変形量が小さいため，せん断変形の影響を一般に無視している。

しかし波形ウェブ橋では，ウェブのせん断剛性が小さくせん断変形量が大きくなることから，変位・変形量の照査においては，ウェブのせん断変形の影響を考慮するのがよい。なお，PC箱桁と波形ウェブ橋の曲げ剛性とせん断剛性の比較は2章解説 表2.2.1に示すとおりである。

3.5 振動に対する検討

変動荷重による振動が，構造物の機能および使用性を損なわないことを，適切な方法によって検討しなければならない。

【解　説】

「コンクリート標準示方書【構造性能照査編】」7章7.6節に準拠する。また，主桁と外ケーブルとの共振を避けるため，設計の際には，主桁および外ケーブルの固有振動特性を検討する必要がある。各々の固有振動数が近似する場合には，外ケーブルに防振装置などを設置して共振を避けるようにしなければならない。なお，波形ウェブ橋の固有振動特性および減衰定数の一例を解説 表3.5.1に示す。

解説 表3.5.1 波形ウェブ橋の固有振動特性および減衰定数

橋名 (構造形式)		新開橋[8] (単純桁)	銀山御幸橋[9] (連続桁)	本谷橋[10] (連続ラーメン)	勝手川橋[11,12] (連続ラーメン)	小河内川橋[11,12] (Tラーメン)
固有振動数 (Hz)	1次	3.950	2.778	1.648	1.840	1.756
	2次	5.400	3.167	1.831	2.695	2.491
	3次	—	3.710	3.235	3.220	5.020
減衰定数	1次	0.0270	0.0070	0.0320	0.0118	0.0073
	2次	0.0340	0.0084	0.0210	0.0092	0.0065
	3次	—	0.0095	—	0.0094	0.0056

参考文献

1) 近藤，清水，大浦，服部：波形鋼板ウェブを有するPC橋-新開橋-，プレストレストコンクリート，Vol.37，No2，プレストレストコンクリート技術協会，pp.69-78，1995
2) 花田，加藤，高橋，山崎：波形鋼板ウェブPC連続箱桁「松の木7号橋」の模型実験，第5回プレストレストコンクリートの発展に関するシンポジウム論文集，プレストレストコンクリート技術協会，pp.345-350，1995
3) 水口，芦塚，依田，佐藤，桜田，日高：本谷橋の模型実験と実橋載荷試験-張出し架設工法による波形鋼板ウェブPC箱桁橋-，橋梁と基礎，Vol.32，No.10，pp.25-34，1998
4) 依田，大浦：波形鋼板ウェブを用いた合成PC箱桁のねじり特性について，構造工学論文集，Vol.39A，pp.1251-1258，1993
5) 坂井，長井：鋼箱桁橋の中間ダイヤフラム設計法に関する一試案，土木学会論文報告集，第261号，1977
6) 上平，立神，本田，園田：波形鋼板を有するPC箱桁橋のせん断およびねじり特性に関する研究，プレストレストコンクリート，Vol.40，No.3，1998
7) 依田，生田：波形鋼板ウェブを用いた合成PC箱桁のねじりと断面変形，構造工学論文集，Vol.40A，pp.1381-1388，1994
8) 加藤，佐藤，吉田，久保：波形鋼板ウェブ橋梁（新開橋）の振動測定，土木学会第49回年次学術講演会，pp.1160-1161，1994
9) 立神，須合，蝦名，梶川，深田，福島：波形鋼板ウェブを有する5径間連続PC箱桁橋の振動特性，構造工学論文集，土木学会，Vol.45A，プレストレストコンクリート技術協会，pp.649-658，1999.3
10) 武村，古田，水口，久保：波形鋼板ウェブPCラーメン橋"本谷橋"の振動試験，第9回プレストレストコンクリートの発展に関するシンポジウム論文集，プレストレストコンクリート技術協会，pp.69-72，1999
11) 角谷，青木，山野辺，吉川，立神：波形鋼板ウェブ橋の振動特性その1-振動実験-，プレストレストコンクリート，Vol.45，No.2，pp.90-99，2003
12) 角谷，青木，山野辺，吉川，立神：波形鋼板ウェブ橋の振動特性その2-振動実験-，プレストレストコンクリート，Vol.45，No.3，pp.35-43，2003

4章 終局限界状態に対する検討

4.1 一 般

断面破壊の終局限界状態に対する検討は，設計断面力 S_d の設計断面耐力 R_d に対する比に構造物係数 γ_i を乗じた値が，1.0以下であることを確かめることにより行うものとする。

$$\gamma_i \cdot S_d/R_d \leq 1.0 \qquad (4.1.1)$$

【解 説】

「コンクリート標準示方書【構造性能照査編】」（土木学会）6章6.1節に準拠する。

4.2 曲げモーメントおよび軸方向力に対する安全性の検討

4.2.1 一 般

安全性の検討は，軸方向力が作用する曲げ部材として求めた設計曲げ耐力 M_{ud} が，設計曲げモーメント M_d に対して，式(4.1.1)の条件を満足するように行うことを原則とする。

【解 説】

「コンクリート標準示方書【構造性能照査編】」6章6.1節に準拠する。

4.2.2 設計断面耐力

（1） 曲げモーメントおよび曲げモーメントと軸方向力を受ける部材の設計断面耐力を算出する場合，以下の仮定に基づいて行うものとする。
　（ i ） 維ひずみは，断面の中立軸からの距離に比例する。
　（ ii ） コンクリートの引張応力は無視する。
　（iii） コンクリートの応力-ひずみ曲線は，I編6章6.2.3項によるのを原則とする。
　（iv） 鉄筋およびPC鋼材の応力-ひずみ曲線は，I編6章6.3.3項によるのを原則とする。
（2） 外ケーブルは引張抵抗材と見なして設計断面耐力を算出してよい。またその際，構造条件を考慮して部材の変形に伴うケーブルの応力度増加を見込んでもよい。

【解 説】

（1）について　「コンクリート標準示方書【構造性能照査編】」6章6.2.1項に準拠する。

なお，部材断面のひずみがすべて圧縮となる場合以外は，コンクリートの圧縮応力度の分布を，解説 図4.2.1に示す長方形圧縮応力度の分布（等価応力ブロック）と仮定してよい。

また，設計曲げ耐力 M_{ud} 算出時の部材係数 γ_b は，一般に1.1としてよい。なお，部材係数を荷重係数に含めて評価する場合は，これを1.0とするのがよい。

4 章　終局限界状態に対する検討

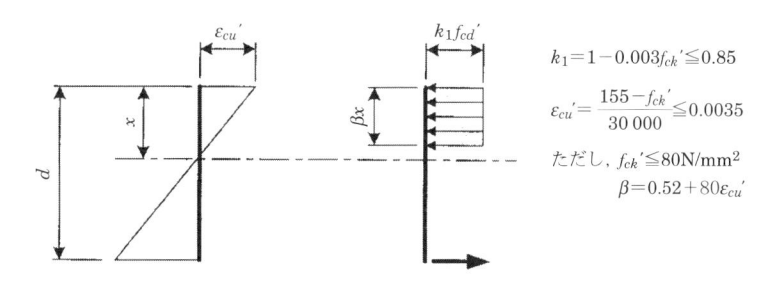

解説 図4.2.1　等価応力ブロック[1]

$$k_1 = 1 - 0.003 f_{ck}' \leq 0.85$$

$$\varepsilon_{cu}' = \frac{155 - f_{ck}'}{30\,000} \leq 0.0035$$

ただし, $f_{ck}' \leq 80\text{N/mm}^2$

$$\beta = 0.52 + 80\varepsilon_{cu}'$$

（2）について　「外ケーブル構造・プレキャストセグメント工法設計施工規準」Ⅱ編6章6.1.2項に準拠する。

4.3　せん断力に対する安全性の検討

4.3.1　一　　般

（1）　せん断力に対する安全性の検討は，曲げに伴うせん断力のすべてを波形鋼板ウェブが負担するものとして求めた設計せん断耐力 V_{yd} が，設計せん断力 V_d に対して，式(4.1.1)の条件を満足するよう行うことを原則とする。

（2）　波形鋼板ウェブのせん断座屈に対しては，7章7.2節に準じて安全性を確かめるものとする。

（3）　ねじりモーメントを考慮する場合は，4.4節に準じて別途ねじりによるせん断応力度に対する検討を行うものとする。

【解　説】

（1）について　曲げに伴うせん断応力度の断面内での分布は，鋼プレートガーダー橋のような薄肉断面の梁では，せん断流理論によると厳密な値を得ることができる（「道路橋示方書【Ⅱ鋼橋編】・同解説」（日本道路協会）　10章10.2.3項）。しかしこれまでの研究から，鋼プレートガーダー橋と同様に波形ウェブ橋においても，曲げに伴うせん断力の大部分はウェブが負担しており，国内の波形ウェブ橋の実績においても，波形鋼板ウェブが主桁断面に発生する全せん断力を負担するものと仮定して安全側に設計されている事例がほとんどであるため，条文のように規定した。

　ただし，コンクリート床版がせん断力の一部を負担しているのは事実であり，コンクリート床版にせん断力の一部を負担させ，波形鋼板の板厚を抑えることにより経済的効果を期待できる場合には，実験やFEM解析等に基づき，コンクリート床版が負担するせん断力を適切に評価してもよい。

（2）について　波形鋼板ウェブは，せん断降伏する前にせん断座屈する可能性があるため，座屈に対する検討を行う必要がある。座屈に対する検討においては，全体座屈および局部座屈，さらに連成座屈に対して，せん断座屈強度を適切に評価しなければならない。

（3）について　曲率の大きい曲線橋，斜角の小さい斜橋および大きな偏心荷重が想定される橋梁等で，ねじりモーメントの影響が無視できない場合は，本項の検討に加えてさらに4.4節に示すね

じりモーメントに対する検討を行わなければならない。

4.3.2 設計せん断力

桁高が変化する主桁の設計せん断力は，曲げ圧縮力および曲げ引張力のせん断力に平行な成分 V_{hd} を減じて算出しなければならない。V_{hd} は，式(4.3.1)により求めてよい。

$$V_{hd}=(M_d/d)(\tan\alpha_c+\tan\alpha_t) \tag{4.3.1}$$

ここに，M_d：設計せん断力作用時の曲げモーメント
　　　　d：部材断面の有効高さ
　　　　α_c：部材圧縮縁が部材軸となす角
　　　　α_t：引張鋼材が部材軸となす角

ただし，d は軸方向緊張材と引張鉄筋がともに存在する場合には，鋼材の合成断面の有効高さとする。α_c および α_t は，曲げモーメントの絶対値が増すに従って有効高さが増加する場合に正，減少する場合に負とする。

【解　説】

桁高が変化する主桁の設計せん断力は，施工実績が少ない当初においては，安全側の設計から部材の有効高の変化による影響を考慮しないケースもあった。その後，各種の実験やFEM解析によって，有効高さの変化によるせん断力の低減効果があることが実証されてきており[2),3),4),5)]，桁高が変化する主桁の設計せん断力は，「コンクリート標準示方書【構造性能照査編】」6章6.3.2項に準拠するものとした。

4.3.3 設計せん断耐力

設計せん断耐力 V_{yd} は，式(4.3.2)によって求めてよい。

$$V_{yd}=V_{wd}+V_{ped} \tag{4.3.2}$$

ここに，V_{wd}：波形鋼板ウェブの設計せん断耐力で，式(4.3.3)による。

$$V_{wd}=\tau_u\cdot h\cdot t/\gamma_b \tag{4.3.3}$$

　　　　τ_u：鋼材の設計せん断強度。ただし，7章7.2節に定めるせん断座屈強度を上限とする。
　　　　h：ウェブ高（波形鋼板ウェブの高さ）
　　　　t：波形鋼板の厚さ
　　　　γ_b：波形鋼板ウェブの部材係数
　　　　V_{ped}：軸方向緊張材の有効引張力のせん断力に平行な成分で，式(4.3.4)による。

$$V_{ped}=P_{ed}\cdot\sin\alpha_p/\gamma_b \tag{4.3.4}$$

　　　　P_{ed}：軸方向緊張材の有効引張力
　　　　α_p：軸方向緊張材が主桁軸となす角
　　　　γ_b：軸方向緊張材の部材係数

4章 終局限界状態に対する検討

【解 説】
部材係数 γ_b は，部材耐力の計算上の不確実性，部材寸法のばらつきの影響，部材の重要度，破壊性状等を考慮して定めるもので，波形鋼板ウェブでは1.15を標準としてよい。なお，部材係数を荷重係数に含めて評価する場合は，条文の γ_b は1.0とするのがよい。

なお，軸方向緊張材張力の鉛直成分 V_{ped} については，「コンクリート標準示方書【構造性能照査編】」6章6.3.3項に準拠する。

4.4 ねじりモーメントに対する安全性の検討

4.4.1 一 般
（1） ねじりモーメントに対する安全性の検討は，4.4.2項で求められる設計ねじり耐力に対して行うものとする。
（2） ねじりモーメントとせん断力が同時に作用する場合には，おのおの相互作用の影響を考慮して安全性の検討を行わなければならない。

【解 説】
（1），（2）について 「コンクリート標準示方書【構造性能照査編】」6章6.4節に準拠する。なお，ねじりモーメントとせん断力が同時に作用する場合には，ねじりモーメントによる主引張応力とせん断力による主引張応力は方向が一致する場合がある。この場合には，ねじりモーメントによる応力度が，同時に組み合わせたせん断力によってさらに増加することとなる。

一方，梁の上下面にねじりひび割れが発生していてさらに曲げモーメントが付加される場合や，あるいは曲げひび割れが発生していてさらにねじりモーメントが付加される場合のいずれにおいても，ねじりモーメントによる主引張応力の方向と曲げによる主引張応力の方向は一致しない。したがって，その相互の影響は，ねじりモーメントとせん断力との組み合わせの場合より小さいことから，ねじりモーメントと曲げモーメントが同時に作用する場合の検討は，行わなくてよいこととした。

4.4.2 設計ねじり耐力
（1） 上下コンクリート床版のねじりに対する設計斜め圧縮破壊耐力 M_{tcud} は，式(4.4.1)により求めてよい。

$$M_{tcud} = K_t \cdot f_{wcd} / \gamma_b \tag{4.4.1}$$

ここに，$f_{wcd} = 1.25\sqrt{f'_{cd}} \, (\text{N/mm}^2)$ ただし，$f_{wcd} \leq 7.8 \, (\text{N/mm}^2)$
　　　　K_t：ねじりに関する係数（3章3.3.2項参照）
　　　　γ_b：部材係数

（2） 箱桁断面の設計ねじり耐力 M_{tyd} は，式(4.4.2)により求めてよい。

$$M_{tyd} = 2A_m (V_{odi})_{\min} \tag{4.4.2}$$

ここに，$A_m = b_1 \cdot h_1$（3章3.3.2項参照）
　　　　$(V_{odi})_{\min}$：各部材の単位長さあたりの面内せん断耐力の最小値

（ⅰ）コンクリート床版の場合 V_{od} は，T_{xyd} あるいは T_{yyd} のいずれか小さい方の値とし，式(4.4.3)，(4.4.4)により求めてよい。

$$T_{xyd} = p_x \cdot f_{yd} \cdot b \cdot t / \gamma_b \tag{4.4.3}$$

$$T_{yyd} = p_y \cdot f_{yd} \cdot b \cdot t / \gamma_b \tag{4.4.4}$$

ここに，T_{xyd}：床版に配置された橋軸方向鉄筋の設計降伏耐力

T_{yyd}：床版に配置された橋軸直角方向鉄筋の設計降伏耐力

p_x および p_y：橋軸方向および橋軸直角方向の鉄筋比 $(A_s/(b \cdot t))$

f_{yd}：鉄筋の設計引張降伏強度

b　：単位幅

t　：床版厚

γ_b　：部材係数

（ⅱ）波形鋼板ウェブの場合 V_{od} は，式(4.4.5)により求めてよい。

$$V_{od} = \tau_u \cdot b \cdot t / \gamma_b \tag{4.4.5}$$

ここに，τ_u　：鋼材の設計せん断強度

b　：単位幅

t　：波形鋼板の厚さ

γ_b　：部材係数

（3）ねじりモーメント M_{td} とせん断力 V_d が同時に作用する場合の安全性の検討は，式(4.4.6)を満足することを確かめることにより行ってよい。

$$\gamma_i (M_{td}/M_{tu\min} + (1 - 0.2 M_{tcd}/M_{tu\min})(V_d/V_{yd})) \leq 1.0 \tag{4.4.6}$$

ここに，$M_{tu\min}$：M_{tcud} と M_{tyd} のいずれか小さい方の値

V_{yd}　：式(4.3.2)により求めた設計せん断耐力

M_{tcd}　：式(3.3.1)により求めたひび割れ発生ねじりモーメント

γ_i　：構造物係数

【解　説】

(1)について　「コンクリート標準示方書【構造性能照査編】」6章6.4.3項に準拠する。

なお部材係数 γ_b は，一般に1.3としてよいが，部材係数を荷重係数に含めて評価する場合には1.0としてよい。

(2)について　「コンクリート標準示方書【構造性能照査編】」6章6.4.3項に準拠する。

断面寸法に比較して部材厚が薄い場合には，部材厚方向にねじりせん断応力が一様に生じるとしたせん断流理論が適用できるものと考えられる。この場合，箱形断面を構成する各部材には，ねじりせん断流による面内せん断力が作用する。したがって，各部材の面内せん断力を求め，これから箱形断面としてのねじり耐力を求めることとした。

一般にせん断流理論が適用できるのは，各部材の面外変形が生じないことが条件である。したがって波形ウェブ橋の場合，中間隔壁を適切な間隔に配置する等の配慮が必要である。

一般に部材係数 γ_b は，上下コンクリート床版の場合1.3，波形鋼板ウェブの場合1.15としてよいが，部材係数を荷重係数に含めて評価する場合には1.0としてよい。

（3）について 「コンクリート標準示方書【構造性能照査編】」6章6.4.3項に準拠する。

解説 図4.4.1は，ねじりモーメントとせん断力が同時に作用する場合の相関関係を直線関係で表し，併せてねじり無視限界（$\gamma_i M_{td}/M_{tu\min}＝0.2M_{tcd}/M_{tu\min}$）との整合性を考慮したものである。

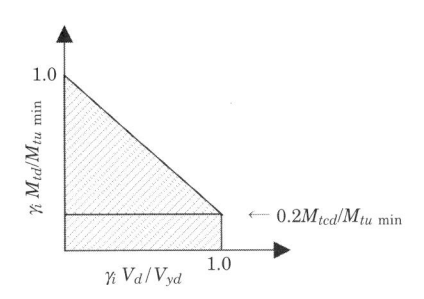

解説 図4.4.1 ねじりモーメントとせん断力の相関関係図

参考文献

1) 土木学会：コンクリート標準示方書［構造性能照査編］，2002.3
2) 蛯名，上平，立神，本田：波形鋼板ウェブPC箱桁橋の変断面化に対する力学的特性の研究，第7回プレストレストコンクリートの発展に関するシンポジウム論文集，プレストレストコンクリート技術協会，pp.725-730，1997.10
3) 水口，芦塚，佐藤，桜田：本谷橋（波形鋼板ウェブPC変断面箱桁橋）のたわみに関する検討，第9回プレストレストコンクリートの発展に関するシンポジウム論文集，プレストレストコンクリート技術協会，pp.47-52，1999.10
4) 水口，芦塚，大浦，日高：波形鋼板ウェブPC橋のせん断分担率と床版の付加曲げについて，第9回プレストレストコンクリートの発展に関するシンポジウム論文集，プレストレストコンクリート技術協会，pp.59-62，1999.10
5) 浦川，正司，藤井，吉田：桁高変化を考慮した波形鋼板ウェブPC部材のせん断分担率に関する検討，第12回プレストレストコンクリートの発展に関するシンポジウム論文集，プレストレストコンクリート技術協会，pp.261-264，2003.10

5章　疲労限界状態に対する検討

5.1　一　般

（1）　PC 構造として設計する床板のコンクリート，鉄筋および付着のある PC 鋼材については，疲労限界状態に対する検討を省略してよい。

（2）　波形鋼板ウェブ部材の荷重による応力度が繰返し変化する部材要素や連結部の設計では，繰返し応力の数，応力変化の範囲，部材要素や連結部の形式と位置に注意を払い，疲労に対する安全性に留意しなければならない。

【解　説】

（1）について　「コンクリート標準示方書【構造性能照査編】」10章10.6節に準拠する。

疲労に対する検討は，一般に繰返し引張応力を受ける鋼材の破断について行えばよいが，PC 床板は上床板，下床板とも供用限界状態において，曲げひび割れの発生を許さないひび割れ発生限界部材として設計するので変動荷重による鋼材の応力度も小さいため，疲労に対する安全性の照査は省略してよいものとした。

アンボンド PC 鋼材や，外ケーブルの載荷荷重による応力変動は，付着のある内ケーブルに比べて一般に小さいが，張力変動が定着部あるいは偏向部を介してケーブル全体に直接影響し，緊張材の局部的な欠陥がケーブルの疲労強度を決定することから，疲労破断の確率は付着のあるケーブルに比べ一般に大きくなる。したがって，緊張材の引張応力度の検討では緊張材の疲労に十分留意しなくてはならない。とくに，定着部や偏向部の構造は，その性能が確認されたものを使用しなければならない。

また，外ケーブルが構造物もしくは車両等と共振する場合には，定着部や偏向部でのケーブルの曲げ疲労が問題となることから，共振の可能性を検討するとともに，対策工として防振装置を設けるか，ケーブルを短い間隔で固定しなければならない。

外ケーブル構造では，偏向部においてフレッティング疲労と呼ばれる破断形態があり，注意を要する。これは，素線同士が接触している部位で，荷重載荷によるこすれ合いや押しつけ合いにより素線に蓄積される疲労である。フレッティング疲労が予想される部位では，PC 鋼材の角折れに留意するとともに，保護管内にグラウトを施して変位を拘束すること，素線を樹脂被覆すること，スペーサーにより素線同士が接触しないようにすること等が有効である。

（2）について　「PART-A 鋼構造物設計指針【一般構造物】」（土木学会）6章6.6節に準拠する。具体的な照査法については，道路橋は，「鋼道路橋の疲労設計指針[1]」（日本道路協会），鉄道橋は，「鉄道構造物等設計標準・同解説【鋼・合成構造物】[2]」（鉄道総合技術研究所）に準じることとする。

疲労に対する検討は，以下に示す溶接箇所について行うのが望ましい。

（i）　波形鋼板ウェブとコンクリート床版の接合部

波形ウェブ橋は，活荷重や横方向の水平力に起因してウェブ上端に面外の交互曲げ（首振り現象）が生じ，引張と圧縮の交番応力が発生する。

波形鋼板ウェブを鋼フランジを介してコンクリート床板と接合する形式の場合は，首振り現象に対してもウェブ上端と鋼フランジの溶接部の疲労に対する安全性の検討を行うのがよい。

埋込みウェブジベル方式の接合に関しては，過去に鋼ウェブに平行な面内の挙動に対する疲労試験[3]および首振り現象に関する疲労試験[4]が行われている。

また，波形鋼板ウェブのアコーディオン効果は，ウェブの曲げ変形により得られるものであることから，この変形を拘束しているフランジとの接合部には複雑な応力が発生する。フランジに軸方向力が作用した場合，フランジとウェブの溶接部に溶接線直角方向の力（せん断力）が発生する。この現象によるせん断応力の繰返しに対しても溶接部の疲労の安全性の検討を行うのがよい。

(ⅱ) 波形鋼板の連結部

ウェブ同士の一面せん断重ね溶接継手は，継手に偏心の影響が生ずるため，平鋼板をウェブに用いた通常の橋梁では用いられていない。しかし波形ウェブ橋のウェブは，橋軸方向力に抵抗しないため，平鋼板とウェブに用いた通常の橋梁に比べ，偏心の影響は小さいと考えられる。なお，1面せん断重ね溶接継手に関しては，過去に疲労試験[5],[6],[7]が行われており，いくつかのスカラップ形状に関しては安全性が確認されている（解説 図7.3.4参照）。

5.2 疲労に対する安全性の検討

疲労に対する安全性の検討は，設計疲労強度 f_{rd} が設計変動応力度 σ_{rd} に対して式(5.2.1)の条件を満たす方法により行うことを原則とする。

$$\gamma_i \cdot \sigma_{rd} / (f_{rd}/\gamma_b) \leqq 1.0 \tag{5.2.1}$$

ここに，σ_{rd}：設計変動応力度

f_{rd}：設計疲労強度

γ_b：部材係数

γ_i：構造物係数

【解　説】

「コンクリート標準示方書【構造性能照査編】」8章8.2節に準拠する。部材係数 γ_b は，一般に1.0～1.1としてよい。

5.3 設計変動断面力と等価繰返し回数の算定

不規則な変動荷重に対しては，適切な方法によりそれぞれが独立な荷重と繰返し回数の組み合わせに分解する。

疲労に対する安全性の検討には，マイナー則を適用して，設計変動応力 σ_{rd} に対する等価繰返し回数 N の作用に置き換えてよい。

II 波形ウェブ橋編

【解　説】

「コンクリート標準示方書【構造性能照査編】」8章8.3節に準拠する。

参考文献

1) 日本道路協会：鋼道路橋の疲労設計指針，2002.3
2) 国土交通省鉄道局監修，鉄道総合技術研究所：鉄道構造物等設計標準・同解説　鋼・合成構造物，2002.11
3) 竹下，依田，志賀，中州，佐藤，桜田：波形鋼板ウェブを有するI形断面合成桁の疲労実験，土木学会第24回関東支部技術研究発表会概要集，pp.8-9，1997.3
4) 桜田，依田，中州，佐藤：波形鋼板ウェブと床版接合部の横方向性状に関する実験的研究，第8回プレストレストコンクリートの発展に関するシンポジウム論文集，プレストレストコンクリート技術協会，pp.7-12，1998.10
5) 岡川，青木，富本，狩野：波形鋼板ウェブPC橋のすみ肉溶接重ね継手の疲労強度特性について，第11回プレストレストコンクリートの発展に関するシンポジウム論文集，プレストレストコンクリート技術協会，pp.403-406，2001.11
6) 青木，芦塚，森，花房，石井：波形鋼板ウェブ橋の現場継手構造に関する検討，土木学会第56回年次学術講演会，2001.10
7) 芦塚，忽那，関井，石井：波形鋼板ウェブ橋の現場継手構造に着目した実橋載荷実験，土木学会第57回年次学術講演会，2002.9

6章　ずれ止めの設計

6.1 一　般

波形鋼板ウェブとコンクリート床版の接合部のずれ止めは，想定した限界状態において，主桁断面が合成断面として確実にその性能を確保できるような構造でなければならない。

【解　説】

一般にずれ止めの耐力照査は，終局限界状態，疲労限界状態，および供用限界状態における設計耐力が，それぞれの限界状態における設計断面力を上回っていることを確認することで行う。

波形ウェブ橋の接合部に用いるずれ止め構造は，これまでの実績では次の2種類に大別される。

① フランジ鋼板を有するずれ止め（解説 図6.1.1）

波形鋼板の上下端部に溶接したフランジ鋼板に（a）頭付きスタッド，（b）アングルジベル，または（c）孔あき鋼板ジベル等を取り付け，コンクリートと接合する形式である。

② フランジ鋼板を有さないずれ止め（埋込みウェブジベル，解説 図6.1.2）

波形鋼板を直接床版に埋め込み，波形鋼板によって囲まれた部分のコンクリートおよび波形鋼板の端部に橋軸方向に溶接した接合棒鋼によるジベル効果，または波形鋼板にあけた孔のジベル

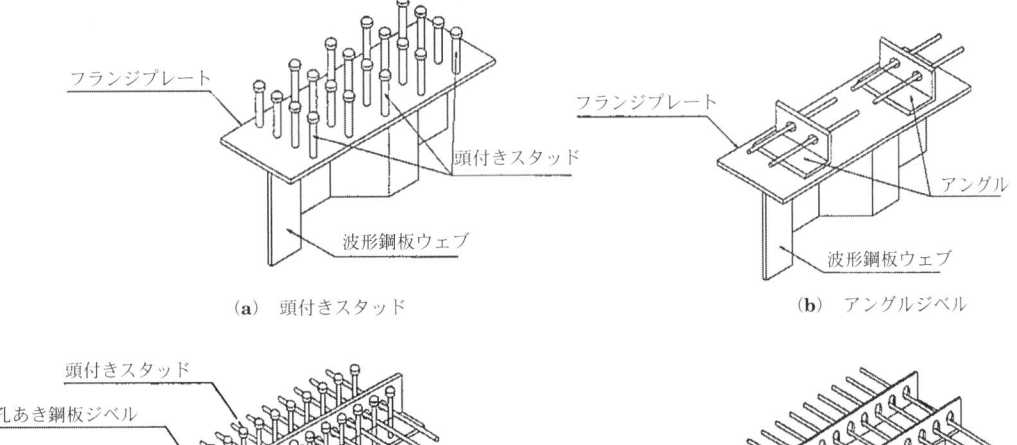

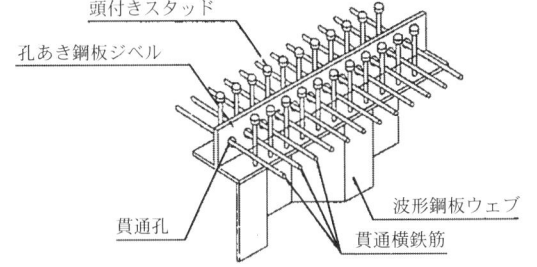

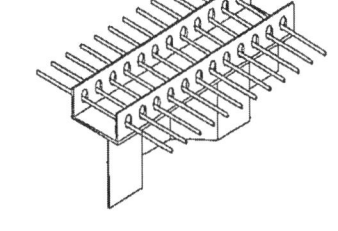

(a) 頭付きスタッド

(b) アングルジベル

(c) 孔あき鋼板ジベル

解説 図6.1.1　フランジ鋼板を有するずれ止め

Ⅱ　波形ウェブ橋編

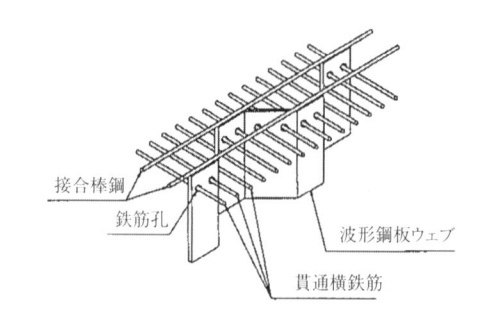

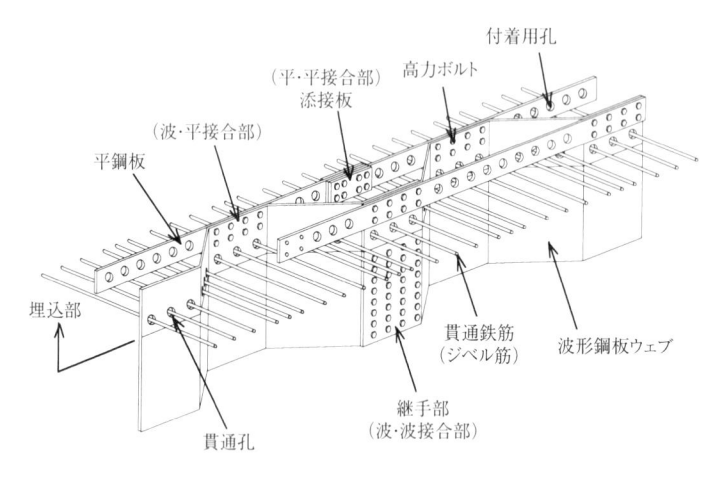

解説 図6.1.2　埋込みウェブジベル

効果によって，コンクリートと接合する形式である。
　波形鋼板ウェブは，通常の鋼プレートガーダー橋のウェブよりも橋軸直角方向（面外方向）の剛性が高いため，波形鋼板とコンクリート床版の接合部も剛であれば，床版に輪荷重等が作用した場合，接合部には比較的大きな橋軸直角方向の曲げモーメントが発生する。したがって，波形ウェブ橋の接合部では，橋軸方向の水平せん断力に加え，橋軸直角方向の曲げに対しても所要の性能を確保することを，適切な方法で確認しなければならない。

6.2　ずれ止めの設計断面力

（1）　ずれ止めの設計水平せん断力は，想定した限界状態での各種荷重の組合わせによる波形鋼板ウェブとコンクリート床版との間の水平せん断力が，最も大きくなる場合について設定するものとする。
（2）　ずれ止めに発生する橋軸直角方向の設計曲げモーメントは，主桁断面に作用する各種荷重，および想定した限界状態における主桁の挙動特性を鑑み，適切に設定するものとする。

【解　説】
（1）について　　各種荷重とは，死荷重，活荷重，プレストレス力，床版コンクリートのクリープ・

収縮の影響，上床版と下床版との相対的な温度差，雪荷重，風荷重，地震荷重等であるが，このうち床版コンクリートのクリープ・収縮の影響は，波形鋼板のアコーディオン効果により一般に考慮しなくてもよい．

主桁の曲げに伴う，接合部での橋軸方向単位長さあたりの水平せん断力 H は，式(解 6.2.1)により求めることができる．

$$H = V \cdot (Q/I) \qquad \text{(解 6.2.1)}$$

ここに，V：主桁の曲げに伴うせん断力
　　　　Q：主桁の接合部外側断面の図心軸に関する断面 1 次モーメント
　　　　I：主桁の断面 2 次モーメント

（2）について　　波形鋼板ウェブとコンクリート床版の接合部に橋軸直角方向の断面力 H を発生させる荷重は，主桁自重，橋面荷重，床版横締 PC 鋼材によるプレストレス力，活荷重，風荷重，高欄への衝突荷重等である．

これらの荷重によってずれ止めに発生する橋軸直角方向の設計曲げモーメントの算出方法としては，主桁断面をモデル化した平面骨組解析によるのが一般的である．

6.3　ずれ止めの設計耐力

ずれ止めの設計耐力は，限界状態ごとに，ウェブ，床版，ずれ止め等に使用する材料の特性およびずれ止めの機能が果たしている機構等を適切に反映できる方法で求めた耐力を，部材係数で除した値とする．

【解　説】

ずれ止めの設計耐力の算定においては，適用する耐力評価式の，実際の強度からのばらつきを考慮して，部材係数を決定するものとした．解説 図 6.1.1 および解説 図 6.1.2 に示す各ずれ止め構造に対しては，これまで実験等に基づき，以下に示すような強度評価式が提案されている．これらの評価式の他，実験等によりずれ止め強度が適切に確認されている場合には，終局限界状態の部材係数は 1.15～1.30 としてよい．なお，部材係数を荷重係数に含めて評価する場合には，γ_b を 1.0 としてよい．

これまで波形ウェブ橋に用いられているずれ止め構造の設計耐力のうち，水平せん断耐力については基本的に鋼合成桁等の場合と同様であり，既往の耐力評価式に基づき照査することができる．

橋軸直角方向の曲げ耐力については，最近研究が進められているものの，系統的な評価方法の確立までには至っていないため，ここでは実験結果等に基づき提案されている耐力評価法を紹介するに留める．設計においては，全体構造ならびに接合部の構造条件や荷重条件等を鑑みた上で，適切に発生応力および耐力を算定しなければならない．

1. 頭付きスタッド
   （ⅰ）ずれ耐力
   　　Ⅳ編 6 章 6.5 節に準じるものとする．
   （ⅱ）橋軸直角方向曲げ耐力

解説　図6.3.1に示すように，軸方向パネルに近い，引張側のスタッドのみを引張鋼材として考慮し，RC計算を行って算出した引抜き力が，スタッドの引抜き耐力を下回るようにスタッドを配置する設計手法が提案されている[1]。スタッドの引抜きに対する終局および疲労強度は，既往の実験結果等を参照し，スタッドの配置密度などに配慮した上で，適切に設定する必要がある。

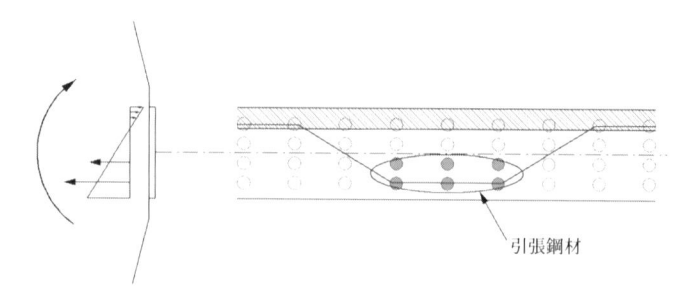

解説　図6.3.1　橋軸直角方向の曲げに対する引張側のスタッド

2. アングルジベル
(i) ずれ耐力

アングルジベルの水平せん断強度の算定式として，フランスでの施工実績で用いられた終局限界状態でのずれ耐力の算定式を以下に示す。

アングル1つあたりの水平せん断強度 R_d は，式（解6.3.1）に示すようにアングル背面のコンクリート強度による値 R_1 と，アングルとフランジとの溶接部強度による値 R_2 のうち小さい方で与えられる。

$$R_d = \inf(R_1, R_2) \tag{解6.3.1}$$
$$R_1 = b_1 \cdot h \cdot f'_{ck} / 1.5$$
$$R_2 = \Sigma a \cdot L_1 \cdot f_y / \sqrt{3}$$

ここに，b_1：アングル幅
　　　　h：アングル高
　　　　f'_{ck}：コンクリートの設計基準強度
　　　　a：溶接の理論のど厚
　　　　L_1：溶接の有効長
　　　　f_y：溶接部の降伏強度

ただし，t（アングルの厚さ）$\leq 0.1h$

(ii) 橋軸直角方向曲げ耐力

アングルジベルによるずれ止めを用いる場合，終局水平せん断力によりフランジが床版から浮上って破壊を早めることを抑制するために，解説　図6.3.2に示すような貫通鉄筋とU字鉄筋を配置することが一般的である。これまでの事例では，橋軸直角方向の曲げに対しては，これらの鉄筋を利用し，橋軸直角方向の曲げモーメントに抵抗する設計法が採用されている事例が多い。この場合，曲げにより発生する引抜き力に対して，アングルにフレア溶接されたU字鉄筋で基本的に抵抗する設計法と，U字鉄筋をアングルと溶接せず，貫通鉄筋のせん断抵抗で基本的に対処する設計法の2通りがある。

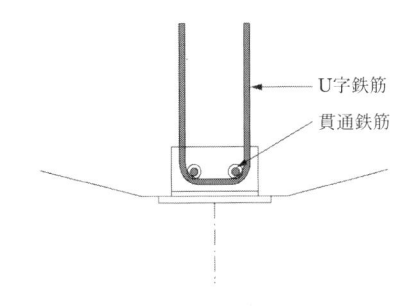

解説 図6.3.2 アングルジベルの貫通鉄筋とU字鉄筋

3. 孔あき鋼板ジベル
   （ⅰ）ずれ耐力

　孔あき鋼板ジベルのずれ耐力は，基本的には「複合構造物の性能照査指針（案）」（土木学会）に準じて評価してもよい．孔あき鋼板ジベルを橋軸方向に2列配置する場合も，基本的には同程度の耐荷力を有すると考えることができる[2]．ただし，ジベル孔側面のコンクリートのかぶりが小さい場合等では，耐荷力が小さくなる傾向がある[3]．またジベル径を大きくすると，ジベル孔の単位面積あたりのせん断強度は低下すること等も明らかにされており[4]，既往の実験諸元から著しく離れたジベルを採用する際には留意が必要である．

　（ⅱ）橋軸直角方向曲げ耐力

　孔あき鋼板ジベルを橋軸方向に1列とする場合，橋軸直角方向の曲げに対してジベル鋼板の曲げ剛性により抵抗することになるため，接合部の回転剛性，耐力とも高くするためには鋼板厚が著しく大きくなる．その対処法として，解説 図6.1.1（c）に示すように頭付きスタッドを併用する場合には，橋軸直角方向の曲げに対する設計法はスタッドの場合と同様である．孔あき鋼板ジベルを橋軸方向に2列配置する場合には，橋軸直角方向の曲げに対してジベルの引抜き抵抗で対処することになる．孔あき鋼板ジベルの引抜き耐力は未だ十分検討されていないが，フランジ鋼板からジベル孔までの高さが小さい場合，ジベルの引抜き耐力は水平せん断耐力より小さくなる傾向がある[5]ため，注意が必要となる．

4. 埋込みウェブジベル
   （ⅰ）ずれ耐力

　埋込みウェブジベルは，これまでの研究の範囲では，ずれ止めとして機能するメカニズムや，その破壊モードと各モードでの破壊メカニズムが完全には明らかにされていない．依田らは，波形の形状効果を考慮しなければ，解説 図6.3.3（a）に示すように，上記の孔あき鋼板ジベルの耐力算定式が使えるとして，解析と模型実験により埋込みウェブジベルの強度を確認した[6]-[9]．一方，池田らは，解説 図6.3.3（b）に示すように，埋め込まれた波形鋼板で3辺を囲まれる台形のコンクリートブロックと接合棒鋼をブロックジベルと見なし，「道路橋示方書【Ⅱ鋼橋編】・同解説」（日本道路協会，昭和55年版）9章9.5.6項のブロックジベルの許容せん断力の規定に準拠して耐力算定式を示し，模型実験等により埋込みウェブジベルの強度を確認した[10]-[12]．

　以下に，そのブロックジベルとしての耐力評価式を示す．

①供用限界状態

Ⅱ　波形ウェブ橋編

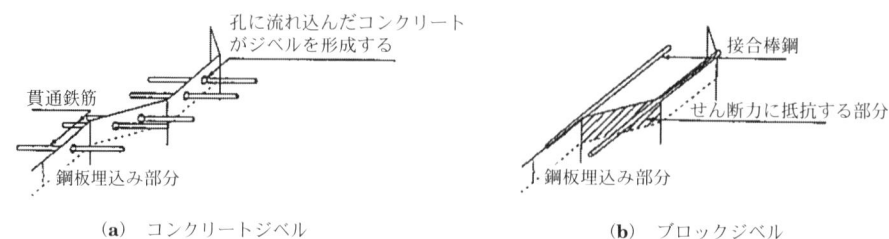

(a) コンクリートジベル　　　　　　**(b)** ブロックジベル

解説 図6.3.3　埋込みウェブジベルの強度算定方法

$$Q_a = f_1 \cdot A_1 + f_{sa} \cdot A_2 \tag{解 6.3.2}$$

②終局限界状態

$$Q_u = \frac{3}{5} f'_{ck} \cdot A_1 + f_{sy} \cdot A_2 \tag{解 6.3.3}$$

ここに，f_1：床版コンクリートの許容支圧応力度

$$f_1 = \left(0.25 + 0.05 \frac{A}{A_1}\right) f'_{ck} \leq 0.5 f'_{ck}$$

f'_{ck}：床版コンクリートの設計基準強度

$A = b_0 \, h_0$

b_0：ハンチの最小幅

h_0：ハンチを含めた接合部の床版の全厚

A_1：支圧抵抗面積（$A_1 = d \cdot l$）

　　d：波形鋼板ウェブの波の高さ

　　l：波形鋼板ウェブの埋め込み深さ

f_{sa}：接合棒鋼の許容引張応力度

f_{sy}：接合棒鋼の基準降伏点応力度

A_2：接合棒鋼の断面積

(ⅱ)　橋軸直角方向曲げ耐力

　埋込みウェブジベルの橋軸直角方向の曲げ耐力の評価式はこれまで提案されていないが，本谷橋で採用されたジベルでは，十分な耐荷力および疲労強度を有していることが確認されている[1]。

参考文献

1) 鈴木，紫桃 他：波形鋼板ウェブ橋におけるコンクリート床版接合部の横方向性状，コンクリート工学論文集第15巻第1号，2004.1
2) 蛯名，東田 他：波形鋼板ウェブPC橋におけるパーフォボンドリブ接合のせん断耐力に関する実験的研究，土木学会年次学術講演会概要集第5部，2003
3) 竈本，東田 他：ツインパーフォボンドリブ接合部の押し抜きせん断実験による検討，土木学会年次学術講演会概要集第5部，2004
4) 新谷，蛯名 他：波形鋼板とコンクリート床版の結合方法に関する実験的研究，第9回プレストレスコンクリートの発展に関するシンポジウム論文集，プレストレストコンクリート技術協会，pp.91-96，1999
5) 白谷，垂水 他：第二東名矢作川橋の主桁側斜材定着部における孔あき鋼板ジベル構造と耐荷力確認実験，第12回プレストレストコンクリートの発展に関するシンポジウム論文集，プレストレストコンクリート技術協会，pp.293-296，2003
6) 中島，依田 他：波形鋼板ウェブとコンクリートフランジとの接合部の構造に関する実験的研究，第3回合成構造の活用に関するシンポジウム講演論文集，pp.173-177，1995

7) 中島, 依田 他：波形鋼板ウェブを有するI桁断面合成桁の力学的挙動について, 土木学会第51回年次学術講演会概要集, 1996
8) 竹下, 依田 他：波形鋼板ウェブを有するI桁断面合成桁の疲労試験, 第24回関東支部技術研究発表会講演概要集, pp.8-9, 1997
9) 竹下, 依田 他：波形鋼板ウェブを有するI桁断面合成桁の疲労性状に関する実験的研究, 土木学会第52回年次学術講演会概要集, 1997
10) 山口, 山口, 池田：波形鋼板ウェブを有する複合PC構造のせん断挙動について, 第5回プレストレストコンクリートの発展に関するシンポジウム論文集, プレストレストコンクリート技術協会, pp.339-344, 1995
11) 山口, 山口, 池田：波形鋼板をウェブに用いた複合プレストレストコンクリート桁の力学的挙動に関する研究, コンクリート工学論文集, Vol.8, No.1, pp.27-40, 1997
12) 田島, 山口, 池田：波形鋼板ウェブを有するPC構造の複合機構に関する研究, コンクリート工学年次論文報告集, Vol.19, No.2, pp.1203-1208, 1997

7章　波形鋼板の設計

7.1　一　般

波形鋼板ウェブ，波形鋼板の現場継手部および波形鋼板とフランジ鋼板の溶接部は，各部材に発生する設計断面力に対して十分な耐荷力を有し，確実にその性能を確保できるように設計しなければならない。

【解　説】

波形鋼板ウェブは，その軸方向剛性が小さい特性により，せん断降伏またはせん断座屈などのせん断破壊が先行する部材となる。そのため，波形鋼板の設計においては，基本的にはせん断力に対する照査を行えばよい。

波形鋼板のせん断座屈のモードとしては，全体座屈，局部座屈，および連成座屈の3モードがある。全体座屈は，上下床版間の波形鋼板が全体的に座屈するモード，局部座屈は，波形鋼板のパネル（折目間の平板）が局部的に座屈するモード，連成座屈はこれらが複合した座屈モードである。波形鋼板の波形状（波高，パネル幅）および板厚は，ウェブのせん断座屈強度を支配するパラメータであり，終局限界状態においてもウェブが所要のせん断耐力を有するように，適切に設定しなければならない。これまでの実験やFEM解析等に基づく検討結果によれば，波形鋼板は平鋼板と異なり後座屈強度が小さく，せん断座屈後は急激に耐荷力が低下する傾向がある[1]。また，せん断降伏よりもせん断座屈の方が先行するような諸元の場合には，波形鋼板の製作時の誤差（初期不整）や架設時の自重，上床版コンクリートの横締PC鋼材のプレストレス力等により生じるウェブの面外変形のため，せん断座屈強度が低下する場合があることも指摘されている[2]。

したがって，終局限界状態に対する照査においては，ウェブにせん断座屈が生じることがないように，波形鋼板の各諸元を適切に設定しなければならない。

7.2　波形鋼板の設計せん断耐力

7.2.1　一　般

終局限界状態における波形鋼板の設計せん断耐力は，全体座屈および局部座屈，さらに連成座屈の，各モードのせん断座屈強度を適切に評価して算出することを標準とする。

【解　説】

せん断降伏域から非弾性座屈域および弾性座屈域まで包括した，波形鋼板の設計せん断耐力の評価方法として，山口らは以下に示す手順を提案している[1]。

1. 弾性せん断座屈強度の算出

全体および局部座屈の両モードに対して，それぞれ7.2.2項および7.2.3項に示す弾性せん断座

屈強度 τ_{crg}^e, τ_{crl}^e を算定する。

2. 非弾性域を考慮した座屈強度の算出

全体および局部座屈の両モードに対してそれぞれ，せん断座屈パラメータ λ_s を式(解 7.2.1)により算出する。次に，式(解 7.2.2)および**解説 図 7.2.1**に基づき，非弾性域を考慮した全体座屈強度 τ_{crg} および局部座屈強度 τ_{crl} を算出する。

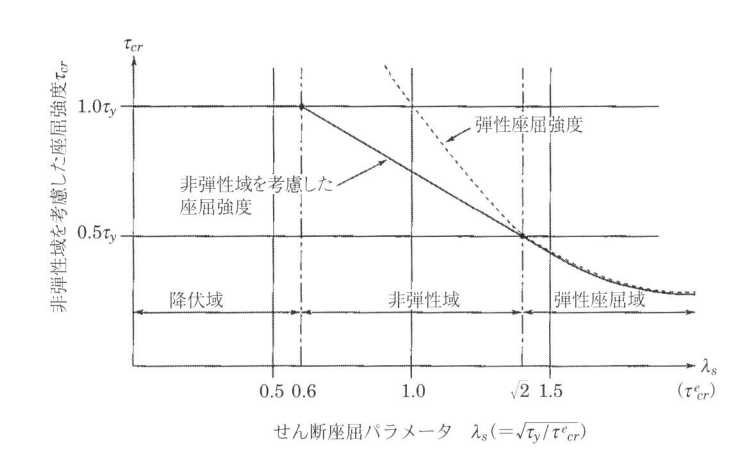

解説 図7.2.1 非弾性域を考慮したせん断強度

$$\lambda_s = \begin{cases} \sqrt{\tau_y/\tau_{crg}^e} & \text{(全体座屈)} \\ \sqrt{\tau_y/\tau_{crl}^e} & \text{(局部座屈)} \end{cases} \tag{解 7.2.1}$$

$$\tau_{crg}/\tau_y,\ \tau_{crl}/\tau_y = \begin{cases} 1 & : \lambda_s \leq 0.6 \\ 1 - 0.614(\lambda_s - 0.6) & : 0.6 < \lambda_s \leq \sqrt{2} \\ 1/\lambda_s^2 & : \sqrt{2} < \lambda_s \end{cases} \tag{解 7.2.2}$$

ここに，τ_y は鋼板のせん断降伏強度（$=f_{yk}/\sqrt{3}$）である。

3. 連成座屈強度の算出

山口らは，非弾性域を考慮した全体，局部座屈強度と連成座屈強度 τ_{cri} の相関を，式(解 7.2.3)で表している。

$$\left(\frac{\tau_{cri}}{\tau_{crg}}\right)^4 + \left(\frac{\tau_{cri}}{\tau_{crl}}\right)^4 = 1 \tag{解 7.2.3}$$

波形鋼板の設計せん断強度は，各座屈強度およびせん断降伏強度のうちの最小値を取ることとなる。

上記の耐力評価手法では，非弾性域を考慮した全体および局部座屈強度は，せん断座屈パラメータ λ_s が 0.6 以下の場合には，式（解 7.2.2）によって両座屈モードともせん断降伏強度 $1.0\tau_y$ となるが，これらを式（解 7.2.3）に適用すれば，連成座屈強度は座屈パラメータに拘らず $0.84\tau_y$ となり，連成座屈強度が常に最小となる。

ただし，これまでの実験結果の範囲内においてせん断座屈パラメータが 0.6 前後の場合には，**解説 図 7.2.2** に示すように，式（解 7.2.2）は若干せん断耐力を過大評価し，式（解 7.2.3）は適度

に安全側の耐力を与える結果となっている場合が多い．また，明言はできないが，これまでの実橋での実績が比較的多いせん断座屈パラメータが0.5程度以下の範囲では，式（解7.2.3）では座屈強度を過小評価して不経済な設計となっている場合があると考えられる．

したがって，せん断強度を合理的に評価するには，せん断座屈パラメータが0.5程度以下の場合では連成座屈を無視する手法が，0.5を超える範囲では式（解7.2.3）を用いる手法が，それぞれ適切であると推察される．しかしながら，これまでの実験事例からは満足できる裏付けやせん断座屈パラメータ0.5前後に対する耐力の合理的評価等を導き出すことができていない．

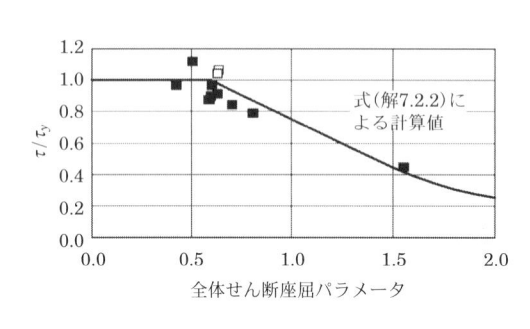

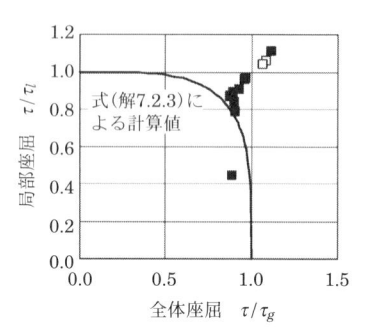

■：コンクリート床版無し（鋼フランジ）Ⅰ桁
□：コンクリート床版Ⅰ桁

解説 図7.2.2 既往の座屈実験結果（7.2.2項の$\beta=1.9$として整理）[1),3)-6)]

このように現時点では，波形鋼板のせん断挙動の解明は進んでいるものの，波形鋼板ウェブや主桁全体の設計せん断耐力を合理的かつ包括的に評価できる手法が確立されていない状況にあるため，設計では，各橋梁の構造条件，荷重状態，要求される性能などを鑑み，適切に設計せん断耐力の評価方法を選定する必要がある．

なお，これまでの設計事例では，実際には床版のせん断力分担も若干期待できることを踏まえた上で，主桁の全せん断力をウェブのみで負担すると仮定して，全体座屈および局部座屈の両者に対するせん断座屈パラメータλ_sが0.6以下となるようにウェブの諸元を設定し，連成座屈に対する照査を省略して設計せん断強度をτ_yとして設計されている場合が多い．Ⅵ編1章1.3節にこの簡便なウェブ諸元の設定方法について示す．この手法は最も簡便で実務的であり，せん断座屈パラメータが0.5程度以下であればとくに危険側の設計になる可能性は低いと考えられる．

一方，せん断座屈パラメータが比較的大きくなる場合等では，山口らの手法による照査や，あるいは弾塑性有限変位FEM解析等による座屈耐力の確認を行うことが望ましい．

なお，斜めウェブの場合，ウェブの鉛直投影高と波形鋼板の実板厚を用い，鉛直ウェブと考えて照査してもよい[2)]．

7.2.2 弾性全体せん断座屈強度

波形鋼板の弾性全体せん断座屈強度は，式(7.2.1)により算出してもよい．

$$\tau_{crg}^e = 36\beta \{(E_s \cdot I_y)^{1/4} \cdot (E_s \cdot I_x)^{3/4}\}/(h^2 t) \tag{7.2.1}$$

ここに，τ_{crg}^e：波形鋼板の弾性全体せん断座屈強度

7章 波形鋼板の設計

E_s ：波形鋼板のヤング係数

h ：波形鋼板ウェブの高さ

t ：波形鋼板の厚さ

β ：波形鋼板の上下端の固定度に関する係数（単純支持では1.0，固定支持では1.9）

I_x ：波形鋼板の橋軸方向中立軸に関する単位長さあたりの断面2次モーメント

$I_x = t^3(\delta^2+1)/6\eta$

$\delta = d/t$

d ：波形鋼板の波高

η ：波形鋼板の橋軸方向に投影した長さと波形に沿った長さの比

I_y ：波形鋼板の高さ方向中立軸に関する単位長さあたりの断面2次モーメント

$I_y = t^3/\{12(1-\mu^2)\}$

μ ：波形鋼板のポアソン比

【解　説】

　波形鋼板の弾性全体せん断座屈強度の評価式として，ここではEasleyによる式(7.2.1)[7]を用いてよいこととした。なお，波形鋼板ウェブ上下端での拘束度に関する係数βは，単純支持の1.0から固定支持の1.9までの範囲となる。**解説 図7.2.2**中の式(解7.2.2)および式(解7.2.3)による計算値は$\beta=1.9$として算出しているが，**解説 図7.2.3**中の計算値は$\beta=1.0$として算出したものである。$\beta=1.0$の計算結果では，鋼フランジのみの場合には式(解7.2.2)による全体座屈強度との相関が若干良くなる一方で，コンクリート床版を有する場合には式(解7.2.2)，式(解7.2.3)とも安全側となっている。また，$\beta=1.0$とすることによって，連成座屈に対して全体に安全側の評価ができる。したがって，式(7.2.1)に基づき弾性全体せん断座屈強度を算出する際には，接合部の剛性に配慮してβの値を適切に設定する必要がある。

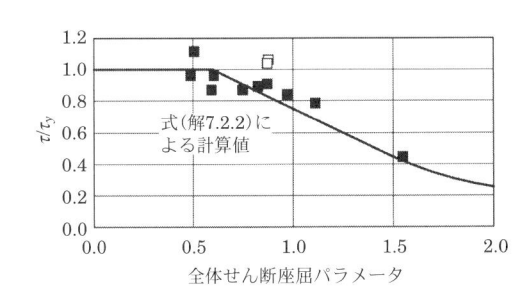

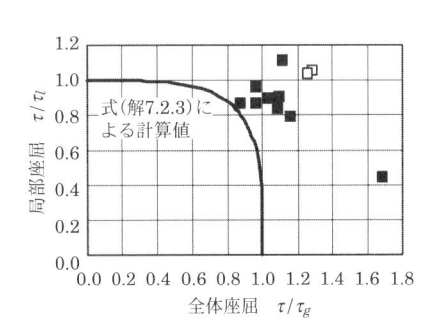

■：コンクリート床版無し(鋼フランジ)I桁
□：コンクリート床版I桁

解説 図7.2.3　既往の座屈実験結果（$\beta=1.0$として整理）[1),3)-6)]

Ⅱ　波形ウェブ橋編

7.2.3　弾性局部せん断座屈強度

波形鋼板の弾性局部せん断座屈強度は，式(7.2.2)により算出してもよい。

$$\tau^e_{crl} = k \cdot \frac{\pi^2 E_s}{12(1-\mu^2)} \cdot \gamma^2 \tag{7.2.2}$$

ここに，τ^e_{crl}：波形鋼板の弾性局部せん断座屈強度
　　　　k：せん断座屈係数
　　　　　$k = 4.0 + 5.34/\alpha^2$
　　　　　$\alpha = a/h$
　　　　　a：パネル幅（折目間の距離）
　　　　E_s：波形鋼板のヤング係数
　　　　γ：波形鋼板幅厚比
　　　　　$\gamma = t/h$
　　　　　h：波形鋼板ウェブの高さ
　　　　　t：波形鋼板の厚さ

【解　説】

波形鋼板の局部せん断座屈は，ウェブの折目間のパネル内で発生する座屈である。その弾性座屈強度は，等分布せん断応力下で両折目の位置で単純支持された鋼帯板として，式(7.2.2)により算定してもよい。

7.3　波形鋼板の連結

7.3.1　一　般

波形鋼板ウェブの連結は，想定した限界状態において，連結部に作用する設計せん断力に対して，安全な設計せん断耐力を有する継手構造を用いて行わなければならない。

【解　説】

波形鋼板ウェブの継手構造としては，鋼橋の継手構造として一般的な，溶接継手および高力ボルト継手が実績として採用されている。溶接継手としては，突合わせ溶接あるいは重ねすみ肉溶接（**解説 図 7.3.1**）が多く用いられている。高力ボルト継手としては，波形鋼板ウェブがせん断部材であることから，これまでの実績ではほとんどトルシア形高力ボルトによる1面摩擦接合（**解説 図 7.3.2**）が用いられている。また，現場施工の省力化や景観面への配慮を目的とした，フランジ継手を用いた構造についても，耐荷性能が確認されている[8]。

波形鋼板ウェブは，その軸方向剛性が小さい特性により，せん断応力が卓越した部材となる。したがって，ウェブ連結部の継手構造は，基本的には設計せん断力に対する照査のみを行えばよいこととした。

解説 図 7.3.1 溶接継手施工例

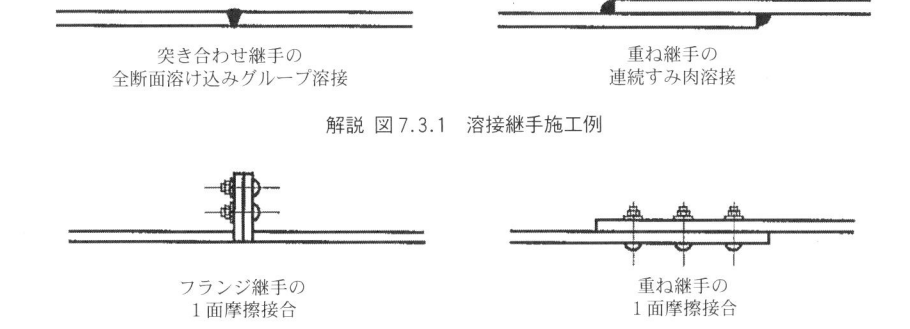

解説 図 7.3.2 高力ボルト継手施工例

ただし，継手断面は主桁の構造上の弱点となり得るため，せん断力の厳しい断面に継手を設けるのは極力避けるのが望ましい。

7.3.2 継手の設計せん断力
波形鋼板ウェブ継手の設計せん断力は，4章4.3.2項に準じて算出するものとする。

【解 説】
波形鋼板ウェブ継手の設計せん断力の算出方法は，継手のない主桁断面と同様である。この場合せん断力をウェブのみで負担すると仮定するか，あるいは上下床版のせん断力分担を考慮するかについても，継手のない主桁断面と統一された方法で行う必要がある。

7.3.3 継手の設計せん断耐力
波形鋼板ウェブ継手の設計せん断耐力は，式（7.3.1）によって求めてよい。

$$V_{jd} = V_{wd} / \gamma_b \tag{7.3.1}$$

ここに，V_{jd}：波形鋼板ウェブ継手の設計せん断耐力
　　　　V_{wd}：波形鋼板ウェブ継手の設計せん断強度
　　　　γ_b：波形鋼板ウェブ継手の部材係数

【解 説】
部材係数は一般に1.15としてよいが部材係数を荷重係数に含めて評価する場合には1.0としてよい。

道路橋の溶接継手の場合，「道路橋示方書【Ⅱ鋼橋編】・同解説」（日本道路協会）6章6.2節に準じて照査することを原則とする。なお，溶接の有効長に，解説 図 7.3.3 に示すまわし溶接部は含めないこととする。まわし溶接部は，重ね継手のすみ肉溶接の際に，溶接開始点の溶込み不足と溶接終了部のクレータの影響を避けるために設ける部分である。

波形鋼板ウェブを現場溶接で連結する場合，溶接の特性を十分考慮して継手構造を決定する必要がある。重ね継手の連続すみ肉溶接の場合，重ねた鋼板同士の間に隙間があると，連結部は疲労強

Ⅱ 波形ウェブ橋編

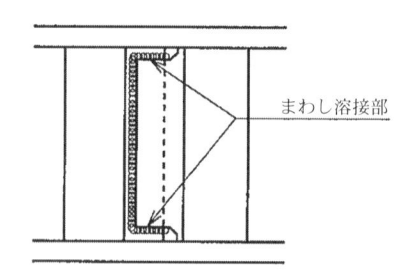

解説 図7.3.3 すみ肉溶接のまわし溶接部

度ばかりでなく静的な強度も著しく低下する。したがって，設計段階では鋼板同士が完全に密着した状態で溶接できるような施工手順を計画する必要がある。

高力ボルト継手の場合，「道路橋示方書【Ⅱ鋼橋編】・同解説」6章6.3節に準じて照査することを原則とする。

波形鋼板ウェブとコンクリート床版の接合部が埋込みウェブジベル構造で，ボルトによる継手を用いる場合，床版内に埋め込まれた波形鋼板をボルトで連結しても，床版内の波形鋼板に発生するせん断ひずみは小さいため，床版内のボルトをせん断に有効なウェブの継手材として考慮することは危険側の設計となる。また，床版の表面付近に埋め込まれたボルトは腐食の可能性がある。したがって，ボルトを床版内に配置する場合には，これらの留意点に対する配慮が必要である。

7.3.4 すみ肉溶接による継手部の疲労に対する検討

波形鋼板の現場継手が重ね継手のすみ肉溶接による場合，輪荷重の繰返し載荷に対して継手部の疲労耐久性が確保できるように，継手構造諸元を設定しなければならない。

【解 説】

波形鋼板ウェブの現場継手が重ね継手のすみ肉溶接による場合，その上下端に溶接工のためのスカラップを設ける必要がある。このスカラップ周辺には，せん断力や橋軸方向引張力により局部的に大きな応力集中が生じることがあり，疲労に対する安全性の確認が必要である。

国内の橋梁における，これまでの重ね継手のすみ肉溶接のスカラップ形状の実績の一例としては，解説 図7.3.4に示すような2通りがある。

これらのスカラップ形状は，これまで溶接施工試験や疲労試験により，良好な施工性と比較的高い疲労耐久性を有することが確認されている[9),10)]。道路橋でこれらのスカラップ形状を適用する場合は，下記の手順で継手部の疲労耐久性に対する照査を行うことができる。なお，これらの事例のように疲労性能に対して信頼できる知見がある場合，あるいは明らかに疲労耐久性能が確保されていると判断できる場合等を除いては，疲労試験等の詳細検討に基づいて継手部の照査を行うことを原則とする。

（ⅰ） T荷重によって主桁の着目断面に発生するせん断力の変動量を，主方向の平面骨組解析により算出する。また，ウェブと床版の接合部に発生する橋軸直角方向の曲げモーメントを，6章6.2節に示した手法により算出する。

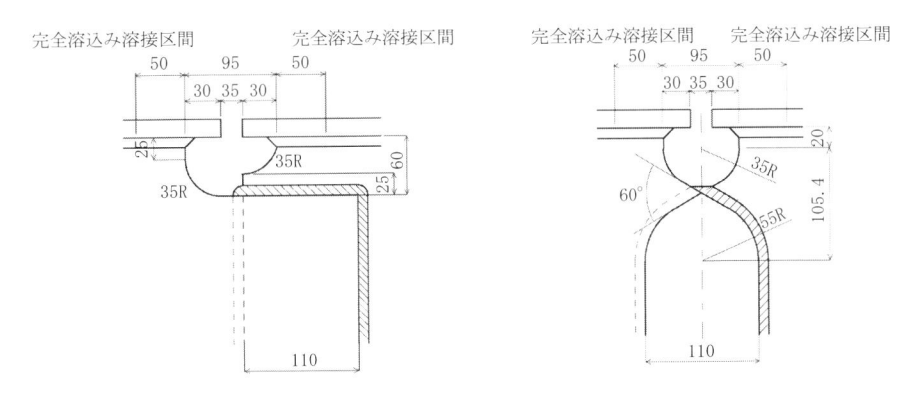

解説 図7.3.4 波形鋼板の現場継手部におけるスカラップ形状の事例

（ⅱ）求められた断面力より，波形鋼板の応力変動量 $\Delta\sigma$（波形鋼板の継手やスカラップのない一般断面）を算出する。これに，スカラップ部の応力集中係数 α を乗じて局部応力を算出する。応力集中係数 α は，解説 図7.3.4における両タイプの，スカラップ周辺の応力計測結果によれば 3.6～3.8 程度である。

（ⅲ）式（解7.3.3）により疲労耐久性の照査を行う。

$$\left(\frac{\alpha\cdot\Delta\sigma}{\Delta\sigma_f}\right)^m < \frac{2\times10^6}{N} \quad (解7.3.3)$$

ここに，$\Delta\sigma_f$：200万回の応力繰返しに対する基本許容応力範囲
　　　　m：S-N曲線の勾配
　　　　N：設計供用期間における計画交通量

たとえば，解説 図7.3.4に示す両タイプのスカラップであれば，いずれも「鋼道路橋の疲労設計指針」（日本道路協会）3章3.1節に示すE等級と判定でき，$\Delta\sigma_f=80(\mathrm{N/mm^2})$，$m=3$ となる。

7.4 波形鋼板とフランジ鋼板の溶接部の設計

波形鋼板とコンクリート床版の接合部がフランジ鋼板と鋼製ジベルにより構成される場合，波形鋼板とフランジ鋼板の溶接部は，想定した限界状態において，主桁断面が合成断面として確実にその性能を確保できるような耐力を有しなければならない。

【解　説】

波形鋼板とコンクリート床版の接合部がフランジ鋼板を有するずれ止めの場合，7.3.4項に示す現場継手部のスカラップ付近以外の波形鋼板とフランジ鋼板の接合は，すみ肉溶接により行われている事例が多い。

ウェブと床版の接合部には，水平せん断応力や橋軸直角方向の曲げによる鉛直応力などが発生する。さらに，主桁の途中に外ケーブルが定着される場合，外ケーブルの緊張力によって，定着突起周辺のウェブには，局部的に水平せん断応力および鉛直方向の圧縮，引張応力が発生する場合があ

II 波形ウェブ橋編

るので必要に応じてその影響を考慮する。

したがって，波形鋼板とフランジ鋼板の溶接部は，溶接線に沿った水平せん断力と，溶接線に直交する鉛直方向応力に対して照査する必要がある。応力照査は，以下の手順で行ってよい。

1. 水平せん断応力 τ_l の算出

$$\tau_l = \frac{H}{\Sigma a} \quad (\leq \tau_a) \tag{解 7.3.4}$$

ここに，H：接合部に発生する，橋軸方向単位長さあたりの水平せん断力（$=V\cdot(Q/I)$）
　　　　V：主桁の曲げに伴うせん断力
　　　　Q：主桁の接合部外側断面の図心軸に関する断面1次モーメント
　　　　I：主桁の断面2次モーメント
　　　　a：すみ肉溶接の理論のど厚
　　　　τ_a：溶接部のせん断応力度の限界値（I編7章7.1節参照。ウェブ鋼板とフランジ鋼板の材質が異なる場合には，低材質の方の鋼材の限界値を用いる。）

2. 鉛直方向応力 τ_t の算出

$$\tau_t = \frac{M}{W} \quad (\leq \tau_a) \tag{解 7.3.5}$$

ここに，M：ウェブと床版の接合部における橋軸直角方向曲げモーメント
　　　　W：すみ肉溶接の理論のど厚を接合面に展開した断面の断面係数

接合部における橋軸直角方向曲げモーメントの算出は，6章6.2節に準じる。

3. 合成応力度の照査

$$\left(\frac{\tau_l}{\tau_a}\right)^2 + \left(\frac{\tau_t}{\tau_a}\right)^2 \leq 1 \tag{解 7.3.6}$$

参考文献

1) 山口，山口，池田：波形鋼板ウェブを用いた複合プレストレストコンクリートの力学的挙動に関する研究，コンクリート工学論文集，Vol.8, No.1, pp.27-40, 1997
2) 阿田，町 他：波形鋼板ウェブのせん断座屈耐力に関するパラメトリック解析，第11回プレストレストコンクリートの発展に関するシンポジウム論文集，プレストレストコンクリート技術協会，pp.153-158, 2001
3) 青木，渡邊 他：有限変位解析による波形鋼板ウェブの耐荷力評価，土木学会第55回年次学術講演会論文集 1-A，pp.344-345, 2000
4) 花田，加藤 他：波形鋼板ウェブPC連続桁橋「松の木7号橋」の模型実験，第5回プレストレストコンクリートの発展に関するシンポジウム論文集，プレストレストコンクリート技術協会，pp.345-350, 1995
5) 池田，芦塚 他：複合非線形解析による波形鋼板ウェブのせん断座屈耐力評価，第11回プレストレストコンクリートの発展に関するシンポジウム論文集，プレストレストコンクリート技術協会，pp.451-454, 2001
6) 白谷，池田 他：波形鋼板ウェブ複合橋中間支点部の曲げ・せん断挙動特性に対する基礎研究，土木学会論文集，No.724/I-62, pp.49-67, 2003
7) Easley, J. : Buckling Formulas for Corrugated Metal Shear Diaphragms, Journal of the Structural Division, Proc. of ASCE, Vol.101, No.ST7, pp.1403-1417, 1975.
8) 上平，柳下 他：ウェブに波形鋼板を有するPC箱桁橋の鋼板の継手方法に関する研究，コンクリート工学論文集，第9巻第2号, pp.9-17, 1998
9) 青木，芦塚 他：波形鋼板ウェブ橋の現場継手構造に関する検討，土木学会第56回年次学術講演会論文集 I-A，pp.382-383, 2001
10) 芦塚，忽那 他：波形鋼板ウェブ橋の現場継手構造に着目した実橋載荷試験，土木学会第57回年次学術講演会論文集 I，pp.1255-1256, 2002

8章　床版の設計

8.1　一　　般

本章は，波形鋼板ウェブで支持されたプレストレストコンクリート床版の設計に適用する。

【解　説】

本章は，波形ウェブ橋の床版の設計に特有の事項について示したものである。したがって本章に規定されていない床版の設計に関する事項については，「コンクリート標準示方書【構造性能照査編】」（土木学会）12章12.5.6項に準拠するものとする。

8.2　床版の最小全厚

床版の最小全厚については，床版の安全性が確保できる厚さとしなければならない。

【解　説】

床版は，せん断力が作用する方向の厚さが薄く，せん断補強筋の配置が困難であるため，主鉄筋，配力鉄筋およびコンクリートでせん断力を負担する必要がある。したがって，そのための最小全厚を確保すると同時に良好な施工性が確保できる厚さとしなければならない。床版の最小全厚については，各事業者が定める関連要領や設計指針に準じることとする。

8.3　床版の支間

（1）　床版支間は，図8.3.1に示すように波形鋼板ウェブの図心間距離とする。

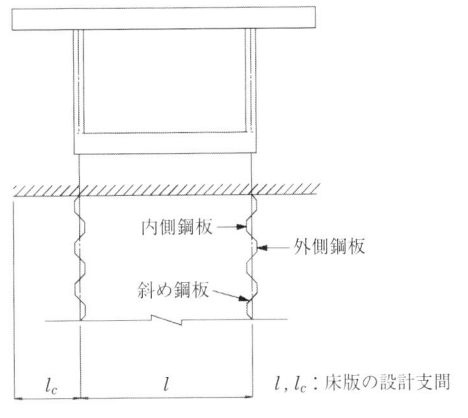

図8.3.1　床版支間

l, l_c：床版の設計支間

(2) 張出し床版部の設計支間長は載荷点から波形鋼板ウェブの図心までとする。

8.4 床版の設計曲げモーメント

(1) 活荷重による曲げモーメントは，床版の支持状態，形状，載荷状態を考慮して，薄板理論により求めることを原則とする。
(2) 永久荷重による曲げモーメントは，箱桁をその部材厚の変化を考慮した波形ウェブと上下コンクリート床版の軸線により構成される骨組構造と見なして算出してよい。また，上床版に導入されたプレストレスによる不静定力の影響を考慮しなければならない。

【解　説】
(1)について　「コンクリート標準示方書【構造性能照査編】」12章12.5.1項に準拠する。床版はその長さあるいは幅に比べて厚さが薄い平面状の部材であり，荷重がその面にほぼ直角に作用する部材である。床版の構造解析には，一般に微小変形の曲げ理論が適用できるためその厚さを無視した薄板理論により構造解析を行うことを原則とした。床版の支持状態に関しては，波形ウェブの曲げ剛性や床版との接合方法による影響に十分留意して適切なモデル化を行う必要がある。活荷重による床版の曲げモーメントについては，各事業者が定める関連要領や設計指針に準じることとする。ただし，波形ウェブの面外剛性はコンクリートウェブに比べて小さいことから，床版支間部の曲げモーメントが大きくなる傾向にある。したがって，波形ウェブ橋においては，FEM解析等を実施し，床版支間部の曲げモーメントを適切に割り増しするのが望ましい[1]。道路橋の実績では，床版支間部の曲げモーメントを単純版の80%から90%に割り増しした例がある[1]。
(2)について　永久荷重による上床版の曲げモーメントおよびウェブと下床版の断面力は，「道路橋示方書【Ⅲコンクリート橋編】・同解説」（日本道路協会）10章10.3節に示された構造モデルにより算出してもよい。**解説 図8.4.1**に構造モデルおよび永久荷重の分布例を示す。

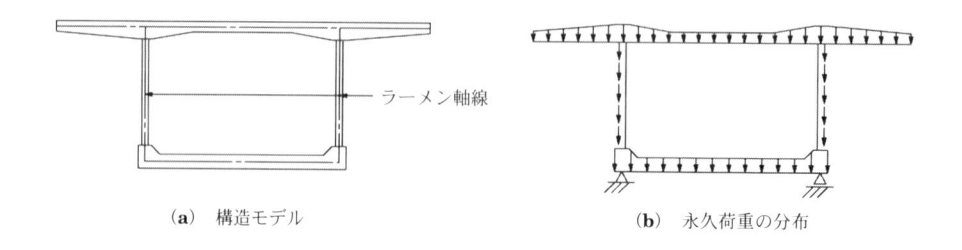

(a) 構造モデル　　　　　(b) 永久荷重の分布

図8.4.1　構造モデルおよび永久荷重の分布例

8.5 床版の供用限界状態に対する検討

(1) 床版支間方向の曲げモーメントおよび軸方向力に対する検討は，3章3.1節の規定に準

拠するものとする。床版支間直角方向の曲げモーメントおよび軸方向力に対しては，RC床版として設計してよい。
（2） せん断力に対する検討では，せん断作用により床版にひび割れを発生させないことを原則とする。

【解　説】
（1）について　　波形ウェブ橋の床版は，曲げモーメントおよび軸方向力に抵抗する主桁部材でもある。したがって，設計においては，床版を床版支間方向の一方向スラブと見なし，主桁と同様，供用限界状態においてひび割れを発生させない部材とするのが望ましい。床版支間直角方向に関しては道路橋示方書等に準拠し，RC床版として設計してよいこととした。
（2）について　　曲げモーメントおよび軸方向力の検討と同様，せん断作用を受けるコンクリート床版に対してもひび割れを発生させないことを原則とした。

8.6　床版の終局限界状態に対する検討

（1） 曲げモーメントおよび軸方向力に対する検討は，一般に省略してもよい。
（2） せん断力に対する検討では，床版を幅の広いはりとみなし，はりに準じて耐力を算出してよい。輪荷重等の集中荷重の周囲あるいは支点の近傍においては，押抜きせん断に対する検討を行うのがよい。

【解　説】
（2）について　　床版に作用する荷重の大きさや位置が明確で，十分なせん断耐力を保証する最小全厚の値が規定されている場合には，その最小全厚を確保することによりせん断力に対する検討を省略することができる。

参考文献

1) 水口，大浦，芦塚，滝，古田，加藤：本谷橋の設計と施工－張出し架設工法による波形鋼板ウエブPC箱桁橋－，橋梁と基礎，Vol.32，pp.2-10，1998

9章　横桁・隔壁等の設計

9.1　一　　般

本章は，波形ウェブ橋の横桁・隔壁および偏向部の設計に適用する。

【解　説】
本章は，波形ウェブ橋の横桁・隔壁および偏向部の設計に特有の事項について示したものである。

9.2　横桁・隔壁

（1）　横桁・隔壁は十分な剛性を有した構造とするとともに，適切な間隔で配置しなければならない。

（2）　PC鋼材を定着あるいは偏向する横桁・隔壁は，PC鋼材の引張力あるいは偏向力を主桁に確実に伝達するとともに，主桁に対して十分に安全な構造としなければならない。

（3）　PC鋼材を定着する横桁・隔壁の位置と構造は，PC鋼材の緊張スペースや挿入・組立方法なども考慮して決定しなければならない。

【解　説】
（1）について　　横桁・隔壁は，箱桁の断面形状の保持やねじりによる断面変形を拘束するために重要な部材である。波形ウェブ橋は通常のPC橋に比べ，ねじり剛性およびウェブの横方向剛性が小さいことから，ねじりによる主桁の断面変形を抑制するために，十分な剛性を有した横桁・隔壁を適切な間隔で設置する必要がある[1]。中規模径間の波形ウェブ橋では，外ケーブルの偏向部が1径間に最低2箇所設けられるため，これを隔壁と兼ねることで断面変形の影響は排除されると考えられる。しかし，径間長が長くなる場合には，断面変形を抑制するための中間隔壁の設置を十分検討しなければならない。特に，曲線橋や斜橋または広幅員橋等，ねじりモーメントによる断面変形の影響が大きいと考えられる場合や，隔壁間隔が大きくなる場合には，ずり変形挙動に対しFEM解析などで十分な部材安全性の照査を行い，隔壁の効果を確認する必要がある。

（2）について　　横桁・隔壁が外ケーブルの定着部や偏向部を兼ねる場合には，通常のPC橋に比べウェブの軸方向および横方向剛性が小さいことを十分に考慮しなければならない。すなわち，設計においては，横桁・隔壁が，PC鋼材の引張力や偏向力に対し，十分な耐力を有していることを確認するとともに，波形鋼板ウェブや上下床版にも悪影響がないことを確認しなければならない。

9.3　偏　向　部

（1）　偏向部はPC鋼材による偏向力を主桁へ円滑に伝達できる構造としなければならない。

また，偏向部およびその周辺の部材は偏向力に対して十分に安全な構造としなければならない。
(2) 偏向部は，施工誤差による2次応力がPC鋼材に発生しない構造としなければならない。
(3) 偏向部は，中間隔壁を兼ねた隔壁タイプとするのがよい。

【解　説】
(1)，(2)について　「外ケーブル構造・プレキャストセグメント工法設計施工規準」に準拠するものとする。
(3)について　偏向部の形状は，主桁自重の低減や施工性からはリブタイプや突起タイプが適している（解説 図9.3.1参照）。しかしながら，波形ウェブ橋ではコンクリートウェブに比べウェブの軸方向剛性が著しく小さく，横方向剛性やねじり剛性も小さいことから，剛性の高い隔壁タイプとするのがよい。リブタイプや突起タイプとする場合には，実験や解析によりその安全性を十分に検討する必要がある。

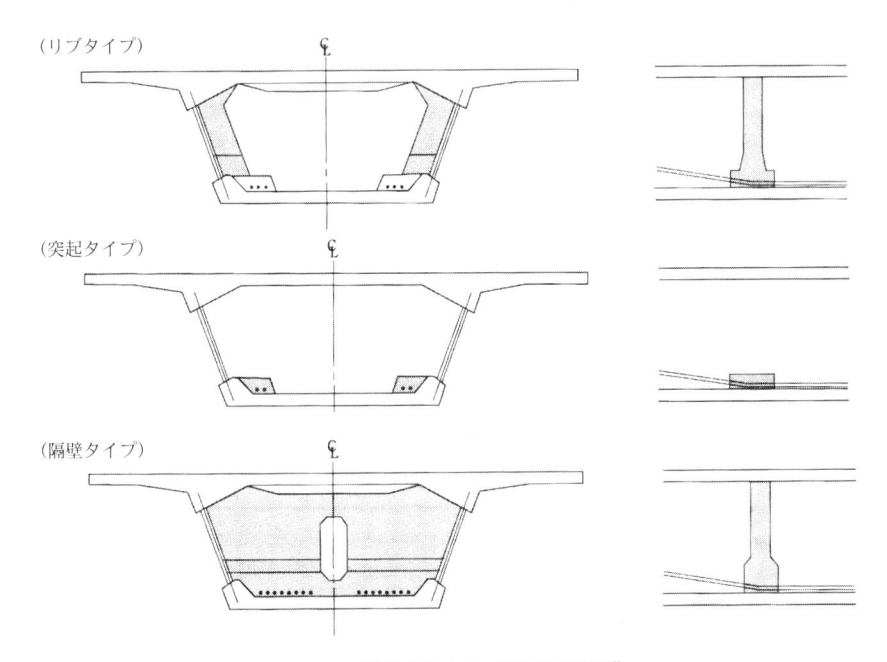

解説 図9.3.1　偏向部の種類[2]

参考文献

1) 上平，新谷，蝦名，園田：波形鋼板ウェブPC箱桁橋のねじり挙動と隔壁間隔の関係について，プレストレストコンクリート，Vol.41, No.1, pp.38-42, 1999
2) 波形鋼板ウェブ合成構造研究会：波形鋼板ウェブ橋に関するQ&A, 2002

10章 構造細目

10.1 一 般

本章は，波形ウェブ橋の設計および施工に特有の構造細目について示したものである。

【解 説】
 本章は，波形ウェブ橋の設計および施工に特有な構造細目について示したものである。この章に規定されていない一般的事項については，Ⅰ編1章1.4節に示す関連基準に準拠するものとする。

10.2 接合部近傍の床版の配筋

 波形鋼板ウェブとの接合部近傍の床版コンクリートは，ずれ止め機能とその耐久性を損なわないよう適切に補強されなければならない。

【解 説】
 波形ウェブ橋の接合部は，コンクリート床版の曲げ変形と波形鋼板ウェブのせん断変形が適合する箇所である。これらの部材間の変形挙動の相違や荷重状態等により，接合部にはせん断力に加え引張力も作用する場合がある。したがって，ずれ止め周辺のコンクリートはせん断力だけでなく引張力に対しても，ずれ止め機能と耐久性を十分確保できる配筋としなければならない。また，接合部を構成する鉄筋は，コンクリートに確実に定着できるような形状としなければならない。埋め込みウェブジベルを下床版との接合部に使用した場合の貫通横鉄筋の例を，解説 図10.2.1に示す。

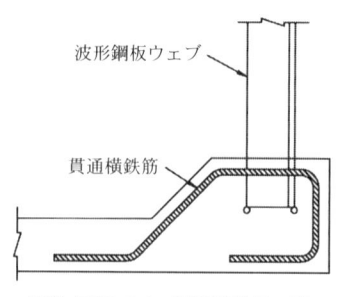

解説 図10.2.1 貫通横鉄筋の例

10.3 PC鋼材の定着

 PC鋼材の定着は，波形ウェブ橋の構造特性を十分理解し，部材に所定のプレストレスが安

全かつ確実に導入され，定着部およびその周辺が十分安全となるよう留意しなければならない。

【解　説】

　波形ウェブ橋はウェブに定着部を設置できないため，定着部の設置は横桁・隔壁および上下床版のコンクリート部分に限られる。特に，支間の途中において上床版または下床版にPC鋼材を定着する場合には，活荷重による応力変動の大きい箇所を避け，なるべくウェブ近傍の部材断面圧縮部に定着するのがよい。この場合，定着部とその近傍は十分に補強しなければならない。

　張出し施工において架設PC鋼材のすべてを外ケーブルとした場合の定着部の例を**解説 図10.3.1**に示す。波形ウェブ橋において，大容量の架設外ケーブルをコンクリート床版に定着すると，床版に悪影響を及ぼすことが懸念されるため，外ケーブルの定着部は適切に補強しなければならない。その補強方法として，コンクリート床版に縦桁を設ける方法（コンクリートエッジ方式）や，鉛直リブを設置する方法（鉛直リブ方式）等がある。

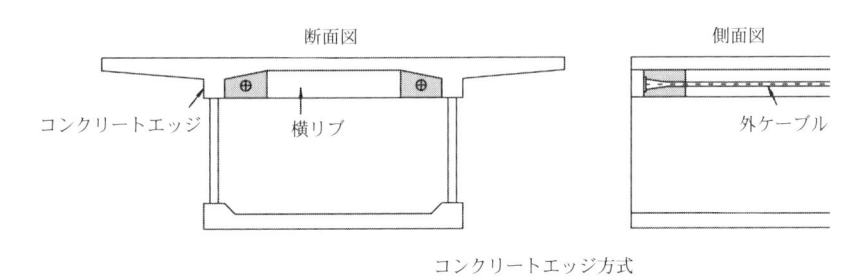

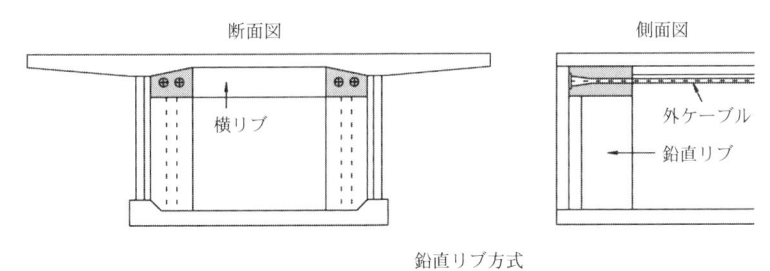

解説 図10.3.1　架設外ケーブル定着の例

10.4　付加曲げ応力に対する補強

　中間支点部等のせん断力が急変する部位では，床版の付加的な曲げ応力に留意し，適切に補強するのがよい。

【解　説】

　波形ウェブ橋では，ウェブのせん断剛性がコンクリート床版より小さいため，中間支点上等，せん断力が急変する部位では，**解説 図10.4.1**のとおり，ウェブのせん断変形をコンクリート床版が

Ⅱ 波形ウェブ橋編

拘束することにより，床版に付加的な曲げ応力が発生し，この部分では平面保持の仮定が成立しない[1],[2],[3]。したがって，FEM解析など適切な方法により上下コンクリート床版の曲げ応力を検討し，適切に補強するのがよい。また，これにより床版とウェブの接合部には，鉛直方向の応力が付加的に生じるので，接合部の設計においては鉛直方向応力についても留意するのがよい。せん断力が急変する柱頭部付近にコンクリートウェブを設置し，付加曲げ応力および鉛直方向応力を緩和させる方法もある。

斜張橋やエクストラドーズド橋に波形ウェブ橋を適用した場合においても，斜材定着部付近ではせん断力が急変するため，中間支点部と同様，床版に付加曲げモーメントが発生すると考えられる。斜材定着部付近に関しても，FEM解析等を行い適切に補強するのが望ましい。

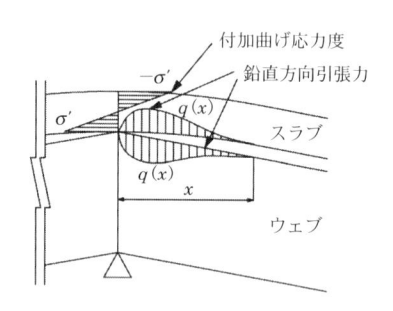

解説 図10.4.1 せん断力急変部の応力状態

10.5 接合部の防錆

波形鋼板ウェブとコンクリート床版の接合部には，設計供用期間においてその機能を確実に発揮できるように，適切な防錆処理を施さなければならない。

【解　説】

波形鋼板ウェブとコンクリート床版の接合部は，それぞれの部材を一体化する重要な部位であり，波形ウェブ橋が設計供用期間においてその機能を果たすために十分な耐久性と安全性を維持しなければならない。特に下床版との接合部は，雨水や結露などに対しての排水・止水措置を施す等，適切な防錆処理を行う必要がある。解説 図10.5.1に下床板接合部の防錆処理の例を示す。また，波形鋼板ウェブに耐候性鋼板を使用した場合は，初期に発生する錆垂れにより，下床板コンクリート，橋台あるいは橋脚が変色することが懸念される。耐候性鋼板を使用する場合は，解説 図10.5.2に示すような対策を行うのが望ましい。

10 章 構造細目

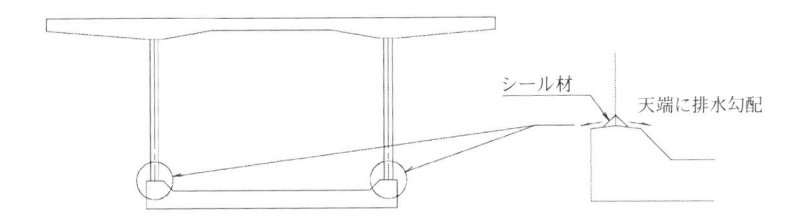

解説 図10.5.1 下床板接合部の防錆処理の例

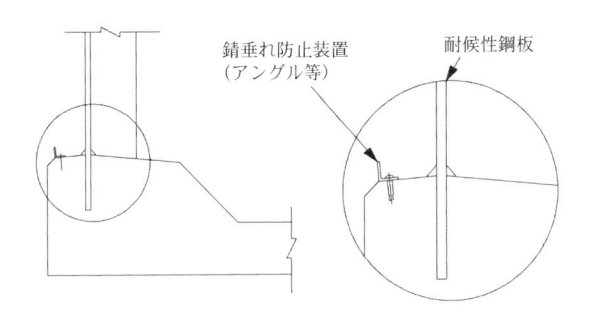

解説 図10.5.2 耐候性鋼板の錆垂れ対策の例

10.6 排水管の処理

排水管の処理の方法については，景観および構造への影響を考慮して決定しなければならない。

【解　説】

波形ウェブ橋における排水管の処理方法として，排水管を箱桁側面に沿わせて配置する方法と波形鋼板ウェブを貫通させて箱桁内部に配置する方法とが考えられる。しかしながら，排水管を貫通させるために波形鋼板ウェブに孔をあけることは，ウェブのせん断座屈耐力や疲労耐久性を低下させるおそれがあることから，極力避けることが望ましい。排水管の処理のため，やむを得ず波形鋼板ウェブに孔をあける場合は，開口部近傍の応力をFEM解析等で詳細に検討し，十分補強しなければならない。

10.7 床版の防水

上床版コンクリートの上面は防水することを原則とする。

【解　説】

床版の耐久性は，一般に防水することで大きく向上する。波形ウェブ橋では，地震等により接合部直上のコンクリート床版が損傷した場合，接合部に水が供給され，接合部の耐久性が損なわれる

ことが懸念される。コンクリート床版が損傷した場合でも，床版上面から接合部に水が供給されないように床版の上面は防水することを原則とした。

参考文献

1) Jacques Combault, Jean-Daniel Lebon, Gordon Pei : Box-Girders Using Steel Webs and Balanced Cantilever Construction, FIP Symposium '93 Kyoto, pp.417-424, Oct.17-20, 1993
2) 山崎, 内田, 御子柴：波形鋼板ウエブのせん断変形を考慮したコンクリートスラブの設計法の提案, 第8回プレストレストコンクリートの発展に関するシンポジウム論文集, プレストレストコンクリート技術協会, pp.25-30, 1998
3) 水口, 芦塚, 大浦, 日高：波形鋼板ウエブ PC 橋のせん断力分担率と床版の付加曲げについて, 第9回プレストレストコンクリートの発展に関するシンポジウム論文集, プレストレストコンクリート技術協会, pp.59-62, 1999

11章 施　工

11.1 一　般

波形ウェブ橋の施工にあたっては，その特性を十分に理解し，所要の品質を確保するよう入念に行うとともに，橋が長期にわたって所要の機能を発揮できるよう十分に配慮しなければならない。

【解　説】

波形ウェブ橋は，上下のコンクリート床版と波形鋼板ウェブが一体化することによって構造として成り立つものである。したがって，施工にあたってはコンクリート床版，波形鋼板ウェブ，コンクリートと波形鋼板との接合部，および波形鋼板同士の継手部，等が所要の品質を確保できるように十分配慮しなければならない。

11.2 コンクリートの打設

コンクリートの打設は，構造物として所定の性能が得られるよう確実に行わなければならない。

【解　説】

コンクリートの打設は，通常のコンクリート橋と同様，構造物として所定の性能が得られるよう確実に行わなければならない。とくに，波形鋼板ウェブとコンクリート床版との接合部は構造上重要な箇所であり，配筋も密になる傾向にある。このため，コンクリートが確実に充填し，所定の強度および耐久性を発揮するよう施工計画を作成し，確実に施工しなければならない。

下床版接合部に鋼フランジがある場合，解説 図 11.2.1 のように，鋼フランジ下面は気泡やブリージングの影響で未充填箇所が発生しやすくなる。このため，施工に際してはコンクリートのスランプ，打設方法，締固め方法等を適切に設定し，コンクリートが確実に充填されるよう留意する必要がある。下床版接合部におけるコンクリートの充填状況を確認するため，解説 図 11.2.2 のように，下床版接合部の鋼フランジに所定の間隔で孔をあけた例がある。

Ⅱ 波形ウェブ橋編

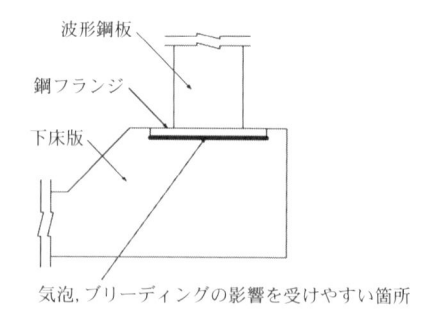

解説 図11.2.1 コンクリートが充填されにくい箇所

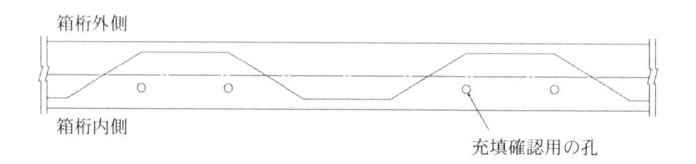

解説 図11.2.2 コンクリート充填確認用の孔（例）

11.3 波形鋼板の製作

波形鋼板ウェブを冷間曲げ加工する場合，鋼材のじん性低下や表面の亀裂を起こさないよう加工しなければならない。

【解　説】

波形鋼板の製作に関しては，「道路橋示方書【Ⅱ鋼橋編】・同解説」（日本道路協会）17章17.3節に準拠するものとする。一般に，波形鋼板は冷間加工されるが，曲げ加工部の内側半径が小さいと，じん性の低下や表面の亀裂が生じる場合があるため，冷間加工時の鋼材の内側半径は板厚の15倍以上とするのが望ましい。ただし，解説 図11.3.1のように，重ね継手部のボルトの配置等により，直線区間を長くしなければならない場合，JIS Z 2242に規定するシャルピー衝撃試験の結果が解説

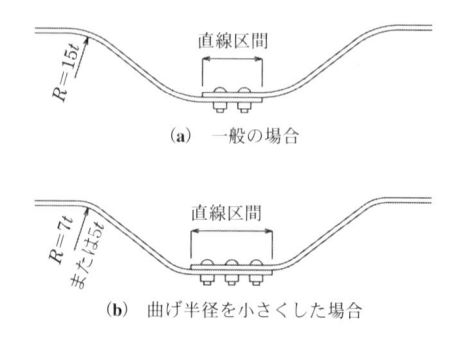

(a) 一般の場合

(b) 曲げ半径を小さくした場合

＊ R は冷間曲げ加工の内側半径

解説 図11.3.1 曲げ半径と直線区間

解説 表11.3.1 シャルピー吸収エネルギーに対する冷間曲げ加工半径の許容値

シャルピー吸収エネルギー（J）	冷間曲げ加工の内側半径
150 以上	板厚の7倍以上
200 以上	板厚の5倍以上

注) シャルピー衝撃試験の試験温度，試験片の数・位置は，JIS G 3106 または JIS G 3114 に準拠。圧延直角方向に冷間曲げ加工を行う場合には，圧延直角方向のシャルピー吸収エネルギーの値を適用する。

表11.3.1の条件を満たし，かつ化学成分中の窒素が0.006％を超えない材料を用いることで，内側半径を板厚の7倍以上または5倍以上とすることができる。

11.4 波形鋼板の防錆

ウェブに使用する波形鋼板には，設計供用期間においてその機能を確実に発揮できるように，適切な防錆処理を施さなければならない。

【解　説】

波形鋼板の防錆に関しては，「道路橋示方書【Ⅱ鋼橋編】・同解説」17章17.10節および以下の規準類に準拠するものとする。鋼道路橋の防錆方法としては，塗装，金属溶射，めっきおよび耐候性鋼材等があるが，これらの中から耐久性，施工性および経済性を考慮し適切な防錆方法を選定するのがよい。

　鋼道路橋施工便覧，1985年2月，日本道路協会
　鋼道路橋塗装便覧，1990年6月，日本道路協会
　溶融亜鉛めっき橋の設計・施工指針，1996年1月，日本鋼構造協会
　溶融亜鉛めっき橋ガイドブック，1998年2月，日本橋梁建設協会 他
　無塗装耐候性橋梁の設計・施工要領（改定案），1993年，旧建設省土木研究所

11.5 波形鋼板の現場溶接

波形鋼板の溶接施工は，各継手に要求される溶接品質を確保するため，下記に示すような事項について十分な検討を加えた後，適切に施工しなければならない。

（ⅰ）　鋼材の種類と特性
（ⅱ）　溶接材料の種類と特性
（ⅲ）　溶接作業者の保有資格
（ⅳ）　継手の形状と精度
（ⅴ）　溶接環境や使用設備
（ⅵ）　溶接施工条件や留意事項
（ⅶ）　溶接部の検査方法
（ⅷ）　不適合品の取扱い

【解　説】
　波形鋼板の現場溶接に関しては，「道路橋示方書【Ⅱ鋼橋編】・同解説」17章17.4節に準拠するものとする。

11.6　波形鋼板の取扱い

（1）　波形鋼板は，運搬・設置時に損傷しないよう留意しなければならない。また，打設時にセメントペースト，モルタルおよびコンクリートが塗装に付着しないよう注意しなければならない。

（2）　波形鋼板のコンクリートと接触する部位が打設前に錆びないように留意しなければならない。

【解　説】
（1）について　　波形鋼板の塗装は，運搬・設置時のあて傷により損傷する場合がある。損傷した場合は，タッチアップ塗装等により適宜補修しなければならない。また，塗装は一般にアルカリに弱いため，コンクリートやモルタルが付着した場合は，すみやかにふき取る必要がある。現場での取扱いを容易にするため，工場出荷時に波形鋼板の表面をシート系保護材などで被覆する方法もある。

（2）について　　波形鋼板のコンクリート接触面を無塗装とした場合，工場出荷からコンクリート打設までの間に錆が発生することがある。錆が発生した場合，錆を除去する作業が煩雑となるため，コンクリート接触面には錆防止用のプライマーを塗布するのが望ましい。

11.7　架　　設

　波形ウェブ橋の架設は，各段階において安全でなければならない。

【解　説】
　波形ウェブ橋は，一般のPC橋に比べ横方向の剛性が小さいことから，架設中には**解説　図11.7.1**のとおり，仮設横桁等を設け，横方向の剛性を高めるのがよい。また，波形鋼板ウェブとコンクリート床版が一体化されるまでは，波形鋼板のみでコンクリートや型枠等の荷重を支持する必要があるので，このような場合にも波形鋼板が十分に安全であることを確認しなければならない。

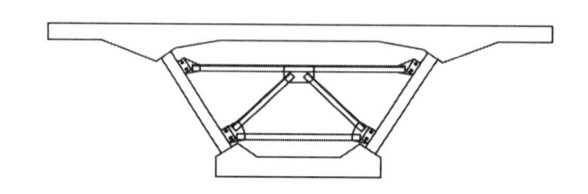

解説　図11.7.1　仮設横桁の例

12章　耐久性の確保

12.1　一般

本章は，波形ウェブ橋の耐久性を確保するための留意事項を示したものである。

【解　説】

本章は，波形ウェブ橋の耐久性を向上させるために留意すべき事項のうち，構造上重要な部位の維持管理における特有の事項について示したものである。

12.2　接合部の施工および防錆

波形鋼板ウェブとコンクリート床版との接合部は，確実に施工し，適切に防錆しなければならない。

【解　説】

接合部の施工および防錆に関してはそれぞれ，11章11.2節および10章10.5節に準拠する。

12.3　波形鋼板ウェブの防錆

波形鋼板ウェブの防錆方法は，耐久性，施工性および経済性を考慮し，適切に設定しなければならない。

【解　説】

波形鋼板ウェブの防錆に関しては，11章11.4節に準拠する。

12.4　維持管理用設備

波形ウェブ橋では，適切な維持管理を行うための設備を必要に応じて設けるものとする。

【解　説】

波形ウェブ橋の長期間にわたる耐久性を向上させるための維持管理・点検の項目としては，下記の事項があげられる。
・塗装仕様の橋梁における塗装劣化の点検
・耐候性鋼材仕様の橋梁における錆の定着度の点検
・風通しの悪い部分の腐食の点検

Ⅱ 波形ウェブ橋編

・溶接部の亀裂の点検
・接合部防錆シールの点検

塗装の塗替えや橋梁外面の点検をするには，下記のような方法が考えられる。

・必要に応じて吊金具や埋込みアンカーを取付けておき，全面足場を設置し塗装の塗り替え等を行う。
・橋梁点検車を使用し橋面上から主桁外面を点検する。
・モニタリング技術を導入し，長期・継続的な監視を行う。

Ⅲ 複合トラス橋編

1章 一般

1.1 適用の範囲

　本編は，コンクリート床板を鋼トラス材で結合し，内ケーブルあるいは外ケーブルによりプレストレスを与えた複合トラス橋の設計および施工に適用する。

【解　説】

　複合トラス橋とは，一般に解説 図1.1.1に示す上下のコンクリート床版を鋼トラス材で結合したトラス構造のPC橋梁である[1]。本編で取扱う構造は，鋼トラス材とコンクリート床版間の力の伝達を平滑化するため，鋼トラス材とコンクリート床版の結合部には，橋軸方向にコンクリートの縦桁を設けるのを基本とする。なお，縦桁を設けない場合は，床版および格点構造に関して別途検討する必要がある。

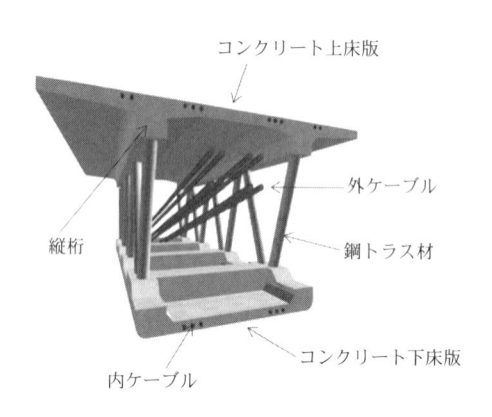

解説 図1.1.1　複合トラス橋の概念図[2]

　複合トラス構造は，大別してトラスウェブ構造とスペーストラス構造に分類される。

　トラスウェブ構造の事例として，解説 図1.1.2に示すように，通常のPC箱桁橋におけるコンクリートウェブを鋼トラス材に置き換えたトラス構造，解説 図1.1.3に示すように，コンクリー

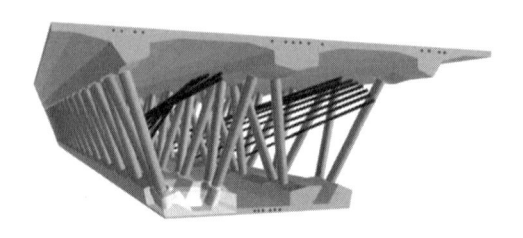

解説 図1.1.2　PC箱桁構造[3]

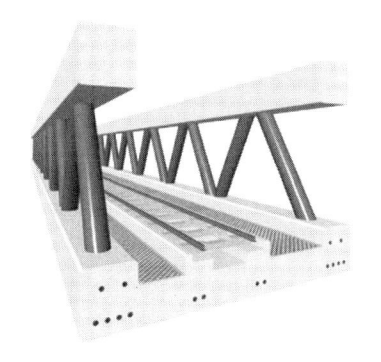

解説 図1.1.3　下路桁構造[4]

解説 図1.1.4　上路式吊床版構造[5]

ト弦材を鋼トラス材で結合した下路桁形式のトラス構造,あるいは,解説 図1.1.4に示すように,吊床版を鋼トラス材で結合したトラス構造等がある。

また,スペーストラス構造とは,解説 図1.1.5に示すように,下弦材が鋼部材,上床版がコンクリート部材で,鋼下弦材およびコンクリート上床版を鋼トラス材で結合したトラス構造をいう。

解説 図1.1.5　スペーストラス構造[6]

1.2　構造計画

（1）　複合トラス橋の計画にあたっては,路線線形,地形条件,架設条件等を考慮し,構造特性・経済性において有効性が十分に機能するよう上部構造および下部構造を計画するものとする。

（2）　複合トラス橋の架設工法の適用にあたっては,橋長,支間長および鋼トラス材の施工方法を考慮して,現場の架設条件,施工能力および経済性による比較検討を行い,適切な架設工法を選定しなければならない。

（3）　複合トラス橋に用いる鋼トラス材は,作用断面力,運搬,施工性および経済性等を考慮して形状および材質を適切に選定しなければならない。

（4）　鋼トラス材の防水,防錆方法は,橋の立地条件,環境条件および設計供用期間を考慮し,耐久性,施工性および経済性を比較して適切に選定しなければならない。

（5）　コンクリート床版と鋼トラス材の結合部となる格点構造は,その構造特性,耐久性および経済性を十分に考慮して選定するものとする。本規準に示していない格点構造を採用する場

合は，確認試験を実施して耐力などの構造特性を明確にしなければならない。

【解　説】

（1）について　　複合トラス橋は，コンクリート床版を鋼トラス材によって結合することにより，主桁自重の軽減，プレストレス導入効率の向上，施工の省力化が可能な合理的な構造である。また，通常のPC箱桁橋におけるコンクリートウェブを鋼トラス材に置き換えた構造から下路桁構造，上路式吊床版構造，スペーストラス構造など多様な構造への適用が可能である。計画にあたっては，路線線形，地形条件，架設条件等を考慮し，構造特性・経済性において有効性が十分に機能するよう上部構造および下部構造を計画することが望ましい。複合トラス橋の適用支間としては，**解説表1.2.1**を目安にしてよい。ただし，実線は国内外を含めて実績のある支間を示し，破線は概略の試算に基づくそれぞれの構造が適用可能と考えられる支間を示す。なお複合トラス橋は，通常のコンクリート橋と異なり，まだ実績が少ないことから，長支間の橋梁に適用する場合は，面外方向や耐震性能の十分な検討が必要である。また，複合トラス橋を斜張橋やエクストラドーズド橋などの吊構造の桁に適用した場合，適用支間がさらに大きくなると考えられるが，ここでは通常の桁橋の場合を示す。

解説 表1.2.1　各複合トラス橋の実績と適用可能支間

構造	0	50	100	150 (m)
PC箱桁構造		───	───	-------
下路桁構造		───	-------	
上路式吊床版構造		───	-------	-------
スペーストラス構造		───	-------	-------

（2）について　　複合トラス橋の架設工法の適用にあたっては，橋梁の規模（橋長，支間長等）および架設条件（現場条件，施工能力等）から経済性による比較検討を行い，鋼トラス材の施工方法を考慮して適切な架設工法を選定しなければならない。これまでの施工実績では，規模が小さい場合は固定式支保工による場所打ち施工，支間長が長く多径間に及ぶ場合は，張出し架設工法が採用されている。

（3）について　　複合トラス橋に用いる鋼トラス材は，端部がコンクリート床版に結合された柱部材として算出した作用断面力に対して十分な耐力，疲労耐久性を有した形状および材料を決定するとともに，運搬，施工性および経済性等についても考慮して選定しなければならない。

（4）について　　鋼トラス材は，橋の立地条件，環境条件および設計供用期間を考慮し，耐久性，施工性および経済性を比較の上，適切な防水，防錆方法を選定しなければならない。防水，防錆方法の選定にあたっては，初期費用に維持管理費用を加えたライフサイクルコストにより決定することが望ましい。

（5）について　　コンクリート床版と鋼トラス材の結合する格点部は，複合トラス橋の重要部位である。したがって，格点構造は鋼トラス材に作用する断面力を確実に床版に伝達し，十分な安全性を有する構造としなければならない。格点構造はその規模や施工性に応じて各種提案され，模型実

験により耐力，疲労耐久性などが検証されている。したがって，新しい格点構造を採用する場合は，確認試験を実施して耐力等の構造特性を明確にしなければならない。

なお，各点部の構造は，その種別によっては特許を取得している場合もあるので，その採用にあたっては十分な注意が必要である。

1.3 用語の定義

本編では，複合トラス橋に関する用語を次のように定義する。

(1) 複合トラス橋——鋼トラス材とコンクリート床版を結合したトラス構造。
(2) トラスウェブ構造——複合トラス構造において，鋼トラス材のみが鋼部材で，上下にコンクリート床版を有し，鋼トラス材とコンクリート床版が結合されたトラス構造。
(3) 吊床版トラス構造——複合トラス構造において，鋼トラス材のみが鋼部材で，吊床版を有し，鋼トラス材とコンクリート床版が結合されたトラス構造。
(4) スペーストラス構造——下弦材が鋼部材，上床版がコンクリート部材で，鋼トラス材と鋼下弦材およびコンクリート上床版が結合されたトラス構造。
(5) 格点部——鋼トラス材軸線とコンクリート床版軸線の交点部。
(6) 格点構造——格点部におけるコンクリート床版と鋼トラス材の結合構造。
(7) 縦桁——コンクリート床版と鋼トラス材との結合部に，橋軸方向に連続するコンクリート桁。

1.4 記号

本編では，複合トラス橋の設計計算に用いる記号を次のように定める。

A ：コンクリート床版と鋼トラス材の格点間水平距離の1/2の長さ
A_{cl} ：外側の鋼トラス材とコンクリート下床版との結合部の縦桁の断面積
A_{cu} ：外側の鋼トラス材とコンクリート上床版との結合部の縦桁の断面積
A_m ：ねじり抵抗断面積
A_s ：引張鋼材の断面積
A_{sd} ：鋼トラス材の断面積
b_1, b_2 ：ねじり抵抗断面の幅
β_{nt} ：プレストレス力等の軸方向圧縮力に関する係数
d ：鋼トラス材の実長
E_c ：コンクリートのヤング係数
E_s ：鋼トラス材のヤング係数
f'_{ck} ：コンクリートの圧縮強度の特性値
f_{puk} ：PC鋼材の引張応力度の限界値
f_{yk} ：鉄筋の降伏強度の特性値

f_{rd}	：設計疲労強度
f_{td}	：コンクリートの設計引張強度
G_c	：コンクリートのせん断弾性係数
G_s	：鋼材のせん断弾性係数
γ_b	：部材係数
γ_I	：構造物係数
h	：ねじり抵抗閉断面の高さ
h_1	：ねじり抵抗断面の高さ
J_t	：ねじり定数
K_t	：ねじりモーメントに関する係数
M_d	：はり構造としての設計曲げモーメント
M_{d1}, M_{d2}	：骨組解析による上・下床版の設計曲げモーメント
M_{tcd}	：ひび割れ発生ねじりモーメント
M_{td}	：ねじりモーメント
M_{tumin}	：M_{tcud} と M_{tyd} のいずれか小さい方の値
M_{tcud}	：設計斜め圧縮破壊耐力
M_{tyd}	：設計ねじり耐力
ν	：安全係数
N_1, N_2	：骨組解析による上・下床版の設計軸方向力
N_d	：はり構造としての設計軸方向力
n_e	：鋼とコンクリートのヤング係数比（E_s/E_c）
R_d	：設計断面耐力
S_d	：設計断面力
σ_{nd}'	：軸方向力による作用平均圧縮応力度
σ_{rd}	：設計変動応力度
σ_{st}	：引張鋼材の引張応力度の限界値
t^*	：鋼トラス材の橋軸方向に連続するコンクリートウェブへの換算板厚
ΔT	：温度差
T_c	：コンクリートに作用する全引張力
t_i	：各部材の板厚
t_1^*, t_3^*	：式(解 2.3.1)によって計算される鋼トラス材の換算板厚
t_2, t_4	：コンクリート床版の板厚
V_{cd}	：せん断補強鋼材を用いない棒部材の設計せん断耐力
V_d	：せん断力
V_{odmin}	：各部材の単位長さ当たりの面内せん断耐力の最小値
V_{sd}	：せん断補強鋼材により受持たれる設計せん断耐力
V_{ped}	：軸方向緊張材の有効引張力のせん断力に平行な成分
V_{yd}	：設計せん断耐力

> y_1, y_2：はり構造としての図心から上・下床版図心までの距離

参考文献

1) Thao, Causse：複合トラスPC橋の歴史, 橋梁と基礎, Vol.8, pp.26-30, 2002
2) 木村, 本田, 山村, 山口, 南：那智勝浦道路木ノ川高架橋の設計－鋼・コンクリート複合トラス－, 橋梁と基礎, Vol.36, No.10, pp.31-35, 2002
3) 青木, 能登谷, 加藤, 髙德, 上平, 山口：第二東名高速道路猿田川橋・巴川橋の設計・施工－世界初のPC複合トラスラーメン橋－, 橋梁と基礎, Vol.39, No.5, pp.5-11, 2005
4) 石田, 木戸, 小山, 大久保：羽越線山倉川橋りょうの設計施工－鋼管トラスウエブPC開床式下路桁－, プレストレストコンクリート, Vol.146, No.2, pp.56-63, 2004
5) 乗常, 山崎, 石原, 齋藤, 桑野：青雲橋の設計と施工－吊構造を利用した架設工法による単径間PC複合トラス橋－橋梁と基礎, Vol.39, No.4, pp.5-11, 2005
6) 春日, 杉村, 益子：SBSリンクウエイ橋の設計と施工－合成断面を有する斜張橋, 橋梁と基礎, Vol.7, pp.2-8, 1997

2章　設計に関する一般事項

2.1　設計計算の原則

> 　複合トラス橋のコンクリート部材，鋼トラス材および格点構造等の設計にあたっては，原則として供用限界状態，終局限界状態および疲労限界状態における組合わせ荷重に対して，それぞれ要求される性能を照査し，部材が安全であることを確かめなければならない。

【解　説】
　本章では，コンクリート部材と鋼トラス材を格点構造により両者を結合した合成構造としての複合トラス橋が，設計供用期間においてその機能を十分に果たすために，供用限界状態，終局限界状態および疲労限界状態に対して，それぞれ部材が安全であることを確かめることを原則とした。
　解説 図2.1.1 に複合トラス橋の設計フローの一例を示し，本編で取り扱う設計応答値および限界値を解説 表2.1.1 に示す。

2.2　構 造 解 析

2.2.1　一　　般

> （1）　複合トラス橋の構造解析においては，各限界状態に対して適切な解析モデルや解析理論を用いるものとする。
> （2）　複合トラス橋は，その形状に応じた部材を組み合わせ単純化した構造モデルを仮定して解析を行ってよい。
> （3）　構造解析において，荷重の分布状態を単純化したり，動的荷重を静的荷重に置換えたりするなど，荷重についても実際のものと等価または安全側のモデル化を行ってよい。
> （4）　断面力の算定において，変動荷重は設計断面に最も不利なように載荷するものとする。
> （5）　線形解析を行う場合の断面剛性は，各部材の全断面を有効として計算してよい。

【解　説】
　「コンクリート標準示方書【構造性能照査編】」（土木学会）5章5.1節に準拠する。複合トラス橋の解析モデルは，2.3節による。

2章 設計に関する一般事項

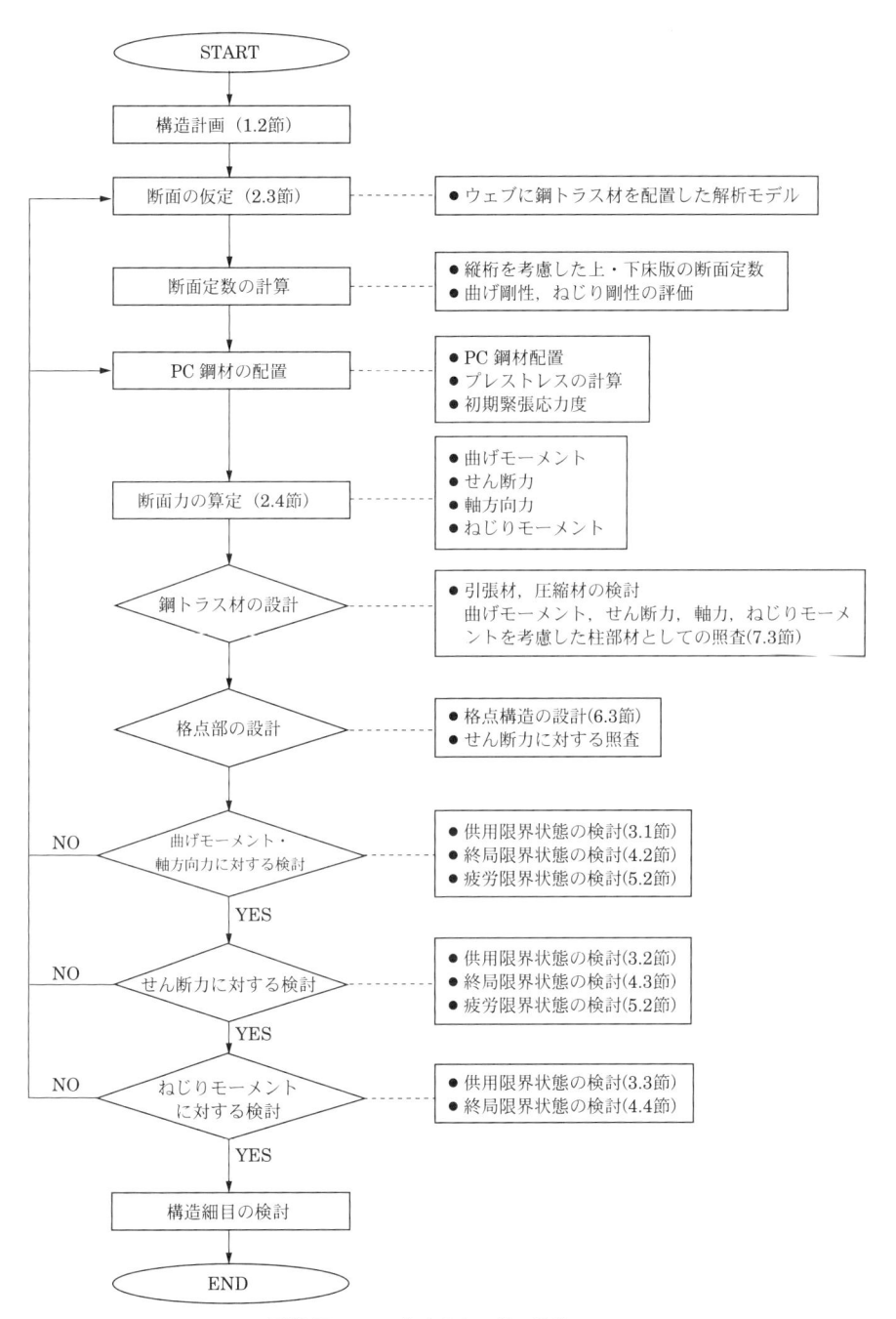

```
                    START
                      │
            ┌─────────▼─────────┐
            │  構造計画（1.2節）  │
            └─────────┬─────────┘
                      │
    ┌─────────────────▼─────────────────┐       ● ウェブに鋼トラス材を配置した解析モデル
    │     断面の仮定（2.3節）            │─ ─ ─ ─
    └─────────────────┬─────────────────┘
    │                 │
    │       ┌─────────▼─────────┐        ● 縦桁を考慮した上・下床版の断面定数
    │       │   断面定数の計算   │─ ─ ─ ─  ● 曲げ剛性，ねじり剛性の評価
    │       └─────────┬─────────┘
    │                 │                          ● PC鋼材配置
    │       ┌─────────▼─────────┐        ● プレストレスの計算
    │       │   PC鋼材の配置     │─ ─ ─ ─  ● 初期緊張応力度
    │       └─────────┬─────────┘
    │                 │                          ● 曲げモーメント
    │       ┌─────────▼─────────┐        ● せん断力
    │       │  断面力の算定（2.4節）│─ ─ ─ ─  ● 軸方向力
    │       └─────────┬─────────┘        ● ねじりモーメント
    │                 │
    │       ┌─────────▼─────────┐        ● 引張材，圧縮材の検討
    │       │   鋼トラス材の設計 │─ ─ ─ ─    曲げモーメント，せん断力，軸力，ねじりモー
    │       └─────────┬─────────┘          メントを考慮した柱部材としての照査(7.3節)
    │                 │
    │       ┌─────────▼─────────┐        ● 格点構造の設計(6.3節)
    │       │   格点部の設計     │─ ─ ─ ─  ● せん断力に対する照査
    │       └─────────┬─────────┘
    │                 │
    │             ╱ 曲げモーメント・╲             ● 供用限界状態の検討(3.1節)
    │── NO ─────◇  軸方向力に対する ◇─ ─ ─ ─  ● 終局限界状態の検討(4.2節)
    │             ╲    検討       ╱             ● 疲労限界状態の検討(5.2節)
    │                 │YES
    │                 │                          ● 供用限界状態の検討(3.2節)
    │── NO ─────◇ せん断力に対する ◇─ ─ ─ ─  ● 終局限界状態の検討(4.3節)
    │             ╲    検討       ╱             ● 疲労限界状態の検討(5.2節)
    │                 │YES
    │             ╱ ねじりモーメント ╲             ● 供用限界状態の検討(3.3節)
    │── NO ─────◇  に対する検討    ◇─ ─ ─ ─  ● 終局限界状態の検討(4.4節)
                  ╲              ╱
                      │YES
            ┌─────────▼─────────┐
            │   構造細目の検討   │
            └─────────┬─────────┘
                      │
                     END
```

解説 図2.1.1 複合トラス橋の設計フロー

III 複合トラス橋編

解説 表2.1.1 設計応答値および限界値

限界状態	検討部材		設計応答値 項目	適用	設計限界値 項目	適用	備考 (性能照査目的)
供用	主桁		コンクリート圧縮応力度	III編3.1.2項	コンクリート応力度の限界値(曲げ圧縮,軸方向圧縮)	I編7.2.1項	供用性・耐久性
			コンクリート引張応力度	III編3.1.2項	コンクリート応力度の限界値(縁引張)	I編7.2.2項	
			PC鋼材応力度	III編3.1.2項	PC鋼材応力度の限界値(引張)	I編7.2.1項*	
			鉄筋応力度	III編3.1.2項	鉄筋応力度の限界値(引張)	I編7.2.1項	
			せん断力	III編3.2.1項		III編6章	
			ねじりモーメント	III編3.3.2項	ひび割れ発生ねじりモーメントの70%	III編3.3.3項	
			変位・変形	III編3.4.1項	変位・変形の限界値	I編7.2.4項	
			振動	III編3.5節	振動の限界値	I編7.2.5項	
	格点部		作用力によるコンクリート応力度	III編6.2節	コンクリートの応力度限界値(縁引張)	I編7.2.2項, III編6.3節	
	鋼トラス材		作用力(軸方向力,曲げ,せん断力,ねじり)による構造用鋼材の応力度	III編7.2節	構造用鋼材応力度の限界値(引張,圧縮)	I編6.3節	
	床版	(橋軸直角方向)	コンクリート応力度	III編8.4節	コンクリート応力度の限界値(縁引張)	I編7.2.2項	
		(橋軸方向)	ひび割れ幅		ひび割れ幅の限界値	I編7.2.3項	
			斜め引張応力度		コンクリート斜め引張応力度の限界値(設計引張強度の75%)	I編7.2.2項	
	格点部間のコンクリート部材		応力度	III編8.6節	コンクリート応力度の限界値(縁引張)	I編7.2.3項	
			斜め引張応力度		コンクリート斜め引張応力度の限界値(設計引張強度の75%)	I編7.2.2項	
終局	主桁		設計曲げモーメント	III編4.2.1項	設計曲げ耐力	III編4.2.2項	安全性
			設計せん断力	III編4.3.1項		III編6章にて検討	
			設計ねじりモーメント	III編4.4.1項	設計ねじり耐力	III編4.4.2項	
	格点部		作用力	III編6.2節	耐力(他部材より非先行破壊)	III編6.3節	
	鋼トラス材		構造用鋼材の作用力(軸方向力,曲げ,せん断力,ねじり)	III編7.2節	構造用鋼材の耐力	I編6.3節	
	縦桁を含む床版	(橋軸直角方向)	設計曲げモーメント	III編8.5節	設計曲げ耐力	III編4.2.2項	
	縦桁を含まない床版	(橋軸直角方向)	押抜きせん断力			—	
疲労	床版コンクリート,鉄筋,PC鋼材		設計変動応力度	III編5.1節	疲労強度の限界値	III編5.2節	安全性・耐久性
	格点部		設計変動応力度	III編6.4節	設計疲労強度の限界値	III編6.4節解説	
	鋼トラス材		設計変動応力度	III編7.2節	設計疲労強度の限界値	III編7.4節	

* 複合トラス橋の外ケーブルについては,変動荷重によるPC鋼材の疲労や風によるPC鋼材の振動の影響を考慮し,エクストラドーズドPC橋の斜材と同様に,PC鋼材の引張応力度の限界値を$0.6f_{puk}$の値としている施工実績が多い[1]。

2.2.2 各限界状態を検討するための構造解析手法

（供用限界状態を検討するための断面力および変位の算定）
（1） 供用限界状態に対する検討に用いる断面力および変位の算定は，線形解析に基づくことを原則とする。断面力の算定に用いる剛性は，通常の場合，全断面有効と仮定して求めてよい。
（終局限界状態を検討するための断面力の算定）
（2） 断面破壊の終局限界状態を検討するための断面力の算定には，一般に線形解析を用いてよい。
（疲労限界状態を検討するための断面力の算定）
（3） 疲労限界状態に対する検討に用いる断面力の算定は，線形解析に基づくことを原則とする。

【解 説】
「コンクリート標準示方書【構造性能照査編】」5章5.2～5.4節に準拠する。

2.3 解析モデル

2.3.1 解析モデル

（1） 曲げ・せん断挙動における構造解析は，基本的に鋼トラス材を考慮した平面骨組構造で行うことを基本とする。ただし，平面骨組構造では構造特性の把握が困難と考えられる場合には，立体骨組構造により，その影響を考慮しなければならない。
（2） ねじり挙動における構造解析は，トラス構造を一本のはりに置換したモデルとして計算してよい。

【解 説】
(1)について　複合トラス橋の解析モデルは，曲げ挙動に着目した場合，鋼トラス材を無視し上下のコンクリート床版のみの曲げ剛性を評価したはり理論によっても，コンクリート部材に作用する断面力は，鋼トラス材を考慮した骨組構造で解析した場合の断面力と大差ないため，工学的には，平面保持を仮定した上記はり理論に従っても問題はないと考えられる。しかし本構造のせん断伝達挙動は，ウェブ部の鋼トラス材軸力を介して，格点部において上下コンクリート床版にも伝達されるため，はり理論により各部材のせん断力を求めることは困難である。また，鋼トラス材に作用する断面力を適切に把握することは，鋼トラス材および格点部の設計にとって重要となる。したがって構造解析モデルは，解説 図2.3.1に示すように鋼トラス材を考慮した平面骨組み構造によることを基本とした。

なお，斜めウェブ断面やせん断力分担が異なる複数ウェブを有する断面等の場合には，それらの影響を把握できる立体骨組構造や立体FEMモデルにより解析しなければならない。

また，トラス構造としての力の伝達を考えれば，格点部において鋼トラス材軸線の交点が弦材軸線で一致することが好ましいが，計画する格点構造の種類によっては軸線が一致しないこともある。

Ⅲ 複合トラス橋編

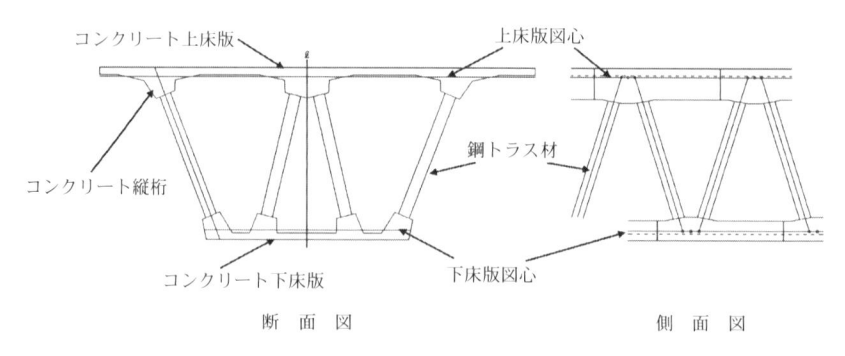

断 面 図   側 面 図

(a) 構造解析モデル

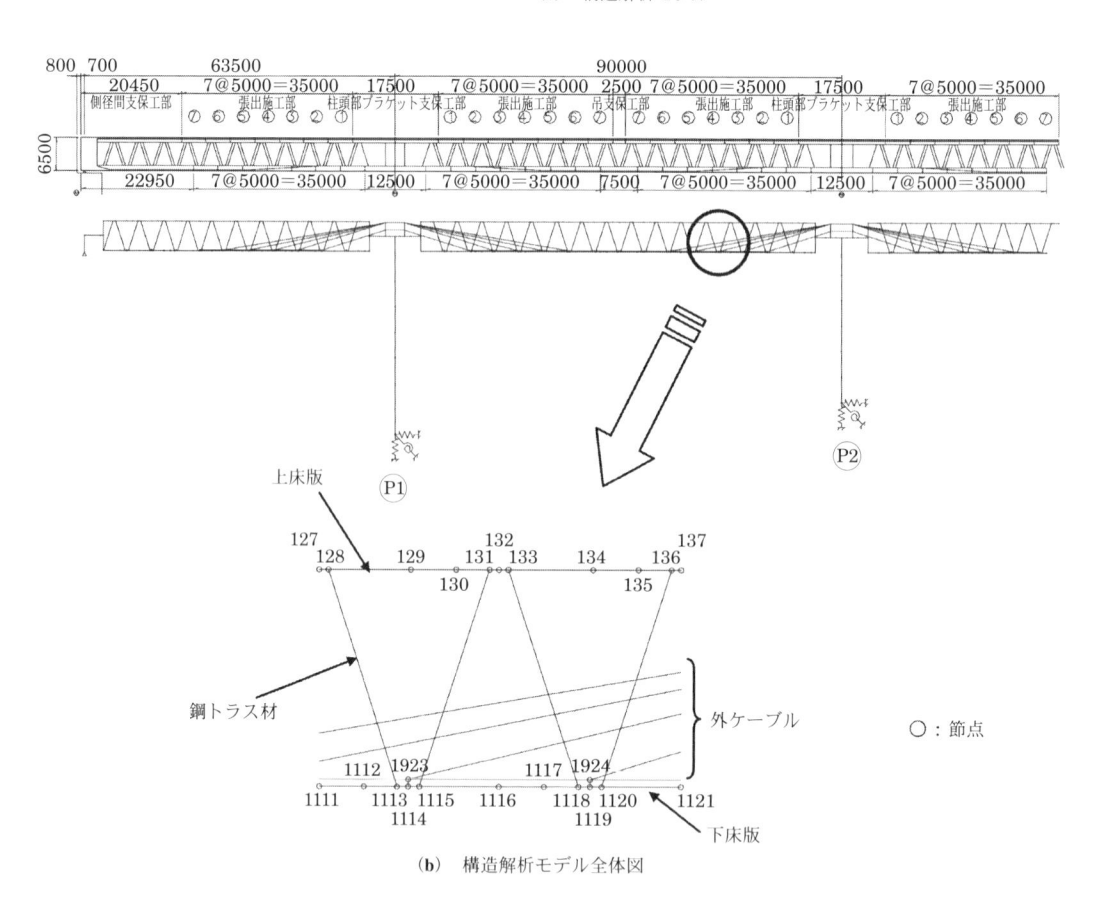

(b) 構造解析モデル全体図

解説 図2.3.1 構造解析モデル

その場合には，**解説 図 8.6.1 (b)** に示すような鋼トラス材軸線のずれを考慮したモデル化を行う必要がある．鋼トラス材軸線のずれは，格点部にせん断力として作用するため，格点部の設計において十分検討しなければならない．さらに，鋼トラス材がコンクリート床版に埋め込まれる場合は，鋼トラス材のある領域に剛域を設定する等，計画する格点構造の特性に応じて適宜モデル化を行う

のがよい。

また，骨組構造では，橋梁全体の変形挙動や局部的な応力伝達機構の把握が困難と考えられる場合には，別途 FEM 解析等によって，検討しなければならない[1]~[3]。

（2）について　複合トラス構造がねじり作用を受ける場合には，平面骨組構造や立体骨組構造では，コンクリート床版に作用するねじりせん断の影響を把握することが困難であることから，ねじり作用についてのみ，所定の間隔で配置される鋼トラス材を橋軸方向に連続するウェブに換算し，上下のコンクリート床版とウェブで囲まれた閉断面を有する一本のはりとしてねじり定数を計算して，ねじりモーメントによる断面力を計算してよいものとした[4],[5]。

ここで，複合トラス構造に対し一本のはりとして閉断面理論を用いてねじり定数を計算する場合，解説 図 2.3.2 に基づき，鋼トラス材のコンクリートウェブと等価な換算板厚は，式(解 2.3.1)を用いて計算してよい。この換算板厚の算定根拠については，Ⅵ編 2 章 2.3 節による。

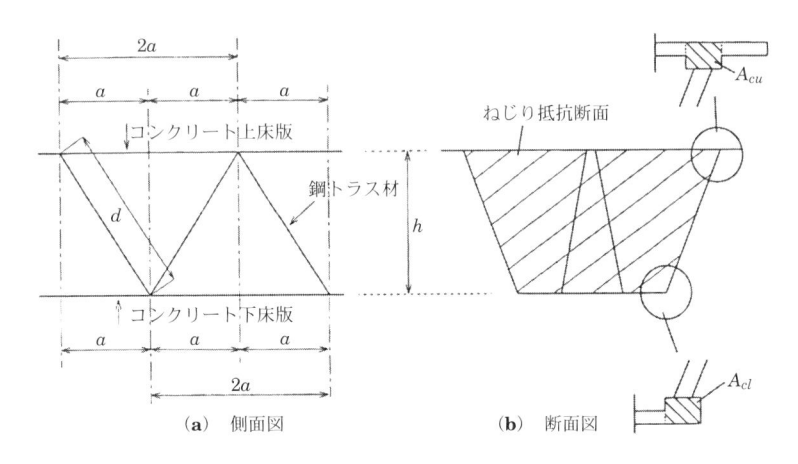

（a）側面図　　　（b）断面図

解説 図2.3.2　換算板厚を計算する場合の諸寸法

$$t^* = \frac{E_c}{G_c} \cdot \frac{a \cdot h}{\dfrac{d^3}{n_e \cdot A_{sd}} + \dfrac{a^3}{3}\left(\dfrac{1}{A_{cu}} + \dfrac{1}{A_{cl}}\right)} \tag{解 2.3.1}$$

ここに，　t^*：鋼トラス材の橋軸方向に連続するコンクリートウェブへの換算板厚

　　　　E_c：コンクリートのヤング係数

　　　　G_c：コンクリートのせん断弾性係数

　　　　a　：コンクリート床版と鋼トラス材の格点間水平距離の 1/2 の長さ

　　　　h　：ねじり抵抗閉断面の高さ（斜ウェブの場合，斜めの長さ）

　　　　d　：鋼トラス材の実長

　　　　n_e：鋼とコンクリートのヤング係数比（E_s/E_c）

　　　　E_s：鋼トラス材のヤング係数

　　　　A_{sd}：鋼トラス材の断面積

　　　　A_{cu}：外側の鋼トラス材とコンクリート上床版との結合部の縦桁の断面積

III 複合トラス橋編

A_{cl}：外側の鋼トラス材とコンクリート下床版との結合部の縦桁の断面積

式(解 2.3.1)は，ねじり挙動によって外側の鋼トラス材から伝達されるねじりせん断力が，鋼トラス材とコンクリート床版の結合部の縦桁を介してせん断流としてコンクリート床版に伝達されるという挙動を基本として，閉断面理論に適用するために誘導された式である。

したがって，複合トラス構造の閉断面構造とした場合のねじり定数 J_t は，「道路橋示方書【Ⅲ コンクリート橋編】・同解説」(日本道路協会) 4 章 4.4.3 項に従い，解説 表 2.3.1 に与えられるウェブとしての板厚 t_1 および t_3 を，式(解 2.3.1)を用いて計算した t^* に置き換えるものとする[6]。

解説 表 2.3.1 閉断面のねじり定数[6]

箱形	部材の厚さとその厚さ方向の箱形断面の全幅との比が0.15をこえる場合は中実断面とみなして K_t を求めるのがよい。	$\tau_{ti} = \dfrac{M}{K_{ti}}$ $K_{ti} = 2A_m \cdot t_i$ ここに， $A_m = b_1 \cdot h_1$ $b_1 = b - \left(\dfrac{t_1}{2} + \dfrac{t_3}{2}\right)$ $h_1 = h - \left(\dfrac{t_2}{2} + \dfrac{t_4}{2}\right)$	$J_t = \dfrac{1}{\dfrac{1}{4A_m{}^2}\left(\dfrac{h_1}{t_1} + \dfrac{b_1}{t_2} + \dfrac{h_1}{t_3} + \dfrac{b_1}{t_4}\right)}$

2.3.2 コンクリートと鋼の結合条件

鋼トラス材とコンクリート部材の格点の結合条件は，格点構造における鋼トラス材の曲げ拘束の影響度に応じて適切に設定しなければならない。

【解 説】

鋼トラス材が埋込み型の格点構造は，一般に軸方向力の他に曲げ拘束を受け易いため，鋼トラス材とコンクリート床版の格点の結合条件は，基本的に剛結合とするのがよい。ただし，鋼トラス材がコンクリートに埋め込まれていない場合など，曲げ拘束が小さい格点構造の場合は，拘束の影響度に応じて適切に結合条件を設定しなければならない。

2.4 断面力の算出

2.4.1 一　般

設計に用いる断面力の算出は，2.3 節に示す解析モデルを用いた弾性解析によることを基本とする。

2章 設計に関する一般事項

2.4.2 コンクリートのクリープ・収縮
複合トラス構造は，コンクリート部材のクリープ・収縮の影響を考慮しなければならない。

【解　説】
複合トラス橋は，クリープ・収縮のあるコンクリート部材と，そうでない鋼トラス材から構成されるため，コンクリート部材のクリープ・収縮の影響が全体構造に影響を及ぼす。これらの影響を考慮する場合には，適切な設計用値を設定しなければならない。

2.4.3 温度の影響
複合トラス構造の場合，以下の項目に対する温度の影響を考慮する必要がある。
（1）コンクリートと鋼の温度差の影響
　　　$\Delta T = 10℃$
（2）温度変化の影響

【解　説】
（1）について　複合トラス構造の場合，上下にコンクリート床版があり，その間に鋼トラス材が配置されているため，日射の影響によるコンクリート床版と鋼トラス材に発生する温度差の影響やコンクリート床版と鋼トラス材の温度変化の影響等が考えられる。

また，熱伝導率もコンクリート部材と鋼部材では異なるので，全体構造としてのそれらの熱伝達挙動の相違を考慮した上で，全体構造に悪影響を及ぼさない設計温度を設定する必要がある。

以上のことから，ここでは上下床版コンクリートと鋼の温度差の影響を，鋼合成桁の設計と同様に $\Delta T = 10℃$ とした[7]。

（2）について　温度変化の影響については，「道路橋示方書【Ⅰ共通編】・同解説」2章 2.2.10 項の規定に準拠する。

2.4.4 衝撃係数
衝撃係数は，複合トラス橋の構造特性に十分留意し，適切な値を用いなければならない。

【解　説】
複合トラス構造は，上下にコンクリート床版，ウェブに鋼トラス材を配した構造であるが，上下コンクリート床版のみを曲げ剛性評価したはり理論に基づくコンクリート床版の曲げ応力度は，上下のコンクリート床版と鋼トラス材を考慮したトラス構造で解析した場合の主桁床版の曲げ応力度と大差ない。したがって複合トラス構造の曲げ振動特性は，等価なはりの曲げ振動特性と同様であると判断し，現時点では複合トラス構造の場合に用いる活荷重の衝撃係数は，解説 表 2.4.1 に示すように通常の PC 橋の衝撃係数を用いてよいこととした[8]。

Ⅲ　複合トラス橋編

解説 表2.4.1　複合トラス橋に用いる衝撃係数[6]

プレストレストコンクリート橋	$i=\dfrac{20}{50+L}$	T荷重を使用する場合
	$i=\dfrac{10}{25+L}$	L荷重を使用する場合

参考文献

1) 木村, 本田, 山村, 山口, 南：那智勝浦道路木ノ川高架橋の設計－鋼・コンクリート複合トラス－, 橋梁と基礎, Vol.36, No.10, pp.31-35, 2002
2) 高徳, 長谷, 宮越, 佐藤：第二東名高速道路猿田川橋・巴川橋の設計－PC複合トラス橋の設計－, 第13回プレストレストコンクリートの発展に関するシンポジウム論文集, プレストレストコンクリート技術協会, pp.63-66, 2004
3) 大澤, 川上, 劉, 佐野：鋼トラスウェブPC梁の静的載荷試験, 第7回プレストレストコンクリートの発展に関するシンポジウム論文集, プレストレストコンクリート技術協会, pp.757-760, 1997
4) C.F. Kollbrunner, K.Basler：Torsion in Structures An Engineering Approach, Springer-Verlag Berlin Heidelberg New York, pp.17-21, 1969
5) 日本橋梁建設協会：'97 JASBC manual デザインデータブック, p.30, 1997
6) 日本道路協会：道路橋示方書［Ⅲコンクリート橋編］・同解説, 2002
7) 日本道路協会：道路橋示方書［Ⅱ鋼橋編］・同解説, 2002
8) 犬島, 梶川, 角本：鋼トラスウェブPC橋の車両走行時の動的応答特性, 第9回プレストレストコンクリートの発展に関するシンポジウム論文集, プレストレストコンクリート技術協会, pp.63-68, 1999

3章 供用限界状態に対する検討

3.1 曲げモーメントおよび軸方向力に対する検討

3.1.1 一　　般

> 複合トラス橋の主桁の上下床版のコンクリート部材は，供用限界状態においてコンクリートにひび割れを発生させないのがよい。

【解　説】

　近年プレストレストコンクリート橋では，機能性・経済性から供用限界状態においてひび割れの発生を許容するPPC構造が増加している。

　しかし，複合トラス橋は，上下床版のコンクリート部材を鋼トラス材で結合した構造であり，従来のコンクリートウェブを有するPC箱桁橋に比べ柔構造であると考えられる。そこで，コンクリート部材のひび割れが橋梁の機能や耐久性に与える影響が大きいこと，また，ひび割れがコンクリートと鋼トラス材の結合部の機能・耐久性に与える影響が懸念されること，PPC構造の採用実績がないこと等から，現時点では供用限界状態においてコンクリートにひび割れを発生させないのがよい。ただし，ひび割れの発生を許容する場合には，別途実験等により部材の安全性を十分確認しなければならない。

　なお，複合トラス橋の主桁は，上下床版のコンクリート部材と鋼トラス材で構成されるが，さらに各部材ごとの断面力（曲げモーメントおよび軸方向力）も算出可能であることから，本章の主桁の供用限界状態に対する検討としては，主桁の構成部材である上下床版のコンクリート部材に対してのみ規定し，鋼トラス材については7章で規定することとした。

3.1.2 応力度の算定

> （1）複合トラス橋の主桁に作用する曲げモーメントおよび軸方向力に対する有効断面は，鋼トラス材を無視した上下床版のコンクリート部材のみで算出してよい。
> （2）複合トラス橋の主桁の構成部材である上下のコンクリート部材および鉄筋・PC鋼材の応力度の算定は，次の仮定に基づいて行うものとする。
> 　（i）繊ひずみは，断面の中立軸からの距離に比例するものとする。
> 　（ii）コンクリートおよび鋼材は，弾性体とする。
> 　（iii）コンクリートは全断面を有効とする。
> 　（iv）付着のある鋼材のひずみ増加量は，同じ位置のコンクリートのそれと同一とする。
> 　（v）部材軸方向のPC鋼材配線用のダクトは，有効断面とみなさない。
> 　（vi）PC鋼材がコンクリートに付着した後の断面定数は，PC鋼材とコンクリートとのヤング係数比を考慮して求める。
> 　（vii）コンクリートおよび鋼材の応力度は，PC鋼材のリラクセーション，コンクリートの

> クリープ・収縮の影響を考慮して求めることを原則とする。

【解　説】

（1）について　　複合トラス橋の主桁を構成する上下のコンクリート部材については，2章2.3節および2.4節に従って算出された断面力を用いて，上下のコンクリート床版についてそれぞれ応力度を算定すればよい。また，格点部間の橋軸方向にコンクリートの縦桁を設ける場合には，曲げモーメントおよび軸方向力に対する有効断面に縦桁を含めてよい。

> ### 3.1.3　応力度の照査
>
> （1）　コンクリートの縁引張応力度は，Ⅰ編7章7.2.2項（1）に示す設計引張強度の限界値を超えてはならない。
>
> （2）　コンクリートの縁引張応力度が引張応力となる場合には，式(3.1.1)により算定される断面積以上の引張鋼材を配置することを原則とする。この場合引張鋼材は，異形鉄筋を用いることを原則とする。
>
> $$A_s = \frac{T_c}{\sigma_{st}} \tag{3.1.1}$$
>
> ここに，A_s：引張鋼材の断面積
> 　　　　T_c：コンクリートに作用する全引張力
> 　　　　σ_{st}：引張鋼材の引張応力度の限界値で，異形鉄筋に対しては 200 N/mm² とする。ただし，引張応力が生じるコンクリート部材に配置されている付着がある PC 鋼材は，引張鋼材とみなしてよい。この場合プレテンション方式のPC鋼材に対しては，引張応力度の限界値を 200N/mm² としてよいが，ポストテンション方式のPC鋼材に対しては，100N/mm² とするのがよい。

【解　説】

「コンクリート標準示方書【構造性能照査編】」（土木学会）　10章10.4.1項に準拠する。

> ## 3.2　せん断力に対する検討
>
> ### 3.2.1　一　　般
>
> 　せん断力に対する検討は，一般に6章で行うものとする。ただし，格点構造の種類によっては，格点部間における橋軸方向のコンクリート部材にせん断力が伝達される場合があるので，この場合はせん断力を的確に把握して検討を行うものとする。

【解　説】

複合トラス橋の構造特性として，鋼トラス材を接合する格点部においてせん断力を負担するため，一般にせん断力に対する供用限界状態の検討は格点部で行えばよいものとした。ただし，鋼トラスの交点と床版軸線がずれる場合（解説 図8.6.1）などは，格点部間における橋軸方向のコンクリー

ト部材にせん断力が生じるので，8章8.6節に示すように格点部間における橋軸方向のコンクリート部材の設計に準じて検討を行う必要がある。

3.3 ねじりモーメントに対する検討

3.3.1 一　　般
（1）　供用限界状態においては，ねじりモーメントにより上下床版のコンクリート部材にねじりひび割れを発生させないことを原則とする。
（2）　ねじりモーメントを考慮する場合には，鋼トラス材を橋軸方向に連続するウェブと等価な板厚を有する閉断面理論を用いて，ねじりに対する断面剛性を評価してよい。
（3）　ねじりモーメントに対する検討においては，ねじりモーメントによる断面変形の影響を適切に評価し検討しなければならない。

【解　説】
（1）について　　複合トラス橋は，上下床版のコンクリート部材と鋼トラス材が結合した構造であり，従来のコンクリートウェブを有するPC箱桁橋に比べ柔構造であると考えられる。したがって，コンクリート部材のひび割れが橋梁の機能や耐久性に与える影響が大きいこと，また，ひび割れがコンクリートと鋼トラス材の結合部の機能・耐久性に与える影響が懸念されること等から，主桁の曲げモーメントおよび軸方向力に対する検討と同様に上下床版のコンクリート部材については，現時点では供用限界状態においてコンクリートにねじりひび割れを発生させないことを原則とした。
（2）について　　複合トラス橋がねじりモーメントを受けた場合には，合成断面としてねじり挙動に抵抗すると考えられるが，ウェブがトラス構造となっているため，このねじり挙動を的確にとらえることは困難であると考えられる。そこで，ねじりに対する断面剛性については，この鋼トラス材を有する合成断面を橋軸方向に連続するウェブからなる一本のはりとして，閉断面に置換して評価してもよいこととした[1],[2]。

しかしながら複合トラス橋は，曲線橋の場合や活荷重の偏載荷等によってねじり変形に伴う主桁全体の断面変形を生じやすい。したがって，この断面変形によってコンクリート床版に有害な応力が生じないように，隔壁を設けるなど十分なねじり剛性を確保する構造にするのが望ましい。
（3）について　　ねじり変形に伴う主桁全体の断面変形によってコンクリート床版にそり拘束ねじり挙動が卓越すると考えられる場合には，適切な構造解析によってそれを設計に反映させなければならない。

3.3.2 ひび割れ発生ねじりモーメント
上下コンクリート床版のひび割れ発生ねじりモーメント M_{tcd} は，式(3.3.1)により求めてよい。

$$M_{tcd} = \beta_{nt} \cdot K_t \cdot f_{td} / \gamma_b \tag{3.3.1}$$

ここに，K_t ：ねじりに関する係数（$K_t = 2A_m \cdot t_t$）
　　　　β_{nt} ：プレストレス力等の軸方向圧縮力に関する係数

$$\beta_{nt} = \sqrt{1 + \sigma'_{nd}/(1.5f_{td})}$$

f_{td}：コンクリートの設計引張強度

$$f_{td} = 0.23\, f'^{2/3}_{ck}/\gamma_c$$

σ'_{nd}：軸方向力による作用平均圧縮応力度。ただし，$7f_{td}$を超えてはならない。

γ_b：部材係数

γ_c：コンクリートの材料係数

【解　説】

ねじりひび割れ発生前のコンクリート部材のねじりモーメントに対する挙動は，コンクリート全断面を有効として，弾性理論により算定できる。この段階においてはひずみ量が小さいので，鉄筋によって分担されるねじり抵抗は，コンクリート断面のそれと比較すると一般に無視できる。したがって，ひび割れ発生前については，鉄筋の影響を無視したコンクリート断面に弾性理論を適用することとした。

また，ひび割れ発生ねじりモーメントを算出する際の部材係数γ_bおよびコンクリートの設計引張強度を算出する際の材料係数γ_cは，一般に1.0としてよい。

軸方向引張力を受ける部材については，軸方向引張力が小さく，これによるひび割れが発生しない場合（$\sigma_{td} < f_{td}$）には，式(解3.3.1)によるβ_{nt}を用いてよい。

$$\beta_{nt}=\sqrt{1-\sigma'_{td}/f_{td}} \tag{解3.3.1}$$

ただし，$0 \leqq \beta_{nt} \leqq 1$

ここに，σ_{td}：軸方向引張力による作用平均引張応力度

ここで，弾性理論の適用にあたっては，複合トラス橋がねじりモーメントを受けた場合には，合成断面としてねじり挙動に抵抗すると考えられるが，ウェブがトラス構造であるため，このねじり挙動を的確にとらえることは困難であると考えられる。そこで，ねじりに対する断面剛性については，この鋼トラス材を連続するウェブに置換した一本のはりとしての閉断面として評価してよいこととした[3),5)]。

式(解3.3.2)および式(解3.3.3)に，それぞれねじりモーメントに関する係数K_tとねじり定数J_tの算出方法を示す。この場合の複合トラス橋のねじり抵抗断面を**解説 図3.3.1**に示す。

$$K_t = 2A_m \cdot t_i \quad (i=1, 2, 3 および 4) \tag{解3.3.2}$$

ここに，K_t：ねじりモーメントに関する係数

　　A_m：解説 図2.3.2に示すねじり抵抗断面積

　　t_i：解説 図3.3.1に示す上床版（t_2），下床版（t_4）の小さい方の値

$$J_t = \cfrac{1}{\cfrac{1}{4A_m^{\,2}}\left(\cfrac{h_1}{t_1^*} + \cfrac{b_2}{t_2} + \cfrac{h_1}{t_3^*} + \cfrac{b_1}{t_4}\right)} \tag{解3.3.3}$$

ここに，J_t：ねじり定数

　　t_1^*, t_3^*：式（解2.3.1）によって計算される鋼トラス材の換算板厚

　　t_2, t_4：コンクリート床版の板厚

　　h_1：解説 図3.3.1に示すねじり抵抗断面のウェブの長さ

b_1, b_2：解説 図 3.3.1 に示すねじり抵抗断面のコンクリート断面の幅

ただし格点部においては，コンクリート床版のねじりせん断応力度は，標準部より応力が乱れるので，ねじりが卓越する場合など格点部近傍のねじり挙動を的確にとらえる必要がある場合には，別途立体FEM解析による検討が必要である。

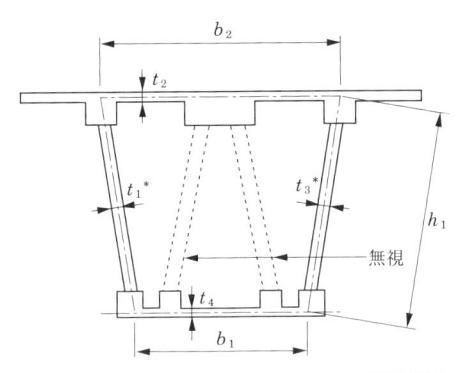

解説 図3.3.1　複合トラス断面のねじり抵抗断面

3.3.3　ねじりひび割れの照査

設計ねじりモーメント M_{td} は，ひび割れ発生ねじりモーメント M_{tcd} の70％以下とする。

【解　説】

「コンクリート標準示方書【構造性能照査編】」7章7.4.7項に準拠する。

供用限界状態においては，ねじりひび割れ発生時のねじりモーメント M_{tcd} より設計ねじりモーメント M_{td} が小さい場合には，ねじりひび割れは発生しにくいと考えられるが，安全を考慮してこのように規定した。

3.4　変位・変形に対する検討

3.4.1　一　般

（1）　主桁の変位・変形が，橋梁の機能，使用性，耐久性および美観を損なわないことを，適切な方法によって検討しなければならない。
（2）　変位・変形は，短期の変位・変形と長期の変位・変形に区別して考えるものとする。短期の変位・変形とは，荷重作用時に瞬時に生じる変位・変形であり，長期の変位・変形とは，短期の変位・変形と長期にわたり持続的に付加される変位・変形との和である。
（3）　主桁の短期および長期の変位・変形量は，限界値以下となることを確かめなければならない。

【解　説】

「コンクリート標準示方書【構造性能照査編】」7章7.5.1項に準拠する。

3.4.2 変位・変形量の照査
（1） 短期の変位・変形量は，全断面有効として弾性理論を用いて計算してよい。
（2） 長期の変位・変形量は，永久荷重によるコンクリートのクリープ・収縮の影響を考慮して求めるものとする。

【解　説】

「コンクリート標準示方書【構造性能照査編】」7章7.5.3項に準拠する。

3.5　振動に対する検討

変動荷重による振動が，構造物の機能および使用性を損なわないことを，適切な方法によって検討しなければならない。

【解　説】

「コンクリート標準示方書【構造性能照査編】」7章7.6節に準拠する。

参考文献

1) C.F. Kollbrunner, K.Basler：Torsion in Structures An Engineering Approach, Springer-Verlag Berlin Heidelberg New York, pp.17-21, 1969
2) 日本橋梁建設協会：'97 JASBC manual デザインデータブック, p.30, 1997

4章　終局限界状態に対する検討

4.1 一般

複合トラス橋の断面破壊の終局限界状態に対する検討は，式(4.1.1)に示すように，設計断面力 S_d の設計断面耐力 R_d に対する比に構造物係数 γ_i を乗じた値が，1.0以下であることを確かめることにより行うものとする。

$$\gamma_i S_d / R_d \leqq 1.0 \qquad (4.1.1)$$

【解説】

「コンクリート標準示方書【構造性能照査編】」(土木学会)　6章6.1節に準拠する。

複合トラス橋の主桁は，上下床版のコンクリート部材と鋼トラス材で構成され，さらに，断面力(曲げモーメントおよび軸方向力)も各部材ごとに求められる。したがって，主桁の終局限界状態に関する検討としては，本章において主桁の構成部材である上下床版のコンクリート部材について規定し，鋼トラス材を接合する格点部については6章で，鋼トラス材については7章で，縦桁などの格点部間における橋軸方向のコンクリート部材については8章で，それぞれ規定することとした。

4.2 曲げモーメントおよび軸方向力に対する安全性の検討

4.2.1 一般

(1) 曲げモーメントおよび軸方向力に対する終局限界状態の検討は，断面破壊を適切に考慮して，その安全性の検討を行うことを基本とする。

(2) 安全性の検討は，軸方向力が作用する曲げ部材として求めた設計曲げ耐力 M_{ud} が，設計曲げモーメント M_d に対して，式(4.1.1)の条件を満足することを原則とする。

【解説】

(1)について　複合トラス橋の終局限界状態を考えた場合，曲げモーメントおよび軸方向力に対する終局限界状態の照査について，骨組を構成するコンクリート床版の各部材ごとに行うと，橋梁全体としての曲げ破壊状態に対する安全性の照査を行うことが困難である。

したがって，断面力解析を平面骨組モデルで行うため，設計断面力は**解説 図4.2.1**に示すように，平面骨組解析により算出したコンクリート床版部材の断面力を用いて，はり構造の各断面に作用する断面力に換算してよいこととした。ここで，はり構造の各断面に作用する断面力に換算してよい理由は，設計断面耐力をはり構造として算出するためである。

Ⅲ 複合トラス橋編

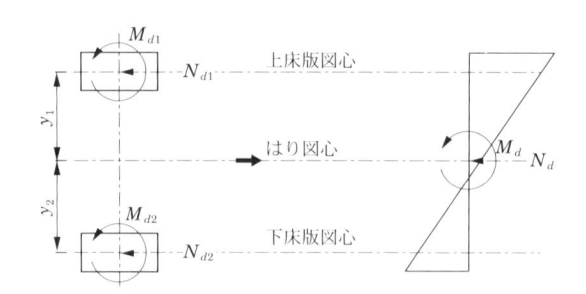

解説 図4.2.1 平面骨組解析による断面力をはり構造の断面力へ換算する方法

$$M_d = M_{d1} + M_{d2} + N_{d1} \cdot y_1 - N_{d2} \cdot y_2 \qquad (解 4.2.1)$$
$$N_d = N_{d1} + N_{d2} \qquad (解 4.2.2)$$

ここに, M_d ：はり構造としての設計曲げモーメント
　　　　N_d ：はり構造としての設計軸方向力
　　　　M_{d1}, M_{d2} ：平面骨組解析による上・下床版の設計曲げモーメント
　　　　N_1, N_2 ：平面骨組解析による上・下床版の設計軸方向力
　　　　y_1, y_2 ：はり構造としての図心から上・下床版図心までの距離

4.2.2 設計断面耐力

（1） 曲げモーメントおよび曲げモーメントと軸方向力を受ける部材の設計断面耐力を断面力の作用方向に応じて，部材断面あるいは部材の単位幅について算定する場合,以下の（ⅰ）～（ⅳ）の仮定に基づいて行うものとする。

　（ⅰ） 維ひずみは，断面の中立軸からの距離に比例する。
　（ⅱ） コンクリートの引張応力度は無視する。
　（ⅲ） コンクリートの応力-ひずみ曲線は，Ⅰ編6章6.2.3項によるのを原則とする。
　（ⅳ） 鋼材およびのPC鋼材の応力-ひずみ曲線は，Ⅰ編6章6.3.3項によるのを原則とする。

（2） 外ケーブルは引張抵抗材と見なして設計断面耐力を算出してよい。またその際，構造条件を考慮して部材の変形に伴うケーブルの応力度増加を見込んでもよい。

【解　説】

（1）について　「コンクリート標準示方書【構造性能照査編】」6章6.2.1項に準拠する。

なお，部材断面のひずみがすべて圧縮となる場合以外は，コンクリートの圧縮応力度の分布を，解説 図4.2.2に示す長方形圧縮応力度の分布（等価応力ブロック）と仮定してよい。

また，設計曲げ耐力 M_{ud} 算出時の部材係数 γ_b は，一般に1.1としてよいが，部材係数を荷重係数に含めて評価する場合は1.0とするのがよい。

（2）について　「外ケーブル構造・プレキャストセグメント工法設計施工規準」Ⅱ編6章6.1.2項に準拠する。

4 章 終局限界状態に対する検討

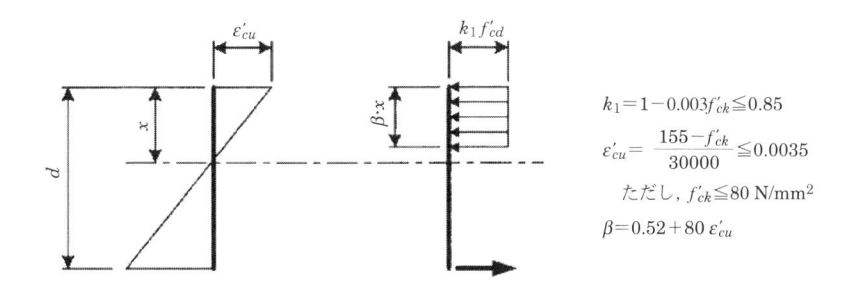

$k_1 = 1 - 0.003 f'_{ck} \leq 0.85$

$\varepsilon'_{cu} = \dfrac{155 - f'_{ck}}{30000} \leq 0.0035$

ただし, $f'_{ck} \leq 80 \text{ N/mm}^2$

$\beta = 0.52 + 80\, \varepsilon'_{cu}$

解説 図4.2.2 等価応力ブロック[1]

4.3 せん断力に対する安全性の検討

4.3.1 一 般

せん断力に対する安全性の検討は、一般に6章で行うものとする。ただし、格点構造の種類によっては、格点部間における橋軸方向のコンクリート部材にせん断力が伝達される場合があるので、この場合はせん断力を的確に把握して検討を行うものとする。

【解 説】

複合トラス橋の構造特性として,鋼トラス材を接合する格点部においてせん断力を負担するため,一般に,せん断力に対する終局限界状態の検討は格点部で行えばよい。ただし,鋼トラスの交点と床版軸線がずれる場合（**解説 図**8.3.1）などは,格点部間における橋軸方向のコンクリート部材にせん断力が生じるので,8章に示すように格点部間における橋軸方向のコンクリート部材の設計に準じて検討を行う必要がある。

4.4 ねじりモーメントに対する安全性の検討

4.4.1 一 般

複合トラス橋全体のねじり変形によってコンクリート床版にねじり挙動が生じる場合には、ねじりモーメントに対する部材の安全性を検討しなければならない。

（1） ねじりモーメントに対する安全性の検討は、4.4.2項で求められる設計ねじり耐力に対して行うものとする。

（2） ねじりモーメントとせん断力が同時に作用する場合には、それぞれ相互作用の影響を考慮して安全性の検討を行わなければならない。

【解 説】

「コンクリート標準示方書【構造性能照査編】」6章6.4節に準拠する。

曲率の大きい曲線橋,斜角の小さい斜橋および大きな偏心荷重が想定される複合トラス橋の場合,適切な構造解析を行い,ねじりに対する安全性の検討を行わなければならない。

Ⅲ　複合トラス橋編

複合トラス橋の場合，ねじり作用による断面変形の影響で，上下床版のコンクリート部材にねじりモーメントやねじりせん断力を受けることになり，終局限界状態においてはコンクリート部材にねじりひび割れが発生する。したがって，終局限界状態でのねじりの検討は，上下床版のコンクリート部材について行えばよい。

4.4.2　設計ねじり耐力

（1）　上下のコンクリート床版のねじりモーメントに対する設計斜め圧縮破壊耐力は，式(4.4.1)により求めてよい。

$$M_{tcud} = K_t \cdot f_{wcd}/\gamma_b \tag{4.4.1}$$

ここに，$f_{wcd} = 1.25\sqrt{f'_{cd}}$ (N/mm^2)，ただし，$f_{wcd} \leq 7.8$ (N/mm^2)

　　　　K_t：ねじりに関する係数（3 章 3.3.2 項参照）

　　　　γ_b：部材係数

（2）　複合トラス構造の閉断面に関する設計ねじり耐力 M_{tyd} は，式(4.4.2)により求めてよい。

$$M_{tyd} = 2A_m(V_{odi})_{\min} \tag{4.4.2}$$

ここに，A_m：2 章 2.3.1 項の**解説 図 2.3.2** に示すねじり抵抗断面積

　　　　$(V_{odi})_{\min}$：各部材の単位長さあたりの面内せん断耐力の最小値

（3）　ねじりモーメント M_{td} とせん断力 V_d が同時に作用する場合の安全性の検討は，式(4.4.3)を満足することを確かめることにより行ってよい。

$$\gamma_i [M_{td}/M_{tu\min} + (1 - 0.2 M_{tcd}/M_{tu\min})(V_d/V_{yd})] \leq 1.0 \tag{4.4.3}$$

ここに，$M_{tu\min}$：M_{tcud} と M_{tyd} のいずれか小さい方の値

　　　　V_{yd}：格点部の設計せん断耐力

　　　　M_{tcd}：式(3.3.1)により求めたひび割れ発生ねじりモーメント

　　　　γ_i：構造物係数

【解　説】

（1），（2）について　「コンクリート標準示方書【構造性能照査編】」6 章 6.4.3 項に準拠する。各部材の面内せん断耐力を算定する際の部材係数 γ_b は，上下床版のコンクリート部材の場合一般に 1.3 とするのがよい。なお，ねじり載荷実験等により，式(4.4.2)の精度が十分に確認できれば，γ_b を 1.15 程度にまで小さくしてもよい。また，複合トラス橋をセグメント工法で施工する場合には，橋軸方向に鉄筋が連続しない場合が考えられるので，このような場合には，ねじり耐力に対する安全性について十分検討する必要がある。

参考文献

1)　土木学会：コンクリート標準示方書［構造性能照査編］，2002.3

5章　疲労限界状態に対する検討

5.1　一　般

（1）　PC構造として設計する上下床版のコンクリート部材，鉄筋およびPC鋼材については，この検討を省略してよい。
（2）　荷重による応力度が繰返し変化する格点部においては，繰返し応力の数，応力変化の範囲，格点構造形式に注意を払い，疲労に対する安全性に留意しなければならない。

【解　説】
（1）について　「コンクリート標準示方書【構造性能照査編】」（土木学会）10章10.6節に準拠する。

複合トラス橋の場合，床版が鋼トラス材に支持された構造であり，しかも点支持に近い支持条件である。このような構造の場合，荷重による床版の変形挙動が複雑で，これらの挙動をすべて設計に反映させるのは非常に困難である。したがって，上下床版のコンクリート部材は，供用限界状態において部材の安全性を考慮しひび割れの発生を許容しないひび割れ発生限界部材として設計すること，また変動荷重による鋼材の変動応力も小さいことから，疲労に対する安全性の照査は省略してよいこととした。

（2）について　格点部の疲労に対する検討は6章6.4節にて，鋼トラス材の疲労に対する検討は7章7.4節にてそれぞれ規定することとした。

5.2　疲労に対する安全性の検討

疲労に対する安全性の検討は，設計疲労強度 f_{rd} が設計変動応力度 σ_{rd} に対して，式(5.1.1)の条件を満たす方法により行うことを原則とする。

$$\gamma_i \cdot \sigma_{rd} / (f_{rd}/\gamma_b) \leq 1.0 \tag{5.1.1}$$

ここに，σ_{rd}：設計変動応力度
　　　　f_{rd}：設計疲労強度
　　　　γ_b：部材係数
　　　　γ_i：構造物係数

【解　説】
「コンクリート標準示方書【構造性能照査編】」8章8.2節に準拠する。部材係数 γ_b の値は，一般に1.0～1.1としてよい。

Ⅲ　複合トラス橋編

5.3　設計変動断面力と等価繰返し回数の算定

　不規則な変動荷重に対しては，適切な方法によりそれぞれが独立な荷重と繰返し回数の組合わせに分解する。

　疲労に対する安全性の検討には，マイナー則を適用して，設計変動応力 σ_{rd} に対する等価繰返し回数 N の作用に置き換えてよい。

【解　説】

　「コンクリート標準示方書【構造性能照査編】」8章8.3に準拠する。

6章　格点部の設計

6.1　一　　般

（1）　格点部の設計は，各限界状態における要求性能を満足するよう設計しなければならない。
（2）　格点構造は，確認試験により設計手法の妥当性を確認されたものであることを原則とする。

【解　説】
（1）について　　コンクリート床版と鋼トラス材が結合わされる格点構造は，複合トラス橋における重要部位であり，格点構造を含む格点部の挙動は格点部の設計のみならず，複合トラス橋全体の設計にも大きく影響する。そのため，格点部の力や応力の伝達機構を十分に解明した上で，各限界状態における格点部の要求性能を満足するよう設計しなければならない。

本規準における格点部の要求性能は，以下のとおりとする。
（i）　格点部は耐久性を確保するため，供用限界状態においてひび割れの発生を防止することを基本とする。
（ii）　格点部は安全性を確保するため，終局限界状態において他の部材に先行して破壊しないことを原則とする。

供用限界状態において格点部にひび割れが発生した場合，鋼とコンクリートの界面に隙間が生じ，雨水の侵入によって鋼材の腐食が発生する。また，活荷重による応力振幅が大きくなり，疲労上の問題も懸念される。そのため，供用限界状態においては耐久性に配慮した構造とするため，ひび割れの発生を防止することを基本とした。特にせん断ひび割れは発生させないことを原則とし，曲げひび割れについても発生させないことが望ましい。万一，曲げひび割れを許容するような場合は，別途，耐久性に関する検討を十分に行う必要がある。

終局限界状態においては，格点部の応力伝達機構は複雑であり，予期し得ない応力性状を示すことが考えられる。また，格点部に塑性化が生じると格点部がそれまで負担していた断面力に変化が生じ，他の部位に再分配される。これらの挙動を正確にモデル化し，終局限界状態の設計に反映させることは難しい。そのため，格点部は終局限界状態において全体系の崩壊に対する危険性を排除するため，鋼トラス材等を降伏点以下に制限し，他の部材より先行して破壊しないことを原則とした。したがって，格点部の終局限界状態の設計に用いる部材係数 γ_b は，1.3程度に大きく設定するのが望ましい。

（2）について　　コンクリート部材と鋼部材からなる格点構造には，いろいろなタイプの構造が考えられており，格点部における力の伝達機構も格点構造ごとに異なる。格点部の設計においては，その挙動を十分に把握し，解析モデルに正しく反映させて適切な補強方法を決定することが必要となる。したがって，格点構造は，確認試験により設計手法の妥当性を確認されたものであることを原則とし，実績のない格点構造を採用する場合は，新たに確認試験を実施して設計手法の妥当性を

Ⅲ　複合トラス橋編

確認しなければならない。実績のある格点構造を採用する場合においても，作用力に応じて妥当性が確認された設計手法により，適切な補強方法を決定しなければならない。

解説 表 6.1.1 に国内の実橋に採用されている主な格点構造の種類を，格点部の構造例を解説 図 6.1.1 ～ 6.1.7 にそれぞれ示す。

解説 表 6.1.1　主な格点構造の種類

タイプ	適用橋梁	構造図
鋼材間で直接的に伝達される格点構造		
T形鋼プレート＋U字鉄筋構造	SBSリンクウェイ橋[1]	解説 図6.1.1
二面ガセット格点構造	猿田川橋・巴川橋[2]	解説 図6.1.2
コンクリートを介して伝達される格点構造		
鋼製ボックス構造	木ノ川高架橋[3]，山倉川橋梁[4]	解説 図6.1.3
二重管格点構造	猿田川橋・巴川橋	解説 図6.1.4
リングシア・キー構造	志津見大橋[5]	解説 図6.1.5
鉄筋接合構造	青雲橋[6]	解説 図6.1.6
孔あき鋼板ジベル接合構造	青雲橋[6]	解説 図6.1.7

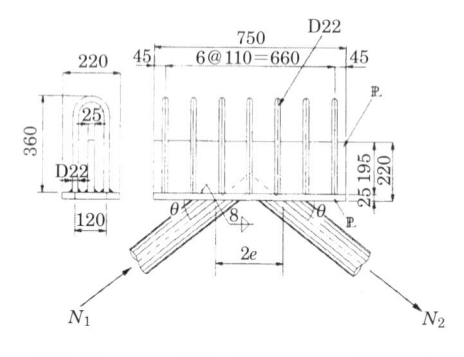

解説 図 6.1.1　T形鋼プレート＋U字鉄筋構造[1]

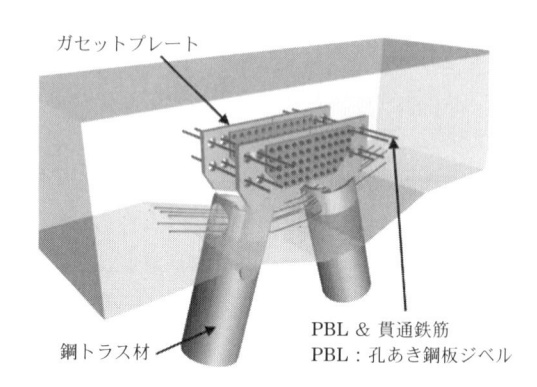

解説 図 6.1.2　二面ガセット格点構造[2]

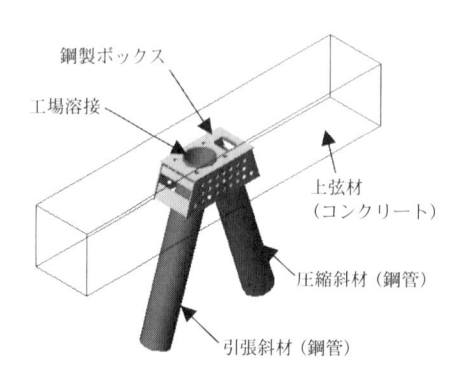

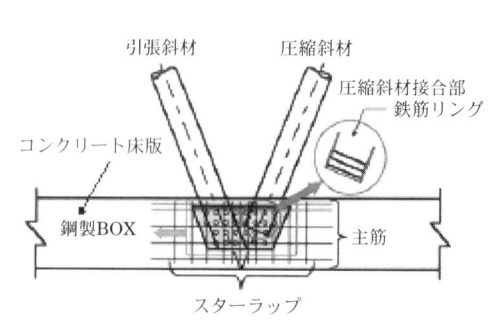

解説 図 6.1.3　鋼製ボックス構造[3],[4]

6章 格点部の設計

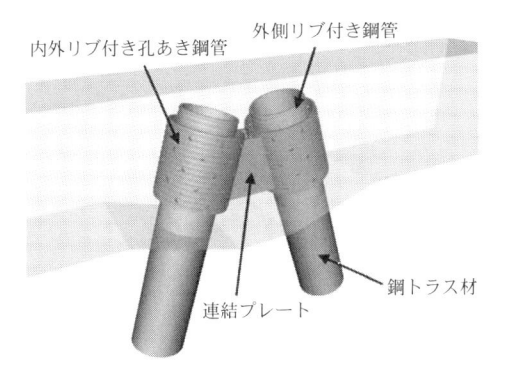

解説 図6.1.4 二重管格点構造[2]

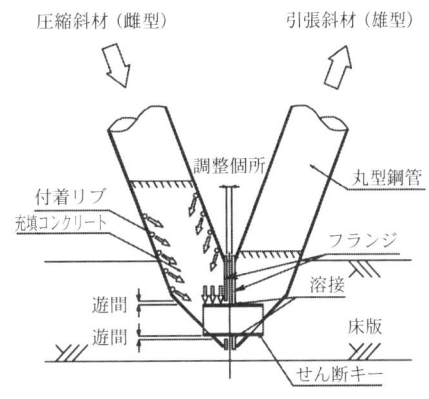

解説 図6.1.5 リングシア・キー構造[5]

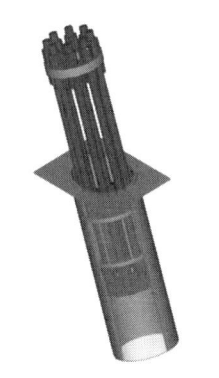

解説 図6.1.6 鉄筋接合構造[6]

解説 図6.1.7 孔あき鋼板ジベル接合構造[6]

6.2 格点部への作用力

格点部の構造は，以下の解析から得られたすべての作用力に対して満足しなければならない。
（1） 橋梁全体系の骨組解析から得られる格点部への作用力
（2） 断面方向の力の分配を考慮した骨組解析により得られる作用力
（3） 床版を介して伝達される輪荷重による局部的な作用力
（4） PC鋼材の定着や偏向による局部的な作用力

【解 説】
　複合トラス橋の格点部にはさまざまな荷重が集約して作用し，複雑な挙動を示す。解析モデルによってはこれらの一部しか評価することができないため，発生応力の同時性に留意し，適切な荷重組合せと応力の組合わせを選定する必要がある。
（1），（2）について　格点部には，橋軸方向モデルの解析から求められる作用力の他に，自重や活荷重の偏載荷による断面内の荷重分配の影響，ねじりモーメントによる影響，鋼トラス材間のたわみ差の影響等が集約されて作用するため，それぞれの作用力に対する検討のみでは不十分となる。

したがって，平面骨組解析により得られる作用力に基づき設計を行う場合は，面外方向の荷重の影響も考慮して検討する必要がある。

（3）について　一般的に複合トラス橋のコンクリート床版と鋼トラス材の結合部には，橋軸方向にコンクリート縦桁が配置され，格点構造をコンクリート部材内に納めるとともに床版の集中支持を緩和する構造となっている。適切な大きさの縦桁が配置されている床版においては，輪荷重による床版応力の分布は，ウェブで橋軸方向に連続支持された床版とおおむね同じであるが，断面構成や縦桁形状によっては，輪荷重により格点部周辺に局部的な応力が発生することが考えられる。よって，輪荷重による局部応力が格点部の設計に影響を及ぼすと判断される場合には，その影響をFEM解析モデル等により適切に評価する必要がある。

（4）について　通常のPC橋と異なり，複合トラス橋では，PC鋼材の突起定着や外ケーブルから偏向部を介して伝達される力は，集中的に格点部の鋼トラス材に伝達される。この影響は全体骨組解析では評価できないため，適切なモデルを用いる必要がある。

6.3　格点部の設計

（1）　格点部の設計においては，応力伝達性状や耐荷機構を反映させなければならない。
（2）　格点部の設計においては，次の項目に留意しなければならない。
　（ⅰ）　格点部の作用力算定
　（ⅱ）　格点部の耐久性
　（ⅲ）　格点部の耐力

【解　説】

（1）について　格点部には，交差する2本の鋼トラス材からの押込み力と引抜き力ならびに床版からの軸方向力が作用する。これらを一方から他の部材へ伝達する際，格点部では軸方向力がせん断力に変換され，偏心曲げが発生する等の複雑な挙動が生じる。さらに，鋼トラス材や床版から曲げモーメントやせん断力も格点部に作用するため，応力性状は非常に複雑なものとなる。したがって格点部の設計においては，これらの挙動を的確に把握する必要がある。

設計上，とくに注意すべき伝達機構は，以下のとおりである。
　（ⅰ）　鋼トラス部材相互の力の伝達機構
　①　格点部を構成する鋼材間で直接的に伝達される力とその機構，応力分布
　②　コンクリートを介して伝達される力とその機構，応力分布
　（ⅱ）　鋼トラス材と上・下弦材としての床版との間での力の伝達機構
　（ⅲ）　輪荷重等により床版に作用する力が格点部を通して鋼トラス材へ伝達される機構

この他，格点部には比較的小さなコンクリート部材に大型の鋼材が埋め込まれる場合があり，その近傍ではコンクリートのクリープ・収縮によるひずみが拘束される。特に格点部において2本の鋼トラス材に挟まれたコンクリート部は，鉄筋などの補強鋼材が不連続となりやすく，ひび割れが発生しやすい。また，鋼トラス材の組み立て時や架設時に発生した応力がそのまま残留する場合には，その影響についても考慮する必要がある。その他，施工誤差が格点部の応力に与える影響が大

きい場合は，その影響度を検討し，想定される誤差に対する余裕量を考慮しておくことが望ましい。
（2）について　　複合トラス橋の格点部の構造は，作用力や施工方法に応じてさまざまなタイプの構造が考えられるため，設計上留意すべき項目を設定した。

　格点部の設計においては，格点部に生じる作用力を正確に算定することが前提となるため，解析モデルや荷重載荷方法等を適切に選定する必要がある．耐久性については，格点部コンクリートのひび割れや部材接合部に生じる隙間から雨水が侵入して鋼材が腐食する可能性があるため，6.1節の要求性能で示したように供用限界状態においては，ひび割れの発生を防止しなければならない．耐力については，終局限界状態において全体系の崩壊に対する危険性を排除するため，格点部は他の部材より先行して破壊しないよう留意しなければならない．

6.4 疲労に対する安全性の検討

　荷重による応力度が繰返し変化する格点部においては，繰返し応力の数，応力変化の範囲，格点構造形式に配慮し，疲労に対する安全性に留意しなければならない．

【解　説】
　格点部の疲労に対する安全性の検討は，「コンクリート標準示方書【構造性能照査編】」（土木学会）8章8.2節に準拠し，設計疲労強度 f_{rd} が設計変動応力度 σ_{rd} に対して，式（解6.4.1）の条件を満たす方法により行うことを原則とする．

$$\gamma_i \cdot \sigma_{rd} / (f_{rd}/\gamma_b) \leq 1.0 \hspace{4em} (解6.4.1)$$

ここに，σ_{rd}：設計変動応力度
　　　　f_{rd}：設計疲労強度
　　　　γ_b：部分係数．一般に1.0～1.1としてよい
　　　　γ_i：構造物係数

参考文献

1) 春日，杉村，益子：SBSリンクウェイ橋の設計と施工－合成断面を有する斜張橋，橋梁と基礎，Vol.7, pp.2-8, 1997
2) 青木，能登谷，加藤，高徳，上平，山口：第二東名高速道路猿田川橋・巴川橋の設計・施工－世界初のPC複合トラスラーメン橋－，橋梁と基礎，Vol.39, No.5, pp.5-11, 2005
3) 木村，本田，山村，山口，南：那智勝浦道路木ノ川高架橋の設計－鋼・コンクリート複合トラス－，橋梁と基礎，Vol.36, No.10, pp.31-35, 2002
4) 石田，木戸，小山，大久保：羽越線山倉川橋りょうの設計と施工－鋼管トラスウエブPC開床式下路桁，プレストレストコンクリート，Vol.146, No.2, pp.56-63, 2004
5) 大杉，正司，園田：鋼トラスウェブPC橋の格点構造の一提案と静的載荷実験，第58回土木学会年次学術講演会概要集，V-231, 2003.9.
6) 乗常，山崎，石原，齋藤，桑野：青雲橋の設計と施工－吊構造を利用した架設工法による単径間PC複合トラス橋－，橋梁と基礎，Vol.39, No.4, pp.5-11, 2005

7章　鋼トラス材の設計

7.1　一　　般

鋼トラス材は，終局限界状態に対して部材が安全であることを確認するものとする。

【解　説】

鋼トラス材は，コンクリート部材と同様に終局限界状態に対して安全であることを照査するものとした。なお，供用限界状態については，鋼橋ではたわみや振動に対して照査を行うことが多いが，複合トラス橋では，供用限界状態においてコンクリート床版をひび割れ発生限界部材として設計を行うため，主桁剛性が一般の鋼橋より高くたわみや振動の照査を省略してよいものとする。ただし，建築限界等の制約により主桁剛性を十分期待できない場合には，別途検討する必要がある。

7.2　鋼トラス材への作用力

鋼トラス材への作用力は，2章2.2～2.3節により得られた断面力を用いて設計するものとする。

【解　説】

2章2.2節の構造解析，2.3節の解析モデルに従って算出された鋼トラス材に発生する断面力で部材の設計を行うものとする。

7.3　鋼トラス材の設計

（1）　鋼トラス材は，端部がコンクリート床版に剛結された柱部材として軸方向力，曲げモーメント，せん断力およびねじりモーメントを考慮し，安全であることを確認しなければならない。
（2）　鋼トラス材の有効座屈長は，格点部での拘束条件に応じて適切に設定するものとする。
（3）　コンクリート充填構造など，鋼トラス材とそれ以外の部材が共同する場合は，各限界状態における部材の挙動を考慮した設計法によるものとする。

【解　説】

（1）について　　鋼トラス材の格点構造は，種々の方式が考えられるが，その結合部の剛度は格点構造により異なり，一律に評価することは難しい。したがって，ここでは格点部が剛結されたものとし，軸方向力，曲げモーメント，せん断力およびねじりモーメントを考慮した柱部材として設計することを原則とした。ただし，格点構造がピン構造あるいは剛度評価ができる場合は，別途考慮

して設計してもよい。具体的な照査方法は、「PART-A 鋼構造物設計指針【一般構造物】」(土木学会)によるものとする[1]。

(2)について　格点部における鋼トラス材の構造は大きく2つに分類される。一つは鋼トラス材をコンクリート部材に埋め込むタイプであり、もう一つは鋼トラス材端部にエンドプレートを設けてコンクリート部材と縁を切ったタイプである。鋼トラス材の端部拘束条件は、このコンクリート部材への埋込みの有無やトラス材先端構造、あるいは鋼トラス材が座屈を起こす荷重状態における格点部の損傷レベルによっても座屈形態の相違により異なることが想定される。よって、鋼トラス材の座屈検討における有効座屈長は、格点部の構造と性能を考慮して適切に設定することとした。

なお、格点部の破壊性状が明確でない場合には、鋼トラス材の有効座屈長に対しては安全側を配慮し、解説 図7.3.1に示すように、面外、面内とも骨組長を有効座屈長とするのがよい。

(3)について　鋼トラス材の設計においては、圧縮材の内部にコンクリートを充填した合成構造とする場合や引張材内部に PC 鋼材を配置することで、板厚を低減して経済的な設計を行う場合等がある。そのような部材設計にあたっては、鋼トラス材との付着や拘束条件などを実際の構造と対比し、部材としての挙動を反映した設計法により設計を行うものとした[2],[3]。ただし、内部にコンクリートを充填する場合は、鋼トラス材の剛性が大きくなり、床版を含めた主桁としての挙動に影響を与える。よって、鋼トラス材の剛性の影響を設計計算に反映するとともに、格点部の破壊形態が想定と異なることがないように検討する必要がある。

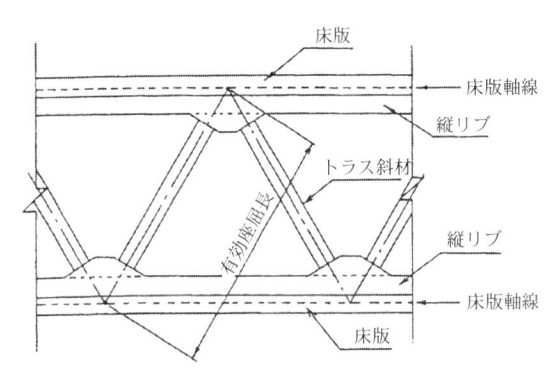

解説 図7.3.1　鋼トラス材の有効座屈長

7.4　疲労に対する安全性の検討

荷重による応力度が繰返し変化する接合部においては、繰返し回数、応力変動量、格点構造形式により、疲労に対する安全性の検討を行うものとする。

【解　説】
疲労に対する照査は格点部の構造、応力変化範囲および繰返し回数等により疲労に対する検討が必要と判断される格点構造形式について照査するものとした。具体的な照査方法は、「PART-A 鋼

構造物設計指針【一般構造物】」に準拠し，道路橋は「鋼構造物の疲労設計指針・同解説」（日本鋼構造協会）[4]，鉄道橋は「鉄道構造物等設計標準・同解説【鋼とコンクリートの複合構造物】」（鉄道総合技術研究所）[5]等に基づき安全性の照査を行うものとする。

参考文献

1) 土木学会：PART-A 鋼構造物設計指針［一般構造物］，1997
2) 日本建築学会：コンクリート充填鋼管構造設計施工指針，1997
3) 日本建築学会：鋼管コンクリート構造計算規準・同解説，1980
4) 日本鋼構造協会：鋼構造物の疲労設計指針・同解説，技報堂出版，1993
5) 鉄道総合技術研究所：鉄道構造物等設計標準・同解説（鋼とコンクリートの複合構造物），2002

8章　床版の設計

8.1　一　　般

本章は，鋼トラス材で支持されたプレストレストコンクリート床版の設計に適用する。

【解　説】

本章は，複合トラス橋のコンクリート床版の設計に関する特有な事項について示したものである。したがって，本章に規定されていない床版の設計に関する事項については，「コンクリート標準示方書【構造性能照査編】」(土木学会) 12章12.5.6項の規定によるものとする。

8.2　床版の最小全厚

床版の最小全厚については，床版の安全性が確保できる厚さとしなければならない。

【解　説】

床版は，せん断力が作用する方向の厚さが薄くせん断補強筋の配置が困難であり，床版の支間方向鉄筋とコンクリートでせん断力を負担する必要がある。したがって，そのための最小全厚を確保すると同時に良好な施工性が確保できる厚さとしなければならない。床版の最小全厚については，各事業者が定める関連要領や設計指針に準ずることとする。

8.3　断面力の算出

(1)　床版の曲げモーメントの算出は，コンクリート床版と鋼トラス材の結合条件の影響を考慮して床版の変形挙動を十分把握できる解析モデルにより，T荷重や死荷重を直接解析モデルに載荷して行うことを基本とする。

(2)　断面力の算出では，上床版に導入されたプレストレス力による不静定力の影響を考慮しなければならない。

【解　説】

(1)について　　複合トラス橋のコンクリート床版の曲げ変形特性については，上下コンクリート床版に結合されている鋼トラス材の剛性の影響が大きいと考えられるため，コンクリート床版と鋼トラス材の結合条件を十分考慮しなければならない。また，床版の曲げモーメントを算出するための解析モデルは，コンクリート床版と鋼トラス材の結合条件を十分反映させるとともに，鋼トラス材との結合部における上下床版のコンクリート部材の剛性を十分考慮しなければならない。この場合，T荷重や死荷重は直接解析モデルに載荷してよいこととした。

なお，鋼トラス材と結合する上下床版のコンクリート部材として，橋軸方向に連続する縦桁を設ける場合については，その剛性がコンクリート床版に比べて大きいことから，とくに上床版に着目し，橋軸直角方向の床版の挙動が従来のコンクリートウェブを有するPC箱桁橋の橋軸直角方向の床版の挙動と同等と判断される。その場合には，8.5節に示す規定に従い，「道路橋示方書【Ⅲコンクリート橋編】・同解説」（日本道路協会）7章7.4.2項の規定に準じて，橋軸直角方向の床版の設計曲げモーメントを算出している例がある。コンクリート床版と鋼トラス材との結合部に，橋軸方向に連続する縦桁を有する場合，T荷重および死荷重に対する橋軸直角方向の床版の支間は，**解説 図8.3.1**に示す通りとしてよい。ただし，床版支間長が「道路橋示方書【Ⅲコンクリート橋編】・同解説」7章7.4.3項の適用の範囲を超える場合には，別途床版の設計曲げモーメントを算出する必要がある。

（2）について　複合トラス橋においては，上床版コンクリートの橋軸直角方向をPC構造とするため，上床版のプレストレス力によって不静定力が発生する。したがって，上下のコンクリート床版の設計については，この不静定力の影響を考慮するものとした。

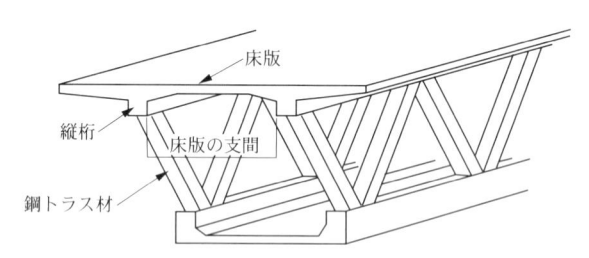

解説 図8.3.1　縦桁を有する場合における単純版および連続版の支間

8.4　床版の供用限界状態に対する検討

（1）　橋軸直角方向の曲げモーメントおよび軸方向力に対しては，3章3.1.2項の規定に従い，コンクリート床版の応力度を算定してよい。

（2）　橋軸方向の曲げモーメントおよび軸方向力に対しては，RC床版としてコンクリート床版の応力度を算定してよい。

（3）　供用限界状態においては，せん断力により上下床版のコンクリート部材にひび割れを発生させないことを原則とする。

【解　説】

（1）について　複合トラス橋は，上下床版のコンクリートを鋼トラス材で結合した構造であり，コンクリート部材のひび割れが橋梁の機能や耐久性に与える影響が大きいこと，また，ひび割れがコンクリートと鋼トラス材の結合部の機能・耐久性に与える影響が懸念されることなどから，床版の支間方向（すなわち，橋軸直角方向）については，現時点では供用限界状態においてコンクリートにひび割れを発生させないのがよいこととした。ただし，ひび割れの発生を許容する場合には，別途実験等により部材の安全性を十分確認しなければならない。また，下床版コンクリートについ

ては RC 構造として設計することを基本とする。

(2)について　床版の支間直角方向（すなわち橋軸方向）に連続する縦桁を設ける場合における橋軸方向床版については，格点部で支持された縦桁と床版で構成される連続構造となるため，剛性の高い縦桁の影響を考慮し，床版構造として不利な荷重載荷状態を考慮して FEM 解析等で断面力を算出し，有効断面における曲げ応力度を照査することとする。この場合の有効断面は，「コンクリート標準示方書【構造性能照査編】」12 章 12.1.3 項の規定あるいは「道路橋示方書【Ⅲコンクリート橋編】・同解説」4 章 4.2.2 項の規定を準用してよい。

(3)について　曲げモーメントおよび軸方向力に対する検討と同様に，コンクリート床版と鋼トラス材の結合部を含めた上下床版に対しては，せん断力によりひび割れを発生させないことを原則とした。

8.5　床版の終局限界状態に対する検討

(1)　曲げモーメントおよび軸方向力に対する検討は，一般に省略してよい。

(2)　せん断力に対する検討では，床版を幅の広いはりとみなし，はりに準じて耐力を算出してよい。また，輪荷重等の集中荷重の周囲あるいは各点部の近傍においては，押抜きせん断に対する検討を行うのがよい。

【解　説】

(2)について　床版に作用する荷重の大きさや位置が明確で，十分なせん断耐力を保証する最小全厚の値が規定されている場合には，その最小全厚を確保することによりせん断力に対する検討を省略することができる。特に橋軸方向に連続する縦桁を設け，8.2 節に規定する床版の最小全厚を満足し床版を設計する場合，橋軸直角方向の床版は，せん断よりも曲げモーメントが支配的となるため，せん断に対する照査を省略してもよいこととした。しかし剛性の高い縦桁がなく，鋼トラス材が直接床版に結合わされる場合には，フラットスラブと同様なせん断挙動となることが考えられるため，別途床版のせん断に対する検討が必要である。

また，橋軸方向に連続する縦桁を設ける場の橋軸方向床版については，床版を有する縦桁として終局限界状態におけるせん断に対する照査を行うため，床版の設計については，せん断に対する照査を省略してもよいこととした。

8.6　格点部間のコンクリート部材の設計

(1)　橋軸方向における格点部間のコンクリート部材に作用する断面力は，2 章 2.3 節および 2.4 節の解析モデルを用いて算出することを基本とする。

(2)　曲げモーメントおよび軸方向力に対しては，3 章 3.1.2 項の規定に従い，格点部間のコンクリート部材の応力度を算定してよい。

(3)　供用限界状態においては，せん断力により格点部間のコンクリート部材にひび割れを発生させないことを原則とする。ひび割れ発生限界部材のせん断に対する検討は，コンクリート

の斜め引張応力度に対して行うものとする．その場合，コンクリートの斜め引張応力度の限界値は，コンクリートの設計引張強度の75％の値とする．

【解　説】

（1）について　　複合トラス橋では，鋼トラス材からコンクリート床版への応力集中を緩和するように，コンクリート床版と鋼トラス材の結合部に橋軸方向に連続する縦桁を設けることを基本とする．

縦桁を含むコンクリート上床版もしくは下床版に大きな付加モーメントが生じないよう，鋼トラス材の橋軸方向については，鋼トラス材軸線の交点が床版軸線と一致するように配置することが望ましい．しかし，配置上の制約で鋼トラス材軸線の交点が床版軸線とずれる構造としなければならない場合，格点部の鋼トラス材および格点部間のコンクリート部材には，解説 図8.6.1に示すように断面力の伝達が複雑な挙動となることから，これらを適切に把握できる解析モデルにより断面力を算出しなければならない．

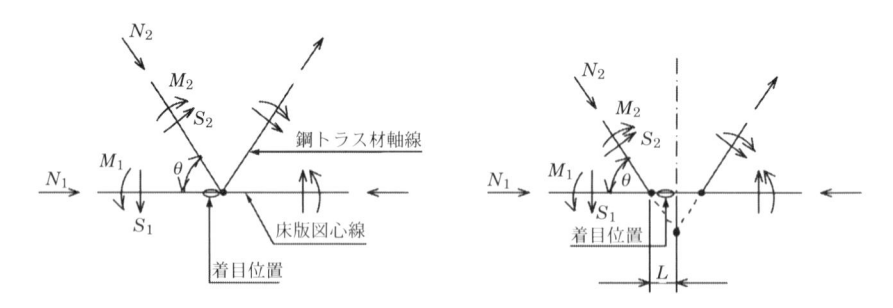

(a)　鋼トラス材軸線の交点と床版軸線が一致する場合　　(b)　鋼トラス材軸線の交点と床版軸線がずれる場合

解説 図8.6.1　格点部に作用する断面力の概念図

（2）について　　コンクリート床版と鋼トラス材の結合部は，複合トラス橋の主桁を構成するコンクリート部材でもあることから，3章3.1節に準拠し応力度を算定すればよい．曲げモーメントおよび軸方向力に対する終局限界状態の検討は，4章4.2節に準拠し設計曲げ耐力を算出してよい．また，格点部間の橋軸方向に縦桁を設ける場合には，曲げモーメントおよび軸方向力に対する有効断面に縦桁を含めてよい．

（3）について　　鋼トラス材からコンクリート部材に伝達されるせん断力は，格点部間における橋軸方向のコンクリート部材が支配的に担うものと考えられるため，橋軸方向の格点部間コンクリート部材に生じる斜め引張応力度の検討は，その部材断面の図心軸位置で行ってよいこととした．

橋軸方向に連続する縦桁を設ける場合のせん断抵抗断面は，解説 図8.6.2に示すように縦桁を含む床版部の矩形断面としてよいこととした．しかし，縦桁がなく，鋼トラス材が直接床版に結合される場合には，フラットスラブと同様なせん断挙動となるため，床版の検討と併せて，格点部間のコンクリート部材のせん断に対する検討が別途必要である．

また，輪荷重等の偏載荷によって，縦桁にねじり作用を生じるような場合には，縦桁のねじりに対する安全性の検討を別途行う必要がある．その場合，3章3.3節および4章4.4節の規定に準拠

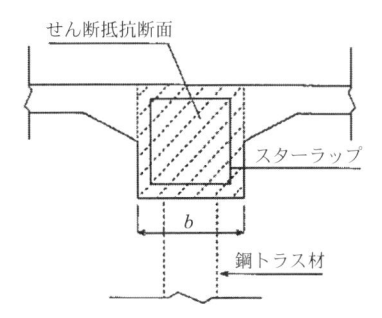

解説 図 8.6.2 せん断抵抗断面

してよい。

9章　横桁・偏向部の設計

9.1　一　　般

（1）　複合トラス橋の主桁支点上には，コンクリートの横桁を設けるのを原則とする。
（2）　中間横桁は，主桁横方向の荷重分配に問題が生じないことを検討した場合には設けなくともよい。

【解　説】
（1）について　　複合トラス橋の支点部では，主桁や支承などが過大に変形しないようにするため，また耐震設計で必要な落橋防止構造などを設置するため，支点上にコンクリート横桁を設けることを原則とした。

コンクリート横桁を用いない場合，横方向の荷重分配を確保するためには，トラス材によるウェブの剛性を増加させ，場合によっては上下コンクリート床版の剛性も合わせて増加させることによって断面変形を生じさせない構造にするのが望ましい。

（2）について　　複合トラス橋は，通常のコンクリート箱桁のような中間横桁を設けることが構造上困難である。そこで，主桁横方向の荷重分配の検討を立体骨組解析モデル等によって行い，荷重分配が問題ないことを確認した上で，横桁を設けなくともよいこととした。横方向の荷重分配に問題がある場合には，断面変形が大きくなり各部材への負担の増大に伴う部材寸法が大きくなることが考えられる。したがって，このような場合には断面変形を生じさせない隔壁等の構造を検討することが望ましい。

9.2　横桁の構造

（1）　支点横桁は，床版や鋼トラス材から伝達される力を安全に下部工に伝達する構造でなければならない。
（2）　複合トラス橋において外ケーブル工法を使用する場合，横桁は外ケーブルを定着および偏向させる部位としての機能を十分満足する構造としなければならない。

【解　説】
（1）について　　複合トラス橋においてコンクリート構造の支点横桁を設ける場合は，鋼トラス材の配置や床版および鋼トラス材からの力の伝達挙動を考慮して横桁構造を検討しなければならない。また，コンクリート構造としない場合は，床版や鋼トラス材から伝達される力を安全に下部工に伝達する構造としなければならない。
（2）について　　コンクリートウェブを鋼トラス材に置き換えた複合トラス橋では，PC鋼材の配置上の制約より外ケーブル工法を使用することが多い。外ケーブルを横桁で定着あるいは偏向させ

る場合は，その機能を十分満足する構造としなければならない。定着部および偏向部の補強方法については，「外ケーブル・プレキャストセグメント工法設計施工規準」8章を参考にするのがよい。

9.3 横桁への作用力

支点横桁の断面力は，支点や部材の結合条件などに応じた解析モデルを設定し，はり理論により算出してよい。

【解　説】

コンクリートの横桁を設ける場合，支点部の構造としては，橋脚の上に支承を設ける場合と剛結構造にする場合があるが，いずれも「道路橋示方書【Ⅲコンクリート橋編】・同解説」(日本道路協会) 10章10.4節に準拠して横桁の設計を行ってよい。

支点部の横桁は，① 車両の直接載荷，② 鋼トラス材から伝達される力，③ 落橋防止構造や変位制限構造に作用する地震力に対して設計する。

鋼トラス材からの力の伝達等に対し簡易モデルによる検討が難しい場合，あるいは鋼製横桁や鋼トラス材を密に配置して横桁の機能を持たせる場合等のように横桁構造が複雑な場合については，FEM解析により横桁の検討を行うことが望ましい。

9.4 横桁の設計

複合トラス橋のコンクリート横桁の設計は，PC橋における横桁の設計に準じるものとする。

【解　説】

複合トラス橋のコンクリート横桁をはりとして設計する場合，供用限界状態および終局限界状態の検討は，コンクリート橋の場合の設計に準じてよい。横桁の構造は一般に「PPC構造設計規準」等に準拠し，通常のPPC部材として設計してよい。

9.5 偏向部の構造

（1）偏向部はPC鋼材による偏向力を主桁に確実に伝達するとともに，偏向部およびその周辺の部材が偏向力に対して十分に安全な構造としなければならない。
（2）偏向部は，施工誤差による2次応力がPC鋼材に発生しない構造としなければならない。

【解　説】

（1），（2）について　「外ケーブル構造・プレキャストセグメント工法設計施工規準」8章8.2節に準拠するものとする。

代表的な複合トラス橋の偏向部の構造例を**解説　図9.5.1**に示す。

Ⅲ　複合トラス橋編

(a)　木ノ川高架橋の例[1] 　　　　　　　　(b)　猿田川橋の例[2]

解説 図 9.5.1　代表的な複合トラス橋の偏向部の例

　複合トラス橋の偏向部は，一般にダイヤフラム形式やリブ形式とすることが困難なため，突起形式を採用することが多く，偏向力により局部的な応力が生じやすい。また，鋼トラス材の断面力の低減を目的として外ケーブルを配置して下床版に定着する場合には，偏向力と定着力が同時に作用するため，偏向部にはより大きな応力が生じる。したがって，作用力に応じた最適な構造形状，補強方法および材料選定の検討が必要となる。

参考文献

1) 木村, 本田, 山村, 山口, 南：那智勝浦道路木ノ川高架橋の設計－鋼・コンクリート複合トラス－, 橋梁と基礎, Vol.36, No.10, pp.31-35, 2002
2) 青木, 能登谷, 加藤, 髙德, 上平, 山口：第二東名高速道路猿田川橋・巴川橋の設計・施工－世界初のPC複合トラスラーメン橋－, 橋梁と基礎, Vol.39, No.5, pp.5-11, 2005

10章 構造細目

10.1 一般

本章は，複合トラス橋の設計および施工に特有の構造細目について示したものである。

【解　説】
　本章は，複合トラス橋の設計および施工に特有な構造細目について示したものである[1)-4)]。
　この章に規定されていない一般的事項については，I編1章1.4節に示す関連規準に準拠するものとする。

10.2 鋼トラス材の配置

（1）鋼トラス材の橋軸方向配置については，施工方法に留意し，桁高，支間長および支点部との取り合いを考慮して最適なピッチおよび角度を決定することが望ましい。
（2）鋼トラス材の断面内配置については，床版支間，主桁のねじり剛性，また，外ケーブルの配置および偏向方法を考慮して決定しなければならない。
（3）分割施工を行う場合は，鋼トラス材の格点位置とブロック継目位置の関係に配慮し，力の伝達を十分考慮して鋼トラス材の配置を決定しなければならない。

【解　説】
（1）について　　鋼トラス材は，複合トラス橋の構造特性を決定する重要な構造部材である。橋軸方向の配置方法については，施工方法に留意し，桁高と支間長の配置バランス，柱頭部および端部横桁の支点部との取り合いなどを考慮し，最適なピッチおよび角度を決定することが望ましい。また，鋼トラス材の仕様および部材厚は，鋼トラス材に生じる断面力に応じて設定することが基本となるが，鋼トラス材の配置は，運搬と架設が可能な鋼トラス材1本あたりの重量と長さを考慮して決定しなければならない。
（2）について　　複合トラス橋は，コンクリートウェブの箱桁橋に比べて横方向剛性が小さい。そのため，鋼トラス材の断面内配置については，荷重分配を考慮する必要がある。したがって，床版支間，主桁のねじり剛性，また，外ケーブルの配置および偏向方法を考慮して鋼トラス材の最適配置方法を決定しなければばらない。
（3）について　　張出し架設で施工する場合のように，複合トラス橋を分割施工する場合は，セグメント長によってトラス材配置が制約を受ける。そのため，鋼トラス材の格点位置とブロック継目位置の関係に配慮し，力の伝達を十分考慮して鋼トラス材の配置を決定しなければならない。

10.3 格点部の構造

（1） 格点部近傍の床版コンクリートに配置する鉄筋は，格点構造の機能とその耐久性を損なわないよう適切に配置しなければならない。

（2） 格点部は，施工中の上げ越しや施工誤差に対する補正に容易に追随できる構造とすることが望ましい。

【解　説】

（1）について　　格点部は，鋼トラス材からの押込み力と引抜き力ならびに床版からの軸方向力が作用し，格点部近傍では複雑な挙動が生じる。また，コンクリート部材と鋼部材からなる格点構造には，いろいろなタイプの構造が採用されており，格点部における力の伝達機構も格点構造ごとに異なる。したがって，格点部近傍の床版コンクリートに配置する鉄筋は，実施された確認試験の結果を踏まえ，格点構造の機能とその耐久性を損なわないよう適切に配置しなければならない。

（2）について　　複合トラス橋は，施工中にクリープ・収縮により厳密には想定し得ない変形が発生する。また，コンクリート部材の施工形状誤差や重量算定誤差等により，計画と実際の変形性状には相違が生じる。とくに片持ち張出し施工においては，これらの誤差を逐次補正しながら施工を進めていく必要があり，最終閉合ブロックにおいては実測値を反映させる施工が必要となる。したがって，上げ越し量の補正や施工誤差に対する補正に対して，格点部も容易に追随できる構造としておくことが望ましい。

10.4 定着部の構造

（1） 内ケーブルの定着を上床版あるいは下床版で行う場合は，床版に応力が集中しないよう適切に分散配置させなければならない。

（2） 外ケーブルを定着する定着部の位置と構造は，鋼トラス材の配置に留意し，PC鋼材の緊張スペースおよび挿入・組立て方法等を考慮して決定しなければならない。

【解　説】

（1）について　　内ケーブルの定着を上床版部あるいは下床版部で行う場合は，定着時の緊張力が床版に集中しないよう適切に分散配置させると同時に，緊張力が円滑に構造全体に伝達されるような定着構造を検討する必要がある。定着体の配置上，格点間の中間床版に定着部を設ける場合は，床版の局部変形など全体構造に悪影響を及ぼさないように，定着部に横ばりを設けることによって剛性を高め，緊張力が局部的に作用しないように構造上の配慮が必要である。

（2）について　　複合トラス橋は，上下コンクリート床版が鋼トラス材のみで連結されているため，2次鋼材を配置するためには外ケーブルが必要となる。そのため，外ケーブル定着部の位置と構造は，鋼トラス材の配置に留意し，PC鋼材の緊張スペースおよび挿入・組立て方法等を考慮して決定しなければならない。とくに広幅員で鋼トラス材を断面内配置する場合は，偏心配置する外ケー

ブルと鋼トラス材が交錯するため,定着可能な位置と本数をあらかじめ設定することが必要である。

参考文献

1) 木村,本田,山村,山口,南：那智勝浦道路木ノ川高架橋の設計－鋼・コンクリート複合トラス－,橋梁と基礎,Vol.36,No.10, pp.31-35, 2002
2) 石田,木戸,小山,大久保：羽越線山倉川橋りょうの設計と施工－鋼管トラスウエブPC開床式下路桁－,プレストレストコンクリート, Vol.146, No.2, pp.56-63, 2004
3) 乗常,山崎,石原,齋藤,桑野：青雲橋の設計と施工－吊構造を利用した架設工法による単径間PC複合トラス橋－,橋梁と基礎, Vol.39, No.4, pp.5-11, 2005
4) 青木,能登谷,加藤,高徳,上平,山口：第二東名高速道路猿田川橋・巴川橋の設計・施工－世界初のPC複合トラスラーメン橋－,橋梁と基礎,Vol.39,No.5,pp.5-11, 2005

11章 施　工

11.1 一　般

複合トラス橋の施工にあたっては，その特性を十分に理解し，所要の品質を確保するよう施工を入念に行うとともに，橋が長期にわたって所要の機能を発揮できるよう十分に配慮しなければならない。

【解　説】

本章は，本規準に基づき設計された複合トラス橋の施工に関する一般事項を規定したものである。施工が本章の規定によりがたいときは，設計における安全度などを別途検討しなければならない。また，構造物の安全性，耐久性などが確保されるよう施工しなければならない。したがって，施工にあたっては，構造物の規模や使用材料，建設地点の条件を考慮しなければならない[1]-[5]。

11.2 コンクリートの打設

複合トラス橋のコンクリート打設については，全体構造に悪影響を及ぼさないよう十分密実なコンクリートを打設しなければならない。

【解　説】

複合トラス橋の格点部は，鋼トラス材とコンクリート床版が結合する部位であり，この部分に密実なコンクリートが打設できていないと，構造上の欠点となる。とくに，鋼トラス材とコンクリート部材の結合方法によっては，構造上の欠点とならないようコンクリートの打設方法や締固め方法に十分注意しなければならない。

11.3 鋼トラス材の架設

複合トラス橋の鋼トラス材の架設は，各架設段階において安全でなければならない。

【解　説】

鋼トラス材は，架設精度が十分確保できるように架設時の形状保持を行い，施工中に不利となる応力が作用しないように十分検討を行わなければならない。

鋼トラス材は，運搬，保管，架設等においては，衝突や摩擦などによって塗装を傷つけないように十分注意する。また，コンクリート打設時にはコンクリートが鋼トラス材に付着しないよう養生等を十分に行う必要がある。

11章 施 工

解説 図11.3.1 移動作業車による架設（木ノ川高架橋）[2]

解説 図11.3.2 移動作業車による架設（猿田川橋）[4]

解説 図11.3.3 総支保工による架設（山倉川橋梁）[3]

解説 図11.3.4 斜材仮固定状況（木ノ川高架橋）[2]

解説 図11.3.5 斜材固定状況（猿田川橋）[4]

解説 図11.3.6 架設時の鋼管養生例（猿田川橋）[4]

Ⅲ 複合トラス橋編

① 移動作業車の移動
 ・ 移動作業車の移動，セット
 ・ 下床版型枠セット

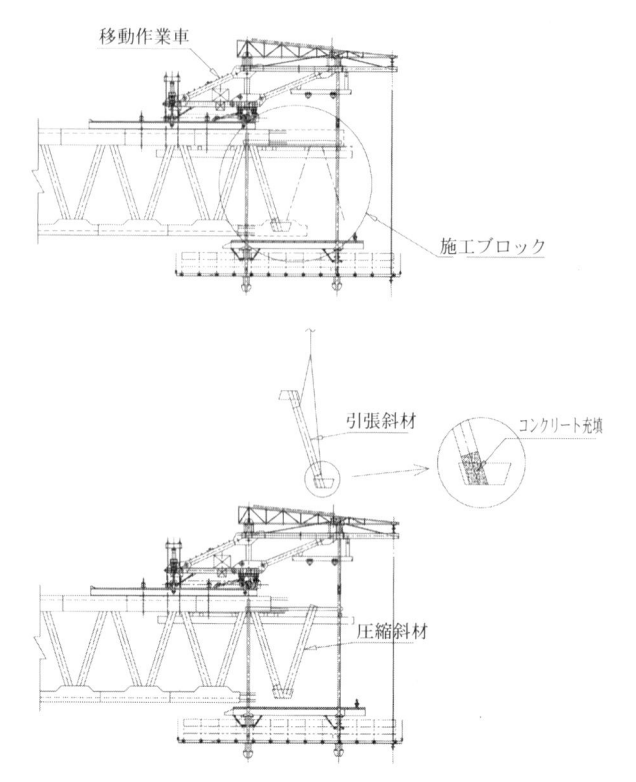

② 斜材据付
 ・ 下床版鉄筋組み立て
 ・ 斜材据付（引張斜材→圧縮斜材），仮固定

③ 型枠・鉄筋・PC鋼材組立て
 ・ 上床版型枠の移動，セット
 ・ 上床版鉄筋，PC鋼材組立て

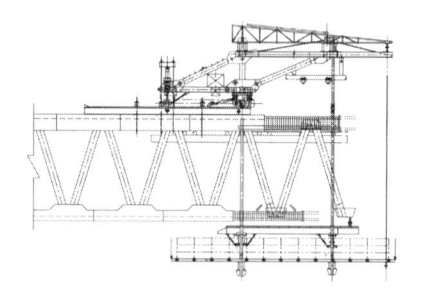

④ コンクリート打設
 ・ コンクリート打設
  （下床版→圧縮斜材→上床版）
 ・ 斜材仮固定の取り外し
 ・ PC鋼材緊張

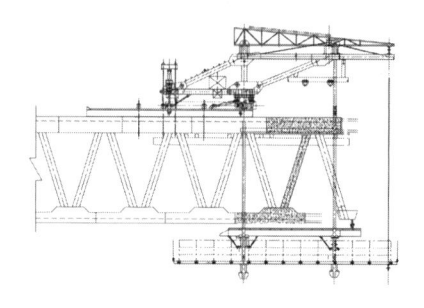

解説 図11.3.7 主桁架設順序図（木ノ川高架橋）[2]

参考文献

1) 春日, 杉村, 益子: SBS リンクウェイ橋の設計と施工－合成断面を有する斜張橋, 橋梁と基礎, Vol.7, pp.2-8, 1997
2) 南, 瀬戸, 小野, 尾鍋: 那智勝浦道路木ノ川高架橋の施工－鋼管トラスウェブPC橋－, 橋梁と基礎, Vol.38, pp.13-19, 2004
3) 浅野, 石田, 渡部, 大久保: JR羽越本線山倉川橋梁の施工－鋼・コンクリート複合トラス橋の施工－, 第12回プレストレストコンクリートの発展に関するシンポジウム論文集, プレストレストコンクリート技術協会, pp.269-272, 2003
4) 新倉, 本間, 宮越, 山口: 第二東名高速道路 猿田川橋・巴川橋の施工－PC複合トラス橋の張出し施工－: 第13回プレストレストコンクリートの発展に関するシンポジウム論文集, プレストレストコンクリート技術協会, pp.529-532, 2004
5) 乗常, 山崎, 石原, 齋藤, 桑野: 青雲橋の設計と施工－吊構造を利用した架設工法による単径間PC複合トラス橋－, 橋梁と基礎, Vol.39, No.4, pp.5-11, 2005

12章　耐久性の確保

12.1　一　般

本章は，複合トラス橋の耐久性を確保するための留意事項を示したものである。

【解　説】

本章は，複合トラス橋の耐久性向上のために留意すべき事項のうち，主に構造上重要な格点部，鋼トラス材の維持管理について示したものである。なお，一般的なコンクリート部材等の維持管理については，関連規準を参考とする。

12.2　格点部の維持管理

複合トラスの格点部は，設計供用期間においてその機能を確実に発揮できるように，維持管理に留意しなければならない。

【解　説】

コンクリート床版と鋼トラス材が結合される格点部は，複合トラス橋において最も重要な部位であるため，設計供用期間中はその機能が十分発揮できるように維持管理に留意しなければならない。とくに下床版の格点部は，雨水などに対して排水，止水措置を施し，十分な防錆処置を施さなければならない。また，設計供用期間において荷重変動作用による性能劣化に対して，その維持や回復のための維持管理を継続して実施する必要がある。

12.3　鋼トラス材の防錆

鋼トラス材は，立地環境に合わせた防錆対策を施さなければならない。

【解　説】

鋼トラス部材は，複合橋としての設計供用期間，また立地環境等を考慮した防錆対策を施さなければならない。耐候性鋼材を用いた鋼トラス材の場合は鋼格点部に滞水しない構造的な配慮を行うとともに，下床版部に錆汁が付着して美観を損なわないような配慮が必要である。
基本的な防錆対策としては，II編11章11.4節に準ずる。

12.4　接合部の防錆

コンクリート部材と鋼トラス材の接合部については，耐久性に配慮した防錆方法を施さなく

てはならない。

【解　説】

鋼トラス材が埋込み型の格点構造の場合，一般に，埋込み部のコンクリート表面近傍は，雨水・結露水等の影響で鋼材に腐食が発生しやすい。また，荷重や日射およびコンクリートの収縮等によって鋼管とコンクリートの境界部に微小な隙間が生じ，そこに雨水・結露水等が浸入することも考えられる。よって，コンクリート部材と鋼トラス材の接合部については，十分な耐久性を保持できるように防錆処置を施すものとし，構造上の欠点とならないようにウレタン等による防水塗装などの対策を行う必要がある[1],[2]。

解説 図12.4.1　接合部ウレタン防水塗装（木ノ川高架橋）[1],[2]

12.5　外ケーブルの保護

外ケーブルの仕様は，斜張橋やエクストラドーズド橋など大気中に配置される斜材ケーブルと同等とするのが望ましい。

【解　説】

複合トラス橋に外ケーブルを配置する場合は，大気中の紫外線や雨水等による劣化に対し十分耐久性を有するよう，斜張橋やエクストラドーズド橋などの斜材ケーブルと同等の仕様とするのが望ましい[1],[3],[4]。

参考文献

1) 南, 瀬戸, 小野, 尾鍋：那智勝浦道路木ノ川高架橋の施工－鋼管トラスウェブPC橋－, 橋梁と基礎, Vol.38, pp.13-19, 2004
2) 塩見：那智勝浦道路木ノ川高架橋の塗装, Structure Painting, 日本橋梁・鋼構造物塗装技術協会, Vol.31, No.2, pp.3-10, 2003
3) 乗常, 山崎, 石原, 齋藤, 桑野：青雲橋の設計と施工－吊構造を利用した架設工法による単径間PC複合トラス橋－, 橋梁と基礎, Vol.39, No.4, pp.5-11, 2005
4) 青木, 能登谷, 加藤, 高徳, 上平, 山口：第二東名高速道路猿田川橋・巴川橋の設計・施工－世界初のPC複合トラスラーメン橋－, 橋梁と基礎, Vol.39, No.5, pp.5-11, 2005

Ⅳ 鋼合成桁橋編

1章　一　般

1.1　適用の範囲

本編は，PC床版と鋼桁とがずれ止めにより一体に接合された鋼合成桁橋の設計および施工に適用する。

【解　説】

最近の鋼合成桁橋においては，鋼少数主桁の合成桁が採用される例が多くなっている。

鋼少数主桁の合成桁は，床版支間が大きくなり，コンクリート床版の橋軸直角方向にプレストレスを導入した方が合理的となりうる。現在，採用されている道路幅員の橋梁に鋼2主桁橋を適用した場合，主桁間隔は「道路橋示方書・同解説」（日本道路協会）に規定されている範囲を越え，変動荷重による床版の設計曲げモーメント式の適用外となる場合がある。

このような現状を踏まえ，本編においては床版の支間長を6～10m程度，また張出し床版長は3～4m程度を基本とした。本編は，主に道路橋における主桁間隔の大きい鋼合成桁橋を対象とするが，鋼2主桁橋に限定しない。

広幅員を有する桁橋では，鋼桁と床版の間には橋軸方向の水平せん断力の他に橋軸直角方向の回転が生じ，このためにずれ止めにはせん断力の他に上向きの引抜き力が同時に作用する。わが国の「道路橋示方書・同解説」においては，せん断力に対する照査は規定されているものの，引抜き力に対する規定はない。また「道路橋示方書・同解説」では終局限界を考慮しているものの，表記は供用荷重作用時のみの規定となっており，終局荷重作用時は照査対象となっていなかった。これらのことから，限界状態設計法を基本としている本編においては，広幅員を有する鋼少数主桁橋を対象としたずれ止めの耐力規準を設けるものとした。なお，頭付きスタッドの規準はⅡ編の波形ウェブ橋のずれ止め設計に対しても適用できる。

鋼とコンクリートの結合条件は，ずれ止めに関しては完全合成，中間支点上の床版の取扱いについては，床版構造により剛性低下の影響を考慮することとする。

鋼とコンクリートの結合状態は，**解説 図1.1.1**に示すように，コンクリート床版と鋼桁が重ねばり構造の状態から，コンクリート床版と鋼桁とのひずみに平面保持則が成立する完全合成断面の状態まで分類することができる。したがって，コンクリート床版と鋼桁とのずれを許容すれば，ずれ止めに作用するせん断力を低減できるといった利点もあるが，本編ではコンクリート床版と鋼桁が完全に合成された状態について取り扱うものとする。

近年，現場施工の省力化を図るために，鋼合成桁にプレキャスト床版を採用する場合がある。プレキャスト床版は，一般に予め横締めされるため，場所打ちコンクリートに比べ高強度のコンクリートが使用されること，また鋼桁と合成するためのずれ止めを配置するスペースが制限されること等，現行の規準を再検討する必要があるものの，今後施工事例が増大することが考えられるため，本編で取り扱うこととした。

1章　一　般

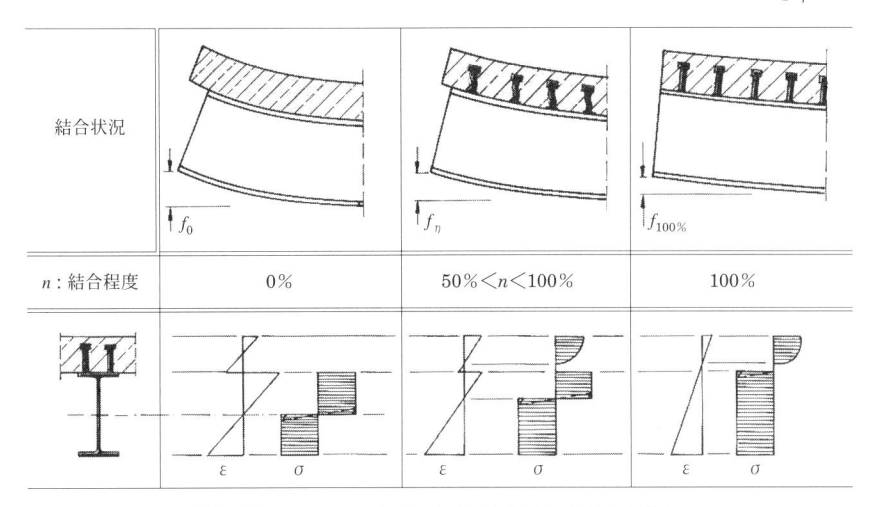

結合状況			
n：結合程度	0%	50%＜n＜100%	100%

解説 図1.1.1　コンクリート床版と鋼桁との結合状態[1]

1.2　構造計画

（1）　鋼合成桁橋を設計，施工する場合は，架橋地点の諸条件，経済性，施工性，維持管理，環境との調和について十分検討を行い，構造形式，支間割，架設方法，各部材などを計画しなければならない。

（2）　鋼合成桁橋は，ずれ止めを介して完全合成断面として挙動するため，床版は，桁作用を有する主構造部材，ずれ止め構造は，完全合成桁としての伝達を保証する主構造部材として扱わなければならない。

（3）　主桁は，床版応力のバランスを考慮し主桁配置を計画しなければならない。また主桁高は，鋼重に加え桁輸送および現場架設を考慮して計画しなければならない。

（4）　床版は，環境条件や使用条件を十分に検討した上で構造を選定しなければならない。また床版の配筋は，連続合成桁としての耐久性確保を考慮して，中間支点部の配力鉄筋量，場所打ち床版打継目の用心鉄筋やハンチ部のひび割れ防止筋等を適切に計画しなければならない。

（5）　コンクリート床版と鋼桁上フランジとの接合部は，異なる接合方法が種々施工されており，また場所打ち床版とプレキャスト床版とでは接合方法も異なるので，十分な検討を行い適切な接合方法を選定しなければならない。

【解　説】

（1）について　　桁形式としては，I桁，箱桁，開断面箱桁およびトラス桁等がある。
　架設工法によっては，選定すべき形式に制約を受ける場合もあることから，架設工法に適した構造形式を積極的に採用することが経済的となる場合もある。また，架設用機械の能力についてもあらかじめ調査しておく必要がある。

（3）について　　鋼2主桁橋において長支間となる場合には，耐風安定性にも留意する必要がある。簡便な耐風安定性の照査は，「道路橋耐風設計便覧」（日本道路協会）[2]を参考とするのがよい。

Ⅳ　合成桁橋編

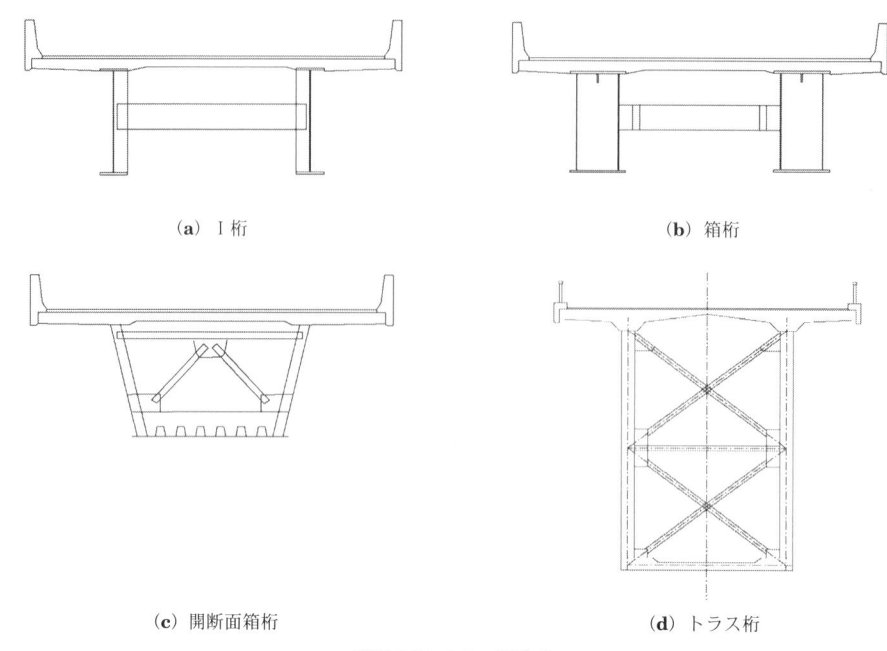

(a) Ⅰ桁

(b) 箱桁

(c) 開断面箱桁

(d) トラス桁

解説 図1.2.1　桁形式

　主桁高の設定においては，とくに輸送上の制約から決まることが多く，この場合最大3m程度となる。

　使用鋼材は，JIS規格材を標準とし，使用板厚は，「道路橋示方書【Ⅱ鋼橋編】・同解説」1章1.6節の規定を準拠するのがよい。また，鋼桁の防食・防錆方法の選定にあたっては，「道路橋示方書【Ⅱ鋼橋編】・同解説」5章5.2節および「鋼道路橋塗装便覧」（日本道路協会）を参考とするのがよい。

　端支点横桁は，伸縮装置の衝撃音の緩和や落橋防止構造としての地震時水平力の支持を考慮して複合構造とする等，構造詳細を検討する必要がある。また中間横桁は，偏載荷重に対して断面形状を保持するため，適切な間隔と高さで配置しなければならない。

　中間横桁の設計においては，中間支点付近の主桁下フランジの座屈，架設時の座屈，床版のプレストレス導入効果，移動型枠の支持および風荷重など横荷重の分散等を考慮する必要がある。

（4）について　　PC床版は，PC床版とPPC床版に分類される。床版の製作・施工方法の分類からは，場所打ち床版とプレキャスト床版に大別できる。特にプレキャストPC床版を採用する場合は，7章7.7節の規定に留意する必要がある。

　PC床版の支間は，「道路橋示方書・同解説」で示される適用支間6mを超える場合もあり，床版厚，断面力の算出など十分な検討を要する。鋼2主桁橋の床版支間は，0.4：1.0：0.4程度とするのが一般的である。

　床版厚を小さくすると，変動荷重による床版たわみが大きくなり，主桁損傷の原因となる主桁上フランジの首振り現象を助長する傾向となる。また床版厚が小さいとPC鋼材量が多くなるため，経済性の観点からもむやみに床版厚を小さくすることは望ましくない。

　床版は，塩害により所要の耐久性が損なわれないようにしなければならない。塩害に対する検討は，「道路橋示方書【Ⅲコンクリート橋編】・同解説」5章5.2節の規定を準用してよい。

参考として，近年わが国で建設された道路橋における鋼2主桁橋のPC床版の実績値を**解説 表 1.2.1**に示す。なお，床版支間は，主鉄筋の方向に測った支持桁の中心間隔であり，斜橋の場合は，「道路橋示方書【Ⅱ鋼橋編】・同解説」8章8.2.3項の規定に従い算定する。

解説 表1.2.1　床版厚の実績値（鋼2主桁橋）

橋　梁　名	全幅員 (m)	有効幅員(m)	主桁間隔(m)	床　版　厚 (支間中央部)(m)	床版の施工方法
千鳥の沢川橋	11.40	10.49	5.7	0.32	場所打ち／移動型枠
利別川第一橋	11.40	10.49	5.7	0.31	場所打ち／移動型枠 合成床版
日計平橋	11.40	10.00	6.0	0.31	場所打ち／移動型枠
三尾河橋（A1～A2）	11.40	10.49	6.0	0.31	場所打ち／移動型枠
子生川橋	11.40	10.27	6.0	0.32	場所打ち／移動型枠
前川橋	11.20	10.27	6.0	0.32	場所打ち／移動型枠
竹原高架橋	10.39	9.36	6.0	0.31	場所打ち／移動型枠
東一口高架橋(下り線)	10.90	9.865	6.0	0.32	場所打ち／固定型枠
第二黒部谷橋	11.40	10.27	5.7	0.31	場所打ち／移動型枠
第三黒部谷橋	11.40	10.27	5.7	0.31	場所打ち／移動型枠
佐分利川橋(上り線)	9.95	8.655	5.5	0.30	場所打ち／移動型枠
佐分利川橋(下り線)	10.05	9.04	5.5	0.30	場所打ち／移動型枠
大津呂川橋	11.34	10.31	6.0	0.32	場所打ち／移動型枠
堂奥高架橋 A1-P8	11.40	10.27	6.0	0.32	場所打ち／移動型枠
堂奥高架橋 P8-P15	11.40	10.27	6.0	0.32	場所打ち／移動型枠
瀨馬渕高架橋	11.40	10.49	6.0	0.31	場所打ち／移動型枠

(5)について　コンクリート床版と鋼桁上フランジとの接合部は，鋼合成桁としての性能を保証する重要な部分であり，十分な検討を行い適切な接合方法を選定する必要がある。

ずれ止めは一般的には引抜き力に対して設計しないが，横桁近傍の頭付きスタッドには比較的大きな引抜き力が作用する場合もあるため，その配置には十分留意する必要がある。このため，ずれ止めに作用する力の種類，大きさ，作用頻度および伝達機構を適切に把握する必要がある。伝達力とその機構が不明瞭の場合は，実験や詳細な解析等の適切な検討を行ってずれ止めの構造を決定し，その安全性を確認しなければならない。

なお，コンクリート床版と鋼桁との接合部は，その種別によっては特許を取得している場合もあるので，その採用にあたっては十分な注意が必要である。

1.3 用語の定義

本編では，鋼合成桁橋に用いる用語を次のように定義する。

（1） 鋼合成桁——鋼桁とPC床版とが一体構造となるように，鋼桁のフランジとPC床版をずれ止めにより接合した桁。

（2） PC床版——少なくとも橋軸直角方向にプレストレスが導入されたコンクリート床版であり，場合によっては，橋軸方向にもプレストレスが導入された床版。

（3） プレキャスト床版——適正な品質管理のもとに工場および現場製作ヤードにて製作されたコンクリート床版。

（4） 床版の有効幅——鋼桁と合成される床版において合成桁の主桁断面として抵抗できる床版の幅。

（5） ヤング係数比——鋼のヤング係数とコンクリートのヤング係数との比。

（6） 活荷重合成桁——鋼桁および床版の自重を鋼桁のみで受けさせ，合成後の永久荷重，および変動荷重を合成断面で受けさせる合成桁。

（7） コンパクト断面——コンパクト断面とは，終局限界状態において全塑性モーメント以上まで達することのできる鋼断面。

（8） ノンコンパクト断面——ノンコンパクト断面とは，終局限界状態において全塑性モーメント以上まで達することのできない鋼断面。

1.4 記　　号

本編では，鋼合成桁橋の設計計算に用いる記号を次のように定める。

A_s　：鋼桁の断面積
A_t　：引張鋼材の断面積
b_e　：床版の有効幅
d　：床版の厚さ
E_s　：鋼のヤング係数
E_c　：コンクリートのヤング係数
f_c'　：コンクリートの圧縮強度
L　：部材長あるいは支間長
M_d　：設計曲げモーメント
M_{ud}　：設計曲げ耐力
n　：鋼とコンクリートのヤング係数比
S_d　：設計断面力
R_d　：設計断面耐力

V_{scd} ：頭付きスタッドのずれに対する設計せん断耐力
V_{sud} ：頭付きスタッドの設計せん断耐力
V_{bud} ：ブロックジベルの設計せん断耐力
w 　　：コンクリートの曲げひび割れ幅

参考文献

1) Bode：Verbundbau, Werner-Verlag, p.5, 1987
2) 日本道路協会：道路橋耐風設計便覧, 1991

IV 合成桁橋編

2章 設計に関する一般事項

2.1 設計計算の原則

設計では，原則として，供用限界状態，終局限界状態および疲労限界状態において，それぞれの部材およびずれ止めが安全であることを確かめなければならない。

【解　説】

解説 図2.1.1に鋼合成桁橋の設計フローの一例を示す．また，本編で取り扱う設計応答値および限界値を解説 表2.1.1に示す

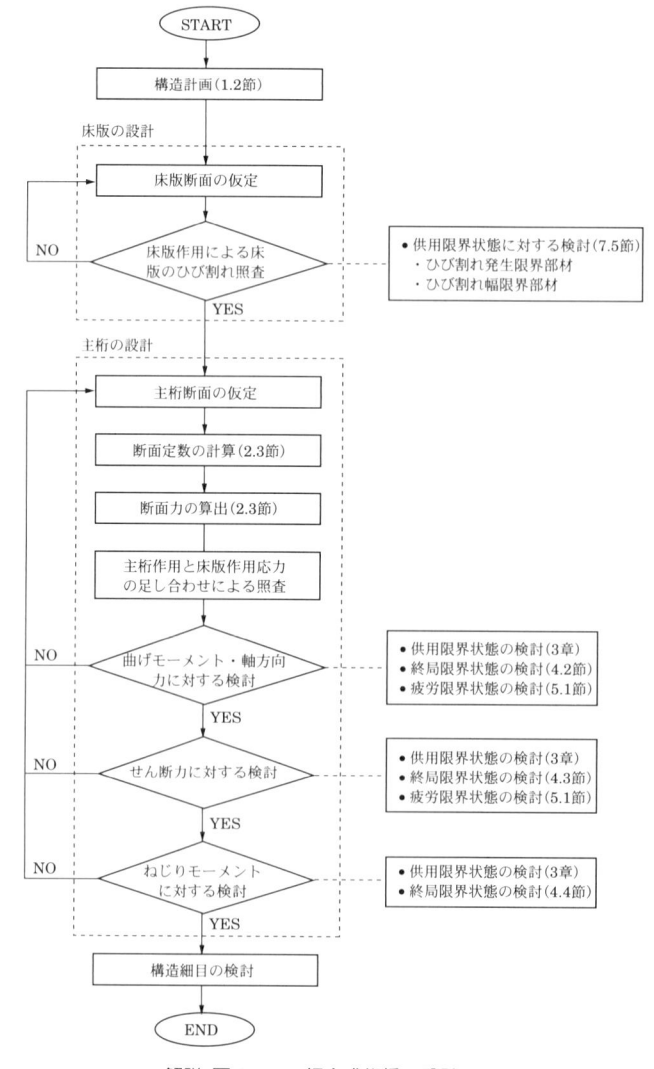

```
START
  ↓
構造計画(1.2節)
  ↓
┌─ 床版の設計 ──────────────┐
│   ↓                        │
│  床版断面の仮定 ←──┐       │
│   ↓                │       │   ・供用限界状態に対する検討(7.5節)
│  床版作用による床版 │ NO    │     ・ひび割れ発生限界部材
│  のひび割れ照査 ───┘       │     ・ひび割れ幅限界部材
│   ↓ YES                    │
└────────────────────────────┘
  ↓
┌─ 主桁の設計 ──────────────┐
│  主桁断面の仮定 ←──┐       │
│   ↓                │       │
│  断面定数の計算(2.3節)│    │
│   ↓                │       │
│  断面力の算出(2.3節) │     │
│   ↓                │       │
│  主桁作用と床版作用応力│   │
│  の足し合わせによる照査│   │
│   ↓                │       │   ・供用限界状態の検討(3章)
│  曲げモーメント・軸方向│   │   ・終局限界状態の検討(4.2節)
│  力に対する検討 ───┤ NO   │   ・疲労限界状態の検討(5.1節)
│   ↓ YES           │       │
│  せん断力に対する検討┤ NO │   ・供用限界状態の検討(3章)
│   ↓ YES           │       │   ・終局限界状態の検討(4.3節)
│                    │       │   ・疲労限界状態の検討(5.1節)
│  ねじりモーメント   │       │   ・供用限界状態の検討(3章)
│  に対する検討 ─────┘ NO   │   ・終局限界状態の検討(4.4節)
│   ↓ YES                    │
└────────────────────────────┘
  ↓
構造細目の検討
  ↓
END
```

解説 図2.1.1　鋼合成桁橋の設計フロー

解説　表 2.1.1　設計応答値および設計限界値

限界状態	検討部材	設計応答値 項目	設計応答値 適用	設計限界値 項目	設計限界値 適用	備考(性能照査目的)
供用	主桁	コンクリート圧縮応力度	Ⅳ編 3.2.1 項	コンクリート応力度の限界値(曲げ圧縮，軸方向圧縮)	Ⅰ編 7.2.1 項	供用性，耐久性
		コンクリート引張応力度	Ⅳ編 3.2.1 項	コンクリート応力度の限界値(縁引張)	Ⅰ編 7.2.2 項	
		ひび割れ幅	Ⅳ編 3.2.2 節	ひび割れ幅の限界値	Ⅰ編 7.2.3 項	
				PC鋼材応力度の限界値	Ⅰ編 7.2.3 項解説	
				鉄筋応力度の限界値	Ⅰ編 7.2.3 項解説	
		活荷重たわみ	Ⅳ編 3.4 節	例えば 1/500 以下	Ⅳ編 3.4 節解説	
		鉛直1次もしくは2次の振動数	Ⅳ編 3.4 節	2Hz 前後を避ける	Ⅳ編 3.4 節	
	ずれ止め	設計断面力	Ⅳ編 6.3 節	設計せん断耐力	Ⅳ編 6.5 節解説	
	床版	コンクリートの応力度, PC鋼材・鉄筋の引張応力度	Ⅳ編 7.5 節	コンクリート応力度(圧縮), PC鋼材・鉄筋の限界値(引張)	Ⅰ編 7.2.1 項	
		コンクリート応力度		コンクリート応力度の限界値(縁引張)	Ⅰ編 7.2.2 項	
		ひび割れ幅		ひび割れ幅の限界値	Ⅰ編 7.2.3 項	
終局	主桁 (合成前鋼桁)	設計曲げモーメント	Ⅳ編 4.2 節	設計曲げ耐力	Ⅳ編 4.2.2 項解説	安全性
	鋼合成桁(コンパクト断面)	設計曲げモーメント		設計曲げ耐力	Ⅳ編 4.2.3 項(1)解説	
	鋼合成桁(ノンコンパクト断面)	設計曲げモーメント		設計曲げ耐力	Ⅳ編 4.2.3 項(2)解説	
	鋼合成桁(せん断座屈による影響を受けない場合)	設計せん断力	Ⅳ編 4.3 節	設計せん断耐力	Ⅳ編 4.3 節解説	
	鋼合成桁	設計ねじりモーメント	Ⅳ編 4.4 節	設計ねじり耐力	Ⅳ編 4.4 節解説	
	ずれ止め	設計断面力	Ⅳ編 6.3 節	設計せん断耐力	Ⅳ編 6.5 節解説	
疲労	床版コンクリート，主桁		Ⅳ編 5.1 節		Ⅳ編 5.1 節解説	安全性，耐力性
	ずれ止め	設計断面力	Ⅳ編 6.3 節	設計せん断耐力	Ⅳ編 6.5 節解説	

2.2　構造解析

2.2.1　一　　般

（1）構造解析においては，各限界状態に応じて適切な解析モデル，解析理論を用いて算定するものとする。
（2）構造物は，その形状に応じた部材とそれらを組み合わせて単純化した構造モデルを仮定して解析を行ってよい。
（3）構造解析において，荷重の分布状態を単純化したり，動的荷重を静的荷重に置き換えたりする等，荷重についても実際のものと等価または安全側のモデル化を行ってよい。
（4）断面力の算定において，変動荷重は設計断面に最も不利なように載荷するものとする。

【解　説】
「コンクリート標準示方書【構造性能照査編】」（土木学会）5章5.1節に準拠した。

2.2.2　各限界状態を検討するための構造解析手法
（1）供用限界状態に用いる剛性は，ひび割れの発生を許さない場合は全断面有効と仮定する。
（2）構造物の変位および変形は，コンクリート部材を弾性体と仮定し，ひび割れによる剛性

IV 合成桁橋編

低下やコンクリートのクリープ・収縮を考慮して求めることを原則とする。
（3） 断面破壊の終局限界状態を検討するための断面力の算定には，原則として線形解析とする。ただし，モーメントの再分配を行う場合には，適切な非線形構造解析モデルを用いてよい。
（4） 疲労限界状態に対する検討に用いる断面力の算定は，原則として線形解析に基づくものとする。

【解　説】
「コンクリート標準示方書【構造性能照査編】」5章5.2～5.4節に準拠した。
（1）について　ひび割れの発生を許す構造の場合，テンションスティフニングの影響を把握できる解析方法を用いるのが望ましい。テンションスティフニングについては，3章3.2.2項を参照するものとする。
（3）について　終局限界状態を検討するための解析方法と断面力の関係は，4章4.2.1項解説図4.2.1を参照するものとする。

2.3　断面力の算出

2.3.1　床版の合成作用の取扱い

　主桁の弾性変形や不静定力および応力度の算出に用いる鋼材と床版のコンクリートとのヤング係数比は，適切に設定するものとする。また，コンクリート床版の合成作用の取扱いは，荷重の作用条件などを考慮して適切に設定する。

【解　説】
　コンクリートのヤング係数は，圧縮強度により異なる。PC床版を使用する場合，「道路橋示方書【II鋼橋編】・同解説」（日本道路協会）によれば，設計基準強度が $30N/mm^2$ 以上のコンクリートを使用する必要がある。「道路橋示方書・同解説」の規定では，床版コンクリートと鋼材のヤング係数比は一律に $n=7$ を標準としており，圧縮強度を $27\sim30N/mm^2$ 程度と想定し，コンクリートのヤング係数として $3\times10^4N/mm^2$ を採用している。最近のプレキャスト床版においては，設計基準強度が $40\sim50N/mm^2$ 程度のコンクリートが用いられ，ヤング係数もそれに応じて大きな値となっている。しかしながら，ヤング係数の値が多少変化しても，断面力などに与える影響はそれほど大きくないことから，ヤング係数比を一定とすることが多い。

　鋼桁とコンクリート床版からなる鋼合成桁の断面力を骨組解析にて算出する場合，床版に引張力の生じる中間支点部の取扱いは，一般に次の方法による。
（i）　橋軸方向の正の曲げモーメントおよび負の曲げモーメント領域においてもあらかじめ床版にプレストレスが導入され，ひび割れを許容しない構造（PC構造）の場合，永久荷重と変動荷重による断面力や変形計算においては床版を鋼桁断面に算入する。
（ii）　橋軸方向の中間支点付近の負の曲げモーメント領域において，ひび割れを許容する構造（PPCあるいはRC構造）の場合，永久荷重と変動荷重による断面力および変形の計算では，床版のコンクリートは無視し，鉄筋と鋼桁のみを考慮する（**解説 表2.3.1**）。

2章 設計に関する一般事項

解説 表2.3.1 合成作用の取扱い[1]

曲げモーメントの種類	合成作用の取扱い		適用	構造
正	コンクリート床版を鋼桁断面に算入する			PC PPC RC
負	引張応力を受ける床版について，コンクリート断面を有効とする場合	床版のコンクリート断面を鋼桁断面に算入する		PC PPC
	引張応力を受ける床版について，コンクリート断面を無視する場合	床版のコンクリート断面中の鉄筋断面を鋼桁に算入する		RC

なお，ひび割れによる剛性低下の影響範囲を定量的に把握するのは難しいが，文献2)を参考にして，近似的にひび割れ形成によるモーメント分配の影響を考慮し，中間支点付近のコンクリート床版の影響が無いと仮定する範囲を規定した（**解説 図2.3.1**）。

実際に，ひび割れが生じた断面剛性の評価はテンションスティフニングの影響を考慮することが望ましい。テンションスティフニングについては，3章3.2.2項を参照するものとする。

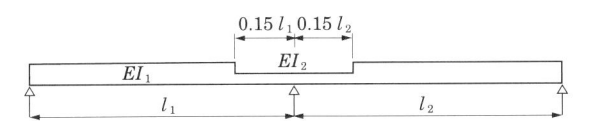

解説 図2.3.1 中間支点付近のコンクリート床版の取扱い例[2]

2.3.2 床版の有効幅

鋼桁とコンクリート床版からなる鋼合成桁の設計において，コンクリート床版の有効幅を考慮する。

【解　説】

「複合構造物の性能照査指針(案)」（土木学会）5章5.3.4項に準じた。

一般に，骨組解析にて鋼合成桁の断面を入力したり，応力照査する時のコンクリート床版の有効断面は，せん断遅れが生じるため全断面が有効とはならない。有効断面のフランジ幅は，以下によるのが一般的である。鋼合成桁の圧縮フランジとしての有効幅 b_e は，式(解2.3.1)や(解2.3.2)により算出される値とする。

ハンチを設けない場合：$b_e = \lambda_1 + \lambda_2$ (解2.3.1)

ハンチを設ける場合：$b_e = \lambda_1 + \lambda_2 + 2b_s + b_0$ (解2.3.2)

ここに，b_s：ハンチの水平幅（**解説 図2.3.3**参照）

b_0：ハンチ下辺の幅

λ_1：主桁内側の片側有効幅

λ_2:張出し部の片側有効幅

なお，λ_1 と λ_2 は次式により計算する。

λ_1 または $\lambda_2 = b$　$(b/l \leq 0.05)$

λ_1 または $\lambda_2 = \{1.1 - 2(b/l)\}b$　$(0.05 < b/l < 0.30)$

λ_1 または $\lambda_2 = 0.15l$　$(0.30 \leq b/l)$

ここに，b：解説 図2.3.2参照

l：支間

本項は，中間支点付近の負の曲げモーメント区間における床版の有効幅についても適用できるが，鋼鋼2主I桁橋のように主桁間隔，すなわち床版支間が片側有効幅の2倍以上大きな場合には，中間支点上付近において全床版幅が有効とはならず，有効幅として考慮できない部分が生ずることがあるので注意が必要である。

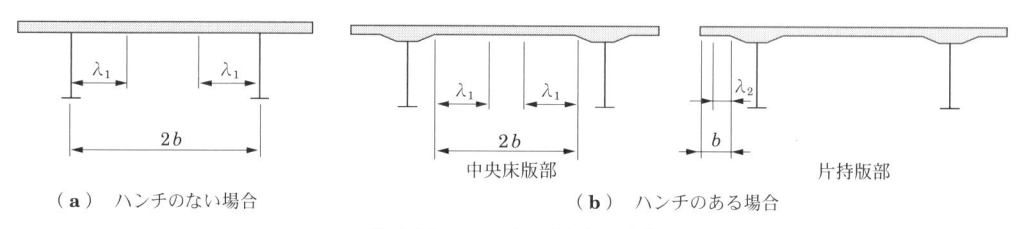

解説 図2.3.2　有効幅の取り方[1]

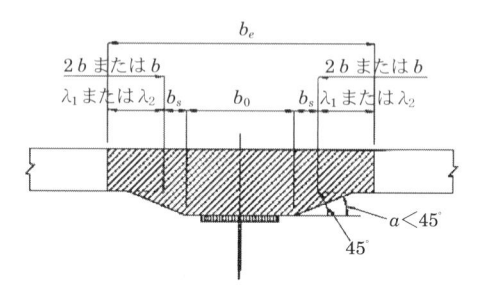

(a) ハンチのない場合

(b) ハンチのある場合　中央床版部　片持版部

解説 図2.3.3　ハンチのある鋼合成桁の有効幅[1]

2.3.3　コンクリート床版のクリープ・収縮

鋼合成桁では，コンクリート床版のクリープ・収縮の影響を考慮しなければならない。

【解　説】

鋼合成桁では，コンクリート床版のクリープ・収縮が鋼桁に影響するため，コンクリートの種別や材齢などを考慮して，適切な設計用値を設定する必要がある。

2.3.4　コンクリート床版と鋼桁との温度差

（1）コンクリート床版と鋼桁との温度差は，10℃を標準とする。また，鋼桁とコンクリート床版の合成作用を考慮するため，コンクリート床版と鋼材の線膨張係数は 12×10^{-6} とする。

（2） 温度差の影響検討は，鋼桁がコンクリート床版よりも高温の場合とコンクリート床版が鋼桁よりも高温の場合について行う。

【解　説】
（1），（2）について　　「道路橋示方書【Ⅰ共通編】・同解説」2.2.10項に準じる。また，一般に温度差による不静定力の算出には，コンクリート床版を考慮した合成断面の剛性を使用することが多い。

2.3.5　荷重と剛性
付加死荷重（後死荷重）や変動荷重，コンクリートのクリープ・収縮，鋼桁との温度差等の荷重が構造物に作用するとき，コンクリートのひび割れの有無によって鋼合成桁としての断面剛性の評価を適切に行うものとする。

【解　説】
鋼合成桁の中間支点上付近では，コンクリート床版に引張力が作用し，橋軸方向にプレストレスしない連続鋼合成桁の場合では，この部位にひび割れが生じる。一般の骨組解析を用いるとき，付加死荷重（後死荷重）や変動荷重，コンクリートのクリープ・収縮，鋼桁との温度差等の荷重による影響と，その時の断面剛性の評価が課題となる。このため，荷重の作用とそのときの剛性については，適切に評価する必要がある。これらについては，文献2)や3)等を参照するのがよい。

2.3.6　施工による応力履歴
鋼合成桁は，施工による応力履歴を考慮するものとする。

【解　説】
床版にコンクリートが逐次打ち込まれて施工される鋼合成桁の場合，コンクリートが先行されて打ち込まれた区間は，鋼桁とコンクリート床版からなる鋼合成桁の断面構造となる。その後，打ち込むコンクリート床版の荷重は，先行して合成された部材にとって後死荷重となる。ここで，負の曲げモーメント区間となる部分のコンクリートを先行して打ち込むと，他のコンクリート床版の荷重が後死荷重として作用するため，負曲げモーメントがいっそう大きくなる。このため，コンクリート床版がひび割れたり，キャンバーに影響を与える可能性があるので，これらの影響を考慮して設計することが必要となる。

近年，10章10.3節に示すように移動型枠を用いたコンクリート床版の施工が行われることが多くなった。支間長の長い鋼合成桁の場合，負曲げモーメント区間となる中間支点付近のコンクリート床版を何回かに分けて打ち込むことがあり，こうした橋梁の設計・施工の際には特に留意する必要がある。

Ⅳ 合成桁橋編

参考文献

1) 日本道路協会:道路橋示方書 [Ⅱ鋼橋編]・同解説, 2002.3
2) 日本橋梁建設協会:PC床版を有するプレストレスしない連続合成げた設計要領(案), 1997.3
3) U., Kuhlmann 編:Stahlbau Kalendar 2005, Ernst&Sohn, pp.362-366

3章　供用限界状態に対する検討

3.1　一般

　構造物が，設計供用期間中に十分な機能を保持するため，鋼合成桁において，走行性や歩行性，騒音・振動，外観，水密性等といった使用性を適切な方法によって照査しなければならない。一般に，鋼合成桁の供用限界状態の照査は，以下の項目に対して行うものとする。

(ⅰ)　コンクリート床版のひび割れ幅
(ⅱ)　変位や変形
(ⅲ)　振動
(ⅳ)　ずれ止めの設計耐力

【解　説】

　「PART-B 鋼構造物設計指針【合成構造物】」（土木学会）第2編5章5.4節に準拠した。ここで，対象とする部材はコンクリート床版と鋼桁とが合成した主桁とする。

　コンクリート床版に発生するひび割れは，構造物の機能，耐久性および美観等の使用目的を損なわないことを，適切な方法によって照査する必要がある。

　一般に，鋼連続合成桁は中間支点付近で主桁作用として負の曲げモーメントが作用する。この結果，コンクリート床版に引張力が作用する。その他にも架設方法によって，コンクリート床版に引張力が生じることがある。こうした曲げモーメントや軸方向力がコンクリート床版に対し引張力として作用する時は，ひび割れの照査を行う必要がある。

　ひび割れを制御するには，必ずしもプレストレスの導入を必要としない場合がある。そこで，プレストレスを導入する場合としない場合のそれぞれの検討方法について述べる。

　一方，鋼合成桁のコンクリート床版は，主桁としての機能の他に床版としても機能する。供用時の要求性能として，これらの影響を組み合わせて照査することを義務づけられる場合がある。これらについての詳細は，7章や，「道路橋示方書【Ⅱ鋼橋編】・同解説」（日本道路協会）11章あるいは文献1)，2)を参照するのがよい。

　鋼合成桁を歩道橋に適用する場合，歩行者に不快感を与えないような振動性状を有することを照査する必要がある。

　現在は，コンクリート床版と鋼桁とはずれ止めを介して完全合成として取り扱う場合が多い。こうしたことから，本編では完全合成の場合，つまり床版と鋼桁とのずれが生じない場合を対象としている。しかしながら，この接合を柔なずれ止めを用いて弾性鋼合成桁として設計する場合は，ずれ止めのずれ量を適切に照査する必要が生じる。

Ⅳ　合成桁橋編

3.2　橋軸方向にプレストレスされた鋼合成桁のひび割れに対する検討

　橋軸方向にプレストレスされた鋼合成桁のコンクリート床版は，PC構造またはPPC構造として設計してよい。ひび割れ制御は，PC構造の場合には3.2.1項のひび割れの発生を許さない部材の検討により，PPC構造の場合には3.2.2項のひび割れの発生を許す部材の検討により行う。

【解　説】

　鋼合成桁の橋軸方向にプレストレスを導入する方法には，施工時のひび割れ制御を含めると10章に示すような工法があるが，本章での供用限界状態に対する検討では，PC鋼材の緊張による方法のみを対象とする。

　鋼合成桁の橋軸方向のコンクリート床版は，PC構造として引張応力度の制限を設けてひび割れを発生させない構造と，PPC構造のようにひび割れの発生を許す構造とがある。

　コンクリート部材は，縁引張応力の状態により次の(ⅰ)または(ⅱ)の部材に区分される。

（ⅰ）　ひび割れの発生を許さない部材

　供用限界状態において，曲げモーメントおよび軸方向力によるコンクリートの縁応力度が，Ⅰ編7章7.2.2項(1)に示す設計引張強度の限界値を超えない部材。

（ⅱ）　ひび割れの発生を許す部材

　供用限界状態において，曲げモーメントおよび軸方向力によるコンクリートの縁応力度が，引張応力度の限界値を超えるためひび割れが発生するが，そのひび割れ幅がⅠ編7章7.2.3項に示すひび割れ幅の限界値を超えない部材。

3.2.1　ひび割れの発生を許さない部材の検討

　鋼合成桁のコンクリート床版をひび割れ発生限界部材として設計する場合，以下の検討を行うものとする。

（1）　コンクリートの縁引張応力度は，Ⅰ編7章7.2.2項(1)に示す設計引張強度の限界値を超えてはならない。

（2）　コンクリートの縁応力度が引張応力となる場合には，式(3.2.1)により算定される断面積以上の引張鋼材を配置することを原則とする。この場合引張鋼材としては，異形鉄筋を使用することを原則とする。

$$A_t = \frac{T_c}{\sigma_{st}} \tag{3.2.1}$$

ここに，A_t：引張鋼材の断面積

　　　　T_c：コンクリートに作用する全引張力

　　　　σ_{st}：引張鋼材の引張応力度の限界値で，異形鉄筋に対しては200N/mm²とする。ただし，引張応力が生じるコンクリート部材に配置されている付着があるPC鋼

材は，引張鋼材とみなしてよい。この場合，プレテンション方式のPC鋼材に対しては，引張応力度の限界値を200N/mm²としてよいが，ポストテンション方式のPC鋼材に対しては，100N/mm²とするのがよい。

3.2.2 ひび割れの発生を許す部材の検討

鋼合成桁のコンクリート床版をひび割れ幅限界部材として設計する場合，以下の検討を行うものとする。

（1） 曲げモーメントおよび軸方向力によるコンクリートの縁引張応力度が，I編7章7.2.2項(1)に示す設計引張強度の限界値を超える場合，曲げひび割れ幅の検討を行わなくてはならない。

（2） 永久荷重による断面力によって生じる鉄筋応力度の増加量 σ_{sp} およびPC鋼材応力度の増加量 σ_{pp} がI編7.2.3項の**解説 表**7.2.4に示す値よりも小さい場合，ひび割れ幅についての検討を省略してよい。

（3） 鋼材の腐食に対するひび割れ幅 w_{Ld} の限界値は，I編7章7.2.3項の**表**7.2.1に示す値とする。

（4） 曲げひび割れの検討を行う場合は，次式によって求めた曲げひび割れ幅 w がひび割れ幅の限界値 w_{Ld} 以下であることを確かめるものとする。ただし，σ_{se} を算出する場合，テンションスティフニングの影響を考慮してもよい。

$$w = 1.1 k_1 k_2 k_3 \{4c + 0.7(c_s - \phi)\} (\sigma_{se}/E_s \text{ または } \sigma_{pe}/E_p + \varepsilon'_{csd}) \quad (3.2.2)$$

ここで，k_1：鋼材の表面性状がひび割れ幅に及ぼす影響を表す係数で，一般に異形鉄筋の場合1.0としてよい。

k_2：コンクリートの品質がひび割れ幅に及ぼす影響を表す係数で，式(3.2.3)による。

$$k_2 = 15/(f'_c + 20) + 0.7 \quad (3.2.3)$$

f'_c：コンクリートの圧縮強度(N/mm²)。一般に，設計圧縮強度 f'_{cd} を用いてよい。

k_3：引張鋼材の段数の影響を表す係数で，式(3.3.4)による。

$$k_3 = 5(n+2)/(7n+8) \quad (3.2.4)$$

c：かぶり(mm)

c_s：鉄筋の中心間隔(mm)

ϕ：鉄筋径(mm)

ε'_{csd}：コンクリートのクリープ・収縮等によるひび割れ幅の増加を考慮するための数値（一般の場合 150×10^{-6} 程度としてよい。）

σ_{se}：鋼材位置のコンクリートの応力度が0の状態からの鉄筋応力度の増加量(N/mm²)

σ_{pe}：鋼材位置のコンクリートの応力度が0の状態からのPC鋼材応力度の増加量(N/mm²)

（5） 曲げひび割れの検討で対象とする鉄筋およびPC鋼材は，原則としてコンクリート表面に最も近い位置にある引張鋼材とする。

Ⅳ　合成桁橋編

【解　説】

「コンクリート標準示方書【構造性能照査編】」（土木学会）7章7.4.4項に準拠した。

（3）について　環境条件の区分にあたっては，構造物の置かれる環境や使用条件，重要度を総合的に勘案して行う必要がある。床版上面のひび割れ幅は，床版の耐久性の観点から厳しく制限する必要があり，「コンクリート標準示方書」の特に厳しい腐食性環境の区分を適用して，ひび割れ幅を制御している場合もある。

（4）について　テンションスティフニングの影響を考慮した鉄筋の応力度を算出するには，種々の方法があり，以下のとおり解説を行う。

(ⅰ)　ひび割れの発生を許容する設計法での骨組解析上の課題

鋼合成桁は，主として経済的な理由から橋軸方向にプレストレスを導入せずに，中間支点付近にひび割れの発生を許容する設計法を採用することが多い。こうした場合，ひび割れの影響を適切に考慮して解析することが必要となる。

現在のところ，ひび割れの生じたコンクリートの断面剛性を正確に評価することは難しい。これまで骨組解析を用いて，ひび割れの生じた断面をコンクリート断面を無視した剛性とみなして対応することが多かったが，実際にひび割れの生じた断面の剛性はコンクリート断面を無視した断面，つまり鉄筋断面のみを考慮した断面剛性よりも大きい。これは，実際にはコンクリートと鉄筋間に付着力が作用することから，実際の剛性にもコンクリート断面がある程度寄与することが原因と考えられている（解説 図3.2.1参照）。このコンクリートの分担力に相当する剛性をテンションスティフニングという。こうした影響を骨組解析を用いて設計に反映させることは今後の課題のひとつである。

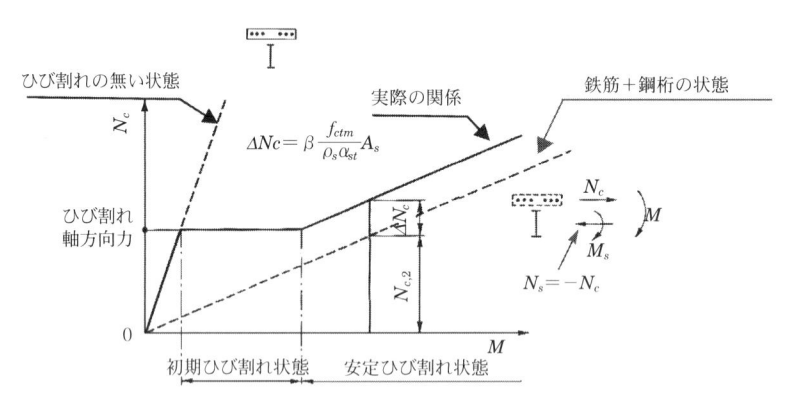

解説 図3.2.1　一軸引張状態におけるRC部材の軸方向力とひずみの関係[3]

(ⅱ)　テンションスティフニングがひび割れ幅に与える影響

鉄筋コンクリート部材を一軸引張状態にすると，コンクリートには一定の間隔でひび割れが生じる。この時，鉄筋とコンクリート間に付着力が作用すると，ひび割れの無い部位ではコンクリートも引張力を負担できる。こうした効果がテンションスティフニングによると考えられている。

断面力の算出は，現在のところ骨組解析を用いることが一般的である。こうした解析方法においても，テンションスティフニングの影響を考慮する方法が広まっている。欧州の鋼合成桁の規準であるEurocode4-2やドイツの鋼合成桁の現行規準であるDIN-FB104，あるいは文献2)によ

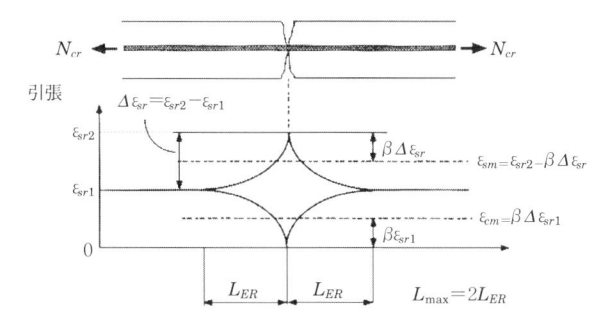

解説 図 3.2.2 初期ひび割れ状態時の鉄筋およびコンクリートのひずみ[4]

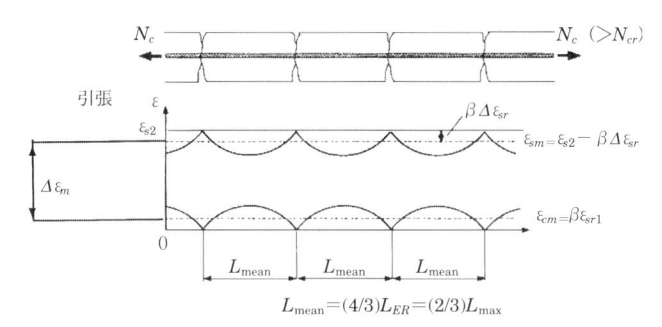

解説 図 3.2.3 安定ひび割れ状態の鉄筋およびコンクリートのひずみ[4]

る連続合成桁の設計法では，テンションスティフニングの影響を考慮して設計している。

テンションスティフニングとひび割れとの関連は以下のように説明することができる。ひび割れ幅 w は，CEB/FIP-90，「コンクリート標準示方書」および Hanswille の理論では，式(解 3.2.1)に基づいて算出される。

$$w = L\Delta\varepsilon_m \quad (解\,3.2.1)$$

ここで，L はひび割れ間隔，$\Delta\varepsilon_m$ は鉄筋とコンクリートの平均ひずみの差を表す。

初期ひび割れ状態では，解説 図 3.2.2 に示す関係があり，安定ひび割れ状態では解説 図 3.2.3 に示す状態になっている[3]。解説 図 3.2.3 においてコンクリートの収縮の影響を考慮しないと，鉄筋とコンクリートとの平均ひずみの差 $\Delta\varepsilon_m$ は，

$$\Delta\varepsilon_m = \varepsilon_{sm} - \varepsilon_{cm} = \varepsilon_{s2} - \beta\Delta\varepsilon_{sr} - \beta\varepsilon_{sr1} = \varepsilon_{s2} - \beta\varepsilon_{sr2} \quad (解\,3.2.2)$$

ただし，

$$\Delta\varepsilon_{sr} = \varepsilon_{sr2} - \varepsilon_{sr1} \quad (解\,3.2.3)$$

となる。

ここで，ε_{sm} : 鉄筋の平均ひずみ

　　　　ε_{cm} : コンクリートの平均ひずみ

　　　　β : コンクリートと鉄筋の付着の程度を表す係数

　　　　ε_{s2} : ひび割れ位置での鉄筋のひずみ（$=\sigma_{s2}/E_s$）

　　　　ε_{sr1} : ひび割れ発生前の状態Ⅰでのひずみ（解説 図 3.2.4 参照）

　　　　ε_{sr2} : コンクリートがないと仮定した状態を表す状態Ⅱの鉄筋のひずみ（解説 図 3.2.4 参照）

IV 合成桁橋編

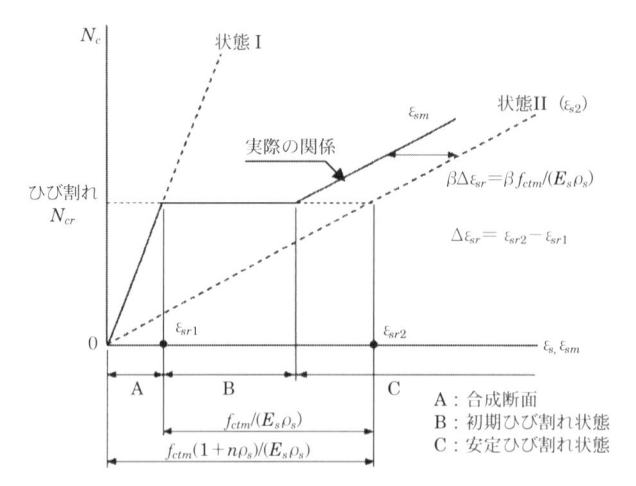

解説 図3.2.4 一軸引張状態におけるRC部材の軸方向力とひずみの関係[4]

ε_{cs} ：コンクリートの収縮の影響によるひずみ

を表す．これを式(解3.2.2)に代入し，これにコンクリートの収縮の影響を考慮すると

$$\Delta\varepsilon_m = \varepsilon_{s2} - \beta\varepsilon_{sr2} - \varepsilon_{cs} \qquad (解 3.2.4)$$

となり，これがCEB/FIP-90に示されるひずみ式となる．付着の程度を表す係数である β は短期載荷で0.6を，安定ひび割れ状態では0.38を採用している[4]．

一方，「コンクリート標準示方書【構造性能照査編】」は，コンクリートの平均ひずみ ε_{cm} の項を無視し，以下の式がひび割れ幅算定用ひずみとして示されている[5]．

$$\Delta\varepsilon_m = \sigma_{se}/E_s - \varepsilon_{csd} \qquad (解 3.2.5)$$

σ_{se} は最大値ではなく，適切な荷重を定めること[5]とあるが，実際の設計では安全側になるとの判断から最大値を用いることが多い．

また文献2)では，適切な荷重設定を規定し，σ_{se} にはテンションスティフニングの影響を考慮した鉄筋の平均応力度を用いることとしている．

(iii) テンションスティフニングの影響を考慮した鋼合成桁のひび割れ幅の算定法

テンションスティフニングの影響を考慮した欧州の鋼合成桁の規準であるEurocode4-2やドイツの鋼合成桁の現行規準であるDIN-FB104，あるいは文献2)による連続合成桁の設計法では，コンクリート床版に対しても平面保持の仮定のもとで鋼桁と結合し，コンクリートのひび割れに伴う剛性の変化を考慮して，床版と鋼桁が分担する断面力をそれぞれ算出している．このとき，床版に作用する曲げモーメントは一般に小さいことから，軸方向力のみを考慮する．この作用軸方向力と鉄筋ひずみの関係を，解説 図3.2.4 に示す．実際のひずみ曲線は，コンクリートの影響を考慮しない状態よりも剛性が大きいので，この図では左側にシフトする．このシフトするひずみ量をEurocodeやDINの基本となったHanswilleの理論では，$\beta\Delta\varepsilon_{sr}$ としている．また，ひずみの適合条件や力の釣り合い状態から，テンションスティフニングを考慮したときの床版軸方向力を誘導すると，式(解3.2.6)となる．こうした軸方向力増分による影響をいずれの手法も考慮して設計に反映している．

3章 供用限界状態に対する検討

$$N_c = N_s + \Delta N_{st}$$
$$= (M/I_{st})Z_{st}A_s + \beta(f_{ct}A_s/\rho_s\alpha_{st}) \qquad (\text{解 }3.2.6)$$

ここで，M ：作用曲げモーメント
I_{st} ：鋼桁と鉄筋よりなる断面の断面2次モーメント
Z_{st} ：鋼桁と鉄筋よりなる断面の重心と鉄筋までの距離
A_s ：鉄筋断面積
ρ_s ：鉄筋比
α_{st} ：$I_{st}A_{st}/I_gA_g$
A_{st} ：(鋼桁＋鉄筋)の断面積
I_g ：鋼桁断面の断面2次モーメント
A_g ：鋼桁断面積
f_{ct} ：コンクリートの有効引張強度

次に，作用曲げモーメント，床版の分担軸方向力および鉄筋ひずみの関係を**解説 図3.2.5**に示す。図の右側が作用曲げモーメントと床版の分担軸方向力の関係である。左側がそれらに対応する鉄筋ひずみを表している。また，式(解3.2.6)の第1項は完全ひび割れ状態における鋼桁と鉄筋断面が受け持つ分担軸方向力であり，第2項がテンションスティフニング分の分担軸方向力に対応する。

ここで，βの値が大きければ，それだけ付着の影響が大きいことを表す。Eurocode や DIN では$\beta=0.4$を採用し，フランスの規準や文献2)の設計法では0.2を採用している。また，長時間経過するとβは零に近くなるといわれている[3]。

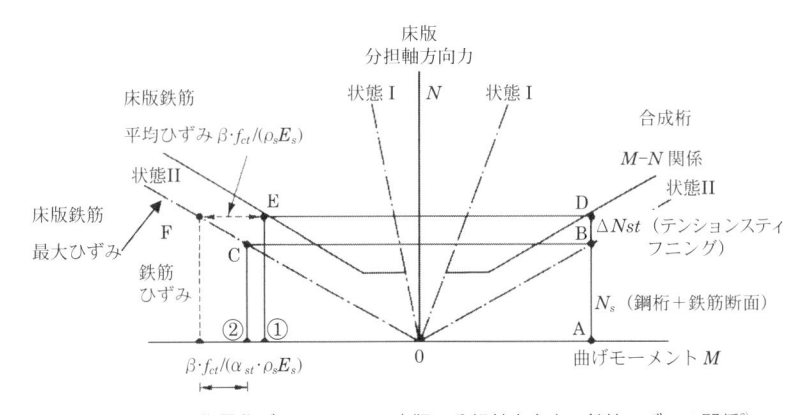

解説 図3.2.5 作用曲げモーメント・床版の分担軸方向力・鉄筋ひずみの関係[2]

テンションスティフニングの影響を考慮すると，コンクリート床版の軸引張剛性は鉄筋のみの場合に比べて大きく評価することになる。そのため，床版の分担軸方向力は鋼桁＋鉄筋断面で算定される場合に比べて大きくなる。この軸方向力の増分が**解説 図3.2.5**中の縦軸に示すΔN_{st}である。これと同時にテンションスティフニングの影響を考慮した場合，鋼桁＋鉄筋断面に比べて実際の曲げ剛性が大きくなることから，鉄筋の平均ひずみは鋼桁＋鉄筋断面で計算する場合に比べて小さくなる。テンションスティフニングを考慮した平均ひずみは，図中E点で表される。文献2)による設計法は，「コンクリート標準示方書【構造性能照査編】」7章7.4.4項に示すひ

び割れ幅の算出式[5]がひび割れ間の鉄筋の平均ひずみによって求まると考え，これを設計マニュアルとして反映している。一方，EurocodeやDINによるひび割れ幅の算出には，ひび割れ間の最大ひずみ，つまり図中F点での鉄筋応力を求めて照査している[6]。ちなみに，テンションスティフニングの影響を考慮せずに求めたときの鉄筋応力は図中C点となる。

このように，鋼合成桁のテンションスティフニングの影響を考慮したひび割れ幅の照査方法が，各機関により異なっており，各々のひび割れ幅の算定式は文献4)に詳述されている。

3.3 橋軸方向にプレストレスされない鋼合成桁のひび割れに対する検討

橋軸方向にプレストレスされない鋼合成桁のひび割れに対する検討は，RC構造として3.2.2項と同様にひび割れの発生を許す部材として検討を行うものとする。

【解　説】

現在，建設されている鋼合成桁は，橋軸方向にプレストレスされていない構造が多い。こうした橋梁は，供用時にひび割れの発生を許容する設計となっているが，施工時にはそのひび割れの発生を極力少なくなるよう求められる場合もある[1]。その場合，施工時のひび割れ幅の照査を行う必要がある。

3.4 変形・振動に対する検討

（1）主桁の活荷重によるたわみの照査は，応答値が限界値以下となるよう照査を行うものとする。ただし，この場合衝撃は含まないものとする。

（2）たわみの計算においては，鋼材およびコンクリートを弾性体と考え，コンクリート床版の有効幅を考慮した曲げ剛性を用いることとする。

（3）歩道橋等は，歩行者に不快感を与えないような振動性状であることを照査しなければならない。

【解　説】

（1）について　　鋼合成桁はコンクリート床版と合成されているため，活荷重の載荷時のたわみは鋼桁のみの場合に比べて著しく小さくなる。「道路橋示方書【II鋼橋編】・同解説」では，支間長40m以上のコンクリート床版を有する鋼桁たわみの許容値として支間長の1/500が規定されている。鋼合成桁のたわみの許容値としては，BS5400において支間長の1/700が規定がされている。

（3）について　　利用者に不快感を与えないよう共振の生じやすい2Hz前後の固有周期となるような振動性状を避ける必要がある。

参考文献

1) 寺田, 本間, 河西, 松井：長支間場所打ちPC床版の設計・施工マニュアル(上), 橋梁と基礎, pp.21-28, 2002.11
2) 中園, 安川, 稲葉, 橘, 秋山, 佐々木：PC床版を有する鋼連続合成2主桁橋の設計法(上), 橋梁と基礎, pp.27-35,

2002.2
3) 長井，家村：Hanswille 教授に聞く，橋梁と基礎，pp.33-39, 2000.11
4) 長井，奥井，岩崎：連続合成桁の各種ひび割れ幅算定法とその相違に関する一考察，土木学会論文集 No.710/Ⅰ-60, pp.427-437, 2002.7
5) 土木学会：コンクリート標準示方書［構造性能照査編］, pp.100-102, 2002.3
6) 栗田，長井，江頭，恩知：ヨーロッパ規準4：鋼・コンクリート合成構造物の設計第2編・橋梁（1996年版）（上），橋梁と基礎，pp.32-40, 2000.5

4章 終局限界状態に対する検討

4.1 一 般

鋼合成桁の終局状態に関する安全性の照査は，式(4.1.1)に示すように，設計断面力 S_d の設計断面耐力 R_d に対する比に構造物係数 γ_i を乗じた値が1.0以下であることを照査しなければならない．

$$\gamma_i \cdot S_d / R_d \leq 1.0 \tag{4.1.1}$$

【解 説】

「複合構造物の性能照査指針（案）」（土木学会）に準拠した．

ここで，対象とする部材はコンクリート床版と鋼桁が合成された主桁とする．一般に，鋼合成桁の場合，破壊状態を部材ごとの性状としてとらえるか，または一体となった合成部材として破壊をとらえるか，各部材の特性や鋼とコンクリートの結合条件を考慮して適切に定める必要がある．

コンパクト断面の場合，塑性時には応力が遷移することから荷重履歴による影響が無くなり，式(4.1.1)が適用できる．ノンコンパクト断面の場合，荷重履歴による影響を受けるため，4.2.3項を適用する．

4.2 曲げモーメントおよび軸方向力に対する安全性の検討

4.2.1 一 般

（1） 曲げモーメントおよび軸方向力に対する安全性の検討は，鋼とコンクリートの合成状況や座屈を含む部材破壊の状態を適切に考慮して行う．
（2） 安全性の検討は，一般に軸方向力が作用する曲げ部材として求めた設計曲げモーメント M_d が設計曲げ耐力 M_{ud} に対して式(4.1.1)の条件を満たすことを照査しなければならない．
（3） 安全性の検討は、鋼材の幅厚比に応じてコンパクト断面とノンコンパクト断面に区分して行うものとする．

【解 説】

（1）について　　一般に鋼合成桁は，鋼とコンクリートの合成前と合成後ではその挙動が異なることから，破壊状態の照査は区別して照査する必要がある．また，座屈について考慮した設計断面耐力を算定することが必要である．

（3）について　　鋼合成桁の断面をコンパクト断面とノンコンパクト断面に区分して照査する．ここで，コンパクト断面とは塑性変形まで期待する断面で，次に述べるクラス1とクラス2の断面区分である．一方，ノンコンパクト断面は塑性変形まで期待できない断面で，次に述べるクラス3とクラス4の断面区分である．またこうした断面区分は，Eurocode，AASHTOなどでも採用されて

いる。例えばEurocodeにおいては、断面を次の4つのクラスに分類している。

（ⅰ）クラス1：不静定構造物の塑性ヒンジにおいて、モーメントの完全な再配分が起こるよう塑性時に十分な回転性能を持つ断面

（ⅱ）クラス2：全塑性モーメントには達するが、鋼材の局部座屈やコンクリートの圧縮破壊によって限られた回転性能しか持たない断面

（ⅲ）クラス3：鋼材断面の圧縮フランジは降伏するが、局部座屈によって全塑性モーメントには達しない断面

（ⅳ）クラス4：スレンダーな断面で、鋼材断面の圧縮フランジは降伏に至らず、局部座屈によって破壊する断面

次に、断面クラス分類のための圧縮フランジの幅厚比の条件を解説 表 4.2.1 に、ウェブの幅厚比の条件を解説 表 4.2.2 に示す[1]。

DINでは、こうした断面クラスに応じて、設計断面力と断面耐力の算出法を解説 図 4.2.1 や解説 表 4.2.3 に示すように規定している[2]。つまり、断面が塑性変形できて断面耐力が向上するにしたがって、設計断面力は塑性ヒンジの形成により小さくみなす解法をとれるようになっている。

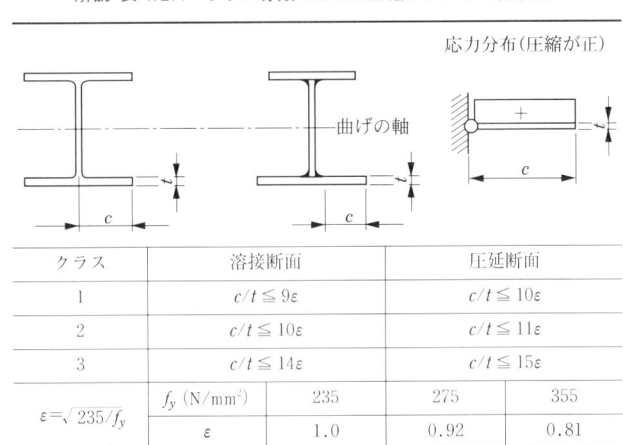

解説 表 4.2.1　クラス分類のための圧縮フランジの幅厚比[1]

クラス	溶接断面	圧延断面
1	$c/t \leq 9\varepsilon$	$c/t \leq 10\varepsilon$
2	$c/t \leq 10\varepsilon$	$c/t \leq 11\varepsilon$
3	$c/t \leq 14\varepsilon$	$c/t \leq 15\varepsilon$

$\varepsilon = \sqrt{235/f_y}$	f_y (N/mm^2)	235	275	355
	ε	1.0	0.92	0.81

注）f_y：降伏強度

Ⅳ 合成桁橋編

解説 表 4.2.2 クラス分類のためのウェブの幅厚比[1]

ウェブ（曲げの軸に対して垂直な両縁支持要素）

クラス	曲げを受けるウェブ	圧縮を受けるウェブ	曲げと圧縮を受けるウェブ
応力分布 (圧縮正)	(図)	(図)	(図)
1	$d/t \leq 72\varepsilon$	$d/t \leq 33\varepsilon$	$\alpha > 0.5$ のとき $d/t \leq 396\varepsilon/(13\alpha - 1)$ $\alpha < 0.5$ のとき $d/t \leq 36\varepsilon/\alpha$
2	$d/t \leq 83\varepsilon$	$d/t \leq 38\varepsilon$	$\alpha > 0.5$ のとき $d/t \leq 456\varepsilon/(13\alpha - 1)$ $\alpha < 0.5$ のとき $d/t \leq 41.5\varepsilon/\alpha$
応力分布 (圧縮正)	(図)	(図)	(図)
3	$d/t \leq 124\varepsilon$	$d/t \leq 42\varepsilon$	$\psi > -1$ のとき $d/t \leq 42\varepsilon/(0.67 + 0.33\psi)$ $\psi \leq -1$ のとき $d/t \leq 62\varepsilon(1-\psi)\sqrt{(-\psi)}$

$\varepsilon = \sqrt{235/f_y}$	f_y (N/mm²)	235	275	355
	ε	1.0	0.92	0.81

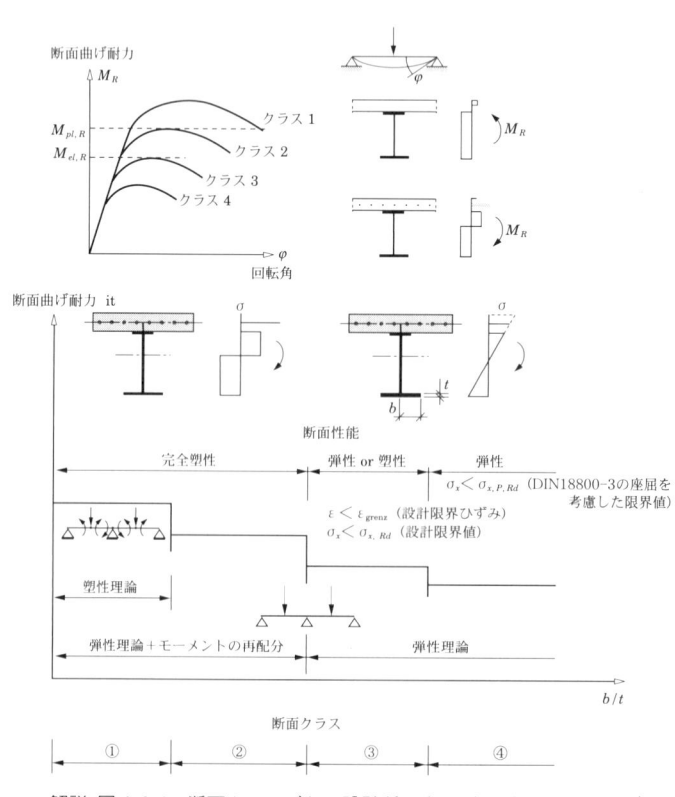

解説 図 4.2.1 断面クラスごとの設計断面力と断面耐力の算出方法[2]

解説 表4.2.3 断面力と断面耐力の算出方法[2]

適用クラス	方法	設計断面力	設計耐力
クラス1,2,3,4	弾性－弾性	弾性理論	弾性理論
クラス1,2,(3)	弾性－塑性	弾性理論	塑性理論
クラス1	塑性－塑性	塑性理論	塑性理論

4.2.2 合成前の検討

合成前の鋼桁は，コンクリートが所定の強度に達するまで，鋼桁の自重，型枠およびまだ固まらないコンクリートなどの合成前死荷重により作用する設計曲げモーメントが，鋼桁の設計曲げ耐力以下であることを確認しなければならない．

【解　説】

「複合構造物の性能照査指針（案）」に準拠した．

活荷重合成桁の場合，鋼桁の自重，型枠，まだ固まらないコンクリートなどの合成前に加わる荷重を鋼桁のみで受け持つことになる．このような合成前死荷重を受ける鋼部材の引張側および圧縮側曲げモーメントに対する照査は，式(解4.2.1)および式(解4.2.2)により行ってよい．

引張縁側曲げモーメントに対して

$$\gamma_i \cdot M_{d1} / M_{sud.t} \leq 1.0 \tag{解 4.2.1}$$

圧縮縁側曲げモーメントに対して

$$\gamma_i \cdot M_{d1} / M_{sud.c} \leq 1.0 \tag{解 4.2.2}$$

ここで，M_{d1}　：合成前死荷重による設計曲げモーメント

$M_{sud.t}$：鋼桁の引張縁における設計曲げ耐力

$M_{sud.c}$：鋼桁の圧縮縁における設計曲げ耐力

送出しや張出し架設などの工法で施工する場合には，架設時におけるフランジやウェブの座屈のほか，横倒れ座屈についても十分な検討を行う必要がある．

4.2.3 合成後の検討

(1) コンパクト断面は，設計曲げモーメント M_d が設計曲げ耐力 M_{ud} に対して式(4.1.1)の条件を満たさなければならない．

(2) ノンコンパクト断面は，荷重載荷の履歴を考慮して，設計曲げモーメント M_d が設計曲げ耐力 M_{ud} に対して式(4.1.1)の条件を満たさなければならない．また，コンクリート床版上縁に対する照査は，必要に応じて行う．

【解　説】

「複合構造物の性能照査指針（案）」に準拠した．

(1)について　　コンパクト断面の照査は，式(解4.2.3)により行ってよい．コンパクト断面では，塑性応力状態に対して断面の曲げ耐力を算定するので，コンクリートのクリープ・収縮が曲げ耐力

Ⅳ 合成桁橋編

に与える影響は無視できる。

$$\gamma_i \cdot M_d / M_{ud} \leqq 1.0 \qquad (解 4.2.3)$$

ただし，$M_d = M_{d1} + M_{d2} + M_L$

ここで，M_d ：設計曲げモーメント

M_{d1}, M_{d2} ：それぞれ，合成前および合成後の死荷重による設計曲げモーメント

M_L ：活荷重による設計曲げモーメント

M_{ud} ：合成断面の設計曲げ耐力

クラス1の断面であれば，設計断面耐力が塑性モーメントとなる。正の曲げモーメントの場合の塑性モーメントの算出式を解説 表4.2.4に，負の曲げモーメントの場合の塑性モーメント算出式を解説 表4.2.5に示す。

解説 表4.2.4 正の曲げモーメントの場合の塑性モーメント算出式[2)]

塑性時の中立軸がコンクリート床版内にある時

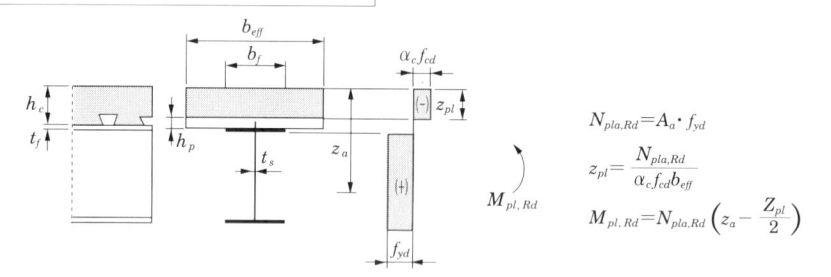

$$N_{pla,Rd} = A_a \cdot f_{yd}$$

$$z_{pl} = \frac{N_{pla,Rd}}{\alpha_c f_{cd} b_{eff}}$$

$$M_{pl,Rd} = N_{pla,Rd}\left(z_a - \frac{Z_{pl}}{2}\right)$$

塑性時の中立軸が鋼上フランジ内にある時

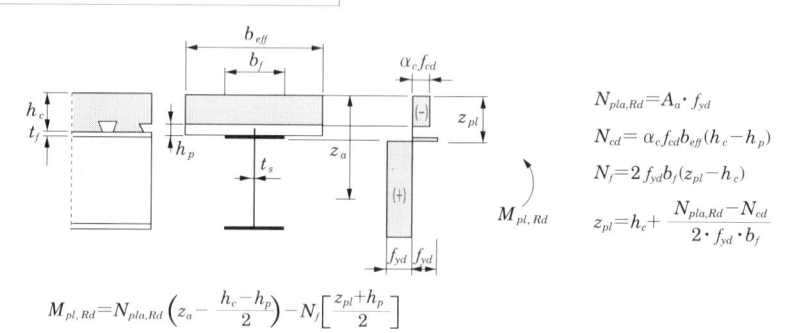

$$N_{pla,Rd} = A_a \cdot f_{yd}$$

$$N_{cd} = \alpha_c f_{cd} b_{eff}(h_c - h_p)$$

$$N_f = 2 f_{yd} b_f (z_{pl} - h_c)$$

$$z_{pl} = h_c + \frac{N_{pla,Rd} - N_{cd}}{2 \cdot f_{yd} \cdot b_f}$$

$$M_{pl,Rd} = N_{pla,Rd}\left(z_a - \frac{h_c - h_p}{2}\right) - N_f \left[\frac{z_{pl} + h_p}{2}\right]$$

塑性時の中立軸が鋼ウェブ内にある時

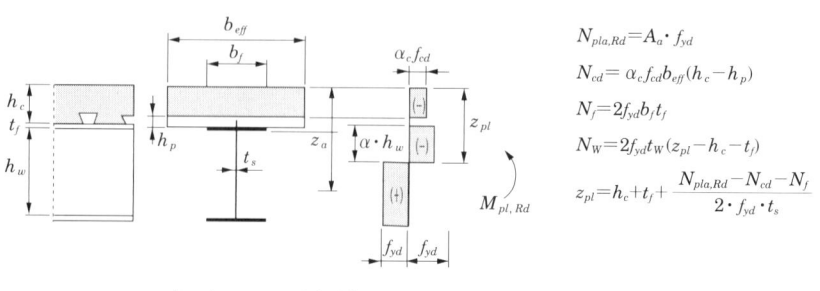

$$N_{pla,Rd} = A_a \cdot f_{yd}$$

$$N_{cd} = \alpha_c f_{cd} b_{eff}(h_c - h_p)$$

$$N_f = 2 f_{yd} b_f t_f$$

$$N_w = 2 f_{yd} t_w (z_{pl} - h_c - t_f)$$

$$z_{pl} = h_c + t_f + \frac{N_{pla,Rd} - N_{cd} - N_f}{2 \cdot f_{yd} \cdot t_s}$$

$$M_{pl,Rd} = N_{pla,Rd}\left(z_a - \frac{h_c - h_p}{2}\right) - N_f\left[\frac{t_f + h_c + h_p}{2}\right] - N_w\left[\frac{z_{pl} + t_f + h_p}{2}\right] \qquad \alpha = \frac{Z_{pl} - h_c - t_f}{h_w}$$

解説 表4.2.5 負の曲げモーメントの場合の塑性モーメント算出式[2]

塑性時の中立軸が鋼上フランジ内にある時

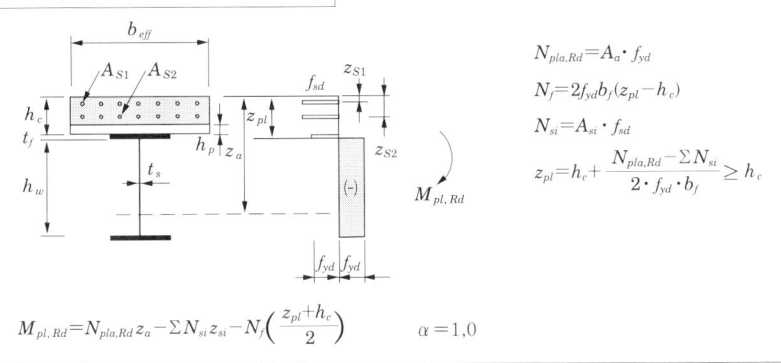

$N_{pla,Rd} = A_a \cdot f_{yd}$

$N_f = 2 f_{yd} b_f (z_{pl} - h_c)$

$N_{si} = A_{si} \cdot f_{sd}$

$z_{pl} = h_c + \dfrac{N_{pla,Rd} - \Sigma N_{si}}{2 \cdot f_{yd} \cdot b_f} \geq h_c$

$M_{pl,Rd} = N_{pla,Rd} z_a - \Sigma N_{si} z_{si} - N_f \left(\dfrac{z_{pl} + h_c}{2} \right) \qquad \alpha = 1.0$

塑性時の中立軸が鋼ウェブ内にある時

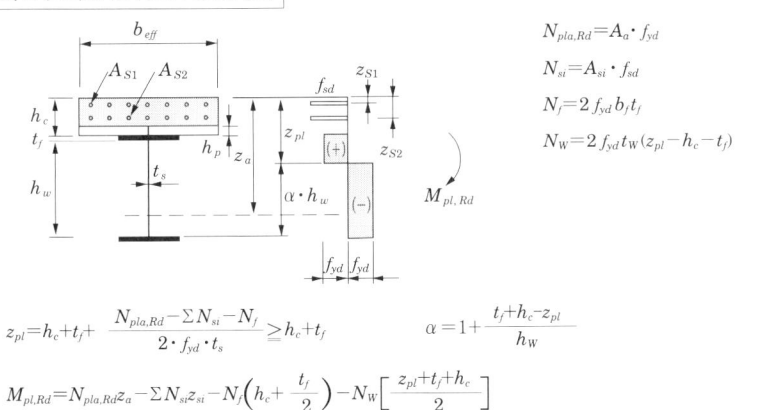

$N_{pla,Rd} = A_a \cdot f_{yd}$

$N_{si} = A_{si} \cdot f_{sd}$

$N_f = 2 f_{yd} b_f t_f$

$N_W = 2 f_{yd} t_W (z_{pl} - h_c - t_f)$

$z_{pl} = h_c + t_f + \dfrac{N_{pla,Rd} - \Sigma N_{si} - N_f}{2 \cdot f_{yd} \cdot t_s} \geq h_c + t_f \qquad \alpha = 1 + \dfrac{t_f + h_c - z_{pl}}{h_W}$

$M_{pl,Rd} = N_{pla,Rd} z_a - \Sigma N_{si} z_{si} - N_f \left(h_c + \dfrac{t_f}{2} \right) - N_W \left[\dfrac{z_{pl} + t_f + h_c}{2} \right]$

注) ここに，A_a ：鋼桁の断面積
 f_{yd} ：鋼桁の設計降伏強度
 α_c ：コンクリートの有効圧縮係数(一般に，0.85を採用することが多い)
 Z_{pl} ：塑性時のコンクリートの有効高
 $N_{pla,Rd}$ ：塑性時の設計断面軸方向力
 b_{eff} ：コンクリート床版の有効幅
 h_c ：コンクリート床版厚
 t_f ：鋼桁のフランジ厚
 t_s ：鋼桁のウェブ厚
 b_f ：鋼桁のフランジ幅
 $M_{pla,Rd}$ ：塑性時の設計曲げ耐力
 f_{sd} ：鉄筋の設計降伏強度
 A_{si} ：鉄筋の断面積
 Z_{si} ：鉄筋のコンクリート上縁からの距離

　他の検討方法として，DINによるクラス1の他の断面をもつ鋼合成桁の照査方法は，文献2)等に記述されている。

（2）について　ノンコンパクト断面における活荷重合成桁の照査は，式(解4.2.4)および式(解4.2.5)により行ってよい。活荷重合成桁の場合，舗装や壁高欄などの合成後死荷重によるコンクリートのクリープによる影響に起因する応力の変化が小さければ無視してもよい。

Ⅳ 合成桁橋編

(ⅰ) 鋼桁の引張縁に対し

$$\gamma_i \cdot (M_{d1}/M_{sud.t} + (M_{d1}+M_{d2})/M_{ud.t} + M_{ds}/M_{uds.t}) \leq 1.0 \qquad (解4.2.4)$$

(ⅱ) 鋼桁の圧縮縁に対し

$$\gamma_i \cdot (M_{d1}/M_{sud.c} + (M_{d1}+M_{d2})/M_{ud.c} + M_{ds}/M_{uds.c}) \leq 1.0 \qquad (解4.2.5)$$

ここで，M_{ds} ：コンクリートの収縮の影響による設計曲げモーメント
　　　　$M_{sud.t}$ ：鋼部材の引張側フランジにおける設計曲げ耐力
　　　　$M_{ud.t}$ ：合成断面の引張側フランジにおける設計曲げ耐力
　　　　$M_{uds.t}$ ：コンクリートの収縮を考慮した合成断面引張側フランジにおける設計曲げ耐力
　　　　$M_{sud.c}$ ：鋼部材の圧縮側フランジにおける設計曲げ耐力
　　　　$M_{ud.c}$ ：合成断面の圧縮側フランジにおける設計曲げ耐力
　　　　$M_{uds.c}$ ：コンクリートの収縮を考慮した合成断面圧縮側フランジにおける設計曲げ耐力

ノンコンパクト断面の場合，鋼桁の局部座屈により終局状態を迎えることを前提としているが，その前にコンクリート床版の上縁における照査が必要な場合，式(解4.2.6)を用いてよい。

$$\gamma_i \cdot ((M_{d1}+M_{d2})/M_{ud.c} + M_{ds}/M_{uds.c}) \leq 1.0 \qquad (解4.2.6)$$

ここで，$M_{ud.c}$ ：合成断面のコンクリート上縁における設計曲げ耐力
　　　　$M_{uds.c}$ ：コンクリートの収縮を考慮した合成断面のコンクリート上縁における設計曲げ耐力

4.2.4 横倒れ座屈に対する検討

合成前の圧縮領域にある鋼フランジや，合成後の圧縮領域にある中間支点部の鋼下フランジおよびコンクリート床版と接合されていても6章に従わないずれ止めを用いた鋼上フランジは，横倒れ座屈に対する検討を行わなければならない。

【解　説】

一般にコンクリート床版を最初に打ち込む領域は，支間部の正の曲げモーメント領域が多い。こうした状態では，鋼上フランジに圧縮力が作用し，横倒れ座屈に対する十分な検討が必要となる。また，中間支点部の下フランジの横倒れ座屈に対する検討も必要となる。こうした部材のEurocodeでの検討事例が文献1)に報告されている。

4.3　せん断力に対する安全性の検討

構造物の破壊，崩壊を防ぐために，せん断力に対する安全性の検討を行わなければならない。その際，設計せん断力は，断面高さの変化等を考慮して求める。合成断面のせん断耐力は，ウェブのみで評価してよい。

【解　説】

「複合構造物の性能照査指針（案）」に準拠した。

せん断力に対する部材破壊の検討では，構造部材であるコンクリート床版と鋼桁に分けて行って

よい．一般的な鋼桁にコンクリート床版が合成された鋼合成桁では，コンクリート床版にほとんどせん断力が伝達されないため，鋼桁のみを検討の対象としてよい．

ウェブの高さが変化する鋼桁の設計せん断力は，曲げ圧縮力および曲げ引張力のせん断力に平行な成分を減じて算定してもよい．

一般的な鋼桁とコンクリート床版からなる鋼合成桁では，通常，ウェブでのみでせん断耐力を求めている．この評価は安全側であり，設計せん断耐力 V_{ud} は，式(解4.3.1)による．ただし，設計せん断強度には，せん断座屈の影響を考慮する必要がある．

$$V_{ud}=f_{vd} \cdot h_w \cdot t_w / \gamma_b \tag{解4.3.1}$$

ここで，f_{vd} ：鋼桁の設計せん断強度
　　　　h_w ：鋼板ウェブの高さ
　　　　t_w ：鋼板ウェブの板厚
　　　　γ_b ：鋼板ウェブのせん断耐力に関する部材係数

4.4 ねじりモーメントに対する安全性の検討

構造物の破壊，崩壊を防ぐために，ねじりモーメントに対する安全性の検討を行わなければならない．

【解　説】

「複合構造物の性能照査指針（案）」に準拠した．

一般に，曲線半径の小さな曲線橋，斜角の小さい斜橋および大きな偏心荷重が想定される鋼合成桁の場合，適切な構造解析を行い，ねじりに対する安全性の照査を行うことが必要である．

参考文献

1) 栗田，長井，江頭，恩知：ヨーロッパ規準4：鋼・コンクリート合成構造物の設計第2編・橋梁（1996年版）（上），橋梁と基礎，pp.32-40，2000.5
2) U., Kuhlmann 編：Stahlbau Kalendar 2000, Ernst & Sohn, pp.356-371

5章　疲労限界状態に対する検討

5.1　一　　般

構造物が，設計供用期間中に十分な機能を保持するため，鋼合成桁において，疲労限界状態の検討は，以下の項目に対して行うものとする。

（ⅰ）　鋼桁
（ⅱ）　接合部
（ⅲ）　コンクリート床版

【解　説】

鋼合成桁の接合部の検討方法については，6章で述べる。

一般に鋼合成桁の場合，鋼橋と同様，繰返し引張応力を受ける鋼部材の破断について行えばよい。鋼部材については，文献1），2）を参考とするのがよい。鉄筋やコンクリート部材については，「コンクリート標準示方書【構造性能照査編】」（土木学会）等を参考とするのがよい。

参考文献

1) 日本道路協会：鋼道路橋の疲労設計指針，2002.3
2) 日本鋼構造協会：鋼構造物の疲労設計指針・同解説，1993.4

6章　ずれ止めの設計

6.1　一　　般

ずれ止めは，設計供用期間中に十分な機能を保持するために，一般に終局限界状態，疲労限界状態および供用限界状態を設定し，適切な方法によって照査しなければならない。

【解　説】

ずれ止めは，鋼合成桁橋を構成する部材の中でも重要度の高い部材であり，各限界状態に対して，十分安全であるように設計しなければならない。

特に，ずれ止めに作用する力の種類，大きさ，作用頻度および伝達機構を適切に把握する必要がある。伝達力とその機構が不明瞭な場合は，実験や詳細な解析など適切な検討を行ってずれ止めの構造を決定し，その安全性を確認しなければならない。

一般に，鋼少数主桁橋のずれ止めの設計に対して考慮する作用力は，次のとおりである。

（ⅰ）　橋軸方向の水平せん断力
（ⅱ）　橋軸直角方向の水平せん断力
（ⅲ）　引抜き力

従来，鋼合成桁橋のずれ止めは，鋼桁と床版の接合面に働く橋軸方向の水平せん断力に対してのみ設計がなされている。しかしながら，鋼少数主桁橋の場合，水平横構の省略によって，面外方向の力に対して鋼桁と一体化されている床版がそのほとんどを負担することとなる。したがって，端支点および中間支点付近では地震力や風圧力による橋軸直角方向の水平せん断力が支配的になることがある。また，主桁間隔が大きいことから，横桁付近の主桁上のずれ止めには，輪荷重による床版の回転変形により引抜き力が作用する[1],[2]。径25mmの頭付きスタッドに90kNの引抜き力を作用させた場合の押抜き試験では，せん断耐力が20％程度減少するという報告[3]がなされており，無視できない影響となることがある。したがって，支点付近のずれ止めについては，橋軸方向の水平せん断力のほか，橋軸直角方向の水平せん断力および引抜き力に対する設計も必要となるので注意を要する。

6.2　ずれ止めの種類

ずれ止めは，鋼桁とコンクリート床版とを機械的に接合する構造を原則とする。ただし，適切な実験あるいは解析により安全であることを確かめた場合には，本章によらず，適切と考えられる構造を採用してよい。

【解　説】

本章では，上フランジを有する鋼桁の上面にコンクリート床版を構築し，両者をずれ止めで結合

Ⅳ　合成桁橋編

する鋼合成桁橋を対象とする。なお，波形鋼板ウェブ橋で，波形鋼板にフランジを介してコンクリートと接合する構造についても，本章によることができる。

　鋼とコンクリートの複合構造におけるずれ止めは，鋼部材とコンクリート部材とを一体化するための結合材であり，広義の意味では鉄骨鉄筋コンクリート構造等鋼部材そのもの，あるいはその一部をコンクリート中に埋め込んで接合する構造もその範囲に含まれる。しかしながら，合成桁形式と埋め込み形式とでは，疲労特性等力学的挙動に差異があるため，この点に注意して設計しなければならない。

　鋼とコンクリートとを一体化する方法は，機械的に接合する方法，摩擦接合によるもの，付着によるものおよび接着剤によるものに分類される[4]。

　機械的接合：頭付きスタッド，形鋼，ブロックジベル，孔あき鋼板ジベルなど

　摩擦型接合：高力ボルト

　付着型接合：突起付き圧延鋼材（縞鋼板，異形 H 形鋼など）

　接着型接合：エポキシ樹脂

　鋼とコンクリートの合成は，両者の十分な付着が成立していなければならない。言い換えれば，高耐久的な接着剤で必要とされる性能が十分に発揮できれば，頭付きスタッドなどの機械的なずれ止めを使用する必要はない。また，鋼埋込み桁や合成柱は鋼の断面積に対する付着面積が大きいことから，機械的ずれ止めが不要となることもある。しかし，鋼桁フランジとコンクリート床版とを接合する構造においては，その接着面積が小さいことおよび合成効果の確実性から，国内外の使用実績は機械的接合によるものが圧倒的に多い。

　道路橋においては，施工性の良さと経済性に優れていることから，頭付きスタッドに関する研究が数多くなされており，世界各国で積極的に使用されている。この傾向は今後も変わらないものと思われる。

　頭付きスタッドに関しては，必要本数の低減，ずれ性状の改変，施工性向上等の観点から，高強度スタッド[5]，長尺スタッド[6]，パイプスタッド[7]，遅延合成スタッド[8],[9]，変断面スタッド[10],[11]，ウレタン付きスタッド[12],[13]等が提案されている。このうち高強度スタッドについては，比較的高い強度のコンクリートと組み合わせて用いることにより，頭付きスタッドの形状を変えずに 1 本あたり

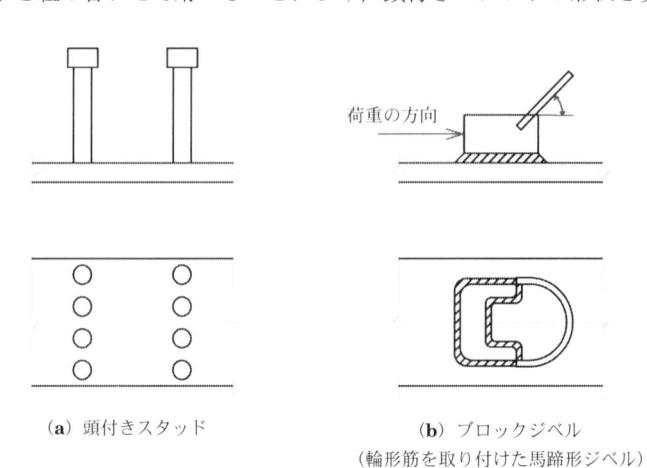

(a) 頭付きスタッド　　　　**(b)** ブロックジベル
（輪形筋を取り付けた馬蹄形ジベル）

解説　図 6.2.1　国内で多用されているずれ止め[23]

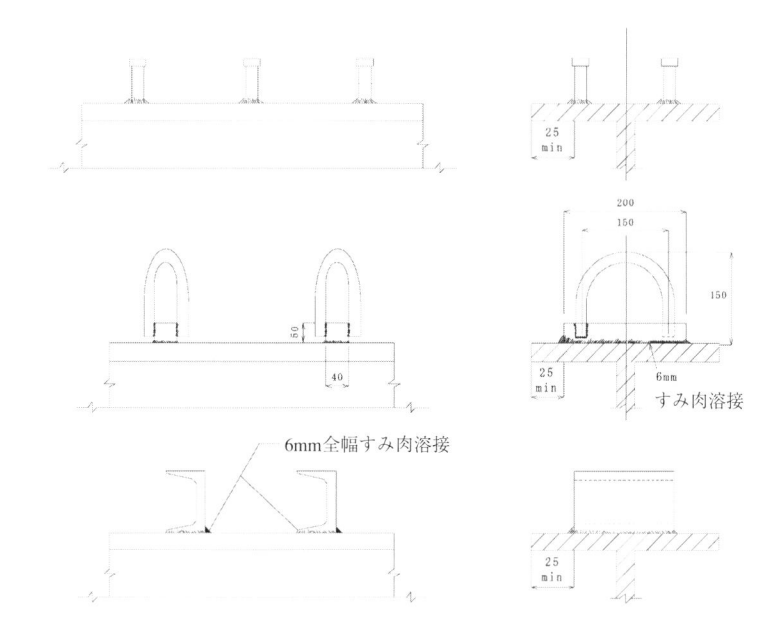

解説 図6.2.2 BS 5400に規定されているずれ止めの例[14]

のせん断耐力を高める効果が得られる。

　鉄道橋においては，ブロックジベルと呼ばれるずれ止めが一般的に使用されてきた。これは，鋼ブロックまたは馬蹄形に曲げられた鋼板に輪形筋を溶接したジベルの総称で，輪形筋はコンクリート床版の浮き上がりを制御する役目をしている。

　解説 図6.2.1に，国内の橋梁に多用されているずれ止めを示す。

　また，頭付きスタッドおよびブロックジベル以外の機械的接合によるずれ止めの例として，**解説 図**6.2.2に鋼少数主桁橋への適用実績が多いBS5400等の規格[14]，**解説 図**6.2.3にレオンハルトらによって提案されている孔あき鋼板ジベル[15]を示す。

　一方，機械的接合以外の方法は，高力ボルト接合による摩擦接合がプレキャスト床版の場合に使用されているものの，付着型接合，接着型接合ともいまだ単独のずれ止めとして使用された実績がない。

　以上のように，現在までの国内外の研究および施工実績を考慮し，鋼合成桁橋のずれ止めとしては機械的接合によるものを原則とした。

　しかし，鋼少数主桁橋の場合，通常の多主桁橋に比べて桁1本あたりに必要とされるずれ止めが多くなり，機械的接合だけでは配置が困難なことが考えられる。とくにプレキャスト床版の場合，ずれ止めを配置する箇所が制約を受けるため，その傾向が顕著である。

　付着型接合や高力ボルトによる摩擦接合は，最近実用化に向けて各方面で研究が行われており[16),17)]，それらの力学的挙動も徐々に解明されてきている。使用にあたっては十分な検討を要するが，機械的接合との併用も含めて，有効な方法である。今後の研究成果が期待される。

　接着型接合は，鋼とコンクリートの接着面積が広くとれるので，わずかな接着力でも大きな耐荷

Ⅳ　合成桁橋編

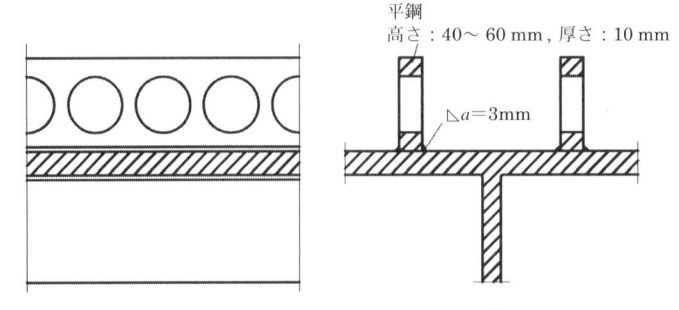

解説 図 6.2.3　孔あき鋼板ジベル[15]

力が得られる特徴がある．しかし，これはあくまでも鋼とコンクリート表面だけの接合であり，接着剤の強度よりもコンクリート表面の剥離が先行することとなる．接着剤のみをずれ止めとして使用するのは耐久性に問題があるが，機械的接合や高力ボルトによる摩擦接合との併用工法として，耐荷力の向上を図るには有効な手段である．

6.3　ずれ止めの各限界状態に対する検討

ずれ止めの各限界状態に対する検討は，ずれ止めの設計断面力 S_d の設計耐力 R_d に対する比に構造物係数 γ_i を乗じた値が，1.0以下であることを確かめることで行うものとする．

$$\gamma_i S_d / R_d \leqq 1.0 \tag{6.3.1}$$

【解　説】

一般にずれ止めの各限界状態に対する検討は，各限界状態での設計耐力がそれぞれの設計断面力に対して安全であることを確認することで行う．

6.4　コンクリート床版の収縮あるいは温度差により生じるせん断力

コンクリート床版の収縮あるいは鋼桁との温度差により生じるせん断力は適切に考慮するものとする．

【解　説】

コンクリート床版の収縮あるいは鋼桁との温度差によるせん断力は，「道路橋示方書【Ⅱ鋼橋編】・同解説」（日本道路協会）[18]に準拠し，床版の端部において鋼桁間隔の範囲に設けるずれ止めで負担させるものとしてよい．ただし，鋼桁間隔が $L/10$ より大きい時は，$L/10$ をとる．また，ずれ止めの設計では，解説 図 6.4.1 に示すように，せん断力を端支点上で最大となる三角形状に分布するものとしてよい．

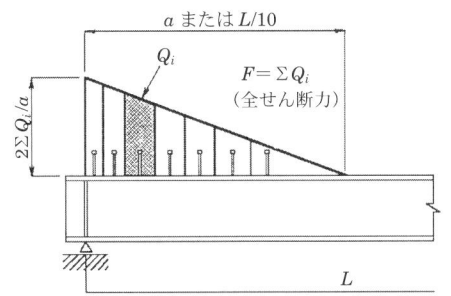

解説 図 6.4.1 せん断力分布[18]

6.5 ずれ止めの設計耐力

6.5.1 頭付きスタッドの設計耐力

（1） 頭付きスタッドの設計耐力は，各限界状態について，鋼桁，コンクリート床版，頭付きスタッドの材料の特性および頭付きスタッドの機能が適切に反映できる方法で求めた耐力を，部材係数で除した値とする。

（2） せん断力に加えて引抜き力が同時に作用し，その影響が無視できない場合には，別途検討しなければならない。

（3） 頭付きスタッドのグループ配列を適用する場合には，その影響を適切な方法によって考慮しなければならない。

【解　説】

（1）について　頭付きスタッドに対しては，以下の設計耐力式を用いて算定してよい[27]。

・終局限界状態

（A，B，C，Dタイプ共通）

$$V_{sud} = (31 \cdot A_{ss} \cdot \sqrt{(h_{ss}/d_{ss}) \cdot f'_{cd}} + 10\,000) / \gamma_b$$

あるいは，

$$V_{sud} = A_{ss} \cdot f_{sud} / \gamma_b \text{ のうち小さい方} \tag{解 6.5.1}$$

ただし，$h_{ss}/d_{ss} > 4$

ここに，V_{sud}：頭付きスタッドの設計せん断耐力（N）

A_{ss}：頭付きスタッドの断面積（mm²）

d_{ss}：頭付きスタッドの軸径（mm）

h_{ss}：頭付きスタッドの高さ（mm）

f'_{cd}：コンクリートの設計圧縮強度（N/mm²）（$= f'_{ck}/\gamma_c$）

　　　　f'_{ck}：コンクリートの圧縮強度の特性値，設計基準強度（N/mm²）

f_{sud}：頭付きスタッドの設計引張強度（N/mm²）（$= f_{suk}/\gamma_s$）

　　　　f_{suk}：頭付きスタッドの引張強度の特性値（N/mm²）

　　　　γ_c：コンクリートの材料係数。一般に 1.3 としてよい。

γ_s：頭付きスタッドの材料係数。一般に 1.0 としてよい。

γ_b　：部材係数。一般に 1.3 としてよい。

・疲労限界状態

（A, C, D タイプ共通）

$$V_{srd}/V_{su0}=0.99 \cdot N^{-0.105} \tag{解 6.5.2}$$

（B タイプ）

$$V_{srd}/V_{su0}=0.93 \cdot N^{-0.105} \tag{解 6.5.3}$$

ただし，$V_{su0}=(31 \cdot A_{ss} \cdot \sqrt{(h_{ss}/d_{ss}) \cdot f'_{ck}}+10\,000)/\gamma_b$

ここに，V_{srd}：疲労を考慮する場合の設計せん断耐力（変動範囲）（N）

N　：疲労寿命または疲労荷重の等価繰返し回数

f'_{ck}：コンクリートの圧縮強度の特性値，設計基準強度（N/mm²）

γ_b　：部材係数。一般に 1.0 としてよい。

・供用限界状態

（A, D タイプ共通）

$$V_{scd}=0.5 \cdot V_{sud} \tag{解 6.5.4}$$

（C タイプ）

$$V_{scd}=0.3 \cdot V_{sud} \tag{解 6.5.5}$$

（B タイプ）

$$V_{scd}=0.43 \cdot V_{sud} \tag{解 6.5.6}$$

ここに，V_{scd}：頭付きスタッドのずれに対する設計せん断耐力（N）

V_{sud}：式(解 6.5.1)により求まる設計せん断耐力であるが，この時の部材係数 γ_b は，一般に 1.0 としてよい。

　我が国の鋼合成桁橋の頭付きスタッドの設計は，「道路橋示方書【Ⅱ鋼橋編】・同解説」[18]の算定式によるものが大半である。しかし，「道路橋示方書【Ⅱ鋼橋編】・同解説」[18]は許容応力度設計法に基づくものであり，頭付きスタッドの耐力は，許容せん断力としての，いわゆる供用限界状態のものしか規定されていない。また，同示方書の算定式は，本規準が対象としている鋼少数主桁橋を想定して定められたものではない。また，高強度や太径の頭付きスタッドで高強度コンクリートが使用された橋梁もあるが[3]，これら適用の範囲外となることがある。

　上記の算定式は，既往の国内外の代表的な研究成果を整理して対数型の重回帰分析によって得られたものであり，終局・疲労・供用の各限界状態について示している。また，統計処理した際の相関係数は，終局耐力が 0.894，疲労耐力が 0.795 で，かなりの高い精度である。

　頭付きスタッドの引張強度 f_{suk} については，規格の下限値（例えば，JIS B 1198 で規定されている頭付きスタッドの場合，$f_{suk}=400\text{N/mm}^2$）を用いるものとする。また，ずれ止め自体やずれ止め周辺の応力分布が複雑なことやずれ止めの重要度を考慮して，終局限界状態に対する照査に用いる部材係数 γ_b は 1.3 を用いるものとする。

　頭付きスタッドは，頭付きスタッドの取付け方向に対するコンクリートの打込み方向の違いにより，耐力が異なる。コンクリートの打込み方向を分類すると，**解説 図 6.5.1** に示すような 4 タイプとなる。A タイプは合成桁橋，B タイプは下フランジがあるタイプの波形鋼板ウェブ橋で下床

タイプ	コンクリートの打込み方向
A	
B	
C	
D	

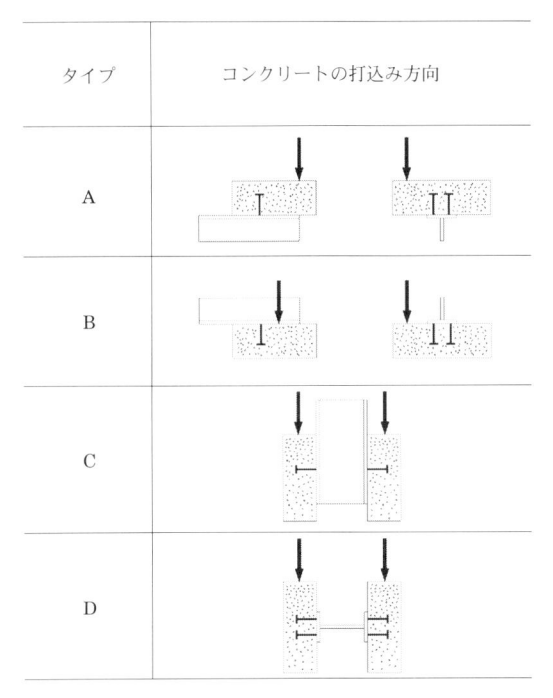

解説 図6.5.1 コンクリートの打込み方向による頭付きスタッドの分類[24]

版との結合部，C・Dタイプは混合桁橋などが対象となる。

しかし，本耐力式は実験に基づいたものであり，適用範囲は耐力式を算定した際に対象とした試験データを考慮しなければならない。式(解6.5.1)の適用範囲は，頭付きスタッドの直径は13～32mm，高さは50～210mm，引張強度は402～549N/mm^{2}およびコンクリートの設計基準強度は14～63N/mm^{2}である。また，これらの式はコンクリートの打込み方向A, B, C, Dのすべてのタイプに適用できる。

式(解6.5.2)および式(解6.5.3)の適用範囲は，頭付きスタッドの直径は13～22mm，高さは60～150mm，引張強度は402～549N/mm^{2}およびコンクリートの設計基準強度は20～55N/mm^{2}である。また，鋼連続合成桁の中間支点付近は，変動荷重により負の繰返し曲げモーメントを受ける。この場合，頭付きスタッドが溶接されたフランジ鋼板の疲労耐力は，頭付きスタッドに作用するせん断力の大きさにほぼ比例して低下する[22]。したがって，負の繰返し曲げモーメントを受ける鋼フランジに溶接された頭付きスタッドの疲労耐力は，鋼フランジに作用している引張応力の大きさによっては，式(解6.5.2)および式(解6.5.3)の値をある程度低減するなどの対策をとるのがよい。

式(解6.5.4)，式(解6.5.5)および式(解6.5.6)は，設計供用期間中に鋼とコンクリートの間に過大なずれが発生しないよう規定したもので，供用限界状態における耐力として適用する。限界ずれ量は，0.17～0.18mm相当である。

頭付きスタッドの形状および配置については，「道路橋示方書【II鋼橋編】・同解説」[18]，「鉄道構造物等設計標準」(鉄道総合技術研究所)[23]を，頭付きスタッドの試験方法については「JSSC合成構造委員会：頭付きスタッドの押抜き試験方法（案）とスタッドに関する研究の現状」[24]を参考にするとよい。なお，鋼少数主桁橋の場合，床版のハンチ高さは大きくなる傾向があるが，頭付きス

Ⅳ　合成桁橋編

タッドをアンカーとして十分に作用させる必要があるため，頭付きスタッドの頭をハンチ内で止めず床版の中に入れることを原則とする。一般に床版の中に約5cm以上入れるのがよい。

（2）について　　頭付きスタッドは，主として橋軸方向ならびに橋軸直角方向の水平せん断力に対して抵抗するずれ止めとして用いるべきである。しかしながら，せん断力に加えて引抜き力が同時に作用し，その影響が無視できない場合には，別途検討しなければならない。引抜き力と設計荷重を同時に受ける頭付きスタッドの設計強度の評価法は，文献25)などが参考となる。

（3）について　　プレキャスト床版の場合に有効な頭付きスタッドのグループ配列については，頭付きスタッド近傍のコンクリート支圧破壊面の干渉により，頭付きスタッド1本あたりのせん断耐力が低下する可能性もあり，式(解6.5.1)～(解6.5.6)に示した耐力式をそのまま適用できない。頭付きスタッドのグループ配列を適用する場合には，文献26)などを参考にしてせん断耐荷力低減係数を算出し，式(解6.5.1)～(解6.5.6)に示した耐力式を低減するなど，その影響を適切な方法によって考慮しなければならない。

また，頭付きスタッドのグループ配列の適用にあたっては，以下の点に留意する必要がある。
・橋軸方向せん断力の不均一性
・床版と鋼桁間のずれおよび剥離
・鋼フランジの座屈
・グループ配列した頭付きスタッドによる集中した作用力に対する床版の局部的な破壊
・プレキャスト床版のずれ止め用の孔の形状およびずれ止め用の孔の側面とグループ配列した頭付きスタッドとの縁端距離

6.5.2　ブロックジベルの設計耐力

（1）　ブロックジベルの設計耐力は，各限界状態について，鋼桁，コンクリート床版，ブロックジベルの材料の特性およびブロックジベルの機能が適切に反映できる方法で求めた耐力を，部材係数で除した値とする。

（2）　橋軸直角方向水平せん断力が作用する場合には，その影響を別途検討しなければならない。

【解　説】

（1）について　　ブロックジベルに対しては，以下の設計耐力式を用いて算定してよい。

・終局限界状態

（疲労を考慮しない場合）

$$V_{bud} = (f_{bad} A_1 + 0.7 f_u A_2/\gamma_s)/\gamma_b$$

あるいは，

$$V_{bud} = (f_{bad} A_1 + 30\phi B/\gamma_c)/\gamma_b \text{ のうち小さい方} \tag{解6.5.7}$$

ここに，V_{bud}：疲労を考慮しない場合のブロックジベルの設計せん断耐力 (N)

　　　　f_{bad}：ブロックジベル全面のコンクリートの設計支圧強度 (N/mm^2)

　　　　$f_{bad} = \eta \cdot f'_{ck}/\gamma_c$

ただし，$A \geqq 4A_1$ の場合，$\eta = 1.1$

$A < 4A_1$ の場合，$\eta = 0.55\sqrt{A/A_1}$

A_1：ブロックジベルの有効支圧面積（mm²）

A_2：ブロックジベルに斜めに取り付けた輪形筋の断面積（mm²）

A ：ハンチのないスラブの場合，$2h_0^2$

　：ハンチのあるスラブの場合，$b_0 \cdot h_c$

　　h_0：床版の厚さ（mm）

　　h_c：鋼桁のフランジ上面から床版の上面までの距離（mm）

　　b_0：床版と鋼桁との接触部における床版のハンチ下端の幅（mm）

f_u：鋼材の引張強度（N/mm²）

ϕ ：ブロックジベルに斜めに取り付けた輪形筋の直径（mm）

B ：ブロックジベルの幅（mm）

γ_c：コンクリートの材料係数。一般に 1.3 としてよい。

γ_s：鋼材の材料係数。一般に 1.0 としてよい。

γ_b：部材係数。一般に 1.3 としてよい。

（疲労を考慮する場合）

$$V_{brd} = (f_{bad}A_1)/\gamma_b \qquad (解 6.5.8)$$

ここに，V_{brd}：疲労を考慮する場合の設計せん断耐力（変動範囲）（N）

　　　　γ_b ：部材係数。一般に 1.3 としてよい。

　この形式のずれ止めは，我が国では鉄道橋において実績が多いことから，「鉄道構造物等設計標準」[23]に定められている算定式を示した。ブロックジベルは，鋼ブロックまたは馬蹄形に曲げられた鋼板に輪形筋を併用しているものの，供用状態の鋼桁とコンクリートとの間のずれ量は小さいので，一般に供用限界状態における限界ずれ量の照査は行わなくてよい。なお，ブロックジベルの形状および配置については，「鉄道構造物等設計標準」[23]を参照されたい。

（2）について　　ブロックジベルは，頭付きスタッドとは異なり方向性がある。ここで示した算定式は，橋軸方向の水平せん断力に対する耐力式であり，橋軸直角方向の水平せん断力に対しては適用できない。別途検討が必要である。

6.5.3　孔あき鋼板ジベルの設計耐力

　孔あき鋼板ジベルの設計耐力は，Ⅱ編 6 章 6.3 節に準じて算出するものとする。

6.6　ずれ止めに対する床版のせん断補強

　鋼合成桁の床版は，ずれ止めに作用するせん断力に対して十分な安全性を確保しなければならない。

Ⅳ 合成桁橋編

【解 説】

鋼合成桁は，コンクリート床版と鋼桁間にせん断力が作用し，ずれ止めにより担ってきた。解説 図 6.6.1 に示すように，ずれ止めを介した床版と鋼桁間での応力伝達は，トラス理論により説明されることが知られている。こうした応力伝達を十分に行うことができるように床版の配筋も考慮する必要がある。

たとえば，鋼合成桁の安全性の照査は，解説 図 6.6.2 の部位でそれぞれの項目で照査が行われる。

これにより，コンクリート床版もⅤ－Ⅴ断面やⅥ－Ⅵ断面でずれ止めに対してせん断耐力の照査が必要となることがわかる。

Ⅵ－Ⅵ断面を平面図でみると解説 図 6.6.3 のようになる。このとき，θ_1 は鋼桁の軸線に対する主応力線に対する角度である。こうして生じるせん断力や引張力に対し，適切に配筋を行うことが必要となる。

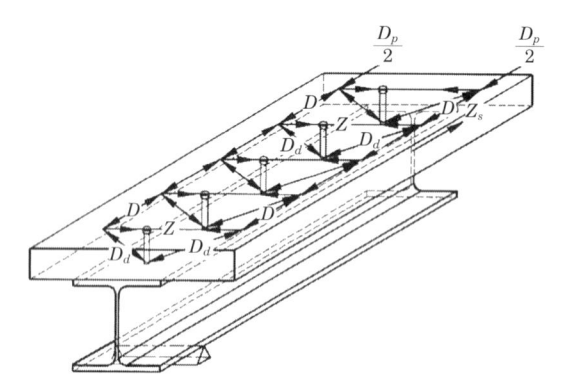

解説 図 6.6.1 ずれ止めと床版間に作用する応力伝達イメージ[28]

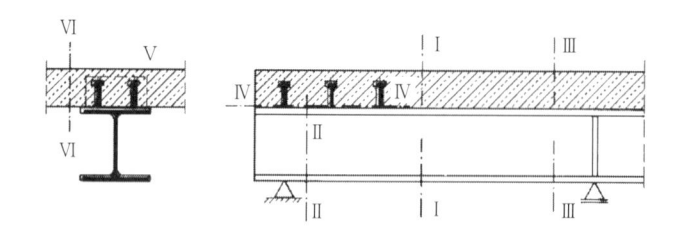

Ⅰ-Ⅰ：正の曲げモーメント領域での合成桁としての曲げ耐力の照査
Ⅱ-Ⅱ：鋼桁のせん断耐力の照査
Ⅲ-Ⅲ：負の曲げモーメント領域での合成桁としての曲げ耐力の照査
Ⅳ-Ⅳ：ずれ止めのせん断耐力の照査
Ⅴ-Ⅴ：ずれ止め周りのせん断耐力の照査
Ⅵ-Ⅵ：床版のせん断耐力の照査

解説 図 6.6.2 代表的な合成桁の照査部位[29]

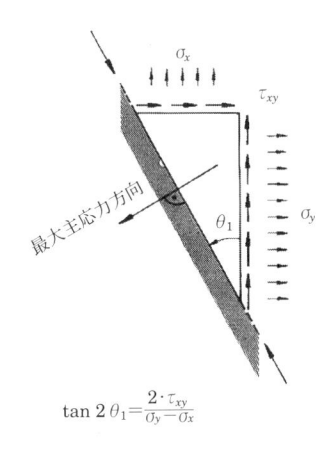

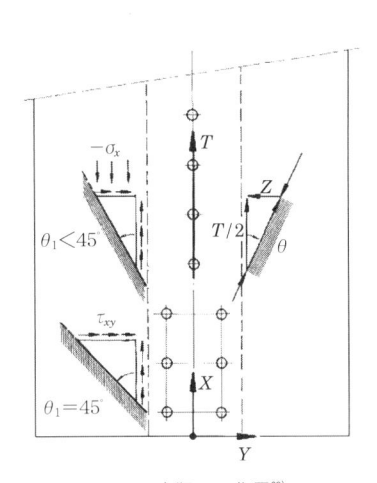

解説 図6.6.3　平面図で見るずれ止めからコンクリート床版への作用[29]

$$\tan 2\theta_1 = \frac{2 \cdot \tau_{xy}}{\sigma_y - \sigma_x}$$

参考文献

1) 坂井, 八部, 大垣, 橋本, 友田：合成2主桁橋の立体挙動特性に関する研究, 構造工学論文集, Vol.41A, 1995
2) 坂井, 八部, 大垣, 橋本：合成2主桁橋の横桁配置に関する研究, 橋梁と基礎, No.3, 1997
3) 日本道路公団：員弁川橋頭付きスタッドせん断耐力実験結果
4) 土木学会：鋼・コンクリート合成構造の設計ガイドライン, 1997
5) 松久, 井上, 緒方：高強度・高剛性スタッドの研究開発, 日本建築学会大会学術講演梗概集, pp.1785-1786, 1992
6) 石川, 寺田, 福永, 中村, 田中：カップラージョイントスタッドのせん断耐力および疲労強度特性, 構造工学論文集, Vol.47A, pp.1355-1362, 2001
7) 金, 井上, 厳, 宇野, 富樫：高強度・高剛性スタッドの研究開発, 日本建築学会大会学術講演梗概集, pp.1257-1258, 1990
8) 渡辺, 橘, 北川, 牛島, 平城, 栗田：遅延合成構造の開発と実用化に関する研究, 構造工学論文集, Vol.47A, pp.1363-1372, 2001
9) 北川, 渡辺, 橘, 平城：遅延合成スタッド（PRスタッド）の押し抜きせん断特性, 土木学会第56回年次学術講演概要集, I-B279, 2001
10) 平城, 壺谷, 釣, 前田, 石崎, 池尾：変断面スタッドの静的押抜き強度特性に関する実験的研究, 平成13年度土木学会関西支部年次学術講演概要集, I-51-1-I-51-2, 2001
11) 前田, 平城, 壺谷, 池尾, 石崎, 木元, 中川：変断面スタッドの強度評価式について, 平成12年度土木学会関西支部年次学術講演概要集, I-40-1-I-40-2, 2000
12) 平城, 松井, 武ู：柔な合成作用に適するスタッドの開発, 構造工学論文集, Vol.44A, pp.1485-1496, 1998
13) 武藤, 平城, 松井, 石崎：ウレタン付きスタッドの疲労強度と乾燥収縮応力低減効果, 第4回複合構造の活用に関するシンポジウム講演論文集, pp.145-150, 1999
14) BS 5400, Part5, Code of practice for design of composite bridges, 1979
15) Leonhaldt, F.et al : Neues vorteilhaftes Verbundmittel für Stahlverbund-Tragwerke mit höher Dauerfestigkeit, Beton- und Stahlbetonbau12/1987
16) 上中, 鬼頭, 上平, 園田：突起付鋼板と頭付きスタッドを併用した付着せん断システムの評価, コンクリート工学年次論文報告集, Vol.20, No.3, 1998
17) 徳光, 山崎, 出光：せん断プレストレスを利用した鋼・コンクリート合成桁接合面のせん断補強に関する研究, 土木学会論文集, No.592/V-39, 1998
18) 日本道路協会：道路橋示方書［Ⅱ鋼橋編］・同解説, 2002
19) 松井, 平城：限界状態設計法のための頭付きスタッドの静的・疲労強度に関する評価式, 第2回合成構造の活用に関するシンポジウム講演論文集, 1989
20) 平城, 松井, 福本：頭付きスタッドの強度評価式の誘導－静的強度評価式－, 構造工学論文集, Vol.35A, 1989
21) 平城, 松井, 福本：頭付きスタッドの強度評価式の誘導－疲労強度評価式－, 構造工学論文集, Vol.35A, 1989
22) 梶川, 前田：組合わせ荷重下におけるスタッド溶接フランジの疲労強度の評価, 土木学会論文集, Vol.362/I-4, 1985
23) 国土交通省鉄道局監修／鉄道総合技術研究所編：鉄道構造物等設計標準・同解説, 鋼・合成構造物, 1992
24) JSSC合成構造委員会：頭付きスタッドの押抜き試験方法（案）とスタッドに関する研究の現状, JSSC合成構造委員会テクニカルレポート, No.35, 1996
25) 大谷, 木下, 辻：組合わせ荷重を受けるスタッドアンカーの設計強度評価法, 鋼構造年次論文報告集第2巻, 1994

Ⅳ 合成桁橋編

26) 岡田，依田，Lebet：グループ配列したスタッドのせん断耐荷性能に関する検討，土木学会論文集，No.766/I-68, pp.81-95，2004
27) 土木学会：複合構造物の性能照査指針（案），2002
28) Bode：Euro-verbundau, Werner Verlag, p.86, 1998
29) Bode：Euro-verbundau, Werner Verlag, pp.49-82, 1997

7章 床版の設計

7.1 一般

7.1.1 適用の範囲

鋼主桁とプレストレスコンクリート床版（場所打ちおよびプレキャスト）をずれ止めにより接合した鋼合成桁橋の床版の本体および目地部の設計に適用する。

【解 説】

床版には，鉄筋コンクリート（RC）床版，PC，PPC床版および合成床版などがある。鋼合成桁橋の床版は，「輪荷重を直接支持する床」，「主桁の圧縮フランジ」および「活荷重や風荷重等の分配作用を担う部材」の3種類の役割があり，とくに少数主桁橋は床版と桁との一体を前提として成立する構造である。したがって，床版の耐久性には十分配慮し，半永久的な部材と取り扱えるよう，床版の橋軸直角方向にプレストレスを導入し供用限界状態において7.1.4項に規定するPC，PPC床版の採用を前提とした。

近年，PC床版を有する鋼少数主桁橋が数多く採用されるようになってきた。これは，構造が簡素化され維持管理上の有利点が見いだせることもあるが，床版に関しては，輪荷重走行試験機を用いた研究などによりPC床版の疲労耐久性が解明され，従来のRC床版と比較して飛躍的に耐荷力および耐久性の向上が期待できることに立脚している。

PC床版には，製作方法の違いにより，場所打ちPC床版とプレキャストPC床版があり，設計条件に応じて選択できるように，本規準では両者を対象としている。場所打ちPC床版の一般的な構造例を解説 図7.1.1に，プレキャストPC床版を解説 図7.1.2に示す。

従来，プレキャストPC床版は非合成桁へ適用する場合が一般的であったが，近年では，プレキャ

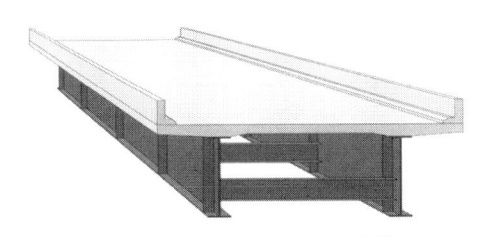

解説 図7.1.1 場所打ちPC床版[12]

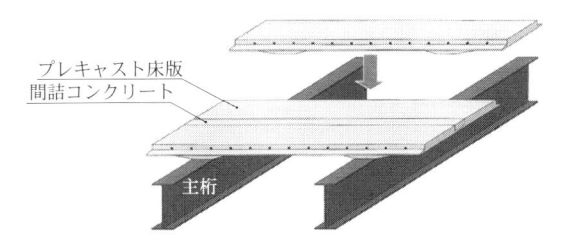

解説 図7.1.2 プレキャストPC床版[12]

スト PC 床版を合成桁へ適用した事例も増えつつある。プレキャスト PC 床版を鋼桁へ適用する場合，ずれ止め（頭付きスタッドなど）の構造の選択，ずれ止めを配置するための開口部の処理，それに伴う PC 鋼材および鉄筋配置の制約等の設計・施工上の検討事項があるため留意が必要となる。

「道路橋示方書【Ⅲコンクリート橋編】・同解説」（日本道路協会） 7 章 7.2 節では，活荷重の繰返し載荷に対して疲労耐久性を確保することが必要とされている。また，PC 床版および設計基準強度が 24N/mm² 以上のコンクリートを用いた RC 床版で，規定する床版の最小全厚を満足し，設計曲げモーメントにより設計を行う場合は，活荷重によるせん断破壊に対して十分安全であるため，一般にせん断力に対する検討を省略できるものとしている。しかし，施工時に大きな荷重を受ける場合等では，十分な検討をすることが望ましいとしている。一方「鉄道構造物等設計標準」（鉄道総合技術研究所）では，スラブは曲げモーメントに対する照査，せん断力に対する照査および押抜きせん断に対する照査を行うことが規定されている。このように，各機関において構造物に求められる要求性能は一様ではなく，各機関の定める要求性能とその設計供用期間に応じた限界状態を適切に設定し照査することが望ましい。

なお，7.2 節に示す活荷重強度や活荷重に対する床版支間の規定，あるいは 7.3 節に示す床版最小全厚等の規定については，関連機関と協議して定める事項であるが，過去の鋼連続合成桁の実績は，道路橋に多いため道路橋床版の場合を規定した。

7.1.2 床版の構造

床版の構造は，7.1.4 項に示す供用限界状態において橋軸直角方向を PC 構造あるいは PPC 構造，橋軸方向を PC 構造または PPC 構造あるいは RC 構造とすることを標準とする。

【解 説】

床版は，橋軸直角方向が主方向となり，疲労耐久性を高めて半永久的な部材とするために，橋軸直角方向の構造はプレストレスを導入する PC 構造（PPC 構造）とする。また，橋軸方向は床版の配力方向となる。鋼合成桁では永久荷重と変動荷重に対して主桁断面の一部としての合成作用を期待しているため，その作用を考慮して曲げひび割れ幅の検討を行うものとする。

7.1.3 床版の区分および構造

（1） PC 床版の置かれる環境条件や使用条件に応じて，適切な床版の構造を選定し設計をしなければならない。

（2） 床版は，供用限界状態における縁引張応力度および曲げひび割れの制限方法により，**表 7.1.1** に示す 3 つの構造に分類する。

表 7.1.1 床版の分類

構造	曲げひび割れ発生に対する制限
PC 構造	・コンクリートに曲げ引張応力を発生させないことを前提とし，プレストレスの導入によりコンクリートの縁応力を制限する。 ・コンクリートに曲げ引張応力の発生を許すが，コンクリートの縁引張応力度の限界値以内に抑えて曲げひび割れの発生を制限する。
PPC 構造	コンクリートに曲げひび割れの発生を許すが，異形鉄筋の配置とプレストレスの導入により，曲げひび割れ幅を限界値以内に制限する。
RC 構造	コンクリートの曲げひび割れの発生を許すが，異形鉄筋の配置により曲げひび割れ幅を制限する。

【解　説】

（1）について　　疲労耐久性の観点からは，一般に RC 構造より PC 構造の方が優れているが，すべての作用荷重に対して PC 構造とする必要性は小さく，経済性，使用性，耐久性および環境条件等との関連で，合理的な構造を選定するのがよい。

　これまでに建設された鋼連続合成桁橋の PC 床版の構造は，主に一般の環境下で，橋軸直角方向を曲げひび割れの発生を制限する PC 構造，橋軸方向を RC 構造としている。近年では，PC，PPC 床版の繰返し荷重に対する疲労耐久性の検証が進み，橋軸直角方向は曲げひび割れ幅を制限する PPC 構造とする場合もある。また，鋼連続合成桁では，中間支点上のひび割れ制御が必要となるが，RC 床版として十分な剛性を確保し鉄筋を配置する方法の他に，部分的にプレストレスを導入し，PPC 床版とする方法や，プレキャスト床版の接合方法としてプレストレスを橋軸方向に導入する方法もある。

（2）について　　床版の供用限界状態における曲げモーメントおよび軸方向力に対する検討は，床版の供用時の環境条件や使用条件に応じて，次の構造の中から，いずれかを選定し，それぞれの照査方法にしたがって照査するものとする。

　（ⅰ）　PC 構造として，引張応力の発生を許さない。
　（ⅱ）　PC 構造として，曲げひび割れを許さない。
　（ⅲ）　PPC 構造として，曲げひび割れ幅を限界値以内に制限する。
　（ⅳ）　RC 構造として，曲げひび割れ幅を限界値以内に制限する。

7.2　床版の支間

（1）　道路橋床版における単純版および連続版それぞれの活荷重および死荷重に対する支間は，主桁中心間隔とする。ただし，単純版において，床版支間方向に測った純支間に支間中央の床版の厚さを加えた長さが上記の支間より小さい場合には，これを支間とすることができる。

（2）　片持版の活荷重および永久荷重に対する支間は，図 7.2.2 に示すとおりとする。

Ⅳ　合成桁橋編

図7.2.1　単純版の支間[5]

(a) 主鉄筋が車両進行方向に直角な場合
(b) 主鉄筋が車両進行方向に平行な場合

図7.2.2　片持版の支間[5]

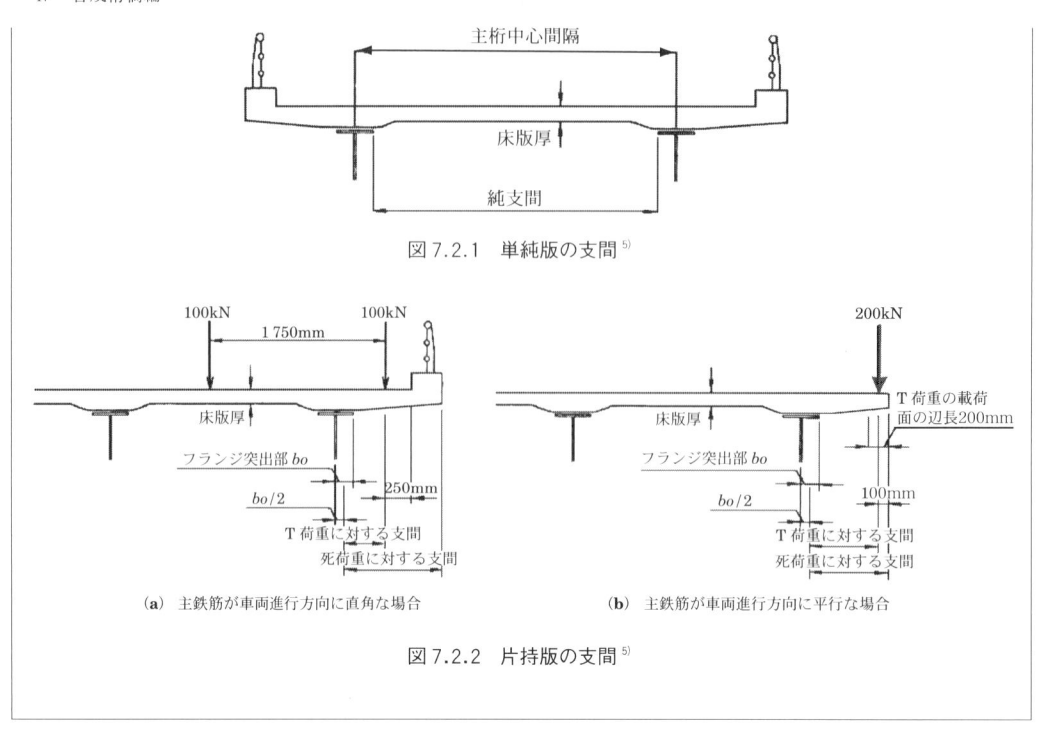

【解　説】

「道路橋示方書【Ⅱ鋼橋編】・同解説」によった。

7.3　床版の最小全厚

（1）　床版の厚さは，安全性，耐久性および施工性を有するように決定するものとする。
（2）　床版の最小全厚は，供用時に作用する曲げモーメントやせん断力に対して十分に抵抗できるとともに，コンクリートの耐久性が確保できる厚さとしなければならない。
（3）　片持版の床版先端の厚さは，PC鋼材の定着具，壁高欄と床版配筋との取合いおよびかぶり等を考慮して定めるものとする。

【解　説】

　床版の最小全厚の決定にあたっては，コンクリートの材料のばらつきおよび施工の影響を考慮のうえ，実際の挙動に即するように考慮された輪荷重走行試験機および解析により安全性を照査することが望ましい。RC床版の損傷の主な原因の1つとして活荷重の繰返し載荷による疲労現象がある。これは，はじめにひび割れが格子状に発生し，その後ひび割れが高密度化するに従って貫通ひび割れが増加し，せん断強度が著しく減少することで最終的には押抜きせん断破壊による床版コンクリートの抜け落ちが生じるという経緯をたどるものである。このような実際の床版の疲労現象を再現することが可能な輪荷重走行試験機を用いて床版の疲労耐久性を評価することの重要性が認識されている[9],[10]。PC床版における最小全厚の決定にあたっても，RC床版と同様に実際の挙動を反映できる輪荷重走行試験および解析により安全性を照査することが望ましい。しかし，PC（PPC）

床版は一般的にRC床版に比較して疲労耐久性を有するため，疲労耐久性のみに着目すると，最小全厚をかなり小さくすることが可能と判断してしまうおそれがあるため，PC（PPC）床版の最小全厚の決定には，施工性，PC鋼材の配置および定着具の取合い等，各種検討を実施して決定することが望ましい。

鋼少数主桁橋の床版には従来横構に期待していた地震や風荷重を伝達する重要な機能もあるため，適度な剛性を有し，曲げひび割れが発生しにくく，所要の鉄筋のかぶりを確保できることなどを考慮しなければならない。

床版支間6m程度までの床版厚の決定は，「道路橋示方書【Ⅲコンクリート橋編】・同解説」7章7.3節に示す床版の一方向にプレストレスを導入する場合の車道部分の最小全厚の規定である式（解7.3.1）および式（解7.3.2）が参考にできる。しかし，床版支間がこれを超える場合には，前述した輪荷重走行試験機による検証および適切な解析を併用し，曲げひび割れが発生しないような厚さを設定するのがよい。

（ⅰ）「道路橋示方書【Ⅲコンクリート橋編】・同解説」（1方向PC床版）の規定

単純版支間における最小全厚 d は，式（解7.3.1）による。

$$d = (40L + 110) \times 0.9 \qquad (解7.3.1)$$

連続版支間における最小全厚は，式（解7.3.2）による。

$$d = (30L + 110) \times 0.9 \qquad (解7.3.2)$$

ここに，L：床版支間（m）

（ⅱ）曲げひび割れが発生しにくい厚さの確保

床版支間が6mを大きく超える場合には，プレストレスの効果を考慮して，ひび割れが発生しにくい厚さを確保するのがよい。

（ⅲ）床版厚さの実績値

近年わが国で建設された鋼2主桁橋のPC床版厚の実績値を，1章1.2節の**解説 表1.2.1**に示す。

7.4 断面力の算出

（1）永久荷重による床版の設計曲げモーメントは，張出し部を考慮した連続ばりとし，垂直補剛材，横桁の剛性などを考慮して算出してよい。

（2）変動荷重による断面力は，適切なモデルを用いた線形解析によることを基本とする。

（3）場所打ちPC床版の橋軸直角方向に導入するプレストレスは，主桁や横桁の拘束等による不静定曲げモーメントを考慮しなければならない。

（4）床版を支持する桁の剛性が著しく異なり，そのために生じる付加曲げモーメントの大きさが無視できない場合は，この付加曲げモーメントを考慮するものとする。この場合は，床版を支持する桁剛性の相違を考えて，設計曲げモーメントを算出しなければならない。

【解　説】

（1），（3）について　鋼2主桁橋の床版は，従来の鋼多主桁橋と比べて張出し長が大きくなるため，永久荷重による床版支間中央の正の曲げモーメントは張出し部の影響を受け，「道路橋示方書・

同解説」で示されている主桁位置で単純支持モデルとして求めた曲げモーメントとは大きく異なる。また，死荷重が作用したときの床版の曲げ変形は，横桁位置でその回転が拘束されるため，主桁位置を支点とした単純支持ではなく，固定支持の状態に近くなる。

　死荷重が作用した場合の床版の曲げモーメントを評価する手法として，張出し部，垂直補剛材，横桁の剛性などを考慮したFEM解析や回転ばね支持モデル**解説 図7.4.1**を用いた解析が提案されている[1]。

（2）について　　道路橋床版の活荷重による設計曲げモーメントは，床版支間6.0m以下は「道路橋示方書【Ⅲコンクリート橋編】・同解説」によってよい。また，床版支間6.0mを超え12.0m程度までは，日本道路公団において実験，解析等で検証が行われ活荷重による曲げモーメント式が提案[2]されている。また，チャンネル形状断面のような床版断面を橋軸方向に変化させることにより，活荷重による曲げモーメント分布が従来の床版と異なる床版は，別途設計曲げモーメント式が提案されている[3]。

（4）について　　「道路橋示方書【Ⅱ鋼橋編】・同解説」によった。

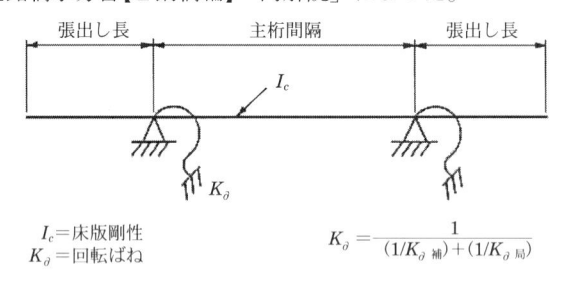

$I_c=$床版剛性
$K_\partial=$回転ばね

$$K_\partial = \frac{1}{(1/K_{\partial 補})+(1/K_{\partial 局})}$$

解説 図7.4.1　回転ばね支持モデル[1]

7.5　床版の供用限界状態に対する安全性の検討

7.5.1　一　　般

　床版が，設計供用期間中に十分な機能を保持するため，曲げひび割れ幅（曲げ応力度）および変位について適切な方法によって検討しなければならない。
（1）　床版をひび割れの発生を許さない部材として設計する場合は，3章3.2.1項によるものとする。
（2）　床版をひび割れの発生を許す部材として設計する場合は，3章3.2.2項によるものとする。

7.5.2　橋軸方向の曲げひび割れ幅の照査
（1）　橋軸方向はPC，PPCまたはRC構造として設計することができる。PC，PPCおよびRC構造として設計する場合は，7.5.1項に準じてPC，PPCおよびRC構造の限界状態を設定して行うものとする。
（2）　橋軸方向の床版は，主桁作用，床版作用による主荷重を同時に受桁場合の照査も合わせて行うものとする。

【解　説】
（1）について　　橋軸方向は，PC鋼材を配置する方法と配置しない方法があり，PC構造，PPC構造，およびRC構造においてそれぞれの限界状態を適切に設定し設計しなければならない。場所打ちPC床版およびPPC床版の場合は，スタッドジベルによる拘束があるため，プレストレスが適切に導入できることを検討する必要がある。

橋軸方向をRC構造とする場合，鉄筋の引張応力度の限界値は，鉄筋の疲労強度やひび割れ幅を考慮して定めることが望ましい。

（2）について　　橋軸方向の床版の設計にあたっては，輪荷重などによる床版としての作用と合成桁断面のフランジとしての主桁作用を考慮しなければならない。主桁作用と床版作用を同時に受桁場合の照査（重ね合わせ）も合わせて行うこととしたが，重ね合わせの照査方法[4]および限界値については関係機関と協議の上適切に定めるものとする。

7.6　床版の終局限界状態に対する安全性の検討

7.6.1　一　般

床版の終局限界状態における安全性の検討は一般に省略してもよい。

【解　説】
終局限界状態における安全性の検討は，既往の事例をみる限り，床版の圧縮側コンクリートの圧壊や鉄筋の引張破壊によって，床版が破壊したものがほとんどないこと[9]，および主桁の安全性の検討方法との整合などを考慮して，行わないものとした。

7.6.2　床版の押抜きせん断力の安全性に対する検討

大きな面荷重を受ける場合は，床版の押抜きせん断破壊に関する検討を行い安全性を確認するものとする。

【解　説】
7.5節により供用限界状態に対する検討を行う場合は，活荷重によるせん断破壊に対して十分安全であるため，一般にせん断力に対する検討を省略できる。しかし，床版に大きな面荷重を受ける場合では，押抜きせん断破壊に関する検討を行うものとした。

PC（PPC）床版に対する押抜きせん断耐荷力の評価式の一つとして，東山・松井らが提案している式がある[11]。東山らの式によればPC床版の押抜きせん断破壊耐力の算定に導入プレストレスによる影響を考慮することもできる。

7.7　プレキャストPC床版

7.7.1　基本構造

（1）　プレキャストPC床版は橋軸方向に目地を設けないことを基本とするが，1パネルの寸

Ⅳ　合成桁橋編

法（幅，長さ，厚み）の決定には，現場への輸送方法や架設方法などを考慮して決定する必要がある。
（2）　橋軸直角方向は，PC鋼材を適切に配置しプレテンション方式もしくはポストテンション方式によりプレストレスを導入するものとする。
（3）　プレキャストPC床版は，単体パネル間に橋軸直角方向の目地を有するが，その目地形状にあった適切な手法を用いることにより，橋軸方向の一体化を図るものとする。

【解　説】
（1）について　　プレキャストPC床版は橋軸方向には目地を設けないことが望ましいが，広幅員の橋梁においては，プレキャストPC床版の1パネルの大きさが，一般道の運搬や架設上制約を受ける場合がある。プレキャストPC床版を分割し橋軸方向に目地を設ける場合は，その目地の位置を主桁上とすることが望ましい。なお，1パネルの厚みについては，7.3節，7.7.2項，7.7.4項等を考慮して決定する必要がある
（2）について　　プレストレス導入方式は，PC部材製作工場ではプレテンション方式が一般的であるが，架橋地点に隣接するヤードで製作する場合はポストテンション方式を用いる場合もある。
（3）について　　プレキャストPC床版における橋軸方向の一体化は，PC鋼材を配置しプレストレスを導入する方法，あるいはRCループ継手を用い場所打ち部を設ける方法などが用いられている。

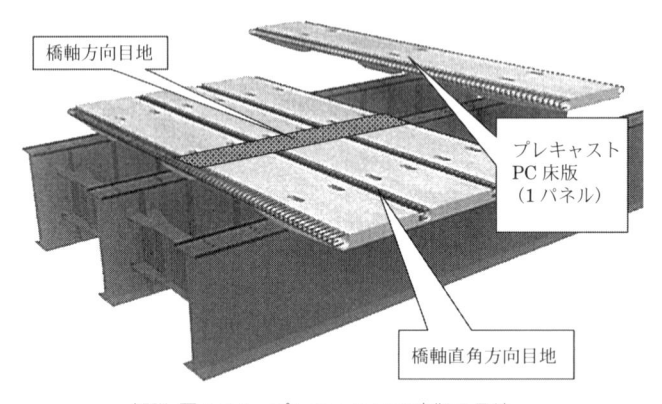

解説 図7.7.1　プレキャストPC床版の目地

7.7.2　橋軸直角方向の設計
（1）　設計断面は，各主桁上の支持部，床版支間中央部および地覆壁高欄付け根部とする。
（2）　現場打ち間詰め部を有するプレキャストPC床版では，間詰め部とプレキャストPC床版を合成させた後の曲げ応力度の抵抗断面は，プレキャストPC床版と間詰め部の合成断面として算定する。
（3）　主桁上の支点部の応力度の算定は，ずれ止めあるいはスラブ止め孔を控除した断面で行う。

（4） プレキャストPC床版の運搬，架設時に作用する荷重を考慮して検討を行うものとする。

【解　説】

（1）について　　プレキャストPC床版は，各支持桁を支点とする連続ばりとして曲げモーメントを算出するため，正負の曲げモーメントが最大となる位置を設計断面とする。また，遮音壁に作用する風荷重が大きい場合，壁高欄付け根に大きな応力が発生すること，PC鋼材定着部近傍の応力分布が一様でないことによる有効プレストレスの低減域にあることより，この位置も設計断面とする。

（2）について　　RCループ継手部などの現場打ち間詰め部を有するプレキャストPC床版では，合成後の曲げ応力度の抵抗断面は，間詰め部の有効断面を部材図心位置までの圧縮域までとする場合や，コンクリート引張強度程度の引張域を有効とする有効断面の考え方もある[5]。解説図7.7.2に各荷重状態における抵抗断面の例を示す。

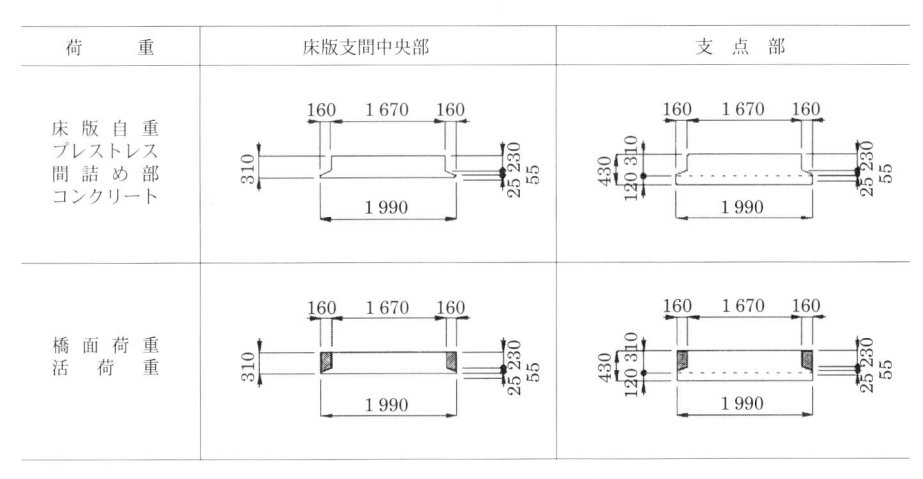

解説 図7.7.2　抵抗断面の例[5]

（3）について　　主桁上の支点部の応力度の算定では，ずれ止め孔を無効，あるいは有効とした場合で，PC鋼材配置本数に影響があることがわかっている。現時点ではずれ止め孔の引張側の抵抗断面が不明確であるため，ずれ止め孔を有効断面より控除した断面で照査するものとする。

（4）について　　プレキャストPC板の運搬，架設時には吊り点上向き荷重，複数段の仮置き時に支点荷重等の完成時と異なる荷重が作用するので，これを考慮して照査を行う必要がある。

7.7.3　橋軸方向の設計

（1）　プレキャストPC床版の橋軸方向をRC構造として設計する場合は，RCループ継手としてもよい。この場合，連続したRC部材として必要鉄筋量を算出する。

（2）　プレキャストPC床版の橋軸方向にプレストレスを導入する場合には，プレキャストPC床版間の目地部形状およびその充填材料は耐久性，経済性を十分考慮して選定するものとする。

（3）　連続桁の中間支点付近のプレキャストPC床版および橋軸直角方向目地は，床版作用と

Ⅳ　合成桁橋編

合わせて主桁作用によって生じる引張力の影響を考慮しなければならない。

【解　説】
（1）について　　RCループ継手構造は各種実験・検討を経てその構造の安全性，耐久性が確認されている[6]。

（2）について　　橋軸方向にプレストレスを導入する場合には，床版間の目地に充填材を用いる場合や接着剤を塗布する場合などがあるが，その材料選定にあたっては，耐久性，経済性を十分検討する必要がある。

（3）について　　7.5.3項と同様とする。プレキャスト床版を鋼合成桁に適用する場合は，プレキャスト床版にはずれ止めが配置されている位置で開口部を設ける必要がある。鋼合成桁はずれ止め配置本数が鋼非合成桁に比べて多くなるため，プレキャスト床版の開口部を大きなものにする必要が生ずる。そのため，中間支点付近に必要となる橋軸方向鉄筋の配置が困難となる場合があり，プレキャスト床版のずれ止め用開口部と橋軸方向鉄筋との取合いには十分な留意が必要となる。合成桁へ適用するプレキャスト床版と鋼桁との結合方法の1つとして，ずれ止め用開口部を従来の方式より小さくすることが可能となるプレキャストPC床版も提唱されている[8]。

7.7.4　RCループ継手部の設計

RCループ継手の必要重ね継手長は，適切な式を用いて算出するものとする。

【解　説】
RCループ継手の必要重ね継手長の算出式を以下に示す[7]。

$$L_a = f \cdot l_a \cdot A_{se}/A_{sv} \cdot k \geqq 1.5 dB \geqq 20 \text{cm} \qquad (解\ 7.7.1)$$

ここに，L_a　：必要継手長

　　　　　f　：鉄筋の定着形状による係数

　　　　　　　　フック付き鉄筋，ループ鉄筋に対して 0.5

　　　　　l_a　：基本定着長

　　　　　　　　$l_a = (\sigma_{sa}/4\tau_{0a}) \cdot \phi$

　　　　　　　　　σ_{sa}　：供用限界状態または疲労限界状態における鉄筋の引張応力度の限界値

　　　　　　　　　τ_{0a}　：コンクリートの付着応力度の限界値

　　　　　　　　　ϕ　：鉄筋の公称直径

　A_{se}/A_{sv}　：必要鉄筋断面積／配置鉄筋断面積≧1/3　ここでは1.0とする。

　　　　　k　：継手鉄筋のずらし量の影響を考慮した係数。重ね継手位置が一断面に集中する場合，ϕ14以上に対して 2.2

　　　　　dB　：鉄筋曲げ直径

　　　　　e　：ループ面の中心間隔

解説 図7.7.3 RCループ継手

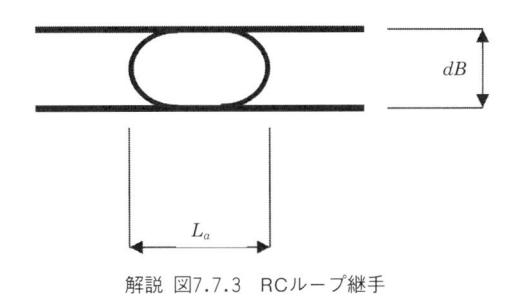

7.7.5 PC構造による橋軸直角方向目地の設計

プレキャストPC床版の橋軸直角方向目地をPC構造として設計する場合は，目地部の安全性を適切に照査しなければならない。

【解　説】
合成桁のプレキャストPC床版の橋軸直角方向目地をPC構造として設計する場合に用いるコンクリートの引張応力度の算出式を式(解7.7.2)に示す。なお，この式による場合，コンクリートの引張応力度の限界値は，I編7章7.2.2項(1)に従うものとする。

$$1.7\sigma_{LS}+\sigma_0+0.5\sigma_{Lg} \tag{解7.7.2}$$

ここに，σ_{LS}：活荷重および衝撃による床版としてのコンクリートの曲げ引張応力度（N/mm²）
　　　　σ_0：後死荷重による桁全体としてのコンクリート曲げ引張応力度（N/mm²）
　　　　σ_{Lg}：活荷重および衝撃による桁全体としてのコンクリートの曲げ引張応力度（N/mm²）

7.8　桁端部の床版

(1)　桁端の車道部における床版は，十分な剛度を有する端横桁および端ブラケット等で支持するのが望ましい。
(2)　桁端の車道部において，端横桁および端ブラケット等で支持しない場合は，活荷重による設計曲げモーメントとして規定値の2倍を用いるものとする。

【解　説】
(1)について　　版構造が不連続となる桁端部の床版には，一般部の床版に比較して大きい曲げモーメントが生じる。また，伸縮装置の段差などにより大きい衝撃力が作用する。このために，十分な剛度を有する端横桁や端ブラケットで支持するのがよい。
(2)について　　端横桁および端ブラケット等で支持しない場合は，活荷重に対して2倍の曲げモーメントを用いて設計すると，床版に多数のPC鋼材を配置する必要が生じる場合がある。この場合，PC鋼材配置や施工性に十分留意する必要がある。

Ⅳ　合成桁橋編

参考文献

1) 中薗, 安川, 稲葉坂本, 大垣, 済藤：PC床版を有する鋼連続合成2主桁橋の設計法（下），橋梁と基礎，Vol36, No.4, pp.33-39, 2002.4
2) 本間, 河西, 林, 松村：長支間場所打ちPC床版（蘗科川橋）のFEM解析に基づく設計曲げモーメント，土木学会第55回年次学術講演会講演概要集，共通セッション，CS-278, 2000.9
3) 真鍋, 松井：チャンネル形状プレキャストPC床版の力学的特性および設計手法に関する研究：土木学会論文集No.745/Ⅰ-65, pp.89-104, 2003.10
4) 中薗, 安川, 稲葉, 橘, 秋山, 佐々木：PC床版を有する鋼連続合成2主桁橋の設計法（上），橋梁と基礎，Vol36, No.2, pp.27-35, 2002.2
5) プレストレストコンクリート建設業協会：PC床版設計・施工マニュアル（案），1999.5
6) 高速道路技術センター：PC床版2主桁橋の最適化に関する技術検討
7) F.レオンハルト，E.メニッヒ（横道監訳）：鉄筋コンクリートの配筋，鹿島出版会，1985.
8) 堤, 日野, 村山, 山口, 真鍋：リブ付きプレキャストPC床版（CPC床版）を用いた鋼合成桁橋に関する研究，第4回複合構造の活用に関するシンポジュウム講演論文集，pp.66-6, 1999.11
9) 阪神高速道路公団, 阪神高速道路管理技術センター：道路橋RC床版のひび割れ損傷と耐久性，1991.12
10) 前田, 松井：輪荷重動移動装置による道路橋床版の疲労に関する研究，第6回コンクリート工学年次講演会論文集，pp.221-224, 1984.
11) 束山, 松井, 水越：PC床版の押抜きせん断耐力算定式に関する検討，構造工学論文集Vol.47A, pp.1347-1354, 2001.3
12) プレストレストコンクリート建設業協会：コスト縮減をめざすPC橋

8章　横桁の設計

8.1　一　般

(1) 鋼合成桁橋の支点では，剛な横桁を配置しなければならない。
(2) 中間横桁は，適切な間隔で配置しなければならない。
(3) 横桁の設置高さは，鋼桁の座屈，横締めプレストレス，施工性などを考慮して決めなければならない。
(4) 横桁取付け構造は，疲労に配慮した構造としなければならない。
(5) 剛性を必要とする端横桁は，複合構造とするのがよい。

【解　説】
(1)について　　鋼合成桁橋の中間支点や端支点においては，水平力，とくに大きい地震時慣性力を下部工に伝達しなければならないことから，剛な横桁構造とする必要がある。最近の実橋では，鋼と合成したコンクリート構造の横桁とした例もある。

(2)について　　立体FEM解析によれば[1]，供用時における鋼2主桁の横桁断面力は，きわめて小さく，曲線半径が小さい曲線桁を除いてほとんど発生しないこと，横桁間隔を変化させても断面力の差が少なく，横桁の荷重分配効果はないこと等が判明している。しかしながら，偏載荷重によって生じる断面変形に対しては，横桁を適切に配置し，主桁の断面形状を保持する必要がある。

また横桁間隔が大きい場合，中間支点付近の下フランジの固定点間距離が大きくなり，座屈の危険性が増大することから注意する必要がある。横桁間隔を決める際には，施工上の配慮も必要となる。たとえば移動型枠を用いた現場施工の場合，床版のブロック長を基本に決定する必要がある。

(3)について　　横桁設置高さの決定には，次のような点を考慮する必要がある。
 (ⅰ)　中間支点付近の鋼桁下フランジの座屈
 (ⅱ)　架設時の座屈
 (ⅲ)　床版のたわみによる下フランジの水平変位
 (ⅳ)　床版のプレストレス力の導入効果
 (ⅴ)　移動型枠の支持材
 (ⅵ)　風荷重などによる横荷重の分散
 (ⅶ)　主桁応力による横桁取付け部の疲労

(4)について　　横桁の断面は，主桁断面に比較して小さいために局部的に大きい力が生じることから，とくに繰返し荷重による疲労に配慮する必要がある。

(5)について　　端支点上横桁は，桁端部の防錆や伸縮装置の衝撃音を緩和するため，また落橋防止構造からの地震時水平反力を支持するために，コンクリートで巻き立てる構造が採用されている。ただし，巻立てコンクリートと床版コンクリートの一体化を図るかどうかは，慎重な検討が必要である。構造例を解説 図 8.1.1 と解説 図 8.1.2 に示す。

Ⅳ　合成桁橋編

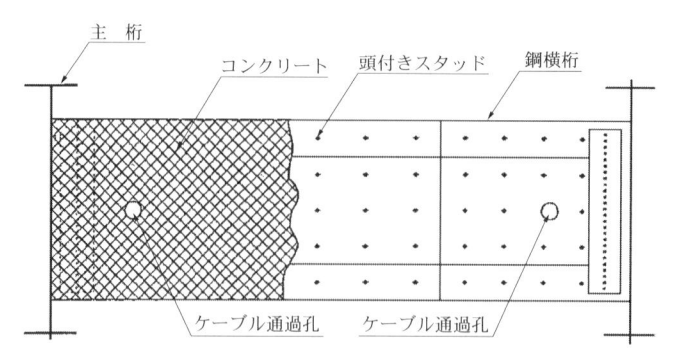

解説 図 8.1.1　複合構造の横桁の例

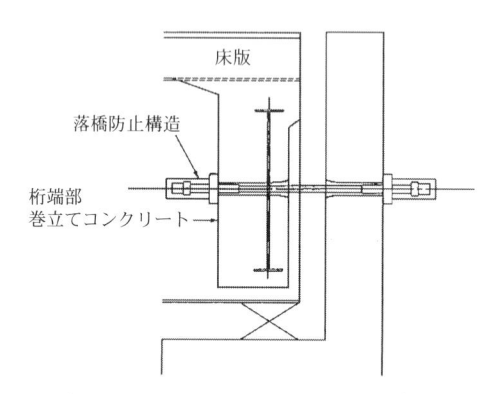

解説 図 8.1.2　端支点上横桁の構造例[2]

　また，中間支点上横桁も橋梁全体の面外剛性の確保を目的に巻き立てた事例もある。これにより，中間支点上横桁を中間横桁と同じ構造とすることが可能となり，床版横締めの拘束を低減するだけでなく，移動式型枠支保工の移動にも有利となる[2]。

参考文献

1) 高橋，鈴木，志村 他：PC2 桁（ホロナイ川橋）の設計，土木学会第 50 回年次学術講演会講演概要集Ⅰ，1995
2) 寺田，本間，河西，松井：長支間場所打ち PC 床版の設計・施工マニュアル（下），橋梁と基礎，pp.29-38，2002.12

9章 構造細目

9.1 一般

本章は，鋼合成桁橋の設計および施工に特有の構造細目について示したものである。

【解 説】

この章の規定以外については，「道路橋示方書【Ⅱ鋼橋編】・同解説」（日本道路協会）11章に準拠するものとする。

コンクリート床版の配筋細目に関して，特筆すべきことを以下にあげる。

（ⅰ）最小鉄筋量

中間支点部橋軸方向の最小鉄筋量としては，従来からコンクリート断面積の2％程度を支間の0.15L区間に配置するものとなっているが，旧JHで実施された実験（負曲げ試験，移動輪荷重載荷試験）においても2％程度の配筋があれば，耐久性に問題がないとの結果が得られている[1]。

（ⅱ）用心鉄筋等

プレキャスト床版場所打ち部も同様であるが場所打ち床版の打継目には，水和熱による温度応力や収縮等によりひび割れが生じる恐れがあり，新旧コンクリートの温度差が小さくなるように施工するほか，配力鉄筋等を他の部分と比較して密に配置する等の処置を講ずる必要がある。

また，床版ハンチ部は，鋼桁上フランジの拘束により橋軸直角方向にひび割れが生じやすい。鋼桁近傍に橋軸方向のひび割れ防止筋を配置することが必要である。

9.2 床版防水

橋軸方向がPPCあるいはRC構造の床版には，全面防水層を設けるものとする。また，併せて防水層と舗装内に滞留する雨水を排水ますまで，速やかに導水する装置を設けるものとする。

【解 説】

床版上面から雨水がひび割れに浸透すると，床版の疲労強度は乾燥状態に比べて1/10～1/100に低下し，疲労寿命はきわめて短くなる。このため，床版の耐久性を向上させるために，床版全面に防水層を設置するとともに，滞留する雨水を速やかに導水することも併せて行うこととした。

9.3 ハンチ

（1）床版にはハンチを設けることを原則とする。

（2） PC床版のハンチ高さは，床版の張出しにより生じる主桁上の負の曲げモーメントに対して設計することを基本とする。
（3） ハンチの勾配は1：5以上とすることを原則とする。
（4） ハンチは，鋼桁の上フランジ上面から立ち上げることを原則とする。

【解　説】
（2）について　　一般に，設計上必要とされるハンチ高さは，張出し部の設計曲げモーメントから決定されるが，ハンチが無い場合やハンチの勾配が急な場合には鋼桁の上フランジ端部近傍のコンクリート床版に応力集中や局部引張応力によるひび割れが発生しやすい。

（3）について　　鋼桁の上フランジ近傍は，永久荷重の載荷条件によっては応力が交番したり，桁の首振り現象により応力の乱れが発生する可能性がある。床版支間が大きくなるにつれてこの傾向が顕著になるため，床版のハンチは1：5以上の緩やかなものとするのがよい。

（4）について　　従来から，鋼桁のハンチは上フランジの下面から立ち上げるのが一般的であるが，鋼2主桁橋ではフランジの板厚が厚く無筋コンクリート部分が生じ，横桁取付け位置等では，かぶりコンクリートが割裂応力により滑落とする可能性があるため，ハンチは鋼桁の上フランジ上面から立ち上げることとした（解説 図9.3.1）。

また，横桁取付け位置のハンチでは，横締めPC鋼材によるプレストレスや後死荷重によるコンクリート床版の変形に鋼上フランジが追従できずに，界面はく離が生じやすくなる。このはく離現象は，横締めPC鋼材やずれ止めの配置形状等に影響を受けるため，設計段階で十分な検討が必要である。

界面はく離が生じたとしても床版や鋼桁の耐久性が損なわれないように配慮した設計を行うものとする。対策例としては，鋼桁に水膨張系の弾性シール材を配置しておく方法やエポキシ系の塗装処理を施す方法等がある。

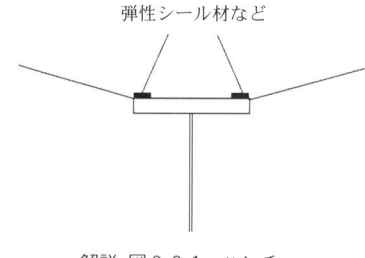

解説 図9.3.1　ハンチ

9.4　継　　手

鉄筋の継手は，施工方法を考慮して決定するものとする。

【解　説】
プレファブ鉄筋を用いる場所打ち床版では重ね継手が，プレキャスト床版ではループ継手などが

9章 構造細目

一般に使用されているが，継手構造と継手長は現場の施工性および静的動的な荷重下でのひび割れ性状を確認した上で決定しなければならない。

鉄筋継手位置のコンクリート打継目は，凝結遅延剤による粗面仕上げやせん断キーの設置，あるいは防水処理などを行い，この部分が構造上あるいは耐久性上の観点から弱点にならないようにしなければならない。

9.5 プレキャスト床版の目地

プレキャスト床版の目地は，曲げモーメントやせん断力等の作用断面力を確実に伝達できるものでなければならない。

【解 説】

プレキャスト床版の目地としては，エポキシ目地，モルタル目地およびRC目地が考えられる。なお，エポキシ目地とモルタル目地は，橋軸方向にプレストレスが導入されることを前提としている。

エポキシ目地の場合には，床版相互の位置を正しく固定し，一体性を確保するための接合キーを設けるものとする。

RC目地の場合には，ループ鉄筋の重ね継手等により床版の連続一体化を図るものとする。プレキャスト床版の目地の事例を**解説 図**9.5.1～9.5.3に示す。

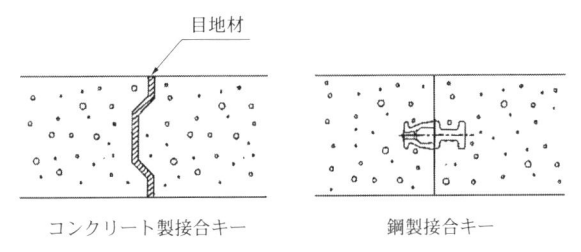

解説 図9.5.1 エポキシ目地の事例[2]

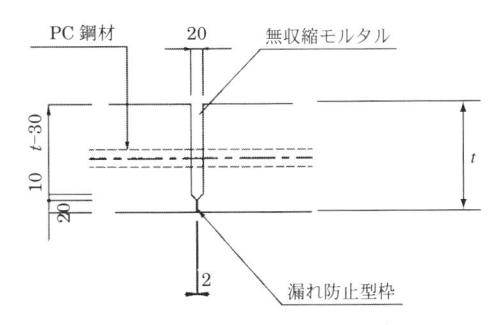

解説 図9.5.2 モルタル目地の事例[2]

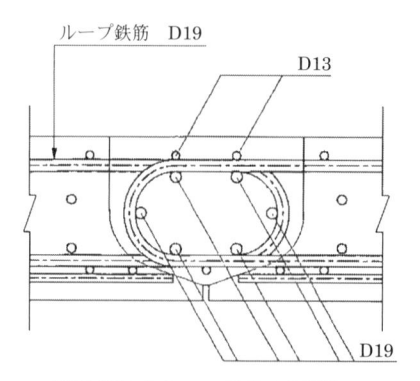

Ⅳ 合成桁橋編

解説 図 9.5.3 RC 目地の事例[2]

9.6 プレキャスト床版のずれ止め用の孔

プレキャスト床版のずれ止め用の孔は，適切な構造とする。

【解　説】

　プレキャスト床版のずれ止め用の孔は，適切にコンクリートが打設できるような構造とし，また，打設するコンクリートの材料特性にも注意するものとする。

　プレキャスト床版のずれ止め用の孔の最小寸法は，ずれ止めを配置してコンクリート打設を行う際に十分な締固めが行えるように，余裕を持って設定するものとする。

　ずれ止めがグループ配列される場合には，ずれ止め近傍のコンクリートが局部的に損傷しないように，十分な配筋をする必要がある。

参考文献

1) 中薗, 安川, 稲葉, 橘, 秋山, 佐々木：PC 床版を有する鋼連続合成 2 主桁橋の設計法（上），橋梁と基礎, pp.27-35, 2002.2
2) プレストレストコンクリート建設業協会：PC 床版設計・施工マニュアル（案），1999.5

10章 施 工

10.1 一 般

本章は，鋼合成桁橋の施工に適用する。鋼合成桁橋の施工は，設計において前提とした諸条件等が満足されるように行わなければならない。また，そのことを確認できるように施工要領書を作成しなければならない。

【解 説】

施工要領書とは，製作要領書，溶接施工要領書，架設計画書等の総称である。この章の規定以外については，鋼桁の施工に関して「道路橋示方書【Ⅱ鋼橋編】・同解説」（日本道路協会）17章，床版コンクリートの施工に関して「道路橋示方書【Ⅲコンクリート橋編】・同解説」19章に準拠するものとする。

10.2 鋼桁の製作および施工

（1） 鋼桁の製作にあたっては，設計で要求される機械的性質等の特性や構成部材の所定の寸法精度を確保しなければならない。
（2） 鋼桁の施工にあたっては，事前に鋼桁の架設時およびコンクリート床版の施工時における鋼桁部材の安全性を確認しなければならない。

【解 説】

（2）について　近年の鋼合成桁橋は，腹板の垂直補剛材をアスペクト比（垂直補剛材間隔／腹板高）$\alpha=3.0$ まで省略したり，腹板の水平補剛材をなくしたうえで，腹板厚を降伏限界幅厚比の考え方により低減するなどの少補剛設計が採用されている[1]。鋼合成桁としての完成系に対する安定性の照査に加えて，鋼桁単体となる鋼桁架設時や床版施工時などにおいても，一時的に腹板が不安定になることも考えられるので，「道路橋示方書【Ⅱ鋼橋編】・同解説」や「鋼構造架設設計施工指針」[2]（土木学会）等に示される主桁の横倒れ座屈の照査や腹板の局部座屈の照査を行う等，十分留意した設計を行わなければならない。

とくに，送出し架設時には，鉛直局部応力を受ける状態で照査[3]することなど，十分留意する必要がある。またトラッククレーンによる架設の場合においても，地組立て後にブロック架設する場合，横倒れ座屈やベント受け点での腹板の局部座屈等が生じないかを照査しなければならない。

床版の打設は支間中央から行われるため，床版施工時の鋼桁全体の横倒れ座屈や腹板の局部座屈等鋼桁の安定性に十分配慮する必要がある。計画段階において，仮横構やストラットを設けるなどの対策を施し，安全性を確保する必要がある[4]。

Ⅳ 合成桁橋編

10.3 コンクリート床版の施工

10.3.1 一 般

コンクリート床版の施工にあたっては，床版の施工方法，打設順序，打継目の位置，コンクリートの運搬方法，養生方法などをあらかじめ計画しておかなければならない。

【解 説】

コンクリート床版は，場所打ち床版とプレキャスト床版に分類されるが，ここでは前者について規定した。コンクリート床版の施工は，橋梁形式や規模を考慮して決定される。鋼多径間連続合成桁の場合は，移動式型枠工法が経済的となり，機材そのものも大型化する。移動型枠には床版を橋面上から懸垂するハンガータイプと下面から支持するサポートタイプの形式がある。

施工時のコンクリート床版には，温度応力，移動型枠のリバウンド，隣接径間施工時の主桁作用による負の曲げモーメント，施工期間中の収縮やクリープ，床版と鋼桁の温度差などによって，一時的ないし長期的に引張応力が作用する。これらの引張応力を低減する方法として，配合の工夫や膨張材の使用が標準的に行われているが，その他にも以下のような事例がある[5]。いずれの方法を採るにしても，設計段階において十分な検討を行っておく必要がある。（ⅰ）の事例を**解説 図10.1.1**に，（ⅲ）の事例を**解説 図10.1.2**に示す。

（ⅰ） ブロック施工順序の工夫（ピアノ鍵盤方式，中間支点ブロックの後打ち）
（ⅱ） 移動型枠の複数台使用
（ⅲ） テンポラリーなカウンターウェイトの使用
（ⅳ） ジャッキアップダウン工法の採用
（ⅴ） 移動型枠の軽量化

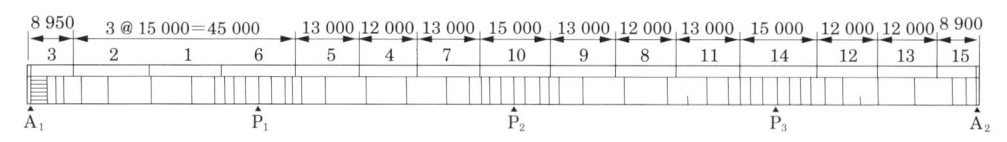

解説 図10.1.1 移動型枠による打設順序[6]

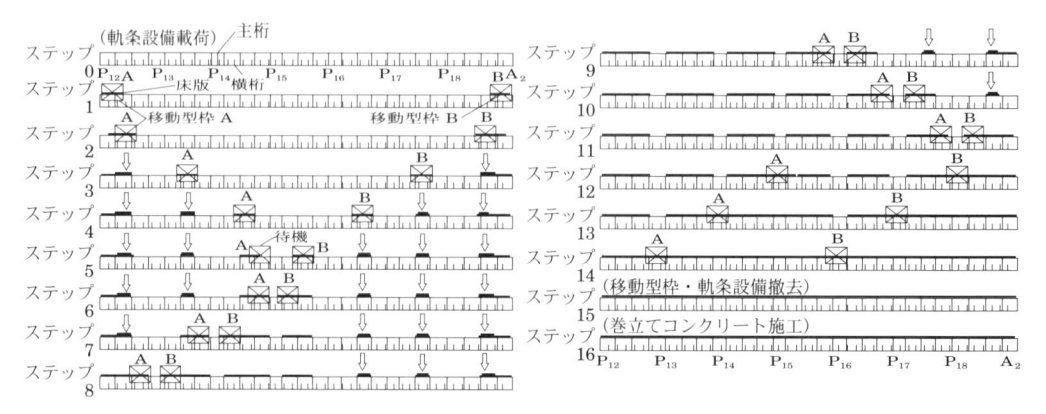

解説 図10.1.2 カウンターウェイトを用いた事例[7]

10.3.2 コンクリートの養生

施工時のコンクリート床版にひび割れが発生しないよう注意しなければならない。

【解 説】

コンクリートの養生は,「道路橋示方書【Ⅱ鋼橋編】・同解説」17章および「道路橋示方書【Ⅲコンクリート橋編】・同解説」19章に従う。鋼合成桁の場合,コンクリート硬化時の水和熱により,コンクリートにひび割れが生じやすいので注意する必要がある。

解説 図10.1.3 は,変形が拘束されたコンクリート硬化時における温度変化と内部応力変化の関係を示すが,コンクリート温度がピークを過ぎた段階で,コンクリートには引張応力が発生する。しかし,この段階ではコンクリート強度そのものが小さいことからひび割れが生じやすい。これに対しては,急激な収縮や温度変化を避け,十分な養生を行う必要がある。

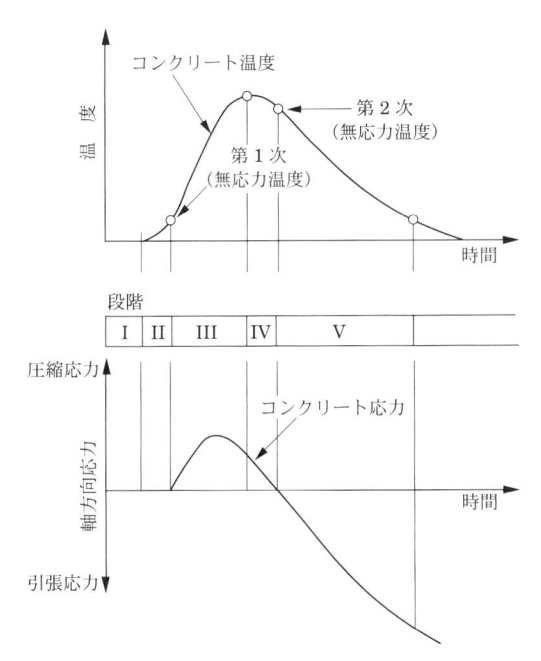

解説 図10.1.3 拘束を受ける床版コンクリートの温度と応力変化[8]

温度応力への対処としては,床版内部と表面の温度差をなるべく小さくし,かつゆっくりとコンクリート温度を降下させることが重要である。このためには,防風シートや防風設備,あるいは屋根設備等によって風および直射日光を遮ることがきわめて有効である。さらに,冬季の施工のように外気温が低い場合には給熱養生を行うといったきめ細かい配慮も求められる。また,コンクリートに膨張材を添加した場合には,材齢初期の膨張過程における水分供給が重要になるため,十分な湿潤養生を行う必要がある[9]。

文献10)では,冬季における給熱養生の効果を実橋での温度計測結果から分析しており,温度下降勾配が緩やかになること,床版内部と表面の温度差が小さくなることが確認されている(解説図10.1.4)。

Ⅳ 合成桁橋編

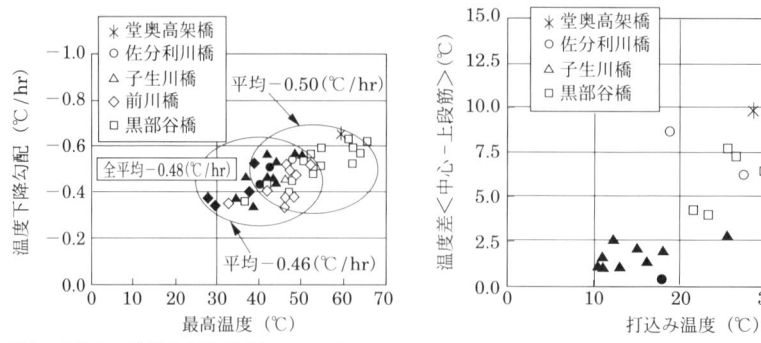

(a) 最高温度-温度下降勾配
(b) 床版断面内の温度差

解説 図10.1.4 温度計測データの分析結果例[10]

注) 塗潰し：給熱養生時（冬期11～3月）
　　白抜き：通常養生時（上記以外の月）

10.3.3 橋軸方向プレストレス力あるいは軸方向力の導入方法

鋼連続合成桁において，中間支点部のコンクリート床版にプレストレス力あるいは軸方向力を導入する場合は，必要プレストレス量に応じて，経済性や施工性を考慮して導入方法を決定する。

【解　説】

鋼連続合成桁における中間支点部のコンクリート床版は，橋軸方向の構造設定（RC構造，PPC構造，PC構造）に応じて，プレストレス力あるいは軸方向力の導入が必要となる。導入方法を決定するにあたっては，経済性や施工性はもとより，維持管理性までを十分に検討する必要がある。

プレストレス力は，主に床版内にPC鋼材を配置し，内ケーブルとして導入しており，コンクリート床版の橋軸方向をPC構造あるいはPPC構造として設計する場合に採用されている。PC鋼材の配置範囲については，中間支点上だけに配置する場合と床版全長にわたって配置する場合がある。外ケーブルを採用する場合には，点検等の維持管理の面での配慮が必要である。鋼連続合成桁の中間支点付近にプレストレスを導入することにより，供用状態におけるコンクリートのひび割れを防止したり制御することができ，部材剛性の低下や鉄筋の腐食などを防止することができる。プレストレス力を有効に使うため，床版にプレストレス力を導入した後で鋼桁と合成させることが必要であり，ずれ止め部を後打ちしたり，後硬化型樹脂で被覆した頭付きスタッドを使用する等の方策が採られている。

軸方向力は，中間支点のジャッキアップダウンやカウンターウェイト等の曲げ作用により，主に架設時のひび割れ制御として導入されており，コンクリート床版の橋軸方向をRC構造あるいはPPC構造として設計する場合に採用されている。中間支点のジャッキアップダウンによる方法は，最も経済的な工法であり多くの実績があるが，構造規模によってはジャッキアップダウン量が大きくなりすぎる場合もある。本工法では，一般に施工時と永久荷重時に対して中間支点付近のコンクリート床版のひび割れを許さない程度のプレストレス量の導入を目標にジャッキアップを行う例が

多い．

　昭和30年代から40年代前半に用いられていたジャッキアップダウン工法は，解説 図10.2.1に示すように，中間支点を床版打設前に上げ越しておき，橋梁全体に弓なりの強制キャンバーを与え，床版打設後一括で降下させる工法であった．しかしながら，近年のPC床版鋼2主桁橋は移動型枠により施工されるケースが多く，そのために床版は順次鋼桁と合成される．このような施工においては，解説 図10.2.2に示すように中間支点部床版打設ごとに逐次，軸方向力を導入すれば，ジャッキアップダウン量が従来工法よりも小さくて済み，架設機材が少なくてより安全な施工が可能となるという利点がある[11]．

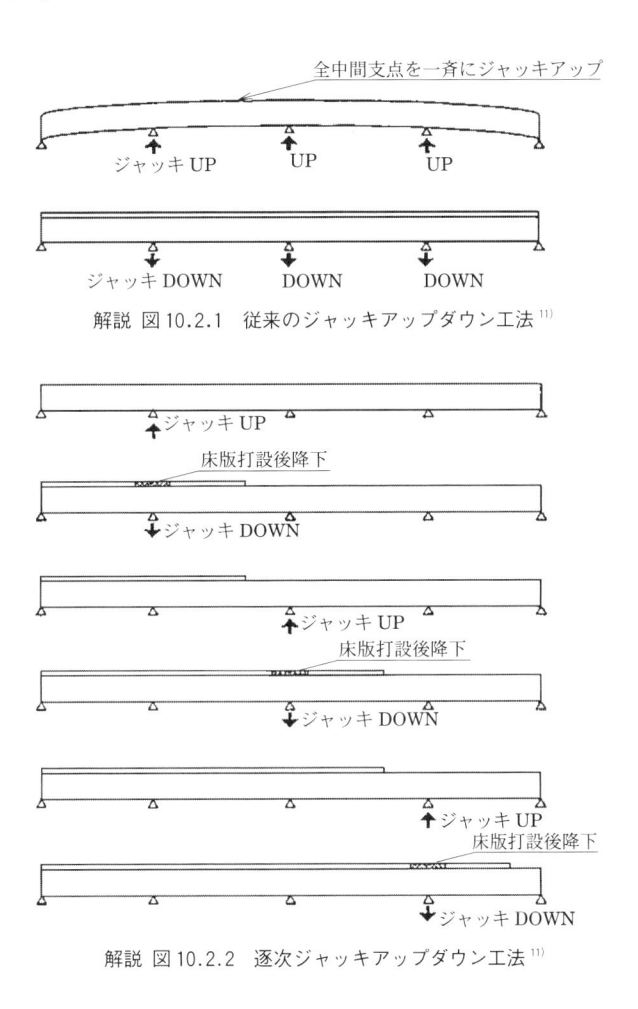

解説 図10.2.1　従来のジャッキアップダウン工法[11]

解説 図10.2.2　逐次ジャッキアップダウン工法[11]

参考文献

1) 中薗，稲葉，大垣：PC床版を有する鋼連続合成2主桁橋の設計法（上），橋梁と基礎，pp.27-35，2002.2
2) 土木学会：鋼構造架設設計施工指針 [2001年版]，2002.4
3) 作川，大垣，山本，田村，川尻：鉛直局部荷重が作用する腹板のフランジを考慮した座屈係数の提案，鋼構造論文集，日本鋼構造協会，第6巻，第22号，1999
4) 太田，川尻，長井，大垣，磯江，作川：少補剛設計した合成2主桁橋の施工時安定性に関する解析的研究，構造工学論文集，土木学会，Vol.45A，1999

Ⅳ　合成桁橋編

5) 寺田，本間，河西，松井：長支間場所打ち PC 床版の設計・施工マニュアル（上），橋梁と基礎，pp.21-28，2002.11
6) 田村，川尻，大垣，作川：PC 床版連続合成 2 主桁橋「千鳥の沢川橋」の設計，橋梁と基礎，pp.18-22，1998.9
7) 本間，長谷，榊原，中村，上原，河西：長支間場所打ち PC 床版の設計と施工－第二東名高速道路藁科川橋－，橋梁と基礎，pp.2-10，2002.10
8) Stahleverbund-Bruckenbau, Stahl-Informations-Zentrum, 1991
9) 寺田，本間，河西，松井：長支間場所打ち PC 床版の設計・施工マニュアル（下），橋梁と基礎，pp.29-38，2002.12
10) 中村，師山，大浴，大澤，武藤，稲葉：場所打ち PC 床版施工時の温度履歴推定と養生対策の効果，土木学会第 58 回年次学術講演会概要集，pp.259-260，2003.9
11) 高速道路技術センター：PC 床版鋼連続合成 2 主桁橋の設計・施工マニュアル，pp.83-84，2002.3

11章　耐久性の確保

11.1　一般

本章は，鋼合成桁橋を維持管理していく上で重要となる耐久性面での留意事項を定めるものである。

【解説】

PC床版を有する鋼合成桁橋は，従来のRC床版を用いていた鋼合成桁橋と比較し，飛躍的に耐荷力と耐久性を向上した構造となっている。この構造の実現は，適切な床版厚の確保，橋軸直角方向のプレストレス力導入，防水工の採用といった方策によりPC床版が半永久的な構造部材として認知された結果である。

したがって，鋼合成桁を維持管理していく上で重要となる部位は，コンクリート床版と鋼・コンクリートの接合部であり，これらの部位の耐久性確保を設計施工の両面から事前に検討することが求められる。

11.2　コンクリート床版

鋼合成桁において，コンクリート床版の耐久性を確保するためには，以下の事項に留意しなければならない。
（1）打継目近傍，鋼桁近傍および中間支点近傍に発生するひび割れを分散するように，適切な用心鉄筋および最小鉄筋量を配置する。
（2）場所打ち床版部は，凝結遅延剤等による打継目の粗面仕上げおよび膨張コンクリート等の適切な配合計画と養生計画を実施する。

【解説】

コンクリート床版の耐久性を確保するために求められる留意事項を挙げた。
（1）について　打継目近傍，鋼桁近傍および中間支点近傍には，水和熱による温度応力，収縮による拘束応力および変動荷重による桁作用応力等の多様な引張応力が発生する。架設時における有害なひび割れの発生を防ぐために，事前に配合選定や打設順序，ジャッキアップダウン等の適用を十分に検討する必要がある。しかし，実施工においては，これらのひび割れが発生しやすい部位に用心鉄筋を配置すること，最小鉄筋量を確保することを確実に実施しなければならない。
（2）について　構造上，弱点となりやすい打継目の性能確保のため，適切な打継目処理を施すこと，また，温度や収縮に起因する固有応力を低減するために十分な配合計画や養生計画を行うことが最も大切な留意事項である。

11.3 接合部

鋼合成桁において，接合部の耐久性を確保するためには，以下の事項に留意しなければならない。
（1） ハンチ部はコンクリートの剥落が生じない形状とする。
（2） 横桁近傍等，界面はく離が生じやすい部位では，ずれ止めの配置方法でその影響を考慮するほか，未然に適切な防水対策を検討する。

【解　説】
　床版と鋼桁のずれ止めの耐久性を確保するために求められる留意事項を挙げた。
（1）について　　初期に施工されたPC床版鋼2主桁橋では，厚板の上フランジに対しても，従来どおり上フランジ下面からハンチを立ち上げていたため，この部分の橋軸方向にひび割れが生じた損傷事例があった。ハンチを上フランジ上面から立ち上げる等の剥落が生じない形状とする必要がある。
（2）について　　横桁近傍の接合部等，界面はく離が生じやすい部位では，はく離現象が生じないように横締めPC鋼材やずれ止めの配置方法を検討するほか，フェールセーフとして，はく離現象が生じてしまった場合の防水対策や防錆対策を未然に検討しておくことが大切である。

V 混合桁橋編

1章 一 般

1.1 適用の範囲

本編は，鋼桁部とコンクリート桁部とを部材軸（橋軸）方向に，プレストレスを導入した十分な耐力を有する接合部を介して，直接結合した混合桁橋の設計および施工に適用する。

【解　説】
本編では，鋼桁部とコンクリート桁部とを部材軸（橋軸）方向に，接合部を介して直接結合した混合桁橋の設計および施工について，標準的な事項を示したものである。

接合部の種類としては，鋼桁を堅固に補強したもの，中詰めコンクリートを充填し鋼とコンクリートを合成構造としたもの等があるが，ずれ止め（頭付きスタッド，孔あき鋼板ジベルなど）や支圧板，鋼セルウェブ，鋼セルフランジ等と PC 鋼材によるプレストレスを併用して，発生断面力に対して十分な耐荷力および耐久性等を有するように規定した。

また本編では，混合桁橋のうち，主として鋼とコンクリートの合成構造である接合部と，接合部近傍のコンクリート桁部における設計および施工について標準的な事項を示した。ここで，接合部近傍のコンクリート桁部とは，接合部よりコンクリート桁部方向に桁高程度離れた区間としてよい。

1.2 構造計画

（1）　混合桁橋を設計・施工する場合は，架橋地点の諸条件，経済性，施工性，維持管理，環境との調和について十分検討を行い，支間割り，構造形式，接合位置，架設方法などを計画しなければならない。
（2）　混合桁橋の接合部は，その構造特性，耐久性および経済性を十分考慮して適切な形式を選定するものとする。

【解　説】
（1）について　　混合桁橋を採用する目的としては，以下の点が挙げられる。
（ⅰ）上部工重量や断面力の低減
　　斜張橋，エクストラドーズド橋などの比較的長支間の橋梁形式において，短支間をコンクリート桁，長支間を鋼桁とし，長支間部の上部工重量や断面力を低減する。
（ⅱ）アンバランスな支間割りの反力や断面力の改善
　　支間割りがアンバランスとならざるを得ない場合，長支間を鋼桁，短支間をコンクリート桁とし，負反力の発生を防ぎ，断面力を低減する。

（iii）交差条件や架設条件への適合

一般部をコンクリート桁，跨線部や跨道部を鋼桁とし，交差条件に制約される架設時および供用時の桁下クリアランスを確保，あるいは架設時間を短縮する。また，桁高あるいは架設の期間や上空制限を守る。

（iv）走行性，耐震性，維持管理性の向上

コンクリート桁と鋼桁がかけ違い部を介して連続する構造では，大規模地震時における落橋，伸縮装置の維持管理および騒音が懸念されるので，それを解消する目的でコンクリート桁と鋼桁を結合する。

接合部の位置は，橋の構造特性に応じて決定する。すなわち，斜張橋のように，軸方向力の作用が支配的となる場合には，曲げモーメントが小さいインフレクションポイント付近に接合部を設けることが多い。一方，桁橋の場合は，曲げモーメントが支配的となるので，曲げモーメントが交番しない位置に接合部を設けることが多い。この場合，供用限界状態において接合部にひび割れが発生しないように留意する必要がある。

（2）について　接合部の構造には，「前面支圧板方式」，「後面支圧板方式」，「前後面併用支圧板方式」，「支圧接合方式」および「ずれ止め接合方式」等があり，伝達力の種類および大きさ，部材寸法の制約条件，施工性，実績等を考慮して適切な構造を選定しなければならない（2章 2.1 節解説項（4）についてを参照）。なお接合部の構造は，その種別によっては特許を取得している場合もあるので，その採用にあたっては十分な注意が必要である。

1.3　用語の定義

本編では，混合桁橋に関する用語を次のように定義する。

（1）接合部──接合部とは，鋼桁部とコンクリート桁部の接合位置にあって，両者を一つの構造系の中で一体として作用させるために設けられるもので，一般には鋼とコンクリートの合成構造である部分をさす。

（2）接合要素──接合部を構成する要素で，ずれ止め，鋼殻セル，支圧板，中詰めコンクリートなどをさす。

（3）鋼殻セル──接合部を多室構造とした場合の鋼桁部内の各室（鋼殻）のことで，鋼製の支圧版，セルウェブ，セルフランジから構成される。

（4）支圧板──支圧板とは，鋼部材とコンクリート部材の接合部に配置され，鋼部材からの集中軸方向荷重を分散し，支圧力としてコンクリート部材へ伝達するもの。

（5）中詰めコンクリート──鋼とコンクリートの合成構造とした接合部において，鋼桁部内に充填するコンクリートで，鋼桁とコンクリート桁間の伝達力を分散させるもの。

（6）定着部──定着部とは，定着具をコンクリート部材あるいは鋼部材に固定し，プレストレスを伝達する部分をいい，定着具と定着具を固定するために用いる部材で構成される。

1.4 記　　号

本編では，混合桁橋の設計計算に用いる記号を次のように定める。

A_s ：引張鋼材の断面積

σ_I ：コンクリートの斜め引張応力度

V_{hd} ：部材高さの変化により生じるせん断力に平行な成分

V_{yd} ：設計せん断耐力

V_{wcd} ：腹部コンクリートのせん断に対する設計斜め圧縮破壊耐力

M_{td} ：設計ねじりモーメント

M_{tcd} ：設計純ねじり耐力

F_{jo} ：接合部の供用限界状態に対する余裕値

$F_{o\,\min}$ ：一般部の供用限界状態に対する余裕値の最小

F_{jd} ：接合部の耐力比

$F_{d\,\min}$ ：一般部の耐力比の最小

F_{fj} ：接合部の疲労限界状態に対する応力度比

$F_{fd\,\min}$ ：一般部の疲労限界状態に対する応力度比の最小

f_{vyk} ：鋼材のせん断降伏強度の特性値

R ：ずれ止めの荷重分担率

K_{ps} ：ずれ止めと鋼殻の合成ばね剛性

K_{cb} ：コンクリートと後面支圧板の合成ばね剛性

K_p ：ずれ止めのばね剛性

K_s ：鋼殻のばね剛性

K_c ：コンクリートのばね剛性

K_b ：後面支圧板のばね剛性

Q ：頭付きスタッドに作用する合成せん断力

2章　設計に関する一般事項

2.1　設計計算の原則

（1）　混合桁橋のうち，鋼桁部，接合部，コンクリート桁部および接合部近傍のコンクリート桁部等の各部材の設計にあたっては，原則として供用限界状態，終局限界状態および疲労限界状態における組合わせ荷重に対して，それぞれ要求される性能を照査し，部材が安全であることを確かめなければならない。

（2）　混合桁橋の部材のうち接合部の設計は，次の事項を満たすように安全性に留意して設計しなければならない。

　（i）　構造が単純で，力の伝達が明確であること。
　（ii）　構成する各要素において，なるべく偏心がないようにすること。
　（iii）　有害な応力集中を生じさせないこと。
　（iv）　有害な残留応力や2次応力を生じさせないこと。

（3）　混合桁橋のうち，接合部近傍のコンクリート桁部の設計は，供用限界状態においてコンクリートにひび割れを発生させない部材として，安全性を照査しなければならない。

（4）　接合部の基本構造については，上述の事項に留意し適切な形式を選定しなければならない。

【解　説】

（2），（3）について　　接合部に要求される性能を条文に示した。接合部の構造は，一般に複雑になりがちであるが，単純で力の伝達が明確であると，接合上の問題点が十分把握しやすいし，解析や設計方法の確立・単純化にも役立つ。ただし，力の伝達が不明確な場合はFEM解析・模型実験などにより，接合部の力学挙動を十分明確にしておく必要がある。

　接合部の設計は，条文に示したこれらの性能が満足できるかどうかを照査し，これらの性能が満足できるように，十分な耐力と剛性を有する構造としなければならない。

　したがって，接合部近傍のコンクリート桁部の構造は，原則として部材軸（橋軸）方向にずれ止めや支圧板等とPC鋼材等によるプレストレスを併用したPC構造として設計しなければならない。

　解説 図2.1.1に接合部の設計フローの一例を示す。左側に設計の流れ，右側に各段階で必要と思われる検討・設計項目を挙げる。

　また，本編で取扱う設計応答値と限界値を，解説 表2.1.1に示す。

V 混合桁橋編

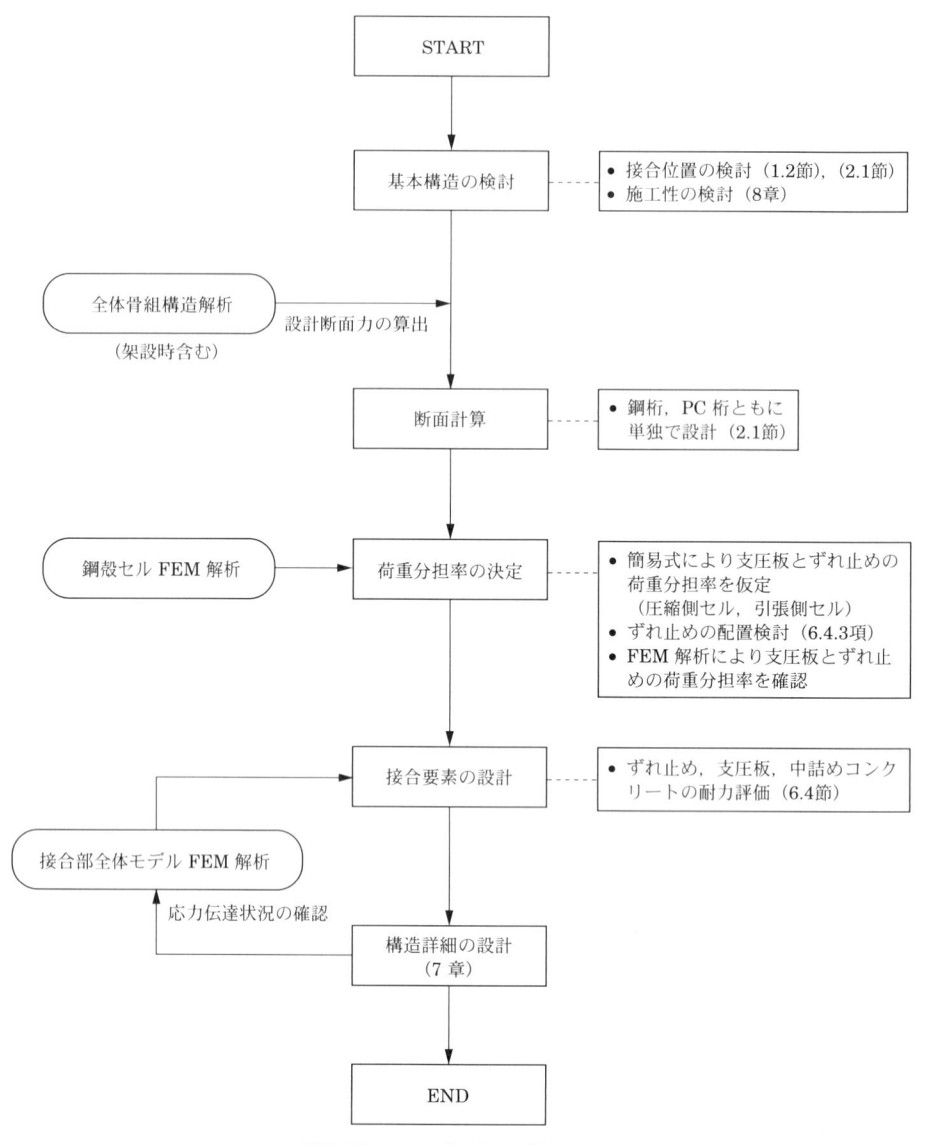

```
START
  ↓
基本構造の検討 ………  • 接合位置の検討（1.2節），(2.1節)
  ↓                    • 施工性の検討（8章）
(全体骨組構造解析)
  (架設時含む)  → 設計断面力の算出
  ↓
断面計算 ………  • 鋼桁，PC 桁ともに単独で設計（2.1節）
  ↓
(鋼殻セル FEM 解析) → 荷重分担率の決定 ………  • 簡易式により支圧板とずれ止めの
                                             荷重分担率を仮定
                                             （圧縮側セル，引張側セル）
                                           • ずれ止めの配置検討（6.4.3項）
                                           • FEM 解析により支圧板とずれ止
                                             めの荷重分担率を確認
  ↓
接合要素の設計 ………  • ずれ止め，支圧板，中詰めコンク
                      リートの耐力評価（6.4節）
  ↑
(接合部全体モデル FEM 解析)
       ↑ 応力伝達状況の確認
  ↓
構造詳細の設計
  (7章)
  ↓
END
```

解説 図 2.1.1　接合部の設計フロー

(4)について　混合桁橋における接合部の構造選定にあたっては，次の点に着目して検討を行うことが必要である。

(ⅰ)　伝達力の種類（圧縮力，引張力，せん断力）
(ⅱ)　伝達力の大きさ
(ⅲ)　部材寸法の制約条件
(ⅳ)　製作・施工性
(ⅴ)　実績

接合部の構造には，「前面支圧板構造」（中詰めコンクリートあるいはメタルプレート構造）や「後面支圧板構造」（中詰めコンクリート）があり，メタルプレート構造は海外において採用事例がある等[1]，どちらの構造も実績があるが，近年高流動コンクリートの普及によりコンクリートの施工

2章　設計に関する一般事項

解説 表2.1.1　設計応答値および設計限界値

限界状態	検討部材		設計応答値		設計限界値			備考 性能照査目的
			項目	適用	項目		適用	
供用	接合部近傍	コンクリート桁	コンクリート圧縮応力度	V編3.1.2項	コンクリート応力度の限界値	曲げ圧縮, 軸方向圧縮	I編7.2.1項	供用性・耐久性
			コンクリート引張応力度	V編3.2節		縁引張	I編7.2.2項	
						斜め引張		
			PC鋼材応力度	—	PC鋼材応力度の限界値（引張）		I編7.2.1項	
			鉄筋応力度		鉄筋応力度の限界値（引張）			
	接合部	ずれ止め	設計断面力	V編6.4.1項	設計耐力	頭付きスタッド	IV編6.5節	
						孔あき鋼板ジベル	II編6.3節	
		支圧板, 支圧板溶接部	せん断応力度		せん断応力度の限界値		I編6.3節	
		中詰めコンクリート	応力度		コンクリート応力度の限界値	圧縮	I編7.2.1項	
						引張		
						支圧		
	主桁		変位・変形	V編3.3節	変位・変形の限界値		I編7.3節	
終局	接合部近傍	コンクリート桁	設計曲げモーメント	V編4.2節	設計断面耐力		V編4.2節	安全性
			設計せん断力	V編4.3.1項	設計せん断耐力		V編4.3.1項解説	
			設計ねじりモーメント	V編4.3.2項	設計ねじり耐力		V編4.3.2項解説	
	接合部	ずれ止め	設計断面力	V編6.4.1項	設計耐力	頭付きスタッド	IV編6.5節	
						孔あき鋼板ジベル	II編6.3節	
		支圧板, 支圧版溶接部	せん断応力度		せん断応力度の限界値		V編6.4.1項解説	
		中詰めコンクリート	応力度		コンクリート応力度の限界値	圧縮	I編7.2.1項	
						支圧		
疲労	接合部近傍	コンクリート桁	一般に省略	V編5.1節	—			安全性・耐久性
		鋼桁部	変動応力度	—	疲労強度の限界値		鋼道路橋の疲労設計指針（日本道路協会），鋼鉄道橋設計標準・同解説（鉄道総合研究所）	
	接合部	ずれ止め	変動応力度	V編6.4.1項	疲労強度の限界値	頭付きスタッド		
						孔あき鋼板ジベル		
		支圧板, 支圧版溶接部	変動応力度		疲労強度の限界値			
		中詰めコンクリート	一般に省略		—			

注）　本編では，接合部近傍のコンクリート桁部の設計は，供用限界状態においてコンクリートにひび割れを発生させない部材として，安全性を照査しているため，ひび割れ幅およびひび割れ幅の限界値は割愛している。

性が改善されたことから「前後面併用支圧板構造」（中詰めコンクリート）等の構造もある。

　ただし，「前面支圧板構造」と「後面支圧板構造」とを比較した場合，一般には以下の理由により「後面支圧板構造」を採用することが多い[2]。

（i）　本規準では，接合部が圧縮領域にあるか，もしくは接合部にプレストレスを与えることを前提としているので，接合部では少なくとも圧縮力が引張力に比べ支配的となる。「後面支圧板

V 混合桁橋編

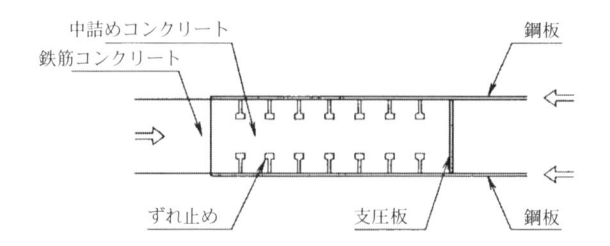

解説 図2.1.2 後面支圧板構造

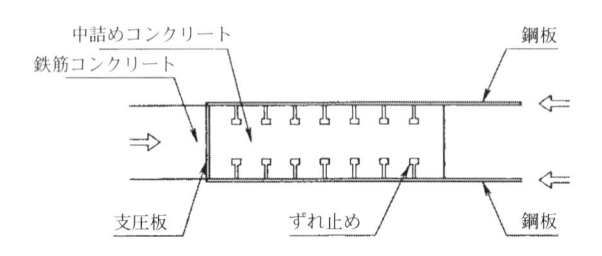

解説 図2.1.3 前面支圧板構造

構造」は，圧縮力を伝達する場合，接合面でのコンクリートの応力集中が小さいという利点を有する。

（ⅱ）「後面支圧板構造」は，接合部近傍コンクリート桁部と中詰めコンクリートとを分断しないため，ずれ止めの効果が大きく，応力の流れがスムーズである。

この2案の力学的特性を把握するため，生口橋（本四公団）の接合部の設計例では，1セルを取り出した部分的モデル供試体の静的圧縮試験，平面および立体モデルについてのFEM解析などを実施し，次のような点から後面支圧板形式を採用している。

（ⅰ）中詰めコンクリートとPC横桁コンクリートが連続一体化する。
（ⅱ）接合面での応力集中が小さい。
（ⅲ）ずれ止めの効果が大きく，応力の流れがスムーズである。
（ⅳ）鋼接合ブロックを立起こして中詰めコンクリートの打設が可能であり，ずれ止めに与えるブリーディングの影響を少なくできる。

また，最近ではPC桁断面に鋼桁を挿入し，鋼桁とPC桁との応力の伝達はずれ止めにより行う

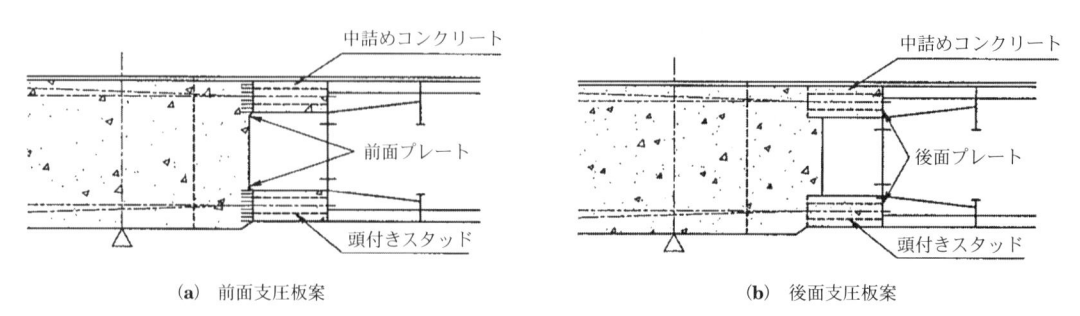

(a) 前面支圧板案　　　　(b) 後面支圧板案

解説 図2.1.4 前面と後面支圧板案の比較

2章 設計に関する一般事項

ずれ止め接合方式や鋼桁とPC桁との応力の伝達を鋼板とコンクリートとの付着（摩擦）および支圧板により行う支圧接合方式のようなシンプルな構造が中小支間の橋梁において採用されつつある。

接合構造の比較を**解説 表2.1.2**に示す。

解説 表2.1.2 接合構造の比較

	第1案 後面支圧板方式	第2案 前・後面支圧板方式
構造概念図	PC鋼材／ずれ止め／Uリブ／補強リブ／後面板／補強縦リブ　PC桁一般部｜場所打ち部｜鋼桁一般部（PC桁端横桁／合成桁部）	PC鋼材／ずれ止め／密閉板／Uリブ／前面板／後面板／縦リブ　PC桁一般部｜場所打ち部｜鋼桁一般部（PC桁端横桁／合成桁部）
力の伝達	・軸方向力，曲げモーメント 合成桁部のずれ止め（せん断）と後面板（支圧）から鋼桁部へ伝達される。 ・せん断力，ねじりモーメント デッキおよび腹板のずれ止め（せん断）から鋼桁部へ伝達される。	・軸方向力，曲げモーメント 合成桁部のずれ止め（せん断）と前・後面板（支圧）から鋼桁部へ伝達される。 ・せん断力，ねじりモーメント 前面板のずれ止め（せん断）から鋼桁部へ伝達される。
	第3案 支圧接合方式	第4案 ずれ止め接合方式
構造概念図	PC鋼材／前面板／密閉板／Uリブ／後面板／支圧部／縦リブ　PC桁一般部｜場所打ち部｜鋼桁一般部（PC桁端横桁）	PC鋼材／ずれ止め　PC桁一般部｜合成桁部｜鋼桁一般部（PC桁端横桁）
力の伝達	・軸方向力，曲げモーメント 鋼板（後面板など）とコンクリートとの付着（摩擦）と前・後面板（支圧）から鋼桁部へ伝達される。 ・せん断力，ねじりモーメント 前面板の支圧（プレストレス）による摩擦力によって鋼桁部へ伝達される。	・軸方向力，曲げモーメント 合成桁部のずれ止め（せん断）から鋼桁部へ伝達される。 ・せん断力 腹板のずれ止め（せん断）から鋼桁部へ伝達される。

2.2 構造解析

2.2.1 一般

（1） 混合桁橋の構造解析は，各限界状態に応じた各部材の特性，支持条件等を考慮した適切な構造解析モデル，解析理論を用いて算定するものとする。

（2） 構造解析モデルと手法は，各部材におけるコンクリートのクリープ・収縮の影響の有無

を考慮し，それらを組み合わせ単純化したモデルを用いて，線形骨組解析によることを標準としてよい．なお，接合部は，剛結合としてモデル化する．

（3） 構造解析に用いる荷重は，荷重の分布状態を単純化したり，動的荷重を静的荷重に置換えたりする等，実際のものと等価または安全側のモデル化を行ってよい．ただし，変動荷重は設計断面に最も不利なように載荷するものとする．

（4） 衝撃係数は，鋼桁部に載荷される変動荷重と，コンクリート桁部を区別して算定し，接合部はコンクリート桁部とみなして算定してよい．

【解　説】
（1），（3）について　「コンクリート標準示方書【構造性能照査編】」（土木学会）5章5.1節に準拠した．

（2）について　線形解析を行う場合と構造物の固有周期を求める場合の断面2次モーメントは，一般に次のように計算してよい．

（ⅰ）　コンクリート桁部は，部材のコンクリート全断面について計算する．
（ⅱ）　鋼桁部は，合成桁もしくは非合成桁として計算する．
（ⅲ）　鋼とコンクリートの合成構造の接合部の場合，原則として合成断面として計算を行うが，便宜的にコンクリート全断面としてもよい．

また，混合桁橋の断面図心位置は，鋼桁部とコンクリート桁部とで大きく異なる場合も考えられるが，一般にはこれを無視してよい．

2.2.2　各限界状態を検討するための構造解析手法

（供用限界状態を検討するための断面力および変形の算定）

（1）　供用限界状態に対する検討に用いる断面力の算定は，線形解析に基づくことを原則とする．断面力の算定の用いる剛性は，通常の場合，全断面有効と仮定して求めてよい．

（2）　構造物の変位および変形は，コンクリート部材を弾性体と仮定し，ひび割れによる剛性低下やコンクリートのクリープ・収縮を考慮して求めることを原則とする．

（終局限界状態を検討するための断面力の算定）

（3）　断面破壊の終局限界状態を検討するための断面力の算定には，一般に線形解析を用いてよい．

（4）　線形解析以外の方法を用いる場合には，その解析方法の妥当性を確かめなければならない．

（5）　通常の温度変化，コンクリートのクリープ・収縮等の影響による断面力は，これを無視することができる．その場合，すべての断面における鉄筋比を釣合鉄筋比の50％以下としなければならない．ただし，施工時と完成時で構造系が変化する場合には，クリープによる断面力の変化を考慮しなければならない．

（疲労限界状態を検討するための断面力の算定）

（6）　疲労限界状態に対する検討に用いる断面力の算定は，線形解析に基づくことを原則とする．

【解　説】

「コンクリート標準示方書【構造性能照査編】」5章5.2～5.4節に準拠した。

（1）について　　温度変化およびコンクリートのクリープ・収縮による断面力は，供用限界状態においてひび割れの発生する部材では，ひび割れ発生による部材の剛性低下を考慮して求めてよい。

参考文献
1)　世界最長のノルマンジー斜張橋：橋梁と基礎, pp.50-52, 1989
2)　鋼橋技術研究会 複合構造接合部研究部会：平成3年度研究報告書, pp.231-232, 1991

3章　供用限界状態に対する検討

3.1　曲げモーメントおよび軸方向力に対する検討

3.1.1　一　般

混合桁橋のうち，接合部近傍のコンクリート桁部における部材縁は，供用限界状態においてひび割れの発生を許さないものとする。

3.1.2　応力度の照査

接合部近傍のコンクリート桁部における応力度の照査は，以下のとおりとする。
（1）コンクリートの縁引張力応力度は，ひび割れ発生を許さない部材として，I編7章7.2.2項（1）に示す設計引張強度の限界値を超えてはならない。
（2）コンクリートの縁応力度が引張応力度となる場合には，式（3.1.1）により算定される断面積以上の引張鋼材を配置することを原則とする。

$$A_s = \frac{T_c}{\sigma_{st}} \quad (3.1.1)$$

ここに，A_s：引張鋼材の断面積
　　　　T_c：コンクリートに作用する全引張力
　　　　σ_{st}：引張鋼材の引張応力度の限界値で，異形鉄筋に対しては200N/mm^{2}とする。ただし，引張応力が生ずるコンクリート部分に配置されている付着があるPC鋼材は，引張鋼材とみなしてよい。この場合プレテンション方式のPC鋼材に対しては，引張応力度の限界値を200N/mm^{2}としてよいが，ポストテンション方式のPC鋼材に対しては，100N/mm^{2}とするのがよい。

【解　説】

（2）について　　一般に混合桁橋の接合部は，鋼部材とコンクリート部材が複雑に重なり合ったり，鋼板でコンクリートが覆われた上に，支圧板等で両者が縁切りされている場合がある。したがって，接合部近傍のコンクリート部では，引張鉄筋の効果が十分に期待できない面も考えられるが，軸方向の配置鉄筋量の目安の一つとして，条文のように考えることとした。

3.2 せん断力およびねじりモーメントに対する検討

混合桁橋のうち，接合部近傍のコンクリート桁部におけるせん断力およびねじりモーメントに対する検討は，以下のとおりとする。

(1) ひび割れ発生を許さない部材としてのせん断力およびねじりモーメントに対する検討は，コンクリートの斜め引張応力度に対して行うものとする。ただし，コンクリートの斜め引張応力度は，突縁の有効幅を含むコンクリートの全断面を有効として，式（3.2.1）により算定してよい。

$$\sigma_I = \frac{\sigma_x + \sigma_y}{2} + \frac{1}{2}\sqrt{(\sigma_x - \sigma_y)^2 + 4(\tau_b + \tau_t)^2} \tag{3.2.1}$$

ここに，σ_I：コンクリートの斜め引張応力度
σ_x：部材軸方向の応力度
σ_y：部材軸直角方向の応力度
τ_b：せん断力によるせん断応力度
τ_t：ねじりモーメントによるせん断応力度

(2) コンクリートの斜め引張応力度は，Ⅰ編7章7.2.2項(2)に示す斜め引張応力度の限界値を超えてはならない。

【解　説】
(2)について　　コンクリートの斜め引張応力度の検討は，一般に，部材断面の図心軸位置および部材軸方向の応力度が0となる位置で行えばよい。

3.3 変位・変形に対する検討

(1) 構造物または部材の変位・変形量の限界値は，構造物の種類と使用目的，荷重の種類等を考慮して定めるものとする。
(2) 部材の短期の変位・変形量は，全断面有効として弾性理論を用いて計算してよい。
(3) 長期の変位・変形量は，永久荷重によるコンクリートのクリープ・収縮の影響等を考慮して求めるものとする。

4章　終局限界状態に対する検討

4.1　一般

断面破壊の終局限界状態に対する検討は，設計断面力 S_d の設計断面耐力 R_d に対する比に構造物係数 γ_i を乗じた値が1.0以下であることを確かめることにより行うものとする。

$$\frac{\gamma_i \cdot S_d}{R_d} \leqq 1.0 \tag{4.1.1}$$

【解　説】

「コンクリート標準示方書【構造性能照査編】」（土木学会）6章6.1節に準拠した。

4.2　曲げモーメントおよび軸方向力に対する安全性の検討

混合桁橋のうち，接合部近傍のコンクリート桁部の終局限界状態における断面耐力は，コンクリートと鋼材が配置されたコンクリート断面として算出してよい。

【解　説】

接合部は，十分な耐力と剛性があり，変位・変形に連続性があるように設計を行うため，終局限界状態において「コンクリート標準示方書【構造性能照査編】」6章6.2.1項に規定する条件は満足するものと仮定し，接合部近傍のコンクリート桁部の断面耐力は，コンクリートと鋼材が配置されたコンクリート断面として算出してよいものとした。

4.3　せん断力およびねじりモーメントに対する安全性の検討

4.3.1　せん断力に対する検討

混合桁橋のうち，接合部近傍のコンクリート桁部の終局限界状態におけるせん断力およびねじりモーメントに関する耐力は，コンクリートと鋼材が配置されたコンクリート断面と仮定して算出してよい。

（1）せん断力に対する安全性の検討は，設計せん断耐力 V_{yd} および V_{wcd} のそれぞれについて安全性を確かめるものとする。

（2）部材高さが変化する部材の設計せん断力は，曲げ圧縮力および曲げ引張力のせん断力に平行な成分 V_{hd} を減じて算定しなければならない。V_{hd} は式（4.3.1）により求めてよい。

$$V_{hd} = \frac{M_d}{d}(\tan\alpha_c + \tan\alpha_t) \tag{4.3.1}$$

ここに，α_c：部材圧縮縁が部材軸となす角度

α_t ：引張鋼材が部材軸となす角度
M_d ：設計曲げモーメント
d ：有効高さ

（3） 設計せん断耐力 V_{yd} は式（4.3.2）により求めてよい．ただし，せん断補強鉄筋として折曲げ鉄筋とスターラップを併用する場合は，せん断補強鉄筋が受け持つべきせん断力の50％以上をスターラップで受け持たせるものとする．

$$V_{yd}=V_{cd}+V_{sd}+V_{ped} \tag{4.3.2}$$

ここに，V_{cd} ：コンクリートのせん断耐力
V_{sd} ：せん断補強鋼材により受け持たれる設計せん断耐力
V_{ped} ：軸方向緊張材（外ケーブルを含む）の有効引張力のせん断力に平行な成分

（4） 直接支持された部材において，支承前面から部材の全高さ h の半分までの区間については V_{yd} の検討を行わなくてもよい．ただし，この区間には支承前面から $h/2$ だけ離れた断面において必要とされる量以上のせん断補強鋼材を配置するものとする．

なお，変断面部材では，部材高さとして支承前面における値を用いてよい．ただし，ハンチは1：3より緩やかな部分を有効とする．

（5） 腹部コンクリートのせん断に対する設計斜め圧縮破壊耐力 V_{wcd} は式（4.3.3）により求めてよい．

$$V_{wcd}=\frac{f_{wcd} \cdot b_w \cdot d}{\gamma_b} \tag{4.3.3}$$

ここに，$f_{wcd}=1.25\sqrt{f'_{cd}}$ （N/mm²）
ただし，$f_{wcd} \leq 7.8 \text{N/mm}^2$

【解　説】

（1）～（5）について　　終局限界状態における接合部近傍のコンクリート桁部のせん断力およびねじりモーメントに関する安全性の検討は，断面に配置された鋼材を無視し，安全側にコンクリート部材のみが抵抗するものと仮定して，「コンクリート標準示方書【構造性能照査編】」6章6.3節に規定する棒部材に準じて行うこととした．なお，γ_b の値は一般に1.3としてよい．

4.3.2　ねじりモーメントに対する検討

混合桁橋のうち，接合部近傍のコンクリート桁部の終局限界状態におけるねじりモーメントに対する検討は，以下の通りとする．

（1） ねじりモーメントの影響が小さい部材および変形適合ねじりモーメントの場合は，4章4.3.2項のねじりモーメントに対する安全性の検討をすべて省略してよい．

ここに，ねじりモーメントの影響が小さい部材とは，設計ねじりモーメント M_{td} と設計純ねじり耐力 M_{tcd} との比に構造物係数 γ_i を乗じた値が，すべての断面において0.2未満の場合とする．

（2） 設計ねじりモーメント M_{td} と設計純ねじり耐力 M_{tcd} がすべての断面において式

(4.3.4)を満足する場合には，最小ねじり補強鋼材を配置すればよい．

$$\frac{\gamma_i \cdot M_{td}}{M_{tcd}} \leq 0.5 \tag{4.3.4}$$

（3） 設計ねじりモーメント M_{td} が式（4.3.4）を満足しない場合には，ねじり補強鋼材を配置しなくてはならない．

（4） ねじりモーメントと曲げモーメント，あるいはねじりモーメントとせん断力が同時に作用する場合には，それぞれの相互作用の影響を考慮して安全性の検討を行わなければならない．

【解　説】

（1）〜（4）について　ねじりモーメントに対する検討は，「コンクリート標準示方書【構造性能照査編】」6章6.4節に準拠した．設計純ねじり耐力 M_{tcd} とは，ねじり補強鋼材のない場合に式（解4.3.1）で求まるねじりモーメントである．

解説 表4.3.1　ねじりに関する諸係数[1]

断面形状	K_t	備　考
円形（直径D）	$\dfrac{\pi D^3}{16}$	
中空円形（外径D，内径D_t）	$\dfrac{\pi(D^4-D_t^4)}{16D}$	
楕円（$2a \times 2b$）	○点　$\pi ab^2/2$ ×点　$\pi a^2 b/2$	
中空楕円（$2a \times 2b$，内$2a_0 \times 2b_0$）	○点　$\pi ab^2(1-q^4)/2$ ×点　$\pi a^2 b(1-q^4)/2$	$q = a_0/2$ 　$= b_0/2$
長方形（$d \times b$）	○点　$b^2 d/\eta_1$ ×点　$b^2 d/(\eta_1 \eta_2)$	$\eta_1 = 3.1 + \dfrac{1.8}{d/b}$ $\eta_2 = 0.7 + \dfrac{0.3}{d/b}$
T形・L形断面（分割）	$\sum \dfrac{b_i^2 d_i}{\eta_{1i}}$ b_i, d_i はそれぞれ分割した長方形断面の短辺の長さおよび長辺の長さとする．	長方形への分割はねじり剛性が大きくなるような分割とする．
箱形断面	$2 A_m t_i$	A_m は壁厚中心で囲まれた面積 t_i はウェブ厚

箱形断面の K_t は中空断面として求めるのが原則である．ただし，部材の厚さとその厚さ方向の箱形断面の全幅との比が0.15を超える場合は中実断面とみなして K_t を求めるのがよい．

$$M_{tcd} = \frac{\beta_{nt} \cdot K_t \cdot f_{td}}{\gamma_b} \qquad (\text{解 } 4.3.1)$$

ここに，K_t ：解説 表 4.3.1 に示したねじり係数

β_{nt} ：プレストレス力等の軸方向圧縮力に関する係数

$\beta_{nt} = \sqrt{1 + \dfrac{\sigma'_{nd}}{1.5 f_{td}}}$

f_{td} ：コンクリートの設計引張強度

σ'_{nd} ：軸方向力による作用平均圧縮応力度（ただし，$7f_{td}$ を超えてはならない。）

参考文献

1) 土木学会：コンクリート標準示方書［構造性能照査編］，p.83，2002

5章　疲労限界状態に対する検討

5.1　一般

混合桁橋のうち，接合部近傍のコンクリート桁部における疲労に対する安全性の検討は，一般に省略してよい。

【解　説】

接合部近傍のコンクリート桁部は，供用限界状態においてひび割れ発生を許さない状態を満足するように設計されるため，一般に鋼材の応力変動は小さく，このため，「鉄道構造物等設計標準【コンクリート構造物】」（鉄道総合技術研究所）7章7.3節に準拠して，条文のように規定した。

6章　接合部の設計

6.1　一　般

（1）　接合部の桁作用による断面力は，2章2.2.2項により求めてよい。ただし，接合部の各要素に作用する力は，適切な分担・分布を仮定して求めることを基本とする。
（2）　接合部の各要素の設計は，原則として供用限界状態，終局限界状態および疲労限界状態について照査するものとする。
（3）　接合部は一般部に先んじて各限界状態に至らないことを原則とする。

【解　説】

（1）について　　混合桁橋において，コンクリート桁と鋼桁の接合部では，**解説 図6.1.1**に示すようなずれ止め，支圧板，中詰めコンクリートなどの接合要素が設けられる。これらの接合要素により，接合部ではコンクリート桁から中詰めコンクリートへ，中詰めコンクリートからずれ止めや支圧板へ，ずれ止めや支圧板から鋼殻セルウェブおよびフランジや鋼桁へとスムーズな応力伝達が行われる。

2章2.1節の**解説 図2.1.1**に示した接合部の設計フロー中の接合要素の設計フロー（「荷重分担率の決定」から「接合要素の設計」）を**解説 図6.1.2**に示す。左側に設計の流れ，右側に各検討に関連する項目を挙げる。接合要素の設計は，適切な応力伝達を想定して接合部に作用する断面力から各接合要素の応答値を算出し，限界値との比較により照査を行う。照査を満足しない場合には接合要素の変更が必要である。

鋼桁部とコンクリート桁部の剛性には大きな差があり，接合部の前後でたわみ角差（角折れ）が生じないように，接合部近傍には，剛性の低い鋼桁部からコンクリート桁部までの剛性変化区間を設け，なるべく剛性が急変しない構造とし，かつ，局部応力の発生を抑えるとともに，プレストレスによる補強，疲労防止のための溶接品質・溶接施工性の確保などが必要である。

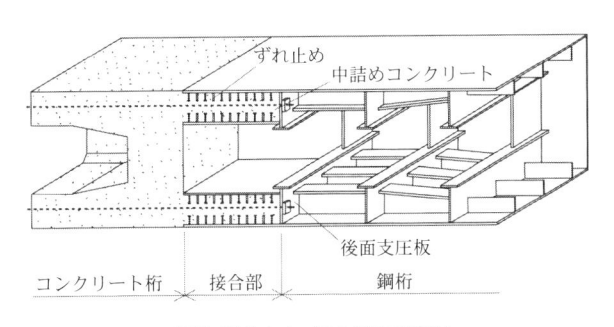

解説 図6.1.1　接合部の各要素

V 混合桁橋編

```
                    START
                      │
                      ▼
            接合部の断面力の算出        (6.3節) 接合部の設計断面力
                      │
     接合要素の変更    ▼
      ┌──────────→ 接合要素の決定      (6.2節) 接合部の構造
      │               │
      │               ▼
      │      接合要素の応答値の算出    (6.4.2～6.4.5項) 接合要素の設計
      │               │
      │               ▼
      │      接合要素の限界値の算出    (6.4.1項) 接合要素の設計
      │               │
      │   NG          ▼
      └──────────── 照査              (6.4節) 一般
                      │               (6.4.6～6.4.9項) 接合要素の設計
                      │ OK
                      ▼
                    END
```

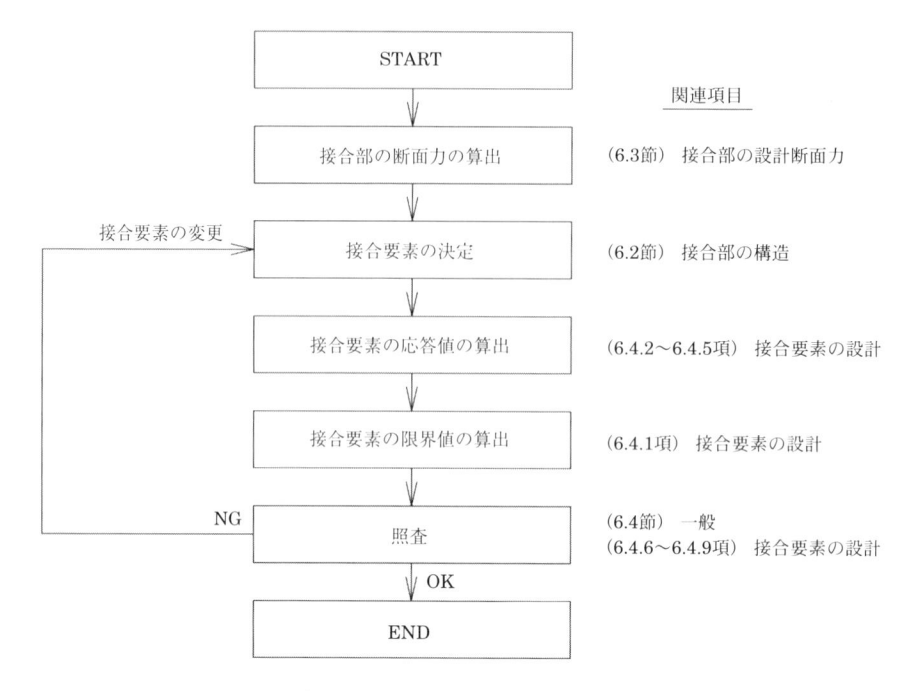

解説 図6.1.2 接合要素の設計フロー

このように，桁作用による断面力は，2章2.2.2項により求めてよいこととした．ただし，接合部の各要素に作用する力は，適切な分担・分布を仮定して求めることを基本とする．

しかしながら，コンクリート床版と鋼床版が接合し，剛性が急変する場合には，局部応力が生じやすく，疲労などに対しても注意が必要となることから，これらの応力を把握するには，FEM解析・実験などによるのがよい．

(2),(3)について　接合部において曲げモーメント，軸方向力およびせん断力等を伝達する各接合要素の設計は，供用限界状態，終局限界状態および疲労限界状態について照査することとした．なお，疲労の照査については，「鋼道路橋の疲労設計指針」(日本道路協会)，「鋼鉄道橋設計標準」(鉄道総合研究所)を参考にするとよい．

ただし，プレストレスを与える中詰めコンクリートについては，PC構造として疲労限界状態の照査を省略してもよいものとする．また，すでに一般部で桁作用による設計断面力の照査がされており，鋼とコンクリートで合成され隣接部材より大きな耐力を有する接合部にて，クリティカルにならないことが明らかな中詰めコンクリートについては，桁作用に対する終局限界状態の照査を省略してもよい．

構造物または部材が耐用期間中に十分な機能を保持できるようにするため，接合部を一般部よりも余裕を持たせたり，破壊や疲労破壊させないため，「複合構造物設計・施工指針(案)[1]」に準じて，以下のように定める．

（ⅰ）供用限界状態においては式（解6.1.1）のように，接合部の供用限界状態に対する余裕値 F_{jo} が一般部の余裕値の最小 $F_{o\min}$ 以上とする．なお，適切な評価方法があればその方法に従ってよい．

$$F_{jo} \geqq F_{o\min} \tag{解 6.1.1}$$

$$F_{jo} = \frac{R_{jo}}{S_{jo}}$$

$$F_{o\min} = \min\left[\frac{R_o}{S_o}\right]$$

ここに，F_{jo} ：接合部の供用限界状態に対する余裕値

　　　　$F_{o\min}$ ：一般部の供用限界状態に対する余裕値の最小

　　　　S_{jo} ：接合部の供用限界状態の応答値

　　　　S_o ：一般部の供用限界状態の応答値

　　　　R_{jo} ：接合部の供用限界状態の限界値

　　　　R_o ：一般部の供用限界状態の限界値

(ⅱ) 終局限界状態においては式（解 6.1.2）のように，接合部で生じる作用力 S_{jd} に対する耐力 R_{jd} の耐力比 F_{jd} が一般部の耐力比の最小 $F_{d\min}$ 以上とする．

$$F_{jd} \geqq F_{d\min} \tag{解 6.1.2}$$

$$F_{jd} = \frac{R_j/\gamma_{bj}}{S_j\gamma_{aj}}$$

$$F_{d\min} = \min\left[\frac{R/\gamma_b}{S_d\gamma_a}\right]$$

ここに，F_{jd} ：接合部の耐力比

　　　　$F_{d\min}$ ：一般部の耐力比の最小

　　　　S_j ：接合部の終局限界状態の作用力

　　　　S_d ：一般部の終局限界状態の作用力

　　　　R_j ：接合部の耐力

　　　　R ：一般部の耐力

　　　　γ_a，γ_{aj} ：一般部および接合部の構造解析係数（一般に，γ_a，$\gamma_{aj}=1.0$）

　　　　γ_b，γ_{bj} ：一般部および接合部の部材係数（一般に，$\gamma_b=1.0$，$\gamma_{bj}=1.15\sim1.30$）

(ⅲ) 疲労限界状態においては式（解 6.1.3）のように，接合部で生じる変動応力度 f_{jrd} に対する疲労強度 σ_{jrd} の応力度比が一般部の応力度比の最小以上とする．

$$F_{fj} \geqq F_{fd\min} \tag{解 6.1.3}$$

$$F_{fj} = \frac{f_{jrd}/\gamma_b}{\sigma_{jrd}}$$

$$F_{fd\min} = \min\left[\frac{f_r/\gamma_b}{\sigma_{rd}}\right]$$

ここに，F_{fj} ：接合部の疲労限界状態に対する応力度比

　　　　$F_{fd\min}$ ：一般部の疲労限界状態に対する応力度比の最小

　　　　f_{jrd} ：接合部の疲労強度

　　　　f_r ：一般部の疲労強度

　　　　σ_{jrd} ：接合部の変動応力度

σ_{rd} ：一般部の変動応力度

γ_b ：疲労限界状態に対する部材係数（一般に，$\gamma_b=1.0$）

6.2 接合部の構造

6.2.1 構造一般

（1） 接合部の構造詳細は，製作・施工性を十分考慮して決めなければならない。
（2） 接合部の構造詳細は，耐久性を十分考慮して決めなければならない。
（3） 接合部は十分な耐力を有するように，PC鋼材等で適切な補強を行わなければならない。

【解 説】

（1）について　接合部の製作において，鋼部材とコンクリート部材では架設精度の規準値に差があるため，どのような目標精度を設定するかが課題となる。また，設計で期待する接合部の品質を確保するためには，接合部における施工性（容易，かつ確実）も重要な課題である。

このため，設計の基本計画の段階から施工方法を念頭に置き，構造詳細を決めていくことが重要となる。たとえば，鋼部材の溶接や組立て，および鉄筋やPC鋼材の配置が複雑にならず，コンクリートの打設や充填が容易で確実となるように配慮すべきである。

とくに中詰めコンクリートは，空気抜き等を考慮し十分にコンクリートが行き渡るようにしなければならない。また，高流動コンクリートを用いない場合，打設方向によって頭付きスタッドの強度に違いがあることにも注意しなければならない。

（2）について　鋼部材とコンクリート部材では，維持管理に対する考え方や方法が異なるが，混合桁橋では接合部の耐久性がとくに重要である。このため，力学的な条件を妨げない範囲で点検，管理のための十分な空間，設備を確保するのが望ましい。

また，鋼部材とコンクリート部材の継ぎ目は防錆上の弱点となりやすいため，防水工などの防食対策を施しておく必要がある。

6.2.2 接合部の厚さと長さ

（1） 接合部の鋼殻セルの厚さは，60～80cm標準とする。
（2） 接合部の長さは，鋼殻セルの厚さの2～3倍を標準とするが，ウェブに溶接するずれ止めや補強リブの配置から接合部の長さが定まる場合はこの限りではない。

【解 説】

接合部の鋼殻セルの厚さおよび長さは，接合部の応力伝達・剛性および施工性を考慮して定めるものとする。

接合部では応力の伝達をスムーズにするため，鋼板と接合部との間で中立軸の偏心を小さくする必要がある。このため接合部の厚さはできるだけ小さくするのが望ましいが，鋼殻セルの製作，ずれ止めの溶接，PC鋼材および鉄筋の配置，中詰めコンクリートのまわり具合等の施工性を考慮すると，接合部には施工上から最小限必要とされる厚さが確保されなければならない。

6章　接合部の設計

　また，接合部近傍のコンクリート桁部には引張応力を打ち消すのに必要なプレストレスを導入しなければならず，これらを定着するためのジャッキの作動空間と定着具の縁端距離を確保するための接合部の厚みが必要である。したがって接合部厚さは，60～80cmとすることを標準とした。

　一方接合部では，鋼板からの応力が中詰めコンクリート内へずれ止めを介して一様に伝達されることが望ましく，既往の研究[2]によれば，接合部が長い程その応力分散効果は高いとされている。さらに，接合部に必要な剛性を確保するためには，接合部を長くしてコンクリートの充填量を増すことが効果的であるとの研究成果[3]もある。しかし，接合部の厚さに対してあまり長くすると，逆に中詰めコンクリートの施工性とコンクリートのブリーディングにより応力伝達性が悪くなる。したがって，接合部の長さは必要量のずれ止めが配置できることを原則として，ここでは実績等をもとに，接合部厚さの2～3倍を標準と定めた。

　生口橋[4]の鋼殻セル寸法は，高さ600mm×幅640mm×橋軸方向長さ1500mmであるが，その決定においては，鋼床版Uリブピッチ，セルの溶接施工性，ずれ止め・補強鉄筋・PC鋼材の配置と作業性，中詰コンクリートの施工性および応力伝達を考慮して決定している。また，サンマリンブリッジ[5]も同様な根拠から鋼殻セル寸法を決めており，板厚は頭付きスタッドの溶植から10mmとしている。また，新川橋[6]および美濃関ジャンクション橋[7]の標準的な鋼殻セルの寸法は，高さ600mm×幅1000mm×橋軸方向長さ2000mmである。

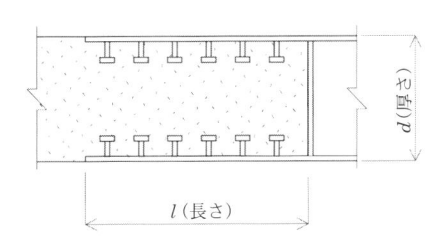

解説 図6.2.1　接合部の厚さと長さ

6.2.3　ずれ止めの種類

　接合部に用いるずれ止めは，頭付きスタッドあるいは孔あき鋼板ジベルを標準とする。

【解　説】

　応力伝達機構としてのずれ止めには，これまで種々の形式のものが考案されている。

　混合桁橋の接合部には従来より頭付きスタッドが用いられてきたが，近年では，孔あき鋼板ジベルについても研究が進められ，製作性・施工性・経済性から採用実績が増加している。

　生口橋[2]の鋼殻セル内に配置されたずれ止めは，鋼殻セルとコンクリートの目開きが問題となる箇所に対しては頭付きスタッド（φ22×80mm）を配置し，目開きが問題とならない箇所は角鋼ジベル（28×28×150mm）を配置している。ここで，目開きが問題となる箇所とは，外ウェブ側の鋼殻セルなどの接合部直角方向に変形があり，ずれ止めに引抜き耐力が必要な場合で，目開きが問題とならない箇所とは，中ウェブ側の鋼殻セルなどの接合部直角方向に変形がなく，ずれ止めに引

抜き耐力が不必要な場合である。頭付きスタッドの寸法としては，上記の φ22×80mm の他に，φ22×100mm，φ22×130mm 等が用いられている。

また，近年においては新川橋[6]などで孔あき鋼板ジベルが採用になっている。これは，頭付きスタッドを1本づつ溶植をするのに対して，孔あき鋼板ジベルは製作・施工性が容易であり，供用限界状態では水平方向変位量が少ない剛なジベルで，疲労の影響を受けにくいことから採用に至っている。新川橋および美濃関ジャンクション橋[7]の孔あき鋼板ジベルのディテールは，孔径 φ60mm，孔間隔 100mm，鋼板高 100mm，鋼板厚 12mm，貫通鉄筋 D25 である。

これらのことを考慮して，条文では頭付きスタッドあるいは孔あき鋼板ジベルを標準とすることに定めた。なお，頭付きスタッドおよび孔あき鋼板ジベルの最小配置間隔は，Ⅳ編6章およびⅡ編6章に準じるものとする。

6.2.4 鋼板の厚さ
（1） ずれ止めに頭付きスタッドを用いる場合，頭付きスタッドが溶植される鋼板の厚さは 10mm 以上としなければならない。
（2） 支圧板には，PC 鋼材の定着のほか，必要に応じてリブやずれ止めが取り付けられることもあり，板厚については，これらを考慮して決定しなければならない。

【解　説】
（1）について　頭付きスタッドを溶接する鋼板の厚みは，「道路橋示方書【Ⅱ鋼橋編】・同解説」（日本道路協会）11 章 11.6 節によると最小板厚は 10mm に制限しており，「各種合成構造設計指針・同解説（1985 制定）」（日本建築学会）では，溶接入熱の影響から頭付きスタッド軸径の 0.4 倍以上のフランジ厚としている。

ここでは，「道路橋示方書【Ⅱ鋼橋編】・同解説」を準用して，頭付きスタッドが溶接される鋼板の厚さとして 10mm 以上を確保しておけば実用上および経済性からもとくに問題ないものと考えられるため，条文のように定めた。

（2）について　支圧板の板厚については，生口橋[2]の場合は，局部的な応力集中の緩和から 22mm としており，サンマリンブリッジ[5]の場合は，PC 鋼材の定着から 12mm としている。

6.3　接合部の設計断面力

接合部の設計は，総断面に作用する断面力を用いることを基本とするが，多室構造等の場合には，荷重分配等を考慮し鋼殻セル単位に分割して行ってよい。

【解　説】
多室構造や斜張橋等のように接合部の付近に斜材定着部があり，ケーブルから局部的な水平力が導入される場合では，接合部の設計は FEM 解析等を用いて鋼殻セルに作用する断面力を求めるのがよい。

ただし，設計の簡便さを考慮し鋼殻セル単位に荷重分配を行った例としては，①ばね剛性，断

面積，偏心量等から各鋼殻セルの荷重分配係数を決定した後，総断面に作用する断面力にその荷重分配係数を乗じて着目する鋼殻セルに作用する断面力を求める方法と，② 総断面にて応力度を算出した後，鋼殻セルごとにその応力度を断面積分して着目する鋼殻セルに作用する断面力を求める方法がある．なお，上記①，②のいずれの方法でも，総断面に作用する軸方向力と水平軸回りの曲げモーメントおよび垂直軸回りの曲げモーメントから着目する鋼殻セルに作用する軸方向力を，総断面に作用するせん断力およびねじりモーメントから着目する鋼殻セルに作用するせん断力を求めている．

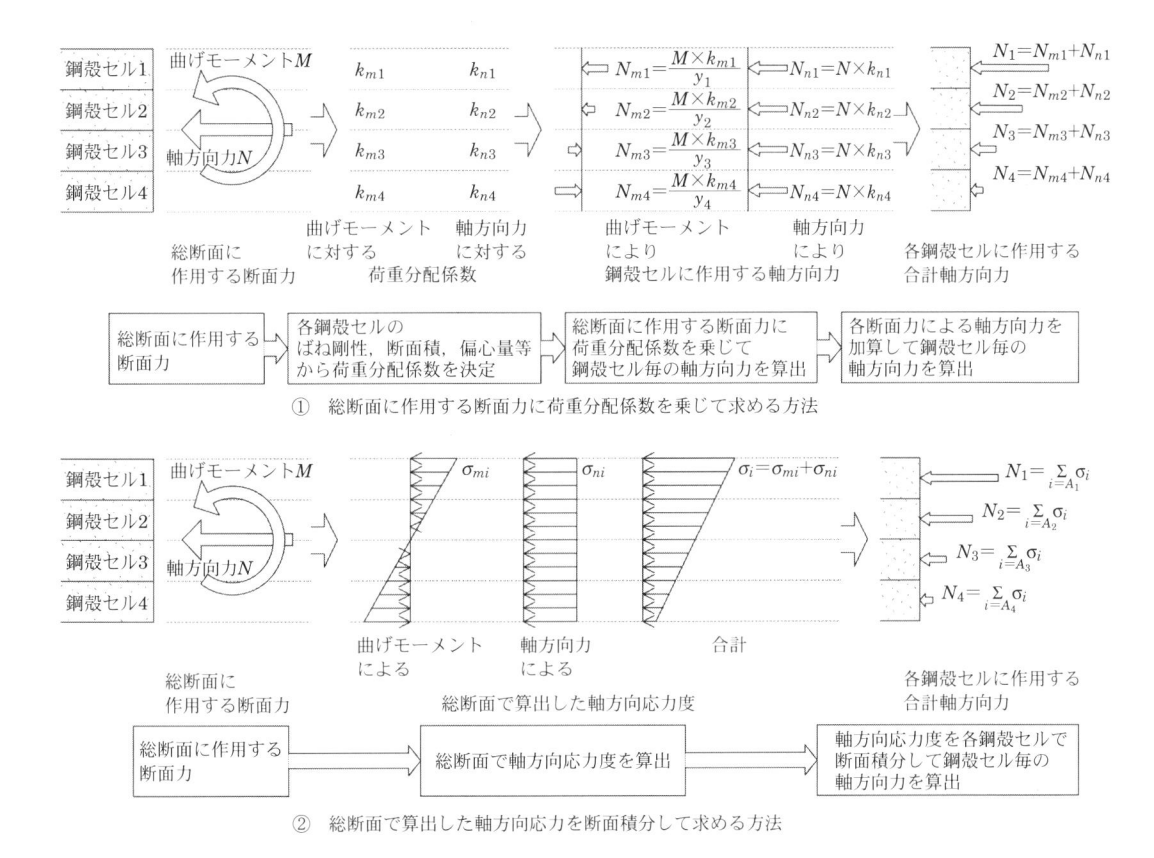

解説 図 6.3.1　鋼殻セル単位の断面力の求め方（軸方向力成分の例）

6.4　接合要素の設計

6.4.1　一　　般

（1）　ずれ止めは，せん断応力度について各限界状態の照査を行うものとし，頭付きスタッドの限界値は，Ⅳ編 6 章 6.5 節，孔あき鋼板ジベルの限界値はⅡ編 6 章 6.3 節に準じるものとする．

Ⅴ　混合桁橋編

（2）　支圧板および支圧板の溶接部は，せん断応力度について各限界状態の照査を行うものとし，限界値は，使用鋼材に応じて適切に設定するものとする。
（3）　中詰めコンクリートは，供用限界状態については圧縮応力度あるいは引張応力度および支圧応力度を，終局限界状態については圧縮応力度および支圧応力度の照査を行うものとし，限界値はⅠ編6章6.2.1項および7章7.2.1項によるものとする。

【解　説】

接合部の設計では，本章6.4.2～6.4.9項により求めた各接合要素の応答値が各限界状態の限界値を超えないことを照査するものとする。

（1）について　　一般に頭付きスタッドの限界値は，Ⅳ編6章6.5節のとおり頭付きスタッドの取付け方向に対するコンクリートの打込み方向によって区分され，頭付きスタッドの取付け方向とコンクリートの打込み方向が異なる場合（BタイプおよびCタイプ）に，より低い限界値としている。ただし，この限界値はコンクリートが拘束効果を受けない場合について規定したものであり，混合桁橋の接合部においてコンクリートが鋼殻セルによる拘束効果を受ける場合には，Ⅳ編6章6.5節のAタイプの限界値を用いて良いものとする。

（2）について　　鋼材のせん断降伏強度の特性値 f_{vyk} は，一般に式（解6.4.1）により算定してよい。

$$f_{vyk} = f_{yk}/\sqrt{3} \tag{解6.4.1}$$

ここに，f_{yk}：鋼材の引張降伏強度の特性値

溶接部の強度の特性値については，母材である鋼材の特性値としてよいが，強度の異なる鋼材を接合する場合には，強度の低い鋼材の特性値とする。

なお，疲労強度については，鋼材の種類，形状および寸法，継手の方法，作用応力の大きさと頻度，環境等を考慮して定めるものとするが，「鋼道路橋の疲労設計指針」，「鋼鉄道橋設計標準」を参考にするとよい。

（3）について　　6.1節の解説（2）に示したように，既に一般部で桁作用による照査がされており，鋼とコンクリートで合成され隣接部材より大きな耐力を有する接合部にて，クリティカルにならないことが明らかな中詰めコンクリートについては，桁作用に対する終局限界状態の照査を省略してもよい。

6.4.2　接合要素の応力伝達
（1）　ずれ止めは，接合部に働く圧縮力もしくは引張力とせん断力に対して設計するものとする。
（2）　支圧板は，接合部に働く圧縮力に対して設計するものとする。
（3）　中詰めコンクリートは，接合部に働く圧縮力もしくは引張力および支圧力に対して設計するものとする。

【解　説】
（1）について　　実験等によれば中詰めコンクリートと鋼板の間の付着および摩擦は，ある程度期待できるが定量的に不確定であるため，条文のように定めた。

（2）について　支圧板に作用する圧縮力は，曲げモーメントおよび軸方向力によるものの他，プレストレスによるものも同時に考慮しなければならない．
（3）について　中詰めコンクリートは，桁作用による圧縮力もしくは引張力に加えて，接合部の支圧板近傍等の支圧力に対しても考慮しなければならない．

6.4.3　接合要素の荷重分担率

軸圧縮力，軸引張力に対する支圧板とずれ止めの荷重分担率は，十分な検討を行った上で定めるものとする．

【解　説】
接合部における支圧板とずれ止めの軸方向力（支圧板に対しては圧縮・引張力，ずれ止めに対してはせん断力に相当する）に対する荷重分担率は，FEM解析などの検討を行った上で定める必要がある．ここで，混合桁の接合部についての応力伝達機構と設計上の考え方の一例を以下に示す．

解説 図 6.4.1 に示すように，接合部に作用する各種断面力は鋼桁一般部から補強部で分散を図りながら中詰めコンクリートを通じてコンクリート桁へ伝達される．中詰めコンクリート部の応力伝達要素は，後面の支圧板，ずれ止め，鋼板とコンクリート間の付着・摩擦の3つがあるが，これらは軸圧縮力，軸引張力，せん断力等外力の働き方で伝達機構は異なっている．

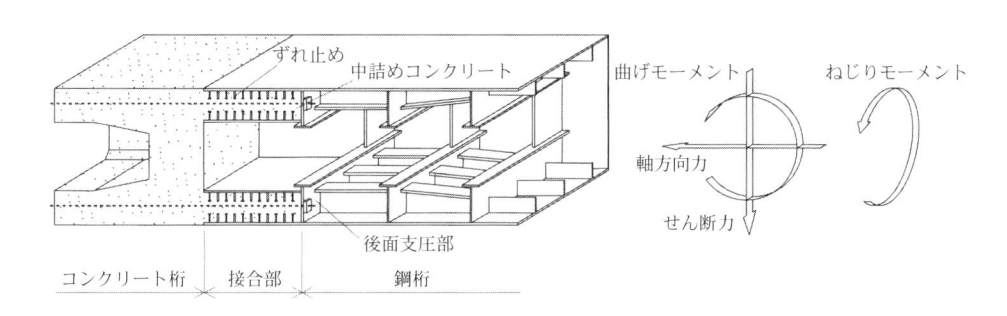

解説 図 6.4.1　接合部断面図の例

（ⅰ）　軸方向圧縮力
曲げモーメントおよび軸方向力による圧縮力は，鋼桁フランジおよびウェブ等に応じて生じるが，これらは鋼殻セルを介して中詰めコンクリートに伝達される．この場合の力の伝達は，① 付着・摩擦，② 後面支圧板，③ ずれ止めにて行われる．しかしながら，設計では，① 付着・摩擦は不確定要因が大きいことおよび結果的に安全側となることなどから，① 付着・摩擦を無視して② 後面支圧板と③ ずれ止めのみで力を伝達するものとする．

（ⅱ）　軸方向引張力
曲げモーメントおよび軸方向力による引張力は，その大部分をPC鋼材で抵抗するものとし，これを超える部分についてはずれ止めにて鋼殻セルから中詰めコンクリートに伝達され，RC断面で抵抗するものとする．

V 混合桁橋編

(iii) せん断力

せん断力の伝達要素としては，① 付着・摩擦，② ずれ止めがあるが，設計上は軸方向力の場合と同様に① 付着・摩擦を無視し，②のずれ止めによりせん断力が伝達されるものとする。

ここで，検討初期に接合部の荷重分担率をおおまかに把握するために提案された，簡易推定手法[8]を以下に示す。

この手法では解説 図6.4.2に示すように，コンクリート桁の作用力が，ずれ止めから鋼殻を伝わる伝達経路1と中詰めコンクリートから後面支圧板を伝わる伝達経路2の2つの経路にわかれて鋼桁に伝わるものと考えている。ただし，作用力が圧縮力の場合には伝達経路2で中詰めコンクリートに分担される力は，ずれ剛性の高い後面支圧板の外縁部を経由して鋼桁に伝わるため，接合要素のばね剛性を用いた後述の算出手順では後面支圧板のばね剛性の項を算出式に含まないものとしている。

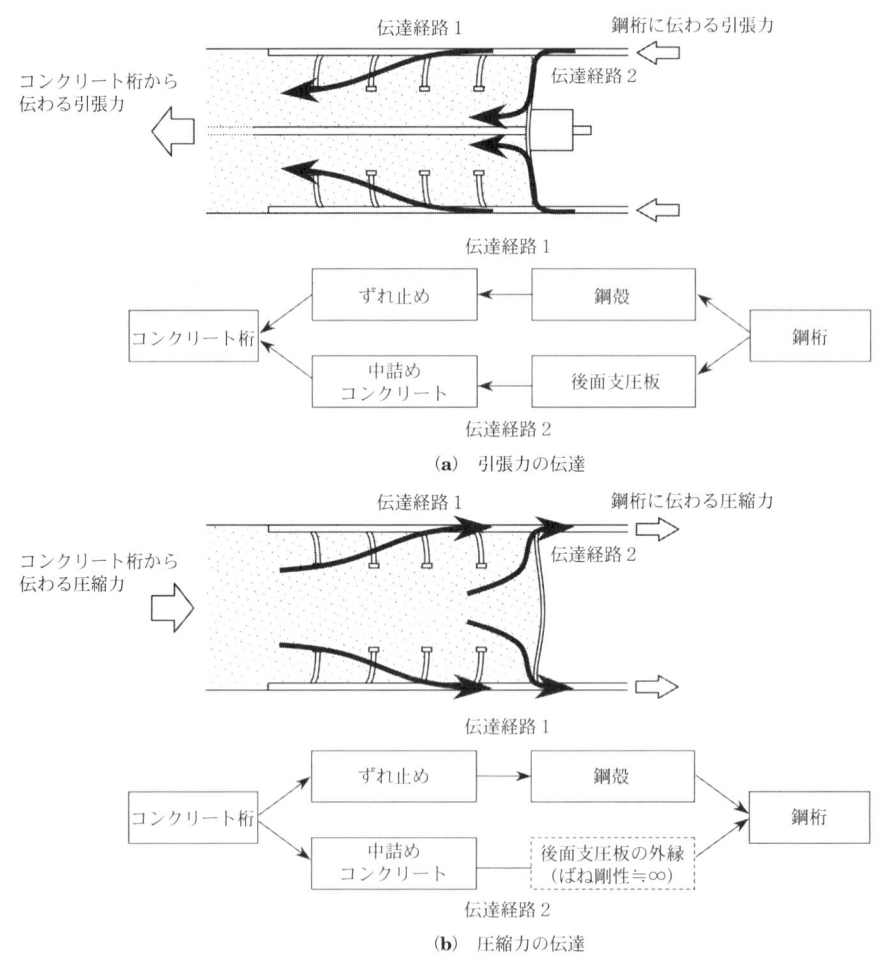

(a) 引張力の伝達

(b) 圧縮力の伝達

解説 図6.4.2 鋼殻セルの力の伝達

6章 接合部の設計

　この伝達方法によれば，接合部のばねモデルを表現した**解説 図6.4.3**において，ずれ止めの荷重分担率 R は，

$$R = K_{ps} / (K_{ps} + K_{cb}) \tag{解6.4.2}$$

で表される。

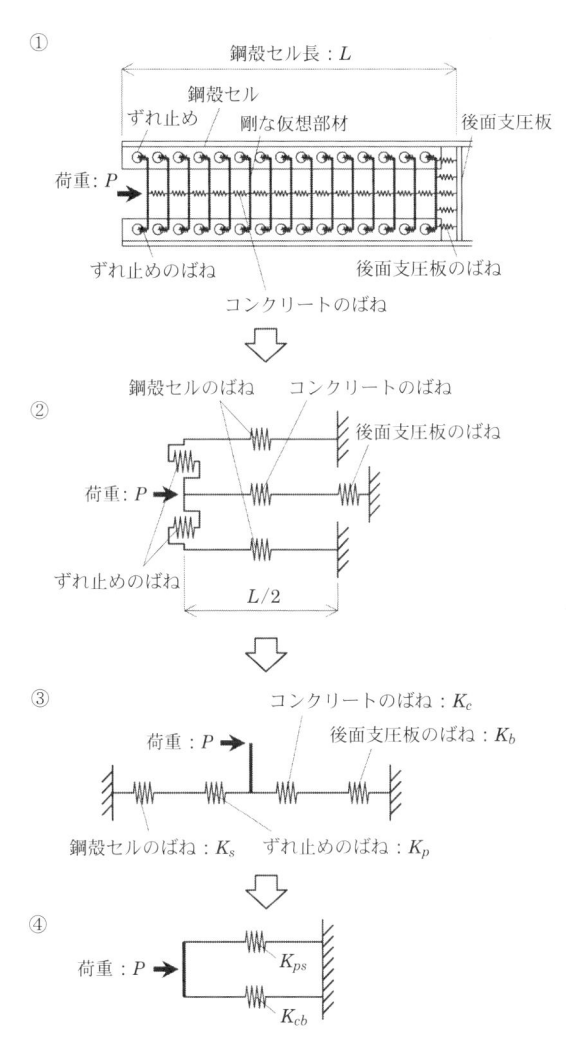

解説 図6.4.3　接合部のばねモデル[8]

ここに，K_{ps}：ずれ止めと鋼殻の合成ばね剛性

　　　　$K_{ps} = K_p \times K_s / (K_p + K_s)$

　　　　K_{cb}：コンクリートと後面支圧板の合成ばね剛性

　　　　$K_{cb\,(引張側)} = K_c \times K_b / (K_c + K_b)$

　　　　$K_{cb\,(圧縮側)} = K_c$

　　　　K_p　：ずれ止めのばね剛性

$K_p = k_p \times n$

k_p : ずれ止め1個あたりのばね定数

n : 鋼殻セル内部のずれ止めの個数

K_s : 鋼殻のばね剛性

$K_s = E_s \times A_s / (L/2)$

E_s : 鋼材のヤング係数

A_s : 鋼殻の断面積

L : 鋼殻セルの長さ

K_c : コンクリートのばね剛性

$K_c = E_c \times A_c / (L/2)$

E_c : コンクリートのヤング係数

A_c : コンクリートの断面積

K_b : 後面支圧板のばね剛性

$K_b = P/w$

P : 解説 図6.4.4に示す荷重

w : 解説 図6.4.4に示す4辺単純支持版(補強リブ無し)あるいは1辺固定3辺単純支持版(補強リブ有り)の最大たわみ

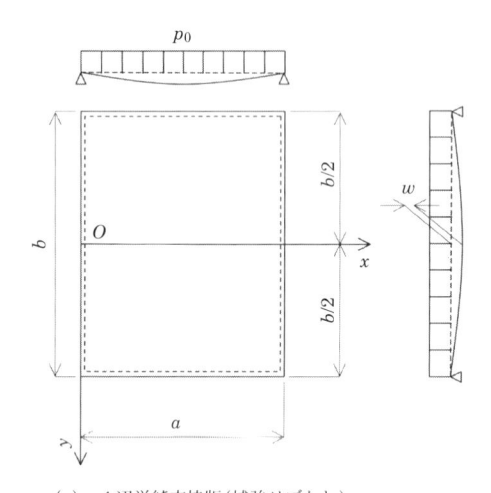

(a) 4辺単純支持版(補強リブなし)　　　　(b) 1辺固定3辺単純支持版(補強リブなし)

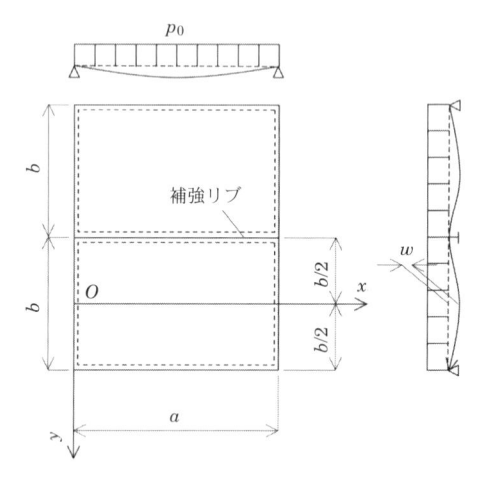

解説 図6.4.4 接合部後面支圧板におけるたわみ形状(分担率推定計算上)[8]

6.4.4 ずれ止めに作用するせん断力の分布

接合部のずれ止めが負担するせん断力は,前面支圧板方式あるいは後面支圧板方式にかかわらず,ずれ止めの分布ばね定数が過大でない場合,圧縮力に対しては三角形分布,引張力に対しては均等分布すると考えてよい。

6章 接合部の設計

【解 説】
ずれ止めに作用する橋軸方向のせん断力の分布は，以下の要因の影響を受ける．
（ⅰ） 作用力の種類（圧縮力あるいは引張力）
（ⅱ） 支圧板の位置（前面支圧板方式あるいは後面支圧板方式）
（ⅲ） プレストレスの有無
（ⅳ） ずれ止めの大きさとピッチ（ずれ止めの分布ばね定数）

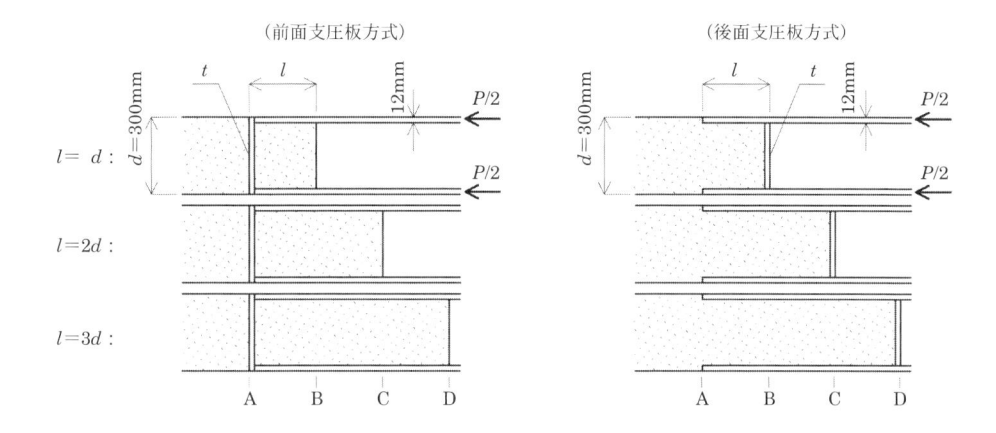

	前面支圧板方式	後面支圧板方式
case 1	$l=300$mm, $t=12$mm	$l=300$mm, $t=12$mm
case 2	$l=600$mm, $t=12$mm	$l=900$mm, $t=12$mm
case 3	$l=900$mm, $t=12$mm	$l=900$mm, $t=12$mm
case 4	$l=600$mm, $t=0$mm	$l=600$mm, $t=0$mm
case 5	$l=600$mm, $t=24$mm	$l=600$mm, $t=24$mm
備 考	解析モデルは奥行き1mとする $P=2\,000$kN，ずれ止めは頭付きスタッド $22\phi\times120$ （$k=0.2\times10^6$kN/m/本）	

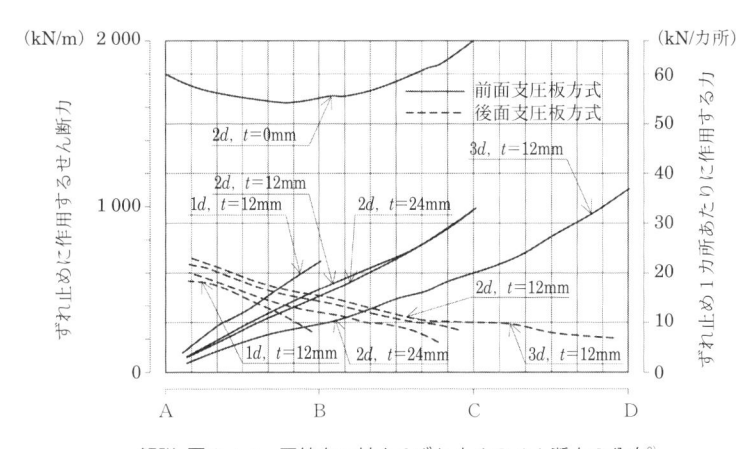

解説 図6.4.5 圧縮力に対するずれ止めのせん断力の分布[9]

Ⅴ 混合桁橋編

作用力が圧縮力の場合，既往のFEM解析結果[1]によると，前面支圧板方式あるいは後面支圧板方式のいずれの形式も支圧板周縁が強いずれ止め効果を発揮するため，解説 図6.4.5に示すように，ずれ止めに作用するせん断力は接合部の長さにかかわらず支圧板側が小さいほぼ三角形分布と見なすことができる。また，せん断力の分布形状は，支圧板の厚さにもほとんど影響されない。このため，6.4.3項に示した簡易推定法等によりずれ止めの分担力を算出する場合には，ずれ止め1ヵ所当たりに作用する最大せん断力は，たとえば平均値の2倍とするなどして適切に評価しなければならない。

一方，作用力が引張力の場合，上述した支圧板周縁のずれ止め効果は働かず，解説 図6.4.5におけるcase4（支圧板厚を0mmとした結果）と同様の傾向を示すため，前面支圧板方式あるいは後面支圧板方式のいずれの形式も，ずれ止めに作用するせん断力は均等分布すると考えてよいこととした。しかしながら，引張力が支配的な場合，実際の構造設計ではプレストレスを導入するのが一般的であり，ずれ止めの応力伝達機構はより複雑となる。したがって，引張力が支配的な場合には，別途FEM解析などで検討するのがよい。

なお，作用力が圧縮力および引張力のいずれの場合においても，ずれ止めの分布ばね定数が過大な場合には上記のせん断力分布とは異なり端部のずれ止めにせん断力が集中する傾向を示すため，6.4.5項の検討によりずれ止めの分布ばね定数が過大でないことを確認しなければならない。

6.4.5 ずれ止めのばね定数

接合部に使用するずれ止めは，その分布ばね定数が過大にならないように，選定して配置しなければならない。

【解　説】

鋼殻セルの鋼板やコンクリートの剛性に比べてずれ止めの分布ばね定数が過大な場合には，端部のずれ止めにせん断力が集中する。したがって，応力伝達上は，ずれ止めの分布ばね定数が過大にならないように選定して配置するのが望ましい。

ずれ止めの分布ばね定数が過大で，せん断力の集中が懸念される場合には，FEM解析等により検討を行うのが良い。なお，既往の研究によれば，ずれ止めのばね定数（解説 図6.4.6）にはばらつきがあるものの，頭付きスタッドで$1.0 \sim 2.5 \times 10^5$ kN/m/本程度[10]，孔あき鋼板ジベルで$0.5 \sim 2.0 \times 10^6$ kN/m/個程度[11]である。

ここで，ずれ止めの選定と配置の検討の一例を以下に示す。

解説 図6.4.7の①図の，鋼殻セルの鋼板，中詰めコンクリートおよびずれ止めで構成された接合部について，②図のように鋼殻セルの鋼板と中詰めコンクリートを棒要素，ずれ止めを水平ばねにモデル化して各要素に伝達される力を算出する。③図に示した鋼殻セルの鋼板の伝達軸力の分布から，ずれ止めのばね定数kが5×10^7 kN/m/m² 程度までならば，鋼殻セルの鋼板の伝達軸力はほぼ三角形分布となり，おのおののずれ止めに均等なせん断力が作用する。

ずれ止めに頭付きスタッドを用いる場合，解説 図6.4.6よりばね定数を2.5×10^5 kN/m/本とすれば，単位面積あたりの本数Nは，

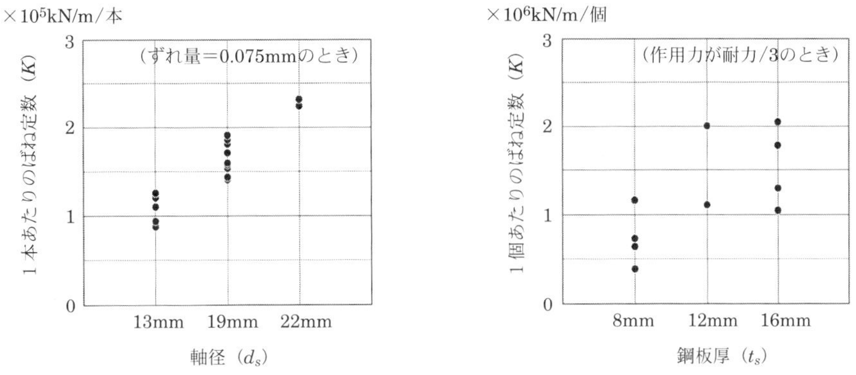

6章 接合部の設計

×10⁵kN/m/本　　　　　　　　　　×10⁶kN/m/個

(ずれ量＝0.075mmのとき)　　　　(作用力が耐力/3のとき)

(a) 頭付きスタッドのばね定数[10]　　(b) 孔あき鋼板ジベルのばね定数[11]

解説 図6.4.6　ずれ止めのばね定数

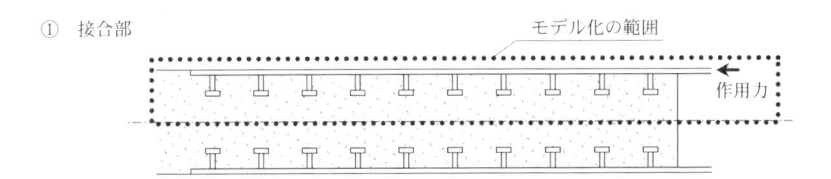

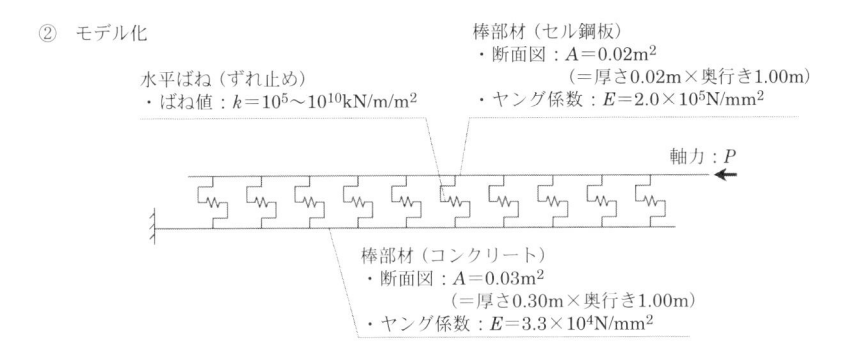

① 接合部

モデル化の範囲　　作用力

② モデル化

水平ばね（ずれ止め）
・ばね値：$k=10^5 \sim 10^{10}$ kN/m/m²

棒部材（セル鋼板）
・断面図：$A=0.02\text{m}^2$
　（＝厚さ0.02m×奥行き1.00m）
・ヤング係数：$E=2.0\times 10^5 \text{N/mm}^2$

軸力：P

棒部材（コンクリート）
・断面図：$A=0.03\text{m}^2$
　（＝厚さ0.30m×奥行き1.00m）
・ヤング係数：$E=3.3\times 10^4 \text{N/mm}^2$

③ セル鋼板の伝達軸力の分布

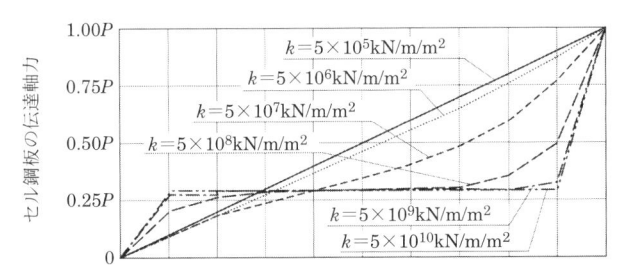

$k=5\times 10^5$ kN/m/m²
$k=5\times 10^6$ kN/m/m²
$k=5\times 10^7$ kN/m/m²
$k=5\times 10^8$ kN/m/m²
$k=5\times 10^9$ kN/m/m²
$k=5\times 10^{10}$ kN/m/m²

解説 図6.4.7　ずれ止めのばね定数と鋼殻セルの鋼板の伝達軸力の分布

V 混合桁橋編

$$N \leq \frac{5 \times 10^7 \mathrm{kN/m/m^2}}{2.5 \times 10^5 \mathrm{kN/m/本}} = 200 \text{ 本}$$

であり，この検討例の条件では1m²あたりに約200本以下となる．ただし，隣接する頭付きスタッド同士の影響や施工性を考慮して，「道路橋示方書【II 鋼橋編】・同解説」等に定められた最小配置間隔の規定にも注意する必要がある．たとえば，軸径22φの頭付きスタッドの使用を想定して「道路橋示方書【II 鋼橋編】・同解説」の最小配置間隔の規定に従えば，橋軸直角方向の最小間隔は52mm，橋軸方向の最小間隔は110mm，すなわち1m²あたりに換算すれば約170本に制限される．

同様に，ずれ止めに孔あき鋼板ジベルを用いる場合には，解説 図6.4.6よりばね定数を $2.0 \times 10^6 \mathrm{kN/m/個}$ とすれば，単位面積あたりの個数 N は，

$$N \leq \frac{5 \times 10^7 \mathrm{kN/m/m^2}}{2.0 \times 10^6 \mathrm{kN/m/個}} = 25 \text{ 個}$$

であり，この検討例の条件では1m²あたりに約25個以下となる．配置にすると，例えば幅1mに孔あき鋼板が3列，孔間隔が125mmとなる．

6.4.6 2方向せん断力を受けるずれ止め

接合部に作用する軸方向力およびせん断力により，頭付きスタッドが2方向せん断力を受ける場合には，式（6.4.1）により頭付きスタッドに作用する合成せん断力に対する照査を行うものとする．

$$Q = \sqrt{Q_1^2 + Q_2^2} \leq Q_3 \tag{6.4.1}$$

ここに，Q：頭付きスタッドに作用する合成せん断力（N/本）
Q_1：接合部に作用する軸方向力による頭付きスタッドのせん断力（N/本）
Q_2：接合部に作用するせん断力による頭付きスタッドのせん断力（N/本）
Q_3：設計耐力（N/本）

【解　説】

頭付きスタッドの耐荷力に関する既往の研究は，1方向の押抜きせん断試験による静的耐荷力あるいは疲労強度を求めるものがほとんどであり，2方向せん断に対する実験はまだ見受けられない．

頭付きスタッドは，その形状から静的せん断耐荷力に関して荷重の方向性には依存しない．したがって，ずれ止めに頭付きスタッドを用いる場合，合力に対して検討を行っておけばとくに問題はないと考え，条文のように定めた．

6.4.7 支 圧 板 等

支圧板，鋼殻セルウェブおよび鋼殻セルフランジは，中詰めコンクリートからの支圧板反力をせん断力として鋼殻セルもしくは鋼桁挿入部分に伝達するものとして設計してよい．

【解　説】

接合部の照査は，一般に軸圧縮力が最も卓越する鋼殻セルに対して行えば十分である．

支圧板に作用する中詰めコンクリートからの支圧反力は，接合部鋼殻セルに作用する軸圧縮力に

対して 6.4.3 節に述べた荷重分担率を考慮して行えばよい。

支圧板は，厳密には中詰めコンクリートからの反力を面外力として受ける平板として考えられ，その耐荷機構に関しては次のことが考えられる。

（ⅰ）支圧板反力の分布は，実際には支圧板の支持辺付近で最大値を取る凹状分布となる。

（ⅱ）中詰めコンクリートと鋼板の変形能の相違により，支圧板の面外変形に伴い，反力分担は，より支持辺方向へ移る。

（ⅲ）面外力を受ける支圧板は，膜作用としての引張力も生じるため，比較的大きな耐荷力を有している。

このような耐荷機構を正確に把握するのは困難であるため，設計上はこれを単純化して，せん断力に対して設計してよいこととした。

6.4.8 支圧板の溶接
支圧板の鋼桁各部との溶接は，せん断力に対して設計しなければならない。

【解　説】

支圧板の鋼桁，鋼殻セルおよび補強リブとの溶接は，せん断力に対して設計しておかなければならない。

6.4.9 中詰めコンクリート
中詰めコンクリートは，圧縮力，引張力および支圧力に対して設計するものとする。

【解　説】

中詰めコンクリートに要求される機能は，鋼殻部に生じる応力をコンクリート部にスムーズに伝達することである。この機能を満足するために中詰めコンクリートは条文に示す作用力に対して設計するものとする。また，橋梁の線形や接合部の細部構造によっては，鋼殻セル鋼板との境界付近などで発生する中詰めコンクリートの局部応力にも留意しなければならない。

中詰めコンクリートの局部応力に配慮して構造上の対策を施した美濃関ジャンクションの事例[7]を，解説 図 6.4.8 に示す。この事例では，曲線橋のため接合部にねじりモーメントが作用し，鋼殻セルウェブ端部付近の中詰めコンクリートに局部的な引張応力が発生することが懸念された。そのため，鋼殻セルウェブ端を鋼殻セルフランジ端よりも 500mm 控える構造とし，鋼桁側からコンクリート桁側に段階的にねじりモーメントを伝達させて中詰めコンクリートの局部引張応力を緩和している。

参考文献
1) 土木学会：複合構造物設計・施工指針（案），1997
2) 田島，町田，山田：圧縮を受ける鋼，コンクリート複合構造継手部の力学的性状，土木学会第 42 回年次学術講演会講演概要集，1987
3) 百瀬，町田，田島：プレストレスによる鋼・コンクリート部材接合方法に関する研究，土木学会第 40 回年次学術講演会講演概要集，1985

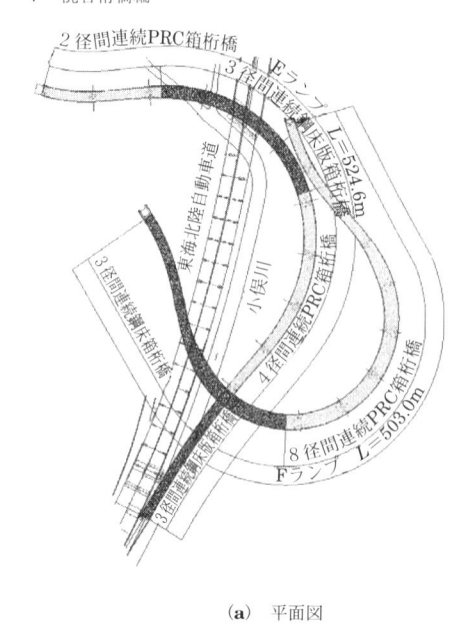

V 混合桁橋編

(a) 平面図

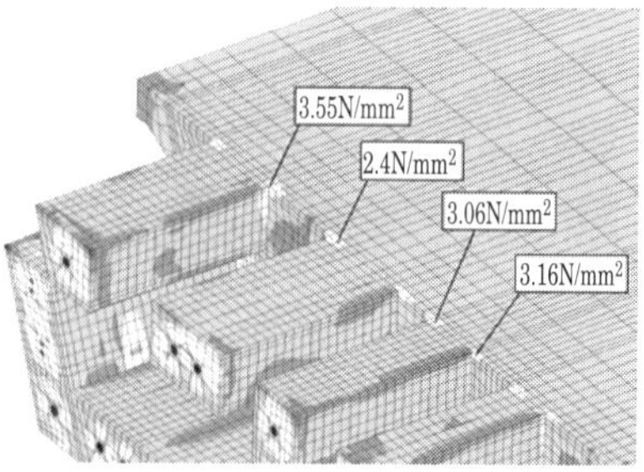

(b) 中詰めコンクリートの引張応力
（対策前の構造，FEM解析結果）

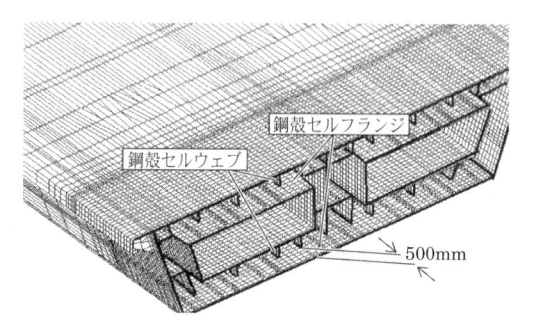

(c) 鋼殻セルの対策構造

解説 図6.4.8　中詰めコンクリートの局部応力の緩和対策事例（美濃関ジャンクション）[7]

4) 藤原：混合桁接合部の設計，橋梁と基礎，2002
5) 宮野，竹房，三浦，入倉：サンマリンブリッジ（複合斜張橋）の施工，プレストレスコンクリート技術協会 第6回PCシンポジウム論文集，1996
6) 望月，安藤，宮地，高田：鋼・PC混合橋（新川橋）の設計と施工，プレストレストコンクリート，Vol.43，No.1，2001
7) 市川，山形，本摩，水野，岩田：鋼・コンクリート混合連続曲線箱桁橋の接合部の設計，第5回複合構造の活用に関するシンポジウム講演論文集，2003
8) 望月，安藤，宮地，柳澤，高田：孔明き鋼板ジベルを用いた混合桁接合部の静的力学特性に関する実験的検討，構造工学論文集，Vol.46A，2000
9) 鋼橋技術研究会・複合構造研究部会：昭和63年度研究報告書，1989
10) 平城：頭付きスタッドの静的および疲労強度と設計法に関する研究，1990
11) 保坂，光木，平城，牛島，橘，渡辺：孔あき鋼板ジベルのせん断特性に関する実験的研究，構造工学論文集，Vol.46A，2000

7章　構造細目

7.1　一般

本章は，混合桁橋の設計および施工に特有の構造細目について示したものである。

【解　説】
コンクリート桁部については「コンクリート標準示方書【構造性能照査編】」(土木学会) に従うものとし，接合部については，本章の各節を併せて参考にすることを原則とする。

7.2　主桁断面形状および接合部部材寸法

(1)　接合部の主桁断面形状および接合部部材寸法は，この両側に位置する鋼桁とコンクリート桁の断面を急激に変化させることなく連続させるものでなければならない。
(2)　幅員，箱幅，桁高等の変化は，1/5 より緩い傾斜を設けなければならない。

7.3　PC 鋼材の配置と定着

(1)　混合桁橋の場合，接合部にはずれ止めなどと PC 鋼材等によるプレストレスを併用して耐荷力および耐久性を確保するが，この PC 鋼材の配置にあたっては，構造特性，経済性などを考慮して決定しなければならない。
(2)　接合用の PC 鋼材を中詰コンクリート支圧板等に定着する場合は，周縁部に局部的な支圧応力の集中が生じないように支圧板等の寸法，板厚を決定しなければならない。

【解　説】
(1)について　　混合桁橋の場合，接合部にはずれ止めなどと PC 鋼材等によるプレストレスを併用して耐荷力および耐久性を確保するが，このプレストレスの導入例を以下に示す。
(ⅰ)　PC 桁の主鋼材を延長して配置して接合部にプレストレスを与える場合 (生口橋[1]，新川橋[2]等)。
(ⅱ)　接合用の PC 鋼材のみを配置して接合部にプレストレスを与える場合 (吉田川橋等)。
(ⅲ)　PC 桁の主鋼材と接合用の PC 鋼材を併用して接合部にプレストレスを与える場合 (美濃関ジャンクション橋[3]等)。

7.4 補強リブ

（1） 接合部背後の鋼桁側には，スムーズな応力伝達を行うため，補強リブを配置するのが望ましい。
（2） 補強リブの高さは，1：5以上のテーパーを付けて連続的に変化させるものとする。

【解　説】
（1）について　　接合部に，中詰めコンクリートを充填した鋼殻セルを用いる場合，その剛性はかなり大きくなる。したがって，接合部背後の鋼桁側には，剛性の急変を避け，スムーズな応力伝達が行えるように，補強リブを配置するのがよい。また，補強リブと鋼殻セルウェブは，一致することとなる。

（2）について　　垂直応力度方向の板厚（断面）変化の場合，「道路橋示方書【Ⅱ鋼橋編】・同解説」（日本道路協会）および「【Ⅲコンクリート橋編】」によると，有害な応力集中を避けるためテーパ（ハンチ）は1：5以上の緩やかな勾配とすることとなっているため，本条文においても，補強リブは1：5以上のテーパをつけ，鋼桁の一般部断面まで連続的に摺り付けることとした。

7.5 補強鉄筋

接合部のコンクリートには，必要に応じて補強鉄筋を配置しなければならない。

【解　説】
接合部のコンクリートは，一般に後打ちされる場合が多いが，接合部をコンクリート桁と一体化するために，橋軸方向の補強鉄筋や温度応力に対するひび割れ防止鉄筋等を十分配置しておく必要がある。

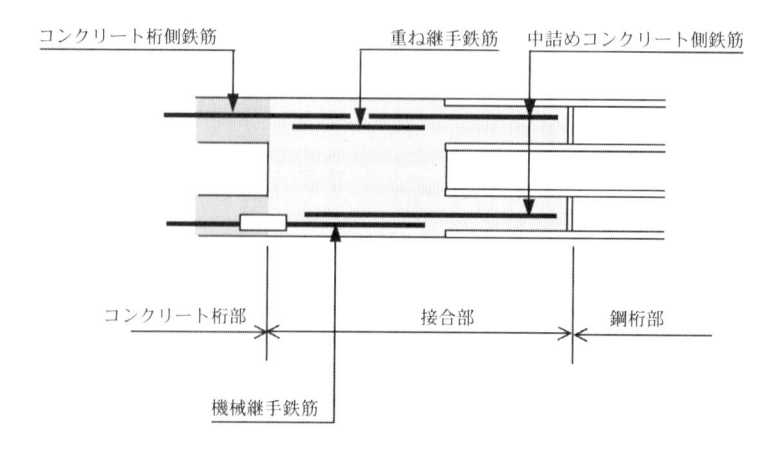

解説 図7.5.1　接合部近傍に配置する軸方向鉄筋

また，**解説 図**7.5.1に示すように鋼殻セル内に配置する橋軸方向鉄筋を，コンクリート部と鋼殻セルを分断しないために，新川橋[2]および吉田川橋においてはコンクリート桁側と中埋めコンクリート側の鉄筋とは別に，重ね継手用の鉄筋を配置しており，美濃関ジャンクション橋[3]では機械継手を使用している。

参考文献

1) 藤原：混合橋接合部の設計，橋梁と基礎，pp.36-39, 2002.8
2) 望月, 安藤, 宮地, 高田：鋼・PC混合橋（新川橋）の設計と施工, プレストレストコンクリート, Vol.43 No.1, pp.82-89, 2001.1
3) 市川, 山形, 本摩, 水野, 岩田：鋼・コンクリート混合連続曲線箱桁橋の接合部の設計, 第5回複合構造の活用に関するシンポジウム講演論文集, pp.323-328, 2003.11

8章 施　　工

8.1 一　　般

（1）混合桁橋の施工にあたっては，工事開始前に十分な施工計画をたてなければならない。

（2）混合桁橋を施工する場合には，設計図書に記載されている施工計画（施工方法と施工順序）に準拠し，かつ，各施工段階における施工精度が構造物の安全度に及ぼす影響を考慮して，入念に施工しなければならない。

（3）混合桁橋のうち，プレストレストコンクリート構造にかかわる部分の施工にあたっては，その施工に関する十分な知識を有する技術者として，PC技士もしくは同等以上の能力を有する技術者を現場に配置することとする。

（4）混合桁橋のうち，鋼構造にかかわる部分の製作，運搬，架設にあたっては，それらに関する十分な知識を有する技術者をそれぞれ配置することとする。

【解　説】

（1）について　施工は，施工計画に従って，所定の品質が確保されるように実施されなければならず，施工計画書は，構造物に要求される性能を確保するために，必要とされる施工上の留意点に基づいて，工事開始前に作成されなければならない。

混合桁橋の施工計画書に記載すべき項目には，以下のような事項がある。

（ⅰ）　施工手順および工程
（ⅱ）　架設装置および支保工の詳細
（ⅲ）　接合部型枠の詳細
（ⅳ）　接合部補強の詳細
（ⅴ）　接合部の形状管理
（ⅵ）　PC鋼材の組立詳細
（ⅶ）　定着部の組立詳細
（ⅷ）　コンクリート打設順序
（ⅸ）　緊張管理
（ⅹ）　グラウトの注入

（2）について　混合桁橋は，それぞれの部材に固有な構造挙動のほか，部材に発生する応力も施工順序や施工方法によって大きく異なる場合がある。また，一般のコンクリート構造物よりも施工精度が構造物に与える影響が大きく，たとえば，接合部の施工精度は鋼桁に大きな影響を与える。したがって，施工にあたってはこれらの影響を十分に把握し，設計図書に示された方法によって入念に施工されなければならない。また，接合部のコンクリート打設に対しては，温度によるひび割れ防止に注意する必要がある。

（3）について　プレストレスを導入して鋼桁とコンクリート桁とを接合する構造は，前項のよう

8章　施　　工

に施工の順序・方法・精度等の影響が大きい．したがって，十分な専門知識と経験を有する有資格者を現場に常駐させ，必要な施工管理を行うことが大切である．

（4）について　　接合部においては，プレストレスの導入，中詰めコンクリートの充填等のコンクリート工事が鋼部材で覆われた空間の内部で実施されるため，鋼桁工事のみでなく，PC工事についても十分な知識を有する有資格者を配置することが大切である．

8.2　鋼　部　材

（1）　鋼構造物の製作および輸送にあたっては，施工計画書（製作要領書）を作成するものとする．

（2）　施工計画書には次の事項を記載する．
　（ⅰ）　品質管理方法
　（ⅱ）　材料および部品
　（ⅲ）　製作方法
　（ⅳ）　製作工程
　（ⅴ）　試験および検査
　（ⅵ）　輸送
　（ⅶ）　その他

【解　説】

（1），（2）について　　接合部の鋼部材は，鋼桁部の製作要領に準拠するものとするが，コンクリートを充填する面では無塗装もしくはプライマーの塗布を行ったり，支圧板にはPC鋼材の貫通孔が設けられる等，一般部とは異なる点がいくつかあるため，留意する必要がある．

8.3　中詰めコンクリート

　中詰めコンクリートの施工にあたっては，補強リブ，ずれ止め，補強鉄筋およびPC鋼材が複雑に配置されているため，十分な締固めが可能なように，その配合，打設方法などを検討しなければならない．

【解　説】

　中詰めコンクリートの打設方法には，接合部を立て起こして打設する方法，現地で水平打設する方法が考えられる．水平打設の場合には，自己充填性に優れる高流動コンクリートの採用が望ましく，鋼殻セルについては，空気抜き孔・打設孔の配置を十分検討しなければならない．また，高流動コンクリートの圧入により充填性を高めることや自己収縮に対して膨張材の添加などの方法も検討する必要がある．

　高流動コンクリートの施工においては，「高流動コンクリート施工指針[1]」（土木学会）等を適用するのが良い．解説 図8.3.1に高流動コンクリートの配合設計フローを示す．

V 混合桁橋編

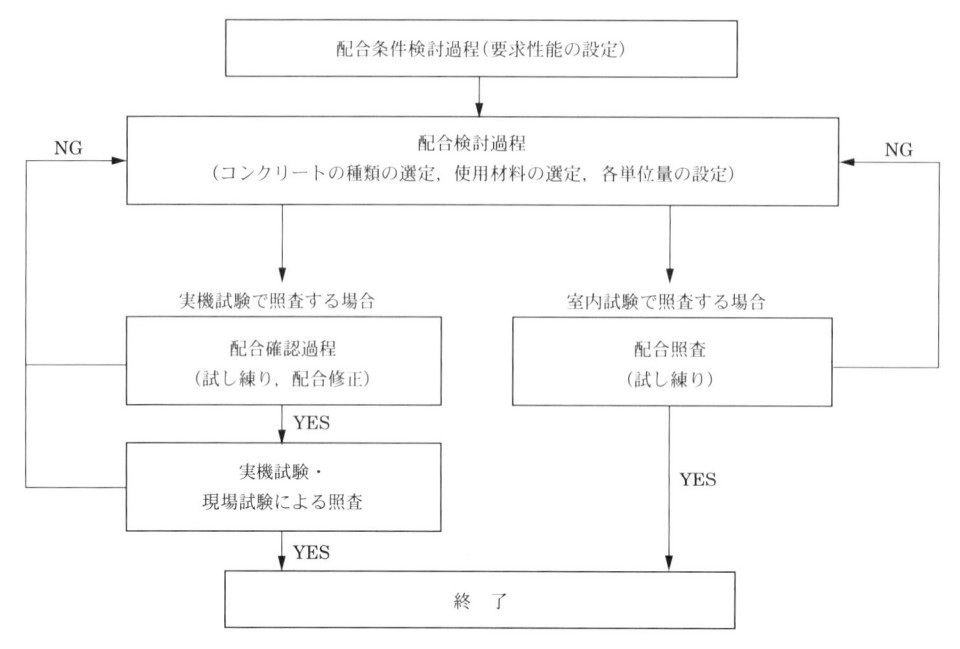

解説 図 8.3.1 高流動コンクリートの配合設計フロー[1)]

 高流動コンクリート特有の要求性能としては，フレッシュ時の自己充填性であり，その自己充填性を設定する際には，**解説 表**8.3.1に示すように，対象構造物の構造条件を考慮して決定するとともに，各評価試験の目標値を満足しなければならない。
 新川橋・吉田川橋の場合，鋼材量・最小あきの構造条件から，自己充填性による分類はランク2としている。**解説 表**8.3.2に自己充填性ランク2の施工条件の目安を示す。使用材料による分類では，レディーミクストコンクリート製造工場の設備の関係等から，増粘剤系高流動コンクリートとし，自己収縮に対処するために膨張材を使用している。
 また，勅使西高架橋においては，粉体と増粘剤の両方を用いた併用系高流動コンクリートを採用している。これは，増粘剤系高流動コンクリートに比べ骨材の表面水率，骨材粒度変動等によるフレッシュコンクリートの性状の変動が少ないため実施工に優位になることと，レディーミクストコンクリート製造工場の対応が可能であったことによる。**解説 表**8.3.3に勅使西高架橋の高流動コンクリートの示方配合を示す。
 高流動コンクリートの施工時の品質管理としては，荷降ろし地点から打込み地点までの品質変化を考慮したうえで，荷降ろし地点で品質管理試験が行われるのが一般的である。フレッシュコンクリートの品質管理試験としては，高流動コンクリートの流動性，材料分離抵抗性および自己充填性を管理することとなる。**解説 表**8.3.4に，標準的な試験方法を示す。
 参考として，**解説 表**8.3.5に各橋梁の中詰めコンクリートの施工性確認試験および施工時の配慮を示す。

解説 表 8.3.1　自己充填性の分類と各評価試験値の目安[1]

自己充填性のランク		ランク1	ランク2	ランク3
主な構造物		高密度配筋部材，複雑・異形形枠を使用した構造物	通常のRC構造物や複合構造物	配筋量の少ないマスコンクリート構造物や無筋構造物
構造物の条件（最小鋼材あき）		35～60mm程度	60～200mm程度	200mm程度以上
鋼材量の目安		350kg/m³程度以上	100～350kg/m³程度	100kg/m³程度未満
U形またはボックス形充填高さ		300mm以上（障害R1）	300mm以上（障害R2）	300mm以上（障害R3）
流動性	スランプフロー	550～700mm		500～650mm
材料分離抵抗性	V75漏斗の流下時間	9～20秒	7～13秒	4～11秒
	500mmフロー到達時間	5～25秒	3～15秒	3～15秒

解説 表 8.3.2　施工条件の目安（自己充填性ランク2）[1]

最大水平流動距離	8～15m
最大自由落下高さ	5m以下
目標流動勾配	1/10～1/30
ポンプ圧送条件　配管直径	4または5インチ
ポンプ圧送条件　配管長さ	300m

解説 表 8.3.3　勅使西高架橋　高流動コンクリートの示方配合例[2]

粗骨材の最大寸法(mm)	自己充填性ランク	目標スランプフロー(mm)	水結合材比(%)	空気量(%)
20	2	650±50	28.4	4.5±1.5

単位量 (kg/m³)							
水	セメント（普通）	フライアッシュ	膨張材	細骨材	粗骨材	高性能AE減水剤	増粘剤
165	420	130	30	770	766	9.28	0.165

解説 表 8.3.4　要求性能評価試験方法[1]

①	流動性	・スランプフロー試験
②	材料分離抵抗性	・各種漏斗試験 ・スランプフロー試験における500mmフロー到達時間
③	自己充填性	・U形充填試験 ・ボックス形充填試験

V 混合桁橋編

解説 表8.3.5 中詰めコンクリートの施工性確認試験および施工時の配慮

	施工性確認試験	施工時の配慮
生口橋	─	・鋼部材の製作工場において端部ブロックを組立て後，このブロックを立て起こし，鋼殻セル内の中埋めコンクリートを開口部から鉛直打設し，中詰めコンクリート硬化後に水平に置き換えた。その後，PC桁部の自立完成後，鋼桁接合ブロックとの間の間詰コンクリートを打設してPC桁と鋼桁を一体化させた。
サンマリンブリッジ	・高流動コンクリートの実物大試験体による施工性確認実験の実施（後面プレートの代わりに透明板を用いて打設中に水平に打ち上がることを目視確認）。	・接合桁を支保工上の所定の位置にセットした状態で中詰めコンクリートを打設。打設時には間詰め部との打継ぎ面を鋼板にて閉塞して鋼殻セルを構成。強度発現後に鋼板を撤去し間詰め部を施工。 ・各セルの最も低い部位に圧送管を設置し，これに，コンクリートポンプ車のブーム接続して圧送。圧送完了後は圧送管先端をボールバルブにて閉塞後，ブームを離脱。 ・打設時に上床版の空気孔（φ80mm）上に鋼管（L＝1000mm程度）を設置し，管からの粗骨材噴出により充填状況を確認。 ・打設時は打音検査を継続的に行い，空隙と思われる部分にはエポキシ樹脂を充填。
多々羅大橋	・高流動コンクリートの実物大試験体による施工性確認実験の実施。	・高流動コンクリートを用いて，現場で，間詰め部と鋼殻セル内の中詰コンクリートを同時に打設を行い一体化させている。 ・横断勾配（約2％）があるため，間詰め部上面に形枠を設置。 ・打設終盤には，上面形枠に設けた6インチの打設用の配管に筒先を接続してコンクリートを圧送し，橋面の空気孔から充填を確認。 ・打設時には，空気孔（下床版：φ31.5mm，上床版：φ100mm）により充填を確認。
新川橋 吉田川橋	・高流動コンクリートの実物大試験体による施工性確認実験の実施（自己充填性：ランク2）。	・実橋における充填性の確認として，赤外線サーモグラフィ法と打音法を併用し，空隙があると思われる個所の鋼板に孔をあけ，空隙がある場合はエポキシ樹脂の圧入を行っている。
揖斐川橋 木曽川橋	・接合部の疲労耐久性の確認試験の試験体により，鋼部材の製作および高流動コンクリートの施工性確認を行う（自己充填性：ランク1 or 2）。	・接合セグメントにおいては，セグメント製作ヤードで鋼殻セルに高流動コンクリートを充填し，その後，海上から接合セグメントの架設を行い，既設セグメントと一体化させた。
日本パラオ友好橋	・高流動コンクリートの実物大試験体による施工性確認実験の実施。	・打設時は点検用の開口（100mm×100mm），空気孔（下床版：φ25mm，上床版：φ70mm）および打音による充填を確認。 ・フォームトラベラにより鋼殻セルを固定し，中詰めコンクリートを打設。 ・打設時の側圧による鋼殻セルの移動に対してはPC鋼棒により抵抗。 ・暑中コンクリートの対処として，無線を利用してプラントとリアルタイムで製造・出荷を管理。
勅使西高架橋	・高流動コンクリートの実物大試験体による施工性確認実験の実施（自己充填性：ランク2）。	・打設時は空気孔（φ30mmctc500mm）による充填確認。 ・打設後の打音点検による確認。 ・高流動コンクリートの打設にともなう側圧により接合桁が移動する恐れがあったためPC鋼材を用いた移動制御を行った。
塩坪橋	─	・高流動コンクリートの充填を空気孔で確認。
美濃関JCT	・高流動コンクリートの実物大試験体による施工性確認実験の実施（自己充填性：ランク3）。	・現場で間詰め部と鋼殻セル内の中詰めコンクリートを同時に打設して一体化させている。 ・打設時は空気孔（φ50mm）により充填確認。 ・打設後は打音点検により確認。 ・鋼材を用いた治具により鋼桁とPRC桁の相対変位を拘束。
矢作川橋	（自己充填性：ランク2）	・高流動コンクリートを鋼桁セル内に充填。 ・各セルの最も低い隅に内径125mmの圧送管（長さ500mm）を配置。この圧送管にコンクリートポンプのブームを接続して圧入。対角に設けた同形の圧送管にて充填を確認。 ・φ38.1mmの空気孔を残りの2隅に設けて空気の排出，充填検知に利用。
北郷立体交差	・全体模型試験の試験体により，鋼殻セル内の普通コンクリートの施工性確認を行う（実橋においては，高流動コンクリートを使用する予定）。	─

8.4 プレストレッシング

（1） 緊張時のコンクリートの圧縮強度は，定着部においては採用された定着工法種別により定められた値以上とし，また，定着部以外においては，プレストレスを与えた直後に，コンクリート部材に付加される最大圧縮応力度の1.7倍以上でなければならない。

（2） 緊張時の定着部付近のコンクリート強度は，定着によって付加される力に耐える強度以上でなければならない。

8.5 架　　設

混合桁橋の架設においては，橋梁下の道路等の交差条件，発生断面力および経済性を考慮して，施工順序を決定しなければならない。

【解　説】

近年，さまざまな構造形式の混合桁橋の施工が行われるようになってきた。以下に，各構造形式の施工ステップ例を示す。

（i） 連続桁形式の施工例－新川橋
① PRC桁固定支保工上に接合桁を架設
② 鉄筋などを組立てた後，鋼殻セル部に高流動コンクリートを打設
③ その後，ワイヤクランプにより鋼桁を吊上げ架設

V 混合桁橋編

ステップ1 PRC箱桁と接合部の施工

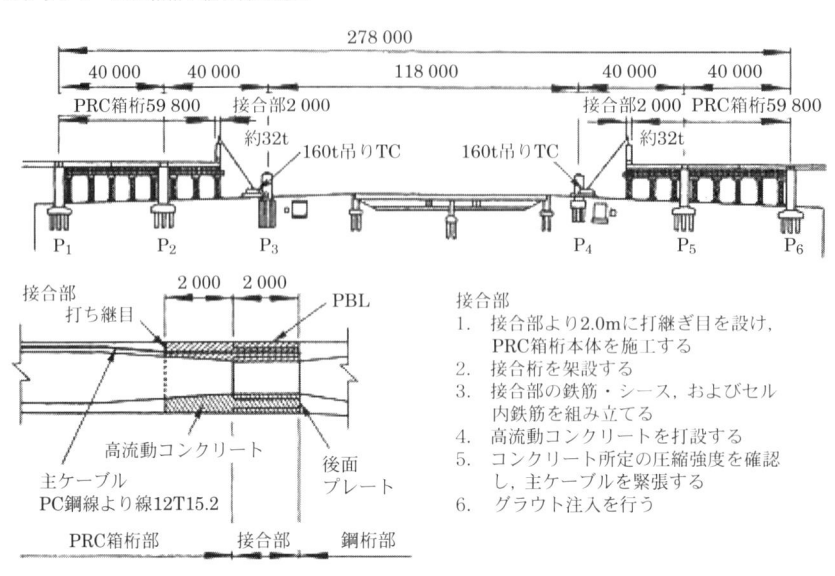

接合部
1. 接合部より2.0mに打継ぎ目を設け、PRC箱桁本体を施工する
2. 接合桁を架設する
3. 接合部の鉄筋・シース，およびセル内鉄筋を組み立てる
4. 高流動コンクリートを打設する
5. コンクリート所定の圧縮強度を確認し，主ケーブルを緊張する
6. グラウト注入を行う

ステップ2 中間支点部鋼床版箱桁の架設

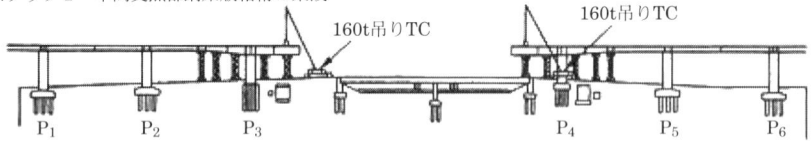

ステップ3 中央径間部鋼床版箱桁の地組立て

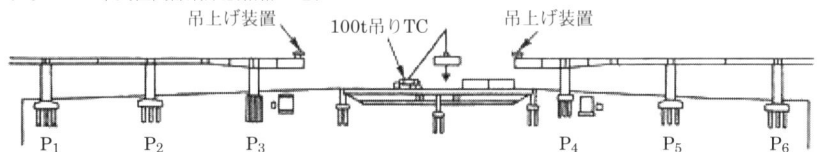

ステップ4 ワイヤクランプによる吊上げ架設

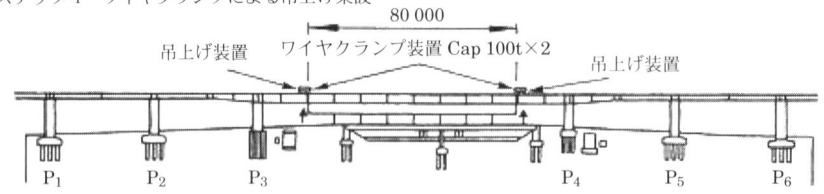

ステップ5 残りの鋼床版架設

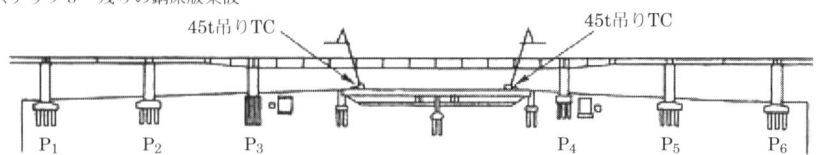

解説 図8.5.1 新川橋の施工順序[3]

8章 施　　工

(ii) 連続ラーメン形式－勅使西高架橋
① PRC柱頭部を固定支保工架設
② 接合桁クレーン架設，鉄筋組立
③ 接合桁縦移動・据付，PC鋼材組立
④ 間詰（接合）部施工，主ケーブル緊張
⑤ ベント組立・鋼桁クレーン架設

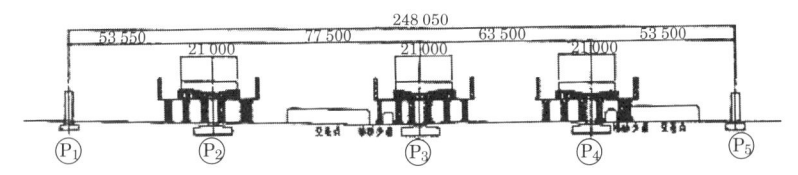

1. PRC柱頭部を固定支保工架設
2. 複合桁クレーン架設，鉄筋組立て
3. 複合桁縦移動・据付け，PC鋼材組立て
4. 間詰（接合）部施工，主ケーブル緊張
5. PRC間詰（接合）部施工完了・支保工解体
6. ベント組立・鋼桁クレーン架設
7. ベント解体・コンクリート床版施工

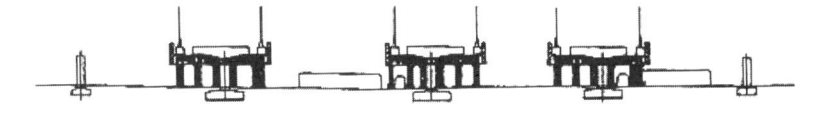

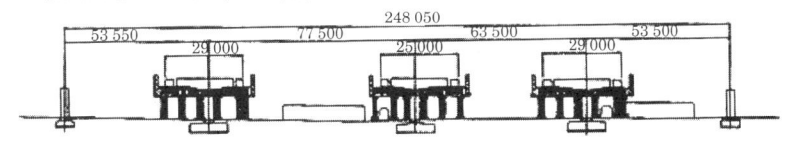

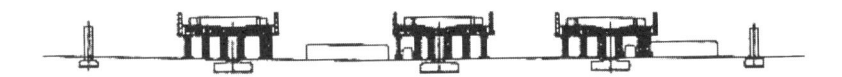

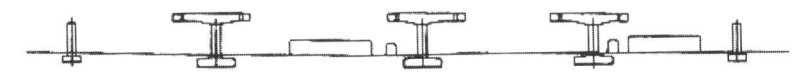

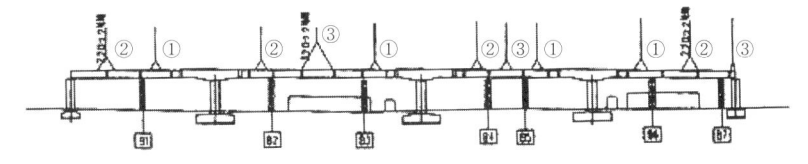

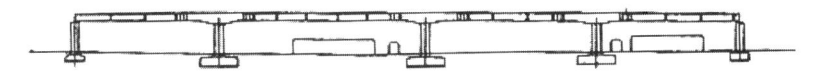

解説　図 8.5.2　勅使西高架橋の施工順序[2]

V 混合桁橋編

(ⅲ) 連続ラーメン形式（施工ステップの変更で断面力の改善を図った例）−大洲高架橋
① 中央径間の鋼桁部をトラッククレーンベント工法で架設
② 鋼桁部床版中央部（1次床版）の打設
③ 側径間PRC桁を固定支保工架設，プレストレス導入
④ 残りの床版部（2次床版）の打設

この施工順序でPC鋼材本数を1/3程度まで軽減できたと報告されている。

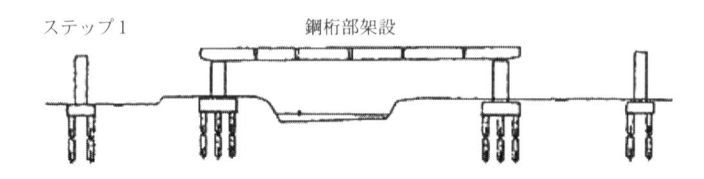

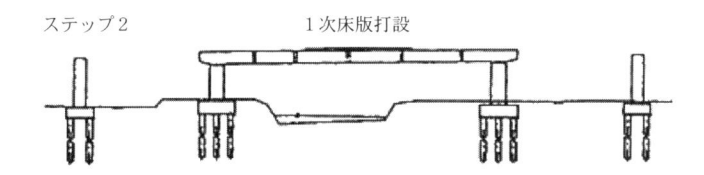

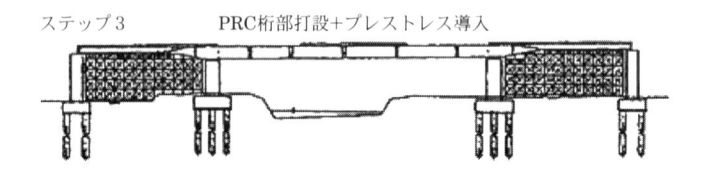

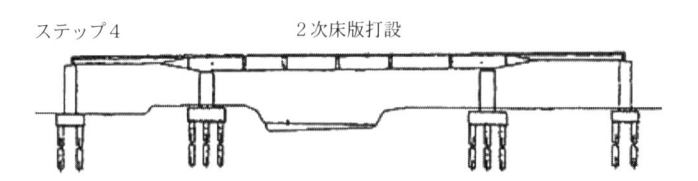

解説 図8.5.3 大洲高架橋の施工順序[4]

(iv) 吊り形式（エクストラドーズド橋）【日本パラオ友好橋】
① P_1，P_2 橋脚の施工
② PC桁の張出し施工および主塔の施工
③ 側径間の閉合
④ 鋼殻を吊上げ，接合部の施工
⑤ 鋼桁大ブロックを一括架設し，主径間の閉合

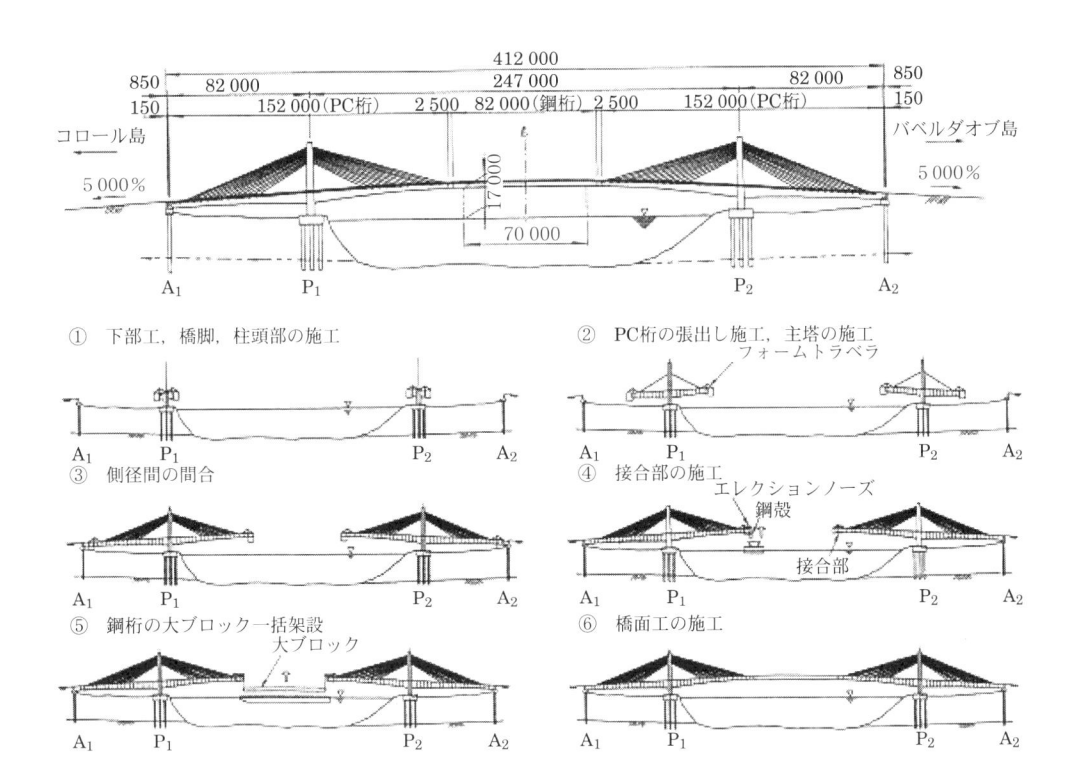

解説 図8.5.4 日本パラオ友好橋の施工順序[5]

V 混合桁橋編

(ⅴ) 特殊な形式（吊り橋と斜張橋の組合わせ）－なぎさ・ブリッジ
① 主塔およびアンカレッジ部の施工
② P_1側のPC桁の張出し施工
③ P_2側のPC桁の張出し施工
④ 主ケーブルを張り渡し，ハンガーケーブルの設置後，鋼桁の架設

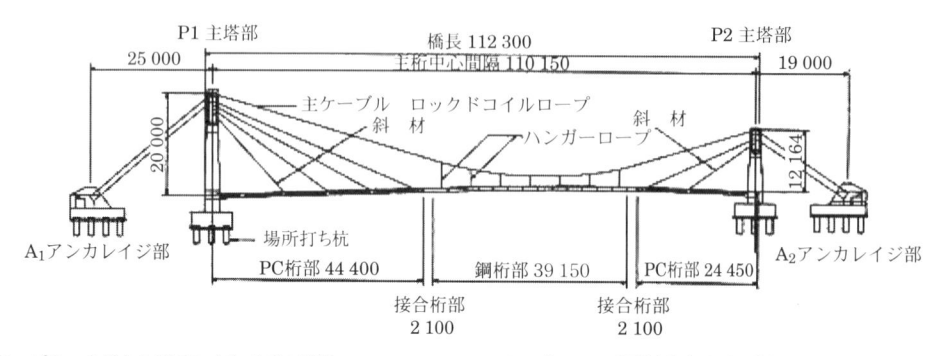

ステップ1　主塔およびアンカレイジの構築
1. 主塔およびアンカレイジの構築
2. 鋼殻の設置

ステップ2　PC桁張出し架設(P_1側)
1. 450t吊りクローラークレーンを設置
2. PC桁張出し架設工(2セグメント)
3. 仮斜材取付および緊張工

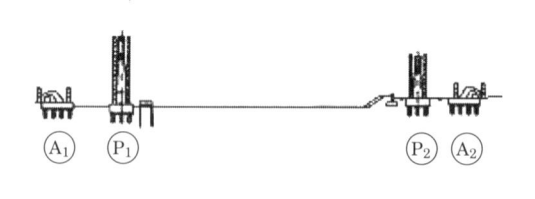

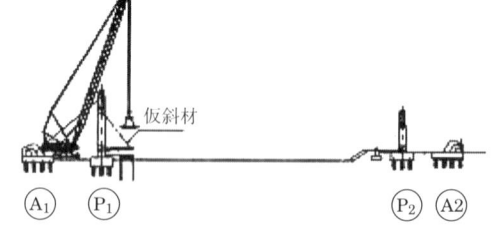

ステップ3　PC桁張出し架設(P_1側)
1. PC桁架設工(2セグメント)
2. 斜材取付および緊張工
3. 仮斜材撤去工

セグメント架設手順
2セグメント張出し出架設工
仮斜材設置・緊張工
2セグメント張出し架設工
斜材取付・緊張および仮斜材撤去工
（※ステップ2・3の繰り返し）
順次繰り返す

ステップ4　PC桁張出し架設(P_2側)
1. 450t吊りクローラークレーンを設置
2. PC桁張出し架設

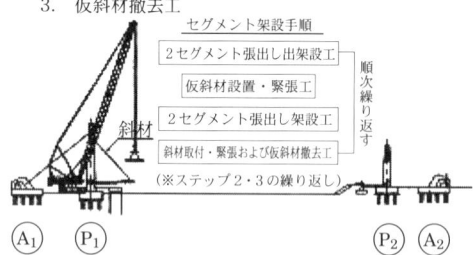

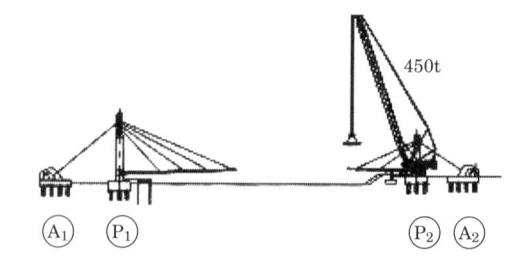

ステップ5　主ケーブルおよび鋼桁架設
1. 主ケーブルの架設
2. ハンガーケーブルの設置
3. 鋼桁架設

ステップ6　橋面工施工(完成)
1. P_2仮固定の開放
2. 鋼設部の巻立て
3. 橋面工

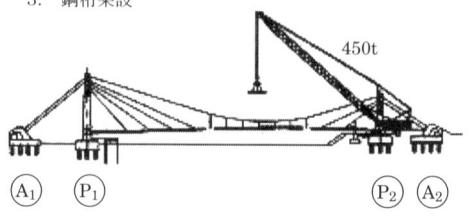

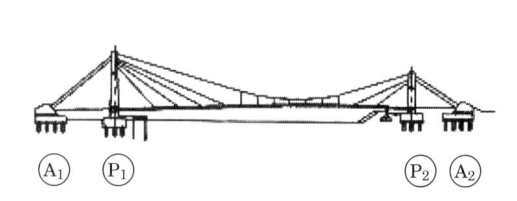

解説　図8.5.5　なぎさ・ブリッジの施工順序[6]

参考文献

1) 土木学会:高流動コンクリート施工指針,1998.7
2) 山本,横畑,岡田,今井:勅使西高架橋(鋼・PRC複合ラーメン橋)の施工,プレストレスコンクリート技術協会 第12回PCシンポジウム論文集,pp.509-512,2003.10
3) 望月,縄田,山田,高田,安藤,宮地:鋼・PC混合橋(新川橋)の設計と施工,橋梁と基礎,pp.2-11,2000.11
4) 小川,神原,小沼,高橋:大洲高架橋の設計・施工,駒井技法,Vol.21,pp.39-47,2002
5) 大島,柏村,鈴木,織田:パラオ共和国・日本パラオ友好橋の施工(上),橋梁と基礎,pp.2-9,2001.12
6) 佐藤,野口,鈴木,諸橋,中井:ハイブリッドPC斜張橋"なぎさ・ブリッジ"の設計・施工,プレストレスコンクリート,pp.22-27,2003.5

9章　耐久性の確保

9.1　一　　般

本章は，混合桁橋の接合部の耐久性を確保するための留意事項を示したものである．

【解　説】

混合桁橋の接合部は，構造形式により，軸方向力が支配的になる場合や曲げモーメントが支配的になる場合など，接合部の応力状態は異なることから，これらを踏まえた上で，設計供用期間中にその性能を確実に発揮できるように適切な処理・対策を施さなければならない．

ここで，本章に示されていない事項については「PC橋の耐久性向上マニュアル」（プレストレストコンクリート技術協会），「コンクリート標準示方書【維持管理編】」（土木学会）等によるものとする．

9.2　接合部の防錆

接合部は，十分な耐久性を有する構造とするため防錆対策を講じなければならない．

【解　説】

中詰めコンクリートを充填する接合部の場合，一般に接合面に無機ジンクリッチペイントを塗装することが多いが，揖斐川・木曽川橋のように，耐久性に配慮し，無機ジンクリッチプライマー処理した前面プレートに打継ぎ材（エポキシ樹脂）を塗布し硅砂を散布した例もある．

新川橋，吉田川橋および美濃関JCTにおける接合部の鋼板面処理は，コンクリート接触面はプライマー塗装を行い，鋼板コバ面は外面塗装を行っている（解説 図9.2.1参照）．

また，生口橋，サンマリンブリッジ，揖斐川・木曽川橋，吉田川橋および美濃関JCTにおいては，鋼桁先端部が直接コンクリートに接するとコンクリート側では大きな応力集中により局部的圧壊が生じるおそれがあるので鋼桁先端部外周に目地を設けて弾性シール材を充填している（解説 図9.2.2(a)参照）．新川橋においては，2mmまでのクラックに追従し長期耐久性のある高弾性ウレタン樹脂を採用し，コンピュータ制御混合による吹付け機により無溶剤型2液性ウレタン樹脂を2mm厚になるように均一に吹き付けた．なお，ウレタン樹脂の上にトップコートとして，鋼桁の部分と同様の塗装を施している．

9章 耐久性の確保

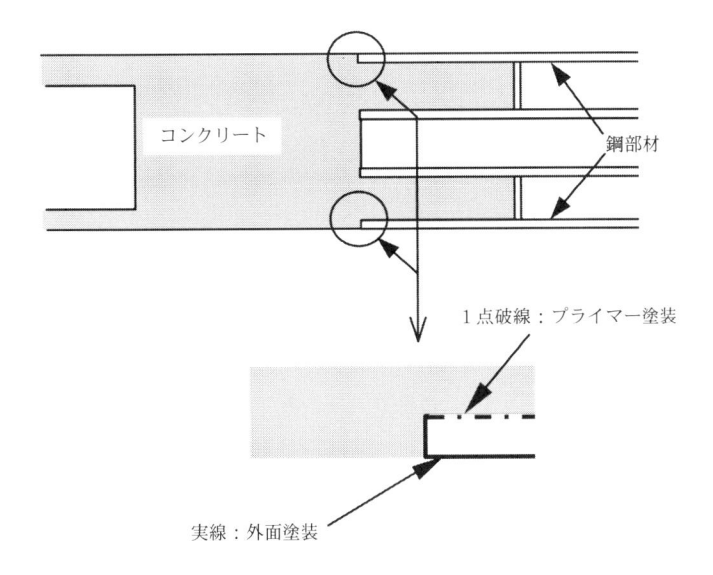

解説 図 9.2.1 接合部の鋼板面処理

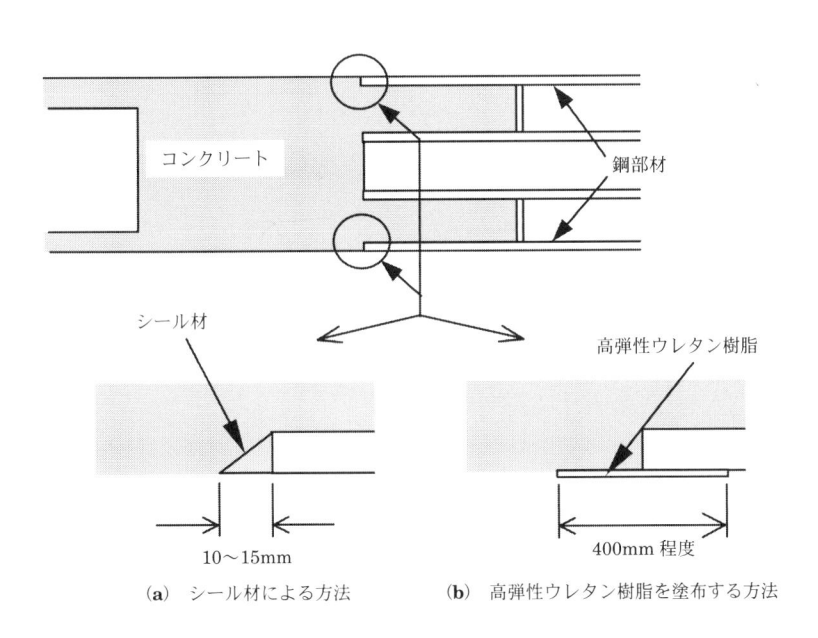

(a) シール材による方法　(b) 高弾性ウレタン樹脂を塗布する方法

解説 図 9.2.2 接合部の防水工

9.3 中詰めコンクリートの充填

中詰めコンクリートの充填状況は，接合部の耐久性に大きく影響するため，中詰めコンクリートの空隙が無いように確実に充填しなければならない。

【解　説】
　中詰めコンクリートが，鋼殻セルなどの密閉された空間となる場合，充填が確実に行え，できるだけ収縮しないコンクリート材料を採用しなければならない。また，施工時には，空気孔の配置，赤外線サーモグラフィ法，打音法などにより充填確認を行わなければならない（8章8.3節参照）。

VI 資料編

Ⅵ 資料編

1章 波形ウェブ橋

1.1 実績一覧および橋梁データ

表1.1.1 (a) 実績一覧表（平成16年度完成の国内橋梁）

No.	橋梁名	発注機関	場所	竣工年	橋長 (m)	有効幅員 (m)	形式	支間割	平面曲線半径 (m)	斜角 (°)	架設工法	ずれ止めの形式	鋼板継手方法	備考（施工会社）	備考（設計会社）	資料の有無
1	新開橋	新潟県	新潟県	1993	31.0	14.0	単純桁橋	30.0	90		プレキャスト	頭付きスタッド	突合せ溶接	パシフィックエンジニアリング	ピー・エス	○
2	銀山御幸橋	秋田県	秋田県	1996	210.0	8.5	5径間連続桁橋	27.4+3@45.5+44.9	0	70	押出し架設	頭付きスタッド	一面摩擦高力ボルト	アジア航測	ドーピー・ピー・エス、建設工業	○
3	本谷橋	旧JH名古屋建設局	1998		198.2	10.49	3径間連続ラーメン橋	44.0+97.2+56.0	2400	90	張出し架設	埋込み		東光コンサルタント（詳細設計）	ピー・エス	○
4	鍋田高架橋	旧JH名古屋建設局	2000	187.5	14.56	3径間連続桁橋	47+91.5+47		90	固定支保工	アングルジベル	一面摩擦高力ボルト		オリエンタルコンサルタンツ（基本設計）、富士ピー・エス、川田建設、極東工業JV	○
5	中子沢内橋	新潟県	新潟県	2001	97.0	11.5	2径間連続桁橋	47.8+47.5	∞	60	固定支保工	頭付きスタッド	重合せすみ肉溶接	アジア航測	富士ピー・エス、川田建設、極東工業JV ドーピー・ピー・エス建設工業	○
6	小河内川橋	旧JH九州支社		2001	157.0	9.81	Tラーメン橋		7000	90	張出し架設	アングルジベル	一面摩擦高力ボルト	三井共同建設コンサルタント（詳細設計）	ドーピー・ピー・エス建設工業	○
7	白沢橋	長野県	長野県	2001	51.6	8.0	単純桁橋	51.0	250	90	固定支保工	アングルジベル		長野技研	ドーピー・ピー・エス建設工業	○
8	小夫丸川橋	旧JH関西支社	2001	429.9	9.36	6径間連続ラーメン橋	49.9+4@81.0+54.1	1000	75 (A1), 85 (A2)	張出し架設	アングルジベル	一面摩擦高力ボルト		住友建設、川田建設 福山コンサルタント（基本設計）	○
9	前谷橋	旧JH九州支社		2001	163.0	9.25	Tラーメン橋	77.3+84.3	∞	90	張出し架設	アングルジベル	重合せすみ肉溶接		オリエンタルコンサルタンツ（詳細設計）、オリエンタル建設	○
10	勝手川橋	秋田県	秋田県	2001	227.0	10.0	3径間連続ラーメン橋	59.3+96.5+69.8	1500	90	張出し架設	アングルジベル	一面摩擦高力ボルト		千代田コンサルタント（基本設計）オリエンタル建設	○
11	鍋田高架橋西	旧JH名古屋建設局		2001	245.0	14.0	3径間連続ラーメン橋	59.0+125.0+59.0	1000	90	張出し架設	アングルジベル	重合せすみ肉溶接		オリエンタルコンサルタンツ（詳細設計）ピー・エス、富士ピー・エス、川田建設	○

1章　波形ウェブ橋

No.	橋梁名	発注機関	場所	竣工年	橋長(m)	有効幅員(m)	形式	支間割(m)	平面曲線半径(m)	斜角(°)	架設工法	ずれ止めの形式	鋼板継手方法	備考(設計会社)	備考(施工会社)	資料の有無
12	大宮大谷橋(大沢川川第二橋)	旧JH名古屋建設局		2002	437.0	9.0	7径間連続ラーメン橋	49+2@66.0+120.0+57.0+43.0+34.0	2 200		張出し架設	アングルジベル	重合せすみ肉溶接	王野総合コンサルタント大成建設(詳細設計)	大成建設、飛島建設	○
13	中野高架橋(その1)		兵庫県	2002	250.0		4径間連続桁橋	250(ランプ部)		90	張出し架設	上：孔あき鋼板ジベル+頭付きスタッド 下：埋込み	一面摩擦高力ボルト	新構造技術	オリエンタル建設、富士ピー・エス	○
14	中野高架橋(その2)	旧阪神高速道路公団		2002	253.8	8.45	4径間連続桁橋	47.2+71.3+82.4+51.4	250	90	固定支保工	上：孔あき鋼板ジベル+頭付きスタッド 下：埋込み		新構造技術		○
15	興津川橋(上り線)	旧阪神高速道路公団	静岡県	2002	456.0	8.45	4径間連続ラーメン橋(側径間の一部が波形ウェブ)	67.5+83.9+60.5+39.8	440	90	張出し架設	アングルジベル	重合せすみ肉溶接	近代設計(基本設計)オリエンタル建設、川田建設(詳細設計)	ピー・エス、川田建設	○
16	下田橋	旧JH静岡建設局	岐阜県	2002	269.5	16.5	4径間連続ラーメン橋	69.1+111.2+142.0+130.6(うち波形75.4)	5 000	90	張出し架設	アングルジベル	一面摩擦高力ボルト	東洋技研コンサルタント(詳細設計)	鹿島建設	○
17	日見夢橋	旧JH名古屋建設局		2002	365.0	10.01	3径間連続エクストラドーズド橋	44.25+136.5+48.9+38.35	5 000	90	張出し架設	アングルジベル(一部、下側のみ埋込み)	重合せすみ肉溶接	住友建設、錢高組(詳細設計)	住友建設、錢高組	○
18	黒部川B橋	旧JH九州支社	富山県	2003	344.0	9.75	6径間連続ラーメン橋 A：137.6+170.0+115.0+67.6 B：152.6+160.0+75.0+90.0+72.6	91.75+180.0+91.75 49.33+50+2@72.0+50+49.33	7 000	90	固定支保工	埋込み	重合せすみ肉溶接	日本構造橋梁研究所	オリエンタル建設、ドーピー建設工業、興和コンクリート(基本設計)	○
19	粟谷川橋	日本鉄道建設公団		2004	180.0	11.7	4径間連続ラーメン橋	44.0+81.0+95.0+58.0	700	90	張出し架設	アングルジベル		八千代エンジニヤリング、コンクリートウェア(詳細設計)	富士ピー・エス	○
20	栗東橋	旧JH中国支社		2002	A：495.0 (B：555.0)	9.155～8.825	4,5径間連続エクストラドーズド橋		3 000	90	張出し架設	アングルジベル	溶接	八千代エンジニヤリング(基本設計) ピー・エス、ピー・シー橋梁、ドーピー建設工業(詳細設計)	ピー・エス、ピー・シー橋梁、ドーピー建設工業	○
21	矢作川橋	旧JH関西支社	愛知県	2005	820.0	17.1	4径間連続斜張橋	A：137.6+170.0+115.0+67.6 B：152.6+160.0+75.0+90.0+72.6	2 600		張出し架設	アングルジベル	重合せすみ肉溶接	八千代エンジニヤリングJV、オリエンタル建設、川田建設、鹿島建設	東：オリエンタル建設、大成建設、三井住友建設、横河ブリッジ 西：川田建設、鹿島建設、三井住友建設、横河ブリッジ	○
	旧JH中部支社			2004	40～43.367			173.4+2@235.0+173.4	90(P3のみ46°)			内ウェブ：一面摩擦高力ボルト 外ウェブ：重合せすみ肉溶接				

Ⅵ 資料編

No.	橋梁名	発注機関	場所	竣工年	橋長 (m)	有効幅員 (m)	形式	支間割	平面曲線半径 (m)	斜角 (°)	架設工法	ずれ止めの形式	鋼板継手方法	備考（設計会社）備考（施工会社）	資料の有無
22	谷川橋	群馬県	群馬県	2002	51.0	7.5 + 3	単純桁橋	50.9	∞	90	固定支保工	上：孔あき鋼板ジベル 下：頭付きスタッド	一面摩擦高力ボルト	櫂電エンジニアリング 近代設計（基本設計）富士ピー・エス、日本高圧コンクリート（詳細設計）ドーピー建設工業	○
23	第二上品野橋	旧JH中部支社		2004	上：346.018 (下：343.198)	10.8	5径間連続桁橋	上：66.9+81.0+2@73.0+49.918 (下：62.9+81.0+2@73.0+50.098)	1 750	90	張出し架設	重合せすみ肉溶接	富士ピー・エス、日本高圧コンクリート	○
24	白岩橋	旧JH中部支社	岐阜県	2004	上：183.0 (下：187.0)	10.8	3径間連続桁橋	上：50.9+86.0+43.9 (下：52.9+82.0+49.9)	上：3 000 (下：4 600)	90	張出し架設	アングルジベル	パシフィックコンサルタンツ（基本設計）興和コンクリート、白石JV（詳細設計）興和コンクリート、白石JV	○
25	安家4号橋	岩手県	岩手県	2002	113.5	8.0	2径間連続桁橋	2@55.8	∞	75～90	固定支保工	アングルジベル	重合せすみ肉溶接	日本構造技術	○
26	遊楽部川橋	旧JH北海道支社		2004	235.5	10.4	3径間連続桁橋	65.35+102.5+65.35	2 600	67	固定支保工＋張出し架設	上：孔あき鋼板ジベル 下：孔あき鋼板ジベル+頭付きスタッド	一面摩擦高力ボルト	中央復建コンサルタンツ（基本設計）ドーピー建設工業（詳細設計）	○
27	温海川橋	旧JH東北支社		2004	218.0	10.5	4径間連続桁橋	61.3+2@51.5+51.3	750～∞	90	固定支保工	重合せすみ肉溶接	中央復建コンサルタンツ（詳細設計）ピー・エス	○
28	門崎橋	旧JH東北支社		2003	184.0	10.0	4径間連続ラーメン橋	41.2+2@50.0+41.2	∞	90	固定支保工	上：アングルジベル 下：埋込み	重合せすみ肉溶接	アジア航測	○
29	鶴巻橋	国土交通省東北地方整備局		2003	168.0	10.0	4径間連続ラーメン橋	36.05 + 2 @47.0 + 36.05	140	90	固定支保工	上：アングルジベル 下：埋込み	溶接	復建調査設計	○
30	長井ダム11号橋	国土交通省東北地方整備局	山形県	2004	165.2	5.0	3径間連続ラーメン橋	45.9 + 72.0 + 45.9	140	90	張出し架設	アングルジベル	一面摩擦高力ボルト	復建技術コンサルタント オリエンタル建設	○
31	長谷川橋	旧JH四国支社		2004	395.5	10.5	5径間連続ラーメン橋	58.4＋3(@92.0＋58.8	600	90	張出し架設	アングルジベル	重合せすみ肉溶接	日本構造橋梁研究所（基本設計：コンクリートウェブ）三和建設コンサルタント（計画設計）櫂東工業、常磐興産ピーシーJV（詳細設計）	○
32	信楽七橋	旧JH関西支社		2004	384.0	16.5	5径間連続ラーメン橋 2径間連続ラーメン橋	57.5＋3(@89.0＋57.5	3 000	90	張出し架設	アングルジベル	重合せすみ肉溶接	復建エンジニヤリング、大林組JV（基本設計）三井住友建設、大林組JV（詳細設計）三井住友建設、大林組JV	○

1章 波形ウェブ橋

表1.1.1 (b) 実績一覧表（海外の主な橋梁）

No.	橋梁名	発注機関	場所	竣工年	橋長 (m)	有効幅員 (m)	形式	支間割 (m)	平面曲線半径 (m)	斜角 (°)	架設工法	ずれ止めの形式	鋼板継手方法	備考 (設計会社)	備考 (施工会社)	資料の有無
33	津久見川橋	旧JH九州支社		2004	291.0	9.5	5径間連続ラーメン橋	49.6+75.0+47.0+42.6		90	張出し架設	上：頭付きスタッド 下：埋込み	ボルト接合	新構造技術（基本設計）三井住友建設（詳細設計）	三井住友建設	○
34	豊田東JCT.Cランプ橋	旧JH中部支社		2004	244.0	12.0	3径間連続ラーメン橋	86.0+94.1+61.9	750		張出し架設	上：孔あき鋼板ジベル 下：孔あき鋼板ジベル+頭付きスタッド	すみ肉溶接	日本構造橋梁研究所（基本設計）ドーピー建設工業、日本高圧コンクリート一電設工業、日本高圧コンクリート一電設工業（詳細設計）	ドーピー建設工業、日本高圧コンクリート一電設JV	○
35	広内第二橋			2004	292.5	10.46	5径間連続桁橋	40.9+75.0+85.0+50.0+39.4	500	90	張出し架設	孔あき鋼板ジベル	一面摩擦高力ボルト	新構造技術（基本設計）ピーエス三菱（詳細設計）	ピーエス三菱	○
36	杉谷川橋（下り線）	旧JH北海道支社	滋賀県	2004	453.0	10.8	6径間連続ラーメン橋	52.1+4@87.0+51.15	4 000	90	張出し架設	アングルジベル	重合せすみ肉溶接	大和設計（基本設計）鹿島建設、日本ピーエスJV（詳細設計）	鹿島建設、日本ピーエスJV	○
37	桂島高架橋	旧JH関西支社		2005	216.0	11.47	4径間連続ラーメン橋（リブストラット付）	53.65+54.0+54.0+52.7	4 000	90	張出し架設	上：アングルジベル 下：埋込み	溶接	第一復権建設（基本設計）三井住友建設、中央ビーエスJV（詳細設計）	三井住友建設、中央ビーエスJV	○
38	中津屋橋	旧JH静岡建設局	岐阜県	2004	295.2	16.5	5径間連続桁橋	2@57.075+49.5+81.0+48.5	1 000	90	張出し架設	アングルジベル	重合せすみ肉溶接	サンライズ（基本設計）オリエンタル建設、昭和コンクリート工業JV（詳細設計）	オリエンタル建設、昭和コンクリート工業JV	○
	旧JH中部支社			2004	8.655											

No.	橋梁名	発注機関	場所	竣工年	橋長 (m)	有効幅員 (m)	形式	支間割 (m)	平面曲線半径 (m)	斜角 (°)	架設工法	ずれ止めの形式	鋼板継手方法	備考 (設計会社)	備考 (施工会社)	資料の有無
39	コニャック橋		フランス	1986	107.8	11.7	3径間連続桁橋	31.0+43.0+31.0			固定支保工架設			Campenon Bernard		
40	モーブレ橋		フランス	1987	324.5	10.8	7径間連続桁橋	40.95+47.25+53.55+50.40+47.25+44.10+40.95			押出し架設			Campenon Bernard		
41	ドール橋		フランス	1994	497.6	14.5	7径間連続桁橋	48.0+5(@80.0+48.0			張出し架設					
42	アルトビッツファールスンド橋		ドイツ		277.8	11.5	3径間連続桁橋	81.5+115.0+81.4	$R=1800$	65	張出し架設	頭付きスタッド	2面摩擦高力ボルト	レオンハルト・アンド・リュー		
43	イルスン大橋		韓国		801	18.0	12径間連続桁橋+2径間連続桁橋（拡幅部）	50+10(@60+50（一般部）, 2(@50.5（拡幅部）	∞	90	押出し架設	重合せすみ肉溶接継手		現代建設		

Ⅵ　資料編

(資料 No.1)

橋梁名　新開橋

橋梁概要

本橋は、橋長 31m、幅員 14.8m、支間 30m の単純桁橋で、日本初の波形ウェブ橋である。一般国道 116 号、新潟西バイパス高山 IC にアクセスする主要地方道新潟寺泊線、新潟市高山地内に建設された。

- 構造形式：2主桁単純箱桁橋
- 橋　　長：31.0m　　・支間割り：30.0m
- 有効幅員：14.0m　　・橋面積：434.0m²
- 活荷重：TL-20
- 斜角：70°　　・最小曲線半径：90.0m
- 主要材料（上部工）

種別	仕様	数量	単位	適用
コンクリート	σ'ck=40MPa	194	m³	主桁、横組
鉄筋	SD295	29	t	波形鋼板
鋼材	SM490	20.0	t	主ケーブル
PC鋼材	SWPR7B 19S15.2	7.0	t	横締め
	SWPR19 1S21.8	3.6	t	

接合構造

- コンクリートと波形鋼板の接合：頭付きスタッド接合
- 波形鋼板どうしの接合：突合わせ溶接

構造的な特徴

- 内ケーブルと外ケーブルを併用している。
- 外ケーブルの取替えを可能にするため、橋台のパラペット背面に緊張室が設置されている。
- 波形鋼板の防錆は塗装で行われている。

施工的な特徴

- 現場ヤード下で、主桁 2 本を製作し、引出し軌道を用いて架設時により施工した。

実施実験

- 実施項目：①施工時のひずみ計測、②振動実験

検証内容	①施工時の安全性の確認、設計計算の妥当性の確認。 ②PC 箱桁橋の振動特性の検討、外ケーブルの制振対策の必要性の検討。
結果	①主桁各部のひずみを計測・管理することで、安全に施工することができた。 ②PC 箱桁に近い振動特性を示すため、外ケーブルと橋梁全体の固有振動数を測定した結果、共振は起こりにくいと判断され、外ケーブルの制振対策は行われなかった。

1章　波形ウェブ橋

(資料 No.2)

橋梁名　銀山御幸橋

橋梁概要

銀山御幸橋は、国内2番目の波形鋼板ウェブPC箱桁橋であり、押出し工法により施工された。5径間連続の橋梁である。

- 構造形式：PC5径間連続波形鋼板ウェブ箱桁橋
- 橋　　長：210m　支間割り：27.4 + 3@45.5 + 44.9
- 有効幅員：8.5m　橋面積：1783.8m²
- 活荷重：B活荷重
- 斜　　角：90°
- 主要材料（上部工）：最小曲線半径：0m

種別	仕様	数量	単位	適用
コンクリート	$\sigma_{ck} = 40 \mathrm{N/mm^2}$	1079.9	m³	主桁、横組
鉄筋	SD295	133.7	tf	
鋼材	SMA490AW	88.4	tf	波形鋼板
PC鋼材	SBPR930/1080　φ32	45.858	tf	内ケーブル
	SWPR7B 19S15.2	12.148	tf	外ケーブル
	SBPR930/1080　φ32	25.463	tf	横締め

接合構造
- コンクリートと波形鋼板の接合：頭付きスタッド接合
- 波形鋼板どうしの接合：一面摩擦接手（プレート有り）

構造的な特徴
- コンクリートと波形鋼板の接合に頭付きスタッド接合を、波形鋼板相互の接合に高力ボルトによる一面摩擦接合（プレート）を用いて、箱桁内で接合されそれ始められて採用した。
- 波形鋼板の防錆対策として耐候性鋼材を用いている。

施工的な特徴
- 波形鋼板ウェブ橋として、我が国初の押出し架設工法を採用。
- ピロン柱を用い、波形鋼板（コンクリート下床版＋鋼上床版）を手延べ桁として使用。

実施実験

検証内容：
- 試験体載荷実験
- 動的実橋振動実験

結　果：
- 試験体載荷実験→平面保持、主桁剛性評価、波形鋼板のせん断応力度の確認
- 動的実橋振動実験→動的振動特性の確認

281

Ⅵ　資料編

(資料 No.3)

橋梁名　木谷橋

橋梁概要

本橋は東海北陸自動車道のほぼ中央に位置する波形鋼板ウェブを有する複合PC箱桁橋であり、世界初のラーメン構造および国内初の張出し架設工法が採用された橋梁である。

- 構造形式：3径間連続ラーメン橋
- 橋　長：198.2m　　・支間割り：44.0＋97.2＋56.0m
- 有効幅員：10.49m　　・橋面積：2 081m²
- 活荷重：B活荷重　　・最小曲線半径：2 400m
- 斜　角：90°
- 主要材料（上部工）

種別	仕様	数量	単位	適用
コンクリート	σ'ck＝40MPa	1 681	m³	主桁、横組
鉄筋	SD345	257	t	
鋼材	SM490YB	120	t	波形鋼板
PC鋼材	SWPR7B 12S15.2, 19S15.2	62.6	t	主ケーブル
	SWPR19 1S28.6	16.9	t	横締め

接合構造

- コンクリートと波形鋼板の接合：埋込み接合
- 波形鋼板どうしの接合：一面摩擦高力ボルト継手

構造的な特徴

- コンクリートと波形鋼板の接合に埋込み接合を、波形鋼板同士の接合に一面摩擦高力ボルト接合を初めて採用した。
- 波形鋼板の防錆は、塗装で行っている。

施工的な特徴

- 波形鋼板ウェブ橋として、国内で初めて張出し架設された。

実施実験

検証内容	実施項目：①模型供試体による曲げ・せん断・ねじり実験、②実橋載荷実験
	①波形鋼板ウェブ橋の基本性状、埋込み接合、一面摩擦接合の安全性の確認。②面内荷重、ねじりに対する性状、床版の性状、振動特性
結果	①曲げ、せん断、およびねじりと埋込み接合および一面摩擦接合の安全性が確認された。また、新たに採用した埋込み接合および一面摩擦接合の安全性が確認された。②本橋の振動特性は、PC橋と鋼桁の中間的な性状であることが確認された。

1章 波形ウェブ橋

(資料 No.4)

橋梁名 鍋田高架橋

橋梁概要

鍋田高架橋は、第二名神高速道路の鍋田地区を通過する、延長1.76kmの高架橋である。
- 構造形式：PC3径間連続波形鋼板ウェブ箱桁
- 橋　　長：187.5m　・支間割り：47.0＋91.5＋47.0
- 有効幅員：14.56m　・橋　面　積：2730m²
- 活 荷 重：B活荷重
- 斜　　角：
- 主要材料：(上部工)（延長1.76km分の数量）

種別	仕様	数量	単位	適用
コンクリート	$\sigma_{ck}=50N/mm^2$	3 825	m³	
鉄筋	SD345	517	t	
鋼材	SM490YB、SM570	321	t	波型鋼板
PC鋼材	SWPR7B 19S15.2	118.07	t	外ケーブル
	SWPR7B 12S15.2、15S15.2	115.7	t	内ケーブル
	SWPR1 1S28.6	68.0	t	
	SBPR930/1180	3.872	t	

接合構造
- コンクリートと波形鋼板の接合：アングルジベル接合
- 波形鋼板どうしの接合：現場突合せ溶接

構造的な特徴
- ボルト接合に比べ連続した波形形状の確保が可能な現場突合せ溶接

施工的な特徴
- ステージングによる場所打ちで施工

実施実験
- 実施項目：

検証内容	・実物大大型供試体による溶接・横方向破壊試験 ・フランジ不連続部の局部応力の確認実験
結果	・横方向の断面力算出方法の解析モデルの確認 ・活荷重断面力算出式の実設計適用方法

Ⅵ　資料編

（資料 No.5）

橋梁名　中子沢橋

橋梁概要

本橋は、新潟県北魚沼郡広神村の羽根川上に位置する橋長97m、有効幅員11.5m、最大支間47.8mの2径間連続橋である。本橋は全外ケーブル方式であるが、終局耐力を向上させるため、支間中央部の外ケーブルを下床版内に設置し、コンクリートと付着させるパートボンド方式が採用された。

- 構造形式：2径間連続PC箱桁橋
- 橋　長：97m
- 有効幅員：11.5m
- 活荷重：B活荷重
- 斜　角：60°
- 主要材料（上部工）
- 支間割り：47.8＋47.5m
- 橋面積：1 123.6m²
- 最小曲線半径：∞m

種別	仕様	数量	単位
コンクリート	$\sigma'_{ck}=40MPa$	721	m³
鉄筋	SD295A	91.6	t
鋼材	SM400, SM490YB, SM570	36.1	t
PC鋼材	SWPR7B 19S15.2	28.5	t
	SBPR930/1180 φ32	36.1	t

適用
主桁．横組
波形鋼板
主ケーブル
横締め

接合構造

- コンクリートと波形鋼板の接合：頭付きスタッド接合
- 波形鋼板どうしの接合：重合せすみ肉溶接継手

構造的な特徴

① 曲げ耐力を向上させるため、外ケーブルの一部分をコンクリート内に埋め込み、部分的にコンクリートと付着させるパートボンド方式が採用された。
② 波形鋼板ウェブ同士の重ね合わせすみ肉溶接継手部には、施工がしやすく、疲労耐久性にも優れる新形式のスカーラップ式が採用された。
③ 上接合部には頭付きスタッド接合が、下接合部は埋込み接合が採用された。

施工的な特徴

① 固定支保工により施工された。

実施実験

- 実施項目：実験なし。

1章 波形ウェブ橋

(資料 No.6)

橋梁名 小河内閉川橋

橋梁概要

小河内閉川橋は、東九州自動車道の臼杵ICから津久見IC間に建設された橋梁である。A1～P3径間は、3径間連結合成桁橋である。P3～A2径間は、3径間連続ラーメン波形鋼板ウェブPC箱桁橋で、橋長157.0m、有効幅員9.81mの2径間連続ラーメン波形鋼板ウェブPC箱桁橋である。

- 構造形式：PC2径間連続ラーメン波形鋼板ウェブPC箱桁橋
- 橋　　長：157m ・支間割り：77.75＋77.75
- 有効幅員：9.81m ・橋面積：1 534m²
- 活荷重：B活荷重
- 斜　　角：90° ・最小曲線半径：7 000m
- 主要材料：(上部工)

種別	仕様	数量	単位	適用
コンクリート	$\sigma_{ck}=40\text{N/mm}^2$	1 424.6	m³	主桁、横組
鉄筋	SD345	236.621	tf	
	SM490Y、SM400	143.521	tf	波形鋼板
PC鋼材	SWPR7L 19S15.2B	69.247	tf	主ケーブル
	SWPR7 1S21.8S	7.495	tf	横締め

接合構造
- コンクリートと波形鋼板の接合：アンゲルジベル接合
- 波形鋼板どうしの接合：一面摩擦継手

構造的な特徴
- コンクリートと波形鋼板の接合にアンゲルジベル接合を、波形鋼板相互の接合に高力ボルトによる一面摩擦接合を採用した。
- 波形鋼板の防錆対策として耐候性鋼材を用いている。

施工的な特徴
- 張出し架設工法で施工。

実施実験
- 実施項目：起振機を用いた実教振動実験
- 検証内容：
- 結　果：4つの前向き曲げモードと2つのねじりモードが実測確認できた。減衰定数は、前向き曲げモードにおいては0.005～0.007、ねじりモードにおいては0.008～0.01であった。これらの減衰の振動依存性は小さい。また、波形鋼板がはらむような挙動は確認されなかった。

Ⅵ 資料編

(資料 No.7)

橋梁名 白沢橋

橋梁概要

白沢橋は、長野県大町市街から立山連峰を貫いて富山県立山町を結ぶ通称「立山黒部アルペンルート」の一部となる主要地方道扇沢大町線を横断する一級河川「白沢川」に架かる橋梁である。橋長51.6m、支間長50.0m、本橋の曲率半径はR＝250mであり、A1側85°、A2側75°の斜角を有する波形鋼板ウェブ単純PC箱桁橋である。

- 構造形式：PC単純波形鋼板ウェブ単純PC箱桁橋
- 橋　長：51.6m　・支間割り：51.0m
- 有効幅員：8m　・橋面積：412.8m²
- 活荷重：B活荷重
- 斜　角：75°(A1), 85°(A2)　・最小曲線半径：250m
- 主要材料（上部工）

種別	仕様	数量	単位	適用
コンクリート	$\sigma_{ck}=40N/mm^2$	262.9	m³	
鉄筋	SD295	48.3	tf	
鋼材	SMA490AW	22.5	tf	波形鋼板
PC鋼材	SWPR7B 12S15.2	6.83	tf	内ケーブル
	SWPR7B 19S12.7	7.563	tf	外ケーブル
	SWPR19 1S21.8	3.76	tf	横締め

接合構造

- コンクリートと波形鋼板の接合：上床版：頭付きスタッド接合、下床版：パーフォボンドリブ
- 波形鋼板どうしの接合：一面摩擦継手（プレート有り）

構造的な特徴

- コンクリートと波形鋼板の接合に上床版は頭付きスタッド接合、下床版はパーフォボンドリブ接合を、波形鋼板相互の接合に高力ボルトによる一面摩擦接合（プレート有り）を採用した。
- 波形鋼板の防錆対策として耐候性鋼材を用いている。

施工的な特徴

- 固定式支保工工法で施工。

実施実験

検証内容	・静的実載荷試験→ねじり挙動の確認
結果	・静的実載荷試験結果→FEM解析結果とほぼ一致しており、ねじり剛性評価式の妥当性を確認

(資料 No.8)

1章 波形ウェブ橋

橋梁名 小大丸川橋

橋梁概要

本橋は、川陽自動車道吹田山口線のうち、兵庫県龍野市に位置する山間を貫く6径間連続ラーメン形式の橋梁であり、その最大支間は81.0m、橋長は約430mである。本橋の架設方法としては、張出し架設工法を採用している。

- 構造形式：PC6径間連続ラーメン波形鋼板ウェブ箱桁橋
- 橋　　長：429.9m　・支間割り：49.9m+4@81.0m+54.1m
- 有効幅員：9.360m　・橋面積：4 023m²
- 活 荷 重：B活荷重
- 斜　　角：90°　・最小曲線半径：1 000m
- 主要材料（上部工）

種別	仕様	数量	単位	適用
コンクリート	$\sigma_{ck}=50N/mm^2$	3 781	m³	主桁、横組
鉄筋	SD345	785	tf	波形鋼板
鋼材	SM490Y	327	tf	外ケーブル
PC鋼材	SWPR7B 19S15.2	148	tf	床版・横桁横締め
	SWPR19 1S28.6	37	tf	

接合構造

- コンクリートと波形鋼板の接合：アンカージベル接合
- 波形鋼板どうしの接合：1面重ねすみ肉溶接継手

構造的な特徴

- 波形鋼板ウェブ橋と全外ケーブル構造を組み合わせた橋梁であり、張出し架設には大容量の外ケーブル（19S15.2）を使用している。
- コンクリートと波形鋼板の接合にアンカージベル接合、波形鋼板相互の接合に1面重ねすみ肉溶接継手を用いた。

施工的な特徴

- 250t·mの移動作業車を採用し、ブロック長4.8mの長ブロック架設による工期短縮を図っている。
- 施工時の上越し管理を行う際、波板鋼板のせん断変形を考慮している。

実施実験

- 実施項目：①実物大の箱桁構造の耐力、ひび割れ特性、②床版と鋼板フランジとの目開きの確認、車両走行時の外ケーブル振動特性の把握
- 検証内容：①定着構造の耐力、ひび割れ特性による外ケーブル定着実験、②実橋載荷実験

検証項目	①定着構造の耐力によるひび割れ特性
	②床版と鋼板フランジとの目開きの確認
結果	①外ケーブル降伏荷重状態まで緊張しても、有害なひび割れは発生しなかった。よって、設計荷重時の耐力、車両走行時の接合部回りの活荷重に伴う首振りモーメントの作用によって、その接合面に有害な目開きを生じないことが確認された。
	②床版と波形鋼板ウェブの接合部において、終局時の活荷重に伴うモーメントの作用にまって、その接合面に有害な目開きを生じないことが確認された。

Ⅵ 資料編

(資料 No.9)

橋梁名 前谷橋

橋梁概要

本橋は、東九州自動車道の国分 IC〜末吉 IC の福山地区に位置する PCT ラーメン橋であり、PC 橋の耐久性を図る目的により、全外ケーブル方式波形鋼板ウェブ PC 橋が初めて採用された橋である。

- 構造形式：波形鋼板ウェブ PC2 径間 T ラーメン箱桁橋
- 橋長：163m ・支間割り：77.3＋84.3m
- 有効幅員：9.25m ・橋面積：1 507.8m²
- 活荷重：B 活荷重
- 斜角：90°
- 主要材料（上部工）：

種別		仕様	数量	単位	適用
コンクリート			1 439	m³	主桁、横組
鉄筋		SM490YA、SM400A	292	tf	波形鋼板
鋼材		SWPR7BL 19S15.2	141	tf	主桁
		SWPR1BL 19W7	67.3	tf	張出し床版補強ケーブル
PC鋼材		SWPR19 1S28.6	1.6	tf	横締め
			7.3	tf	架設用鋼材
		SBPD930/1080 φ36	2.6	tf	

接合構造

- コンクリートと波形鋼板の接合：アングルジベル接合
- 波形鋼板どうしの接合：一面摩擦継手

構造的な特徴

- コンクリートと波形鋼板の接合にアングルジベル方式を用いた。
- 架設外ケーブルの定着突起の構造をコンクリートと鋼との複合構造を始めて採用した。
- 外ケーブルの防錆対策として透明シースによるグラウト方式を初めて採用した。

施工的な特徴

波形鋼板ウェブ構造および仮設 PC 鋼棒を併用した全ケーブル方式による特殊張出工法を用いた。

実施実験

検証項目：施工性確認実験

検証内容：本橋で採用した特殊張出架設工法や床版と鋼板の接合方法など初めての試みとなるものが多くあるため、実施施工に先立ち実物大の模型供試体を製作し、施工性確認試験および部材の応力測定試験を行い問題点の抽出を行った。

結果：
①施工性試験：透明シースの接続等で多少の問題点が生じたが、その他には特に大きな問題は生じなかった。
②プレストレスの導入応力は、ほぼ解析値通りであり設計の妥当性が確認された。
しかし、外ケーブルの定着体に問題があり構造の見直しを行った。

1章 波形ウェブ橋

(資料 No.10)

橋梁名 勝手川橋

橋梁概要

本橋は、日本海沿岸東北自動車道の秋田県岩城町に位置する。橋長227mの3径間連続ラーメン箱桁橋である。本橋の特徴としては耐久性向上と維持管理の面から内ケーブルを使わないでン全外ケーブルによる張出し架設を行った点があげられる。

- 構造形式 : 波形鋼板ウェブPC3径間連続ラーメン箱桁橋
- 橋　　長 : 227.0m ・支間割り : 59.3+96.5+69.8m
- 有効幅員 : 10.0m ・橋面積 : 2 270.0m²
- 活荷重 : B活荷重
- 斜　　角 : 90°
- 主要材料(上部工)

種別	仕様	数量	単位	適用
コンクリート	$\sigma_{ck}=40N/mm^2$	2 105.2	m³	主桁、横桁
鉄筋	SD345	414.5	tf	
鋼材	SM490YB	205.6	tf	波形鋼板
PC鋼材	SWPR7B 19S15.2	77.6	tf	主ケーブル
	SWPR19 1S28.6	19.3	tf	横締め
	・最小曲線半径 : 1 500m			

接合構造

- コンクリートと波形鋼板の接合 : アングルジベル接合
- 波形鋼板どうしの接合 : 一面摩擦接合

構造的な特徴

- 全外ケーブル
- 波形鋼板ウェブはフランスでの実績のある波形形状及び接合方法を採用

施工的な特徴

張出し架設時の外ケーブルの定着は2～3ブロック毎とし、外ケーブルの定着のないブロックでは、仮設の総ネジPC鋼棒を併用して張出し架設を行った。

実施実験

実施項目 : 振動実験
検証内容	波形鋼板ウェブPC構造の剛性の評価方法
結果	解析値と実験値は概ね一致した。また減衰定数の設定も行うことができた。

289

VI 資料編

(資料 No.11)

橋梁名 鍋田高架橋（西工事区）

橋梁概要

本橋は、第二東名神高速道路に架設された橋長245m、幅員14.56m、最大支間125mの3径間連続ラーメン箱桁橋である。

- 構造形式：3径間連続ラーメン橋
- 橋　　長：245m　・支間割(l)：59.0＋125.0＋59.0m
- 有効幅員：14m　・橋面積：7,595m²
- 活荷重：B活荷重
- 斜　　角：90°
- 主要材料（上部工）：最小曲線半径：1,000m

種別	仕様	数量	単位	適用
コンクリート	$\sigma'_{ck}=50\mathrm{MPa}$	7,118.6	m³	主桁、横組
鉄筋	SD345	1,118	t	
鋼材	SM490Y、SM570	642	t	波形鋼板
PC鋼材	SWPR7B 19S15.2B	304.4	t	主ケーブル
	SWPR19 1S28.6	88.7	t	横締め

接合構造

- コンクリートと波形鋼板の接合：アンガルジベル接合
- 波形鋼板どうしの接合：重合せすみ肉溶接接合

構造的な特徴

① 全外ケーブル方式が採用された。
② 接合部はアンガルジベル接合、波形鋼板ウェブ同士の継手は重合せすみ肉溶接継手が採用された。

施工的な特徴

① 張出し架設工法による施工された。

実施実験

・実施項目：①溶接継手部の疲労実験

検証内容	①スカラップの形状が疲労に及ぼす影響の確認
	②新形式のスカラップの疲労耐久性の確認
結果	①採用された新しいスカラップの形状は十分な疲労耐久性を有していることが確認された。

1章　波形ウェブ橋

(資料 No.12)

側面図

標準断面図

波形鋼板形状

接合部

橋梁名　大宮大台橋（大内山川第二橋）

橋梁概要

本橋は、近畿自動車道尾鷲勢和線に架設された、全外ケーブル方式による7径間連続波形鋼板ウェブPC箱桁橋である。

- 構造形式：7径間連続波形鋼板ウェブPC橋
- 橋　　長：437m　・支間割り：49＋66＋120＋57＋43＋34m
- 有効幅員：9m　・橋面積：4 327m²
- 活荷重：B活荷重
- 斜　　角：90°　・最小曲線半径：2 200m
- 主要材料（上部工）

種別	仕様	数量	単位	適用
コンクリート	40N/mm²	3 770	m³	
鉄筋	SD345	757	tf	
鋼材	SM490YB	396	tf	波形鋼板
PC鋼材	SWPR7B 19S15.2 19w7	161	tf	外ケーブル
		4	tf	張出し床版補強ケーブル
	SWPR19 1S28.6	30	tf	横締め

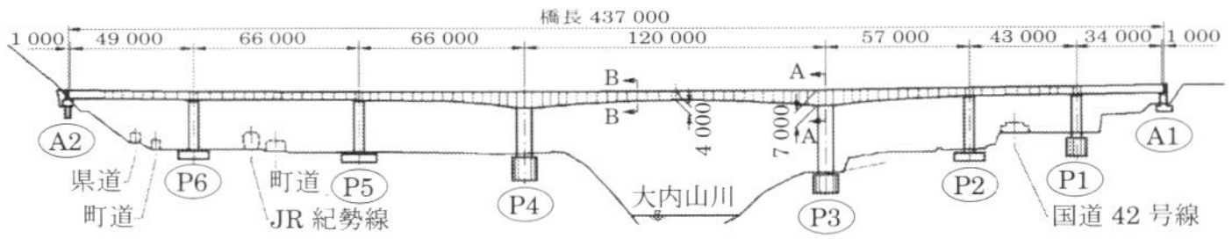

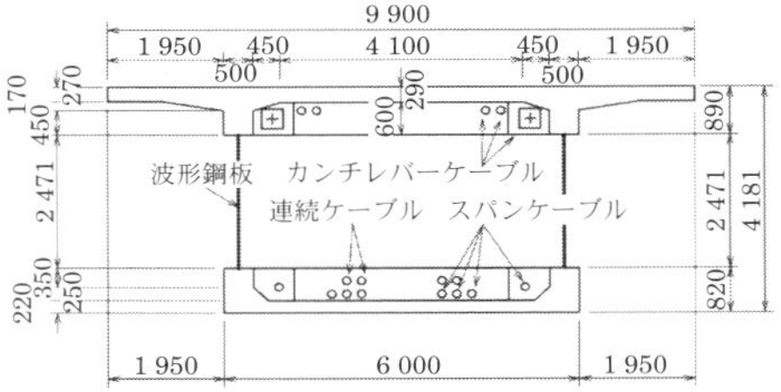

接合構造

- コンクリートと波形鋼板の接合：アングルジベル
- 波形鋼板どうしの接合：重ねすみ肉溶接

構造的な特徴

- 床版と波形鋼板の間のコンクリートトウクリートエッジを利用した、主桁への外ケーブルの定着部構造を採用した最初の事例である。
- 全外ケーブルによるオーバーハンチ部を有する。

施工的な特徴

- 波形鋼板ウェブのせん断変形を考慮した1.越し管理計算を実施し、レベル誤差の軽減に寄与。

実施実験

検証項目	①外ケーブル定着部性能確認実験、②実物大主桁模型による載荷実験
検証内容	①本橋で初めて採用された外ケーブル定着部構造の安全性確認 ②連続箱桁の中間支点部主桁の終局挙動に関する基礎データ収集 外ケーブルの振り増加量の予測手法の検証
結果	①定着部の安全性を確認した。 ②主桁は設計計算より相当大きな曲げ、せん断耐力を有することを確認した。 外ケーブルの振り増加量の予測手法の妥当性を確認した。

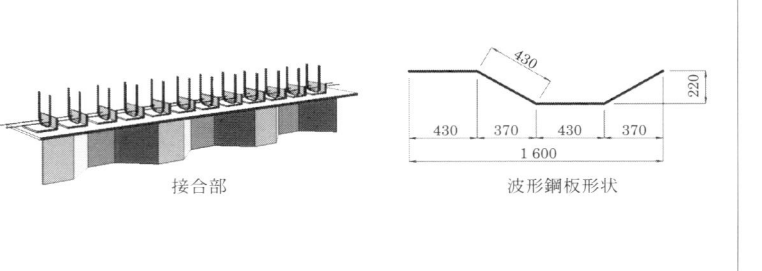

291

(資料 No.13)

橋梁名 中野高架橋（その1）

橋梁概要

本橋は阪神高速道路北神戸線の最東部に位置し、兵庫県西宮市山口町に建設された橋梁である。
本線橋2橋、ランプ橋2橋とともに4径間連続波形鋼板ウェブPC橋であり、張出架設にて施工が行われた（下記の橋梁諸元は「本線東行きJ橋梁を代表して記述する。数量は4橋合計値を記述する）。

- 構造形式：4径間連続波形鋼板ウェブPC橋
- 橋　　長：250m ・支間割り：47.2＋71.3＋82.4＋51.4 m
- 有効幅員：8.45m ・橋　面　積：2 112.5m²
- 活　荷　重：B活荷重
- 斜　　角：90°
- 主要材料（上部工）・最小曲線半径：250m→（ランプ橋）

種別	仕様	数量	単位	適用
コンクリート	40N/mm²	5 094	m³	
鉄筋	SD345	854	tf	
鋼材	SMA490CW	387	tf	波形鋼板
PC鋼材	SWPR7B 12S12.7	125	tf	内ケーブル
	SWPR7B 19S15.2	61	tf	外ケーブル
	SWPR19 1S21.8	37	tf	横締め

接合構造

- コンクリートと波形鋼板の接合：下խ板：埋め込み、上床板：孔あき鋼板ジベル＋頭付きスタッド併用
- 波形鋼板どうしの接合：一面摩擦接合

構造的な特徴

- 本格的な曲線橋である。最小曲線半径 $R=250$m（ランプ橋）
- 波形鋼板の接合部には耐候性鋼板を使用
- 上床版と波板の接合には本橋独自のパーフォボンド接合による孔あき鋼板ジベル＋頭付きスタッド併用方式を採用
- 床版横方向にはパーシャルプレストレストコンクリート構造を採用

施工的な特徴

- 本格的な曲線を有する波形鋼板ウェブPC橋を張り出し架設にて施工

実施実験

- 実施項目：①横方向の確認実験、②床版と波板の接合方法確認実験、③実載荷重試験

検証内容	①横方向PPC構造採用にあたっての性能確認 ②波形鋼板接合部（CT形鋼＋スタッド併用方式）の押抜きせん断耐力、破壊性状確認 ③そり応力を考慮した設計手法の確認（設計の妥当性確認）
参考にした接合構造および設計手法の妥当性を検証した
結果	①PPC構造におけるひび割れ性状等を確認し、採用に対して問題ないことを確認した。②参考にした接合構造の前荷耐力および採用手法の妥当性を確認した。③曲げ・せん断・ねじり・そり応力に対して、設計手法の妥当性を確認した。

1章 波形ウェブ橋

(資料 No.14)

橋梁名 中野高架橋（その2）

橋梁概要

本橋は、兵庫県西宮市の北部に位置する橋梁で、橋長 253.8m、有効幅員 8.45m、最大支間83.9m の 4 径間連続箱桁橋である。

- 構造形式：(実行) 67.5＋83.9＋60.5＋39.8m、(西行) 66.0＋82.1＋59.5＋43.9m
- 橋　長：253.8m ・支間割り：67.5＋83.9＋60.5＋39.8m
- 有効幅員：8.45m ・橋面積：2 244.6m²
- 活荷重：B活荷重 ・最小曲線半径：410m
- 斜角：90°
- 主要材料（上部工）：

種別	仕様	数量	単位	適用
コンクリート	$\sigma'_{ck}=40$MPa	3 726	m³	主桁、横組
鉄筋	SD345	627	t	
鋼材	SMA490CW	280	t	波形鋼板
PC鋼材	SWPR7B 12S12.7B, 19S15.2B	127	t	主ケーブル
	SWPR19 1S21.8, 1S28.6	29	t	横締め

接合構造

- コンクリートと波形鋼板の接合：（上）孔あき鋼板ジベル・頭付きスタッド併用、（下）埋込み
- 波形鋼板どうしの接合：重合せすみ肉溶接継手

構造的な特徴

① 床版接合部に孔あき鋼板ジベルとスタッドジベルを併用した接合方法が採用された。
② 波形鋼板同士の継手には、重ねすみ肉溶接継ぎ手が採用された。
③ 波形鋼板の防錆方法として、耐候性鋼板が採用された。
④ パーシャルプレストレス（PPC）床版が採用された。

施工的な特徴

① 固定支保工により施工された。

実施実験

- 実施項目：① 重ねすみ肉溶接継手の安全性、② ずれ止めの安全性

検証内容	① 継手部をモデル化した実物大供試体による載荷実験が行われた。 ② ずれ止めの安全性を検討するため、孔あき鋼板ジベルの押抜きせん断実験が行われた。
結果	① 重ねすみ肉溶接部は十分な耐荷力を有していた。 ② 孔あき鋼板ジベルとスタッドジベルを併用した接合部は十分な耐荷力を有していた。

側 面 図

断 面 図

波形鋼板形状

接合部

Ⅵ　資料編

(資料 No.15)

橋梁名　興津川橋

橋梁概要

本橋は、第二東名高速道路清水IC～静岡IC間の吉原JCTより北東3.5kmに位置し、2級河川興津川を渡る。全外ケーブル全開連続のPRC連続ラーメン箱桁橋である。

- 構造形式：PRC4径間連続ラーメン箱桁橋
- 橋　　長：456m ・支間割り：69.1＋111.2＋142.0＋130.6m
- 有効幅員：16.5m ・橋面積：7 524m²
- 活荷重：B活荷重
- 斜　　角：90°
- 主要材料（上部工）：・最小曲線半径：5 000m

種別	仕様	数量	単位	適用
コンクリート	$\sigma_{ck}=40N/mm^2$	10 660	m³	
鉄筋	SD345	2 230	tf	
鋼材	SM490	164	tf	波形鋼板
PC鋼材	SWPR7B 12S15.2	5.2	tf	主ケーブル
	SWPR7B 19S15.2	110.2	tf	〃
	SWPR7B 27S15.2	300.2	tf	〃
	SWPR19 1S28.6	40.5	tf	横締め

接合構造

- コンクリートと波形鋼板の接合：アングルジベル
- 波形鋼板どうしの接合：一面摩擦継手

構造的な特徴

P8橋脚はアンバランスモーメントに対する耐荷力が限界に近く、P8-A2径間の途中から波型鋼板ウェブを用いて軽量化を図っている。

施工的な特徴

波型鋼板ウェブを有する20.6mの側径間を吊支保工で施工するに当たり、たわみ管理に移動式カウンターウェイト工法を採用した。

実証実験

・実施項目：

検証内容	外ケーブル定着突起形状および寸法の妥当性確認
	立体FEM解析と実験結果は、ほぼ一致した。
結果	①局部応力を立体FEM解析する場合、モデルのメッシュは10cmとする。 ②立体FEM解析の主引張り応力の制限値は、3.0N/mm²以下とする。 ③鉄筋応力の制限値は、120N/mm²以下とする。

側　面　図

柱頭部

支間中央部

断　面　図

波形鋼板形状

接合部

(資料 No.16)

1章 波形ウェブ橋

橋梁名 下田橋

橋梁概要

下田橋は東海北陸自動車道のうち岐阜県大野郡白川村に位置する。急峻な地形への対応、コスト縮減および施工の省力化をはかるため、全外ケーブルによる波形鋼板ウェブPC箱桁橋が採用されている。

- 構造形式：4径間連続波形鋼板ウェブPC箱桁橋
- 橋　　長：269.5m ・支間割り：44.25+136.5+48.9+38.35m
- 有効幅員：10.01m ・橋　面　積：2,698m²
- 活 荷 重：B活荷重
- 斜　　角：90° ・最小曲線半径：5,000m
- 主要材料：（上部工）

種別	仕様	数量	単位	適用
コンクリート	$\sigma_{ck}=40N/mm^2$	3,210	m³	主桁、横組
鉄筋	SD345	540	tf	
鋼材	SM490Y	257	tf	波形鋼板
PC鋼材	SWPR7B 19S15.2	138	tf	主ケーブル（全外）
	SWPR19 1S28.6	27	tf	横締め

接合構造

- コンクリートと波形鋼板の接合：アングルジベル
- 波形鋼板どうしの接合：一面重ねすみ肉溶接

構造的な特徴

- 全外ケーブル方式
- 支間136.5mは本構造形式（桁橋）では最大級
- 側径間にはカウンターウェイトの役割で裏打ちコンクリートを設置

施工的な特徴

- 波形鋼板の架設
通常の移動作業車の上にジブクレーンを設置して、既設ブロックのコンクリート養生期間中に架設を行った。

実施実験

検証内容	試験体による波形鋼板ウェブ試験体により、波形鋼板の座屈耐力およびその挙動を解明し、幾何学的非線形形状を考慮した解析ソフトの妥当性を確認する。
実施項目	波形鋼板ウェブ試験体による波形鋼板ウェブのせん断座屈実験
結果	幾何学的非線形解析が実験形に比べはるかに強い領域においても、せん断座屈耐力や変形を十分な精度で解析できる。面外変形挙動には初期不整形が大きく影響している。

Ⅵ 資料編

(資料 No.17)

橋梁名 日見夢大橋

橋梁概要

日見夢大橋は、長崎自動車道に建設された波形鋼板ウェブを有する世界で初めてのエクストラドーズド橋である。本橋には、波形鋼板への斜材張力の伝達機構や主塔斜材定着部の部材構成など、多くの新しい独自技術を採用している。

- 構造形式 : PC3径間連続波形鋼板ウェブエクストラドーズド箱桁橋
- 橋 長 : 365m
- 有効幅員 : 9.75m
- 活荷重 : B活荷重
- 斜 角 : 90°
- 主要材料 (上部工) :
- 支間割 : 91.75m＋180.0m＋91.75m
- 橋面積 : 4 726.75m²
- 最小曲線半径 :

種別	仕様	数量	単位	適用
コンクリート	$\sigma_{ck}=30N/mm^2$	213.7	m³	地覆
	$\sigma_{ck}=40N/mm^2$	3 871.6	m³	主桁 (柱頭部)
	$\sigma_{ck}=50N/mm^2$	849.1	m³	主桁、主塔 (脚頭部)
	$\sigma_{ck}=30N/mm^2$	505.9	m³	
鉄筋	SD345	1 120.5	tf	
鋼材	SM490Y、SS400	314.4	tf	波形鋼板
	SM490Y、SS400	237.5	tf	鋼製ダイヤフラム
	SM520、SM490Y、SS400	160.1	tf	主塔鋼殻
PC鋼材	SWPR7BN 19S15.2	144.7	tf	外ケーブル
	SWPR19L	37.9	tf	横締め
斜材	APS27S・31S	144.7	tf	

接合構造
- コンクリートと波形鋼板の接合 : アングル接合
- 波形鋼板どうしの接合 : 重ね継手現場溶接 (一部下側のみ埋め込み接合)

構造的な特徴
- 斜材定着部構造に鋼製ダイヤフラムを採用
- 主塔鋼殻構造に工場製作の鋼殻構造を採用

施工的な特徴
- 工期短縮のため、ブロック長を大型化し超大型特殊クレーン (10 000kN・m級) を採用
- 耐久性の確保に外ケーブルと現場継手作業力低減のため、斜材はプレファブケーブルを採用

実施実験

実施項目 : 1/2モデル実験
検証内容 : ・斜材定着部の安全性および斜材定着部近傍の応力伝達経路の確認 ・接合部や溶接部近傍の挙動、応力性状の確認 ・曲げ破壊に至るまでの破壊モードと、斜材や外ケーブルの張力増加履歴の確認 ・外ケーブル偏向力に対するダイヤフラムの安全性の確認
結果 : ・各部位の安全性および解析との整合性を確認 ・主桁にひび割れが発生した後は、付加曲げの影響が発生すること、波形鋼板が引張力を負担することを確認。

1章　波形ウェブ橋

(資料 No.18)

橋梁名　黒部川橋梁

橋梁概要

黒部川橋梁は北陸新幹線の糸魚川～魚津市間に位置する橋梁であり、波形ウェブ橋からなる鉄道橋である。そのうち、橋長 761m の 14 径間の鉄道橋としては世界で初めて波形ウェブ PC6 径間連続箱桁を採用した橋梁である。橋長 344m の 6 径間連続箱桁部である。

- 構造形式：波形鋼板ウェブ PC6 径間連続ラーメン箱桁橋
- 橋　　長：344m
- 有効幅員：11.7～11.8m
- 活荷重：P-16，M-18
- 斜　　角：90°
- 主要材料（上部工）

種別	仕様	数量	単位	適用
コンクリート	σ_{ck}=40N/mm²	3 183	m³	
鉄筋	SD345	666	tf	
鋼材	SMA490BW 相当	341	tf	波形鋼板 etc
PC鋼材	SWPR7B 12S15.2	59.8	tf	内ケーブル
	SWPR7B 19S15.2	63.3	tf	外ケーブル
	7S12.7	2.9	tf	シェアラグケーブル
	SWPR19 1S28.6	28.8	tf	床版横締め etc
	SWPR19 1S17.8	0.7	tf	接合部温度ひび割れ防止

- 支間割り：49.33＋50.0＋2@72.0＋50.0＋49.33m
- 橋面積：4 033m²
- 最小曲線半径：緩和区間（R = 7 000m）

接合構造

- コンクリートと波形鋼板の接合：埋め込み
- 波形鋼板どうしの接合：一面摩擦継手

構造的な特徴

- 波形鋼板には、従来の耐候性鋼材よりも耐塩害性を向上させた高耐候性鋼材を採用
- コンクリートと波形鋼板の接合部には、平鋼板の変形性状および埋め込み接合する部材の耐力を向上させた埋め込んだ平鋼板を採用
- 平鋼板と波形鋼板の接合にはボルト接合を採用し、工場溶接、現場溶接接合を必要としない構造
- 圧縮力が作用しにくい下床版の埋め込み接合部に、初期の温度ひび割れ防止対策として PC 鋼材を配置

施工的な特徴

- 分割施工による全支保工施工

実施実験

- 実施項目：模型供試体（橋軸方向，横方向）による疲労試験

検証内容	橋軸方向の試験は接合部の変動荷重によるウェブ接合部および接合部を形成する部材の耐疲労性状を、横方向の試験は床版と平鋼板の接合部の変形性状および接合部を形成する部材の耐疲労性状をそれぞれ比較検討した。
結果	橋軸方向、横方向の試験とも、拘束鉄筋方式と平鋼板方式のいずれも異常が見られず、疲労亀裂対策で危険性を生じる低い埋め込んだ平鋼板方式が、拘束鉄筋方式と同等以上の疲労耐久性能を有していることが判明した。

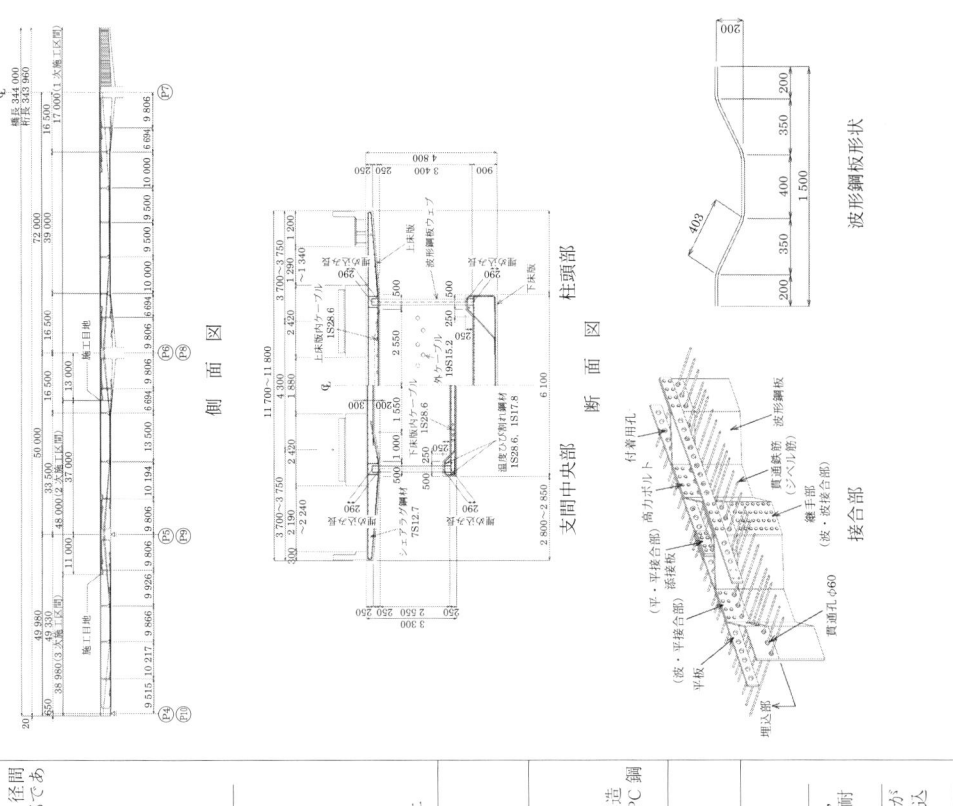

(資料 No.19)

橋梁名 栗谷川橋

橋梁概要

栗谷川橋は、米子自動車道の4車線化工事の一環として4径間連続波形鋼板ウェブPC箱桁橋にて全外ケーブル方式の張出し架設工法により建設されました。本橋の特徴として、橋梁区間の平面曲率が $R=700\mathrm{m}$ であり、当時のJH内での施工実績では最小の平面曲率半径でした。

- 構造形式：4径間連続波形鋼板ウェブPC箱桁橋
- 橋　　長：180m　　　　　・支間割り：44＋81＋95＋58m
- 有効幅員：9.155〜8.825m　・橋面積：m²
- 活荷重：B活荷重
- 斜　　角：90°
- 主要材料：（上部工）
- 最小曲線半径：700m

種別	仕様	数量	単位	適用
コンクリート	$\sigma_{ck}=40\mathrm{N/mm^2}$	2,425.6	m³	主桁、横組
鉄筋	SD345	468.5	tf	波形鋼板
鋼材	SM490Y	235.2	tf	主ケーブル
PC鋼材	SWPR7BL 19S15.2	84.3	tf	横締め
	SWPR19L 1S21.8	13.0	tf	

接合構造

- コンクリートと波形鋼板の接合：アングルジベル
- 波形鋼板どうしの接合：溶接

構造的な特徴

波形鋼板ウェブを用いた橋梁としては、曲線半径が小さい橋梁。

施工的な特徴

特になし

実施実験

実施項目：

検証内容　ねじり剛性の小さい波形鋼板ウェブの曲線橋へ適用となるので、設計時において断面変形に対しFEM解析により各種検討を行った。この検証結果を実橋載荷試験により検証した。

結果　断面変形に対する設計時の対処は妥当であった。

1章 波形ウェブ橋

(資料 No.20)

橋梁名 栗東橋

橋梁概要

本橋は、第二名神高速道路の大津JCTと信楽JCTの中間付近に位置する波形鋼板ウェブPCエクストラドーズド橋である。

- 構造形式：PCエクストラドーズド橋
- 橋 長：A：495，B：555m
- 支間割り：A：137+170+115+68m，B：153+160+75+90+73m
- 有効幅員：17.125m
- 活荷重：B活荷重
- 橋 面 積：17,325m²
- 斜 角：90°
- 最小曲線半径：3,000m
- 主要材料（上部工）：

種別	仕様	数量	単位	適用
コンクリート	σ_{ck}=40, 50MPa	26,340	m³	主桁、横組
鉄筋	SD345、490、685	5,900	t	
鋼材	SM490Y	2,610	t	波形鋼板
PC鋼材	SWPR7B 19S15.2	726	t	主ケーブル
	SWPR19 1S28.6	164	t	横締め
	109φ7（Znメッキ PE被覆）	309	t	斜材

接合構造
・コンクリートと波形鋼板の接合：アングルジベル接合
・波形鋼板どうしの接合：重合せすみ肉溶接継手

構造的な特徴
①波形鋼板ウェブ多室箱桁でエクストラドーズド橋が採用されたのは世界初。
②斜材定着部には鋼製ダイアフラムが採用されている。
③側径間部は波形鋼板ウェブの上フランジに荷重を負担させ、架設機材を縮小している。

施工的な特徴
①張出し架設工法で施工された。
②側径間部は、波形鋼板ウェブを先行架設し、施工荷重を波形鋼板ウェブに負担させることで、架設機材を縮小し、コスト縮減を図った。

実施実験
・検証実験：①1/2模型載荷実験

検証項目	実施内容
	①斜材張力の主桁への伝達
	②斜材定着部の安全性
	③中ウェブおよび外ウェブのせん断力の分担
結果	①斜材張力の有効幅員の主桁への伝達長は5m程度で、設計で仮定した10m以下であった。 ②斜材定着部は、斜材引張強度相当の緊張力を作用させても安全であった。 ③波形鋼板によるウェブのせん断力は、中ウェブにもほぼ均等に作用した。

(資料 No.21)

橋梁名 第二東名高速道路 矢作川橋

橋梁概要

世界で初めてとなる波形鋼板ウェブを有するPC斜張橋であり、最大支間235m・橋長820mはともに波形鋼板ウェブPC橋として世界最大となる。また、上下線一体構造である主桁の総総幅員43.8mや逆Y型のコンクリート製主塔の高さ109.6mは、ともに我が国最大のものとなる。

- 構造形式：PC波形鋼板ウェブ斜張橋
- 橋長：820m
- 支間割り：173.400+235.000+235.000+173.400
- 鋼混合 4径間連続斜張橋
- 有効幅員：40～43.367m
- 橋面積：32 900m²
- 活荷重：B活荷重
- 斜角：90（P3のみ 46°59'38）
- 最小曲線半径：2 600m
- 主要材料（上部工）

種別	仕様	数量	単位	適用
コンクリート	$\sigma_{ck}=60N/mm^2$	27 400	m³	主桁
鉄筋	SD345	6 600	tf	
鋼材	SM490Y	2 150	tf	波形鋼板
PC鋼材	SWPR7B 19S15.2	290	tf	主桁ケーブル
	SWPR19 1S28.6	500	tf	横締め
	φ7×295, 337, 379, 421	2 000	tf	斜ケーブル

接合構造

- コンクリートと波形鋼板の接合：アングルジベル
- 波形鋼板どうしの接合：一面摩擦（内）、重ねすみ肉（外）

構造的な特徴

5室箱桁断面の中央に鋼部材が定着される一面吊り斜張橋であり、ウェブだけでなく、横桁、斜材定着部に鋼部材を用いて複合構造化、軽量化、合理化を行っている。
また、P3橋脚付近は鋼桁（鋼末板箱桁断面）であり、橋軸方向には混合構造となっている。P3橋脚は斜角約47°で、中央径間部はねじりの影響を受ける。

施工的な特徴

張出架設部は、超大型移動作業車を用いて施工1ブロック長を8mとしている。また、P4節の張出架設は、断面を3分割して波形・横桁・鉄筋・型枠・型枠を地組してプレハブユニット工法を採用し、工程短縮を実施。

実験実験

- 実施項目：①主塔受梁部耐力実験、②風洞実験、③主桁斜定着部耐荷力実験
- 検証内容
  ①主塔受梁部鋼殻構造の荷重分担、耐力力
  ②主桁の耐風安定性の検証
  ③主桁斜材定着部の複合構造に対する挙動、耐荷力
- 結果
  ①耐荷力、破壊形態に問題なし。
  ②耐風安定性を満足した。
  ③荷重伝達性能良好、斜荷重伏荷重に対しても耐荷力を維持

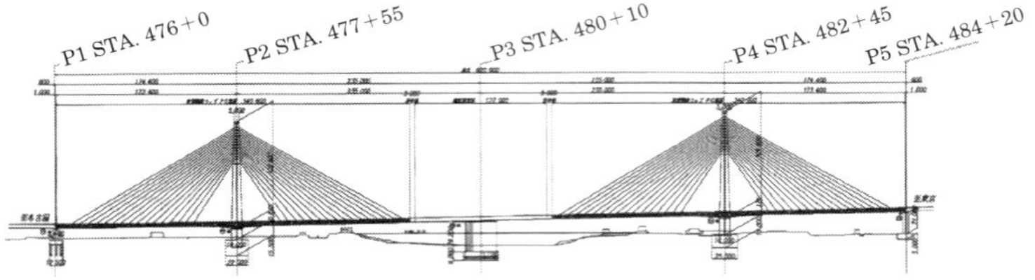

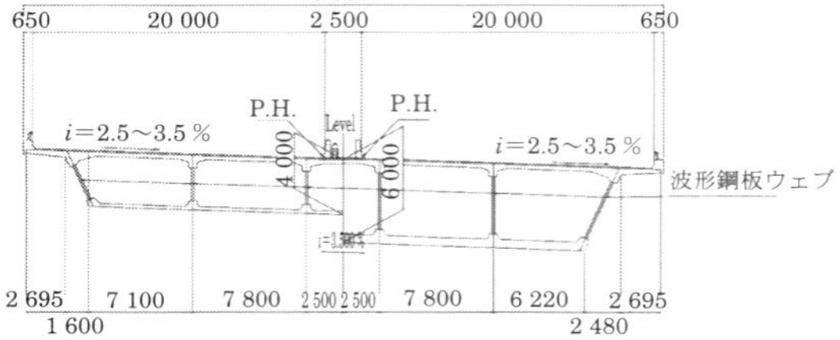

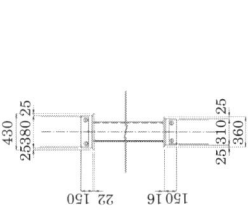

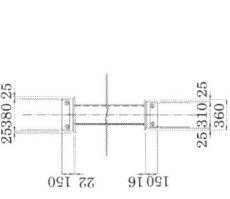

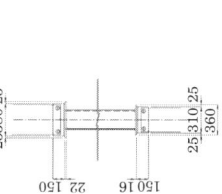

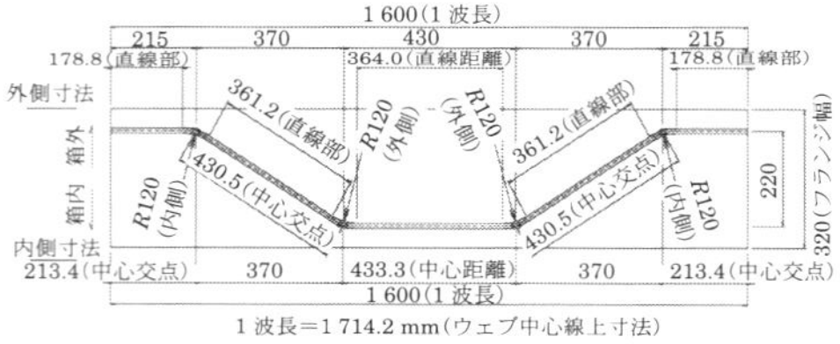

1章　波形ウェブ橋

(資料 No.22)

橋梁名　合川橋

橋梁概要

合川橋は、群馬県で初めてウェブに波形鋼板を採用した波形鋼板ウェブ単純PC箱桁橋（支間49.7mm）である。波形鋼板ウェブと上床版コンクリートの接合方法には、従来、スタッドジベルを用いることが一般的であったが、波形鋼板の首振り挙動に抵抗する構造として、日本で初めてのTwin-PBL接合が採用された。

- 構造形式：PC単純波形鋼板ウェブ箱桁橋
- 橋　長：51m　　支間割り：50.9m
- 有効幅員：7.5+3.0m　　橋面積：535.5m²
- 活荷重：B活荷重
- 斜　角：90°　　最小曲線半径：∞ m
- 主要材料（上部工）

種別	仕様	数量	単位	適用
コンクリート	$\sigma_{ck}=40N/mm^2$	350.9	m³	主桁、横組
鉄筋	SD295A	44.716	tf	
鋼材	SMA490W	24.292	tf	波形鋼板
PC鋼材	SWPR7 12S15.2B	7.072	tf	内ケーブル
	SWPR7 12S12.7	11.275	tf	外ケーブル
	SWPR7 1S21.8	4.383	tf	横締め

接合構造

- コンクリートと波形鋼板の接合：上床版：孔あき鋼板ジベル（ツインパーフォボンド）接合、下床版：頭付きスタッド接合
- 波形鋼板どうしの接合：一面摩擦継手（プレート有り）

構造的な特徴

- コンクリートと波形鋼板の接合に上床版はツインパーフォボンドリブ接合、下床版は頭付きスタッド接合を、波形鋼板相互の接合に高力ボルトによる一面摩擦接合（プレート有り）を採用した。また、景観的な変断面として耐候性鋼材を用いている。
- 波形鋼板の防錆対策として耐候性鋼材を用いている。

施工的な特徴

- 固定式支保工工法で施工。

実施実験

実施項目	
検証内容	・静的実載荷試験→ツインパーフォボンドの力学挙動の確認 ・橋梁全体の挙動→主桁の橋軸方向のひずみ及びFEM解析の確認
結果	ツインパーフォボンドと橋梁全体の挙動 ツインパーフォボンドの力学挙動はFEM解析とも一致し、首振りモーメントにも抵抗している。 橋梁全体の挙動→主桁の橋軸方向のひずみは概ねFEM解析と一致していた。

側面図

橋長 49 700 / 桁長 50 900 / 支間 51 000

断面図

支間中央部 / 支点部

波形鋼板接合部 / 下床版接合部 / 上床版接合部 / 波形鋼板形状

1波長 1 200

Ⅵ 資料編

(資料 No.23)

橋梁名　第二上品野橋

橋梁概要

本橋は、愛知・三重・岐阜の三県の諸都市を環状に連絡し、東名・名神高速道路、中央自動車道、東海北陸自動車道や第二東名・名神高速道路などの高速自動車国道との主岐JCTと豊田東JCTのほぼ中間に位置する橋梁ネットワークを形成する東海環状自動車道の主要なPC5径間連続箱桁橋である。
- 構造形式：波形鋼板ウェブを有する5径間連続エクストラドーズドPC箱桁橋
- 橋長：346.018m (上り線) $L=346.018$ (下り線) $L=343.198$
- 有効幅員：10.75m ・支間割り：66.9+81.0+2@73.0+49.918 / 63.9+81.0+2@73.0+50.098
- 活荷重：B活荷重 ・橋面積：3,720m²
- 斜角：90° ・3,689
- 主要材料(上部工) ・最小曲線半径：1,750m

種別	仕様	数量	単位	適用
コンクリート	$\sigma_{ck}=40N/mm^2$	7,374.0	m³	主桁、横組
鉄筋	SD345	1,497.2	tf	
鋼材	SM490YB	590.6	tf	波形鋼板
PC材	SWPR7B 19S15.2	264.0	tf	主ケーブル
	SWPR19 1S28.6	63.9	tf	横締め
	SWPR19 1S28.6	7.3	tf	シェアラグ
	SWPB930/1080φ32	0.3	tf	鉛直締め

接合構造
- コンクリートと波形鋼板の接合：アングルシベル
- 波形鋼板どうしの接合：重ね合わせ隅肉溶接

構造的な特徴
断面はエッジガーダー方式を採用し、弾性域における剛性比の比率で算出する。架設ケーブルを車ブロック定着としている。コンクリートと波形鋼板の接合には、アングルシベル接合を採用し、波形鋼板の接合には重ね合わせ隅肉溶接を採用した。波形鋼板の防錆対策として塗装を行っている。

施工的な特徴
- 張り出し施工

実施実験
- 検証項目：裏打ちコンクリート部の供試体による静的な載荷試験

検証内容	①裏打ちコンクリート部の力学的挙動の解明と、合理的な設計方法の考案
結果	①せん断力分担率は、弾性域におけるせん断剛性比の比率で算出する。 ②波形鋼板がトラスの引張材として機能する。 ③コンクリートの照査は斜め圧縮応力を照査する。 ④付加曲げを抑え、平面保持則を成立するために必要。

1章 波形ウェブ橋

(資料 No.24)

側面図

断面図

接合部

波形鋼板形状

橋梁名 白岩橋（上下線）

橋梁概要

本橋は、東海環状自動車道の瀬戸市付近に位置する波形鋼板ウェブを有する複合PC箱桁橋である。張出し架設工法が採用された橋である。

- 構造形式：3径間連続PC波形鋼板ウェブ箱桁
- 橋　　長：183.000m
  (187.000) m
- 支間割り：51.0+86.0-44.0m
  (53.0+82.0+50.0m)
- 橋　　面　積：1 967.3m²
  (2 010.3) m²
- 有効幅員：10.750m
- 活荷重：B活荷重
- 斜　角：90°
- 主要材料：（上部工）
- 最小曲線半径：3 000m

種別	仕様	数量	単位	適用
コンクリート	$\sigma_{ck}=40N/mm^2$	1991 (2015)	m³	主桁、横桁
鉄筋	SD345	331 (338)	tf	
鋼材	SM490Y	149 (142)	tf	ウェブ鋼板
	SM400A	22 (22)	tf	波形鋼板 L型鋼
PC鋼材	SWPR7BL 19S15.2	73 (66)	tf	主桁外ケーブル
	SWPR19L 1S28.6	19 (18)	tf	横締めケーブル

（ ）内は下り線の数値

接合構造
- コンクリートと波形鋼板の接合：アングルジベル接合
- 波形鋼板どうしの接合：現場すみ肉溶接接合

構造的な特徴
- コンクリートと波形鋼板の接合にアングルと貫通鉄筋を用いたアングルジベル接合を、波形鋼板相互の接合に現場すみ肉溶接接合を採用した。
- 波形鋼板の防錆対策として塗装を行なっている。
- 全外ケーブル採用。

施工的な特徴
- 片持ち架設工法を採用。波形鋼板を設置しやすくするためにトラベラーを改造。

実施実験
- 実施項目：実験なし

(資料 No.25)

橋梁名 安家4号橋

橋梁概要

本橋は、岩手県主要地方道久慈岩泉線に架設された橋長113.5m、有効幅員8.0m、最大支間55.8mの2径間連続箱桁橋である。

- 構造形式：2径間連続箱桁橋
- 橋　　長：113.5m ・支間割り：55.8＋55.8m
- 有効幅員：8m ・橋　面　積：908m²
- 活 荷 重：B活荷重
- 斜　　角：75～90°
- 主要材料（上部工）：最小曲線半径：∞ m

種別		仕様	数量	単位	適用
コンクリート		σ_{ck}=40N/mm²	689	m³	主桁、横組
鉄筋		SD295A	88	tf	
鋼材		SMA49AW	68.7 (57.9)	tf	波形鋼板、( )は アンダル無
PC鋼材		SWPR7B 12S12.7	15.1	tf	内ケーブル
		SWPR7B 19S15.2	14.5	tf	外ケーブル
		SWPR19L 1S28.6	7.1	tf	床版横締め

接合構造

・コンクリートと波形鋼板の接合：アンダルジベル接合
・波形鋼板どうしの接合：重合せすみ肉溶接接手

構造的な特徴

①上床版接合部にはアンダルジベル接合が、下床版接合部には埋込み接合が採用された。
②波形鋼板ウェブ同士の継手には重合せすみ肉溶接継ぎ手が採用された。
③内外ケーブル併用方式が採用された。
④波形鋼板の防錆方法として、耐候性鋼板が採用された。

施工的な特徴

①固定支保工分割施工により架設された。
②波形鋼板外面には、錆安定化処理を行った。

実施実験

・実施項目：実験なし

(資料 No.26)

1章 波形ウェブ橋

橋梁名 遊楽部川橋

橋梁概要

遊楽部川橋は、北海道縦貫自動車道・函館名各線の落部 IC（仮称）～八雲 IC（仮称）間に位置し、二級河川遊楽部川を横過し、河川との交差条件により最大斜角 68 度を有する。橋長 235.500m、支間 65.350m＋102.500m＋65.350m の PC3 径間連続箱桁橋（波形鋼板ウェブ）である。

- 構造形式：PC3 径間波形鋼板ウェブ箱桁橋
- 橋　　長：235.5m
- 有効幅員：10.41m
- 活荷重：B 活荷重
- 斜　　角：67°
- 主要材料（上部工）

	支間割：65.350m＋102.500m＋65.350m
	橋面積：2 451.555m²
	最小曲線半径：2 600m

種別	仕様	数量	単位	適用
コンクリート	$\sigma_{ck}=40N/mm^2$	2 301	m³	主桁, 横組
鉄筋	SD345	337.005	tf	
鋼材	SM490YB	254.4	tf	波形鋼板
PC 鋼材	SWPR7BL 19S15.2	105.491	tf	外ケーブル
	SWPR19BL 1S21.8	11.976	tf	横締め

接合構造

- コンクリートと波形鋼板の接合：上床版：孔あき鋼板ジベル（ツインパーフォボンド接合）、下床版：孔あき鋼板ジベル（パーフォボンド）＋頭付きスタッド接合
- 波形鋼板どうしの接合：二面摩擦継手

構造的な特徴

本橋は、河川との交差条件により最大斜角 68 度を有していること、波形鋼板ウェブとコンクリート接合に、日本道路公団（以下、JH という）で標準的に採用されているアンカージベル接合をツインパーフォボンドリブ接合、上床版側はツインパーフォボンド、下床版側はパーフォボンドリブ接合とスタッド併用を採用したなどの特徴を有している。

施工的な特徴

側径間は固定式支保工法、中央径間は張出し架設工にて施工された。

実証実験

検証内容：	・押抜き実験→ツインパーフォボンド接合のリブ間隔の影響確認
	・首振り実験→ツインパーフォボンドに対する静的耐力および疲労耐久性の確認
結果	・押抜き実験結果→リブ間隔のくりかえし2枚分の耐力を有することを確認
	・首振り実験→アンクルジベル接合、下床版側はパーフォボンドリブ接合と同等以上の静的耐力および疲労耐久性を有することを確認

(資料 No.27)

橋梁名 温海川橋

橋梁概要

本橋は、日本海東北自動車道に架設された橋長218m、有効幅員10.5m、最大支間61.3mの4径間連続箱桁橋である。

- 構造形式：4径間連続箱桁橋
- 橋　　長：218m ・支間割り：61.3＋2＠51.5＋51.3m
- 有効幅員：10.5m ・橋　面　積：2 289m²
- 活　荷　重：B活荷重
- 斜　　角：90°　・最小曲線半径：A＝750～∞ m
- 主要材料（上部工）

種別	仕様	数量	単位	適用
コンクリート	$\sigma_{ck}=36N/mm^2$	1 522	m³	主桁，横組
鉄筋	SD345	279	tf	波形鋼板，（　）は
鋼材	SM490YB	152.8 (127.9)	tf	アンダル無
PC鋼材	SWPR7B 19S15.2	54	tf	主ケーブル
	SWPR19 1S21.8	12.7	tf	横締め

接合構造
- コンクリートと波形鋼板の接合：アングルジベル接合
- 波形鋼板どうしの接合：重合せすみ肉溶接継手

構造的な特徴
全外ケーブル方式が採用された。

施工的な特徴
①固定支保工により2分割施工された。

実施実験
- 実施項目：実験なし

1章 波形ウェブ橋

(資料 No.28)

橋梁名 甲崎橋

橋梁概要

本橋は、国土交通省東北地方整備局が発注し、岩手県に架設された橋長184m、有効幅員10m、最大支間50mの4径間連続ラーメン桁橋である。

- 構造形式：4径間連続ラーメン箱桁橋
- 橋　長：184m
- 有効幅員：10m
- 活荷重：B活荷重
- 斜　角：90°
- 主要材料（上部工）

種別	仕様	数量	単位	適用
コンクリート	$\sigma ck=36N/mm^2$	1 208	m³	主桁、横組
鉄筋	SD295A	221.8	tf	
鋼材	SMA490AW	86.2 (76.8)	tf	波形鋼板、アンカル無
PC鋼材	SWPR7B 19S15.2	39.3	tf	主ケーブル
	SWPR19 1S21.8	11.3	tf	横締め
	SBPR930/1080 1φ32	0.5	tf	柱頭部鉛直締め

- 支間割り：41.2 + 2@50.0 + 41.2m
- 橋面積：1 840m²
- 最小曲線半径：∞ m

接合構造

- コンクリートと波形鋼板の接合：(上) パーホッド方式、アンカルジベル接合、(下) 埋込み接合
- 波形鋼板どうしの接合：重合せすみ肉溶接継手

構造的な特徴

① 外ケーブルはパーホッド方式とし、径間中央部においては下床版内に付着のある鋼材として設計されている。
② 波形鋼板の防錆方法として、耐候性鋼板が採用された。

施工的な特徴

① 一括支保工施工
② 波形鋼板外面には、錆安定化処理を行った。

実施実験

・実施項目：実験なし

VI 資料篇

(資料 No.29)

橋梁名 鶴巻橋

橋梁概要

・本橋梁は、新工法・新技術の提案により景観・自然環境に配慮した箱桁ウェブに、国土交通省初の波形鋼板を採用した「鋼とコンクリートの複合構造橋」である。波形鋼板には耐候性鋼板、連続ケーブルには外ケーブルが採用されている。

- 構造形式：4径間連続PC変断面波形鋼板ウェブ形式箱桁
- 橋　　長：168m
- 有効幅員：10m
- 活荷重：A活荷重
- 斜　　角：90°
- 主要材料（上部工）
- 支間割り：36.05＋2@47.0＋36.05
- 橋面積：1,680m²
- 最小曲線半径：

種別	仕様	数量	単位	適用
コンクリート	$\sigma_{ck}=36N/mm^2$	1 103.5	m³	主桁、横組
鉄筋	SD295A	192.2	tf	
鋼材	SM490AW	79.6	tf	波形鋼板
PC鋼材	SWPR7BL 19S15.2	35.94	tf	主ケーブル
	SWPR19L 1S21.8	10.28	tf	横締め
	SBPR930/1180 1φ32	0.54	tf	鉛直

接合構造

・コンクリートと波形鋼板の接合：アングルジベル（上）、埋め込み（下）
・波形鋼板どうしの接合：溶接

構造的な特徴

外ケーブルは、中間支点および支間中央部でコンクリートとの付着を有するパートボンド方式を採用。
波形鋼板には耐候性鋼材を採用。

施工的な特徴

大型梁形式の支保工による一括施工

実施実験

・実施項目：実験なし

1章 波形ウェブ橋

(資料 No.30)

橋梁名 長井ダム11号橋

橋梁概要

本橋は、山形県長井市に建設中の長井ダム建設に伴う県道の付け替え工事である。構造は橋長165.2mの3径間連続ラーメン箱桁橋である。本橋の特徴としては波形鋼板ウェブとしては国内最小の平面線半径 $R=140M$ を有することがあげられる。

- 構造形式：波形鋼板ウェブPC3径間連続ラーメン箱桁橋
- 橋　　長：165.2m
- 有効幅員：5.0m
- 活荷重：A活荷重
- 斜　　角：90°
- 主要材料：(上部工)
- 支間割り：45.9+72.0+45.9m
- 橋面積：826.0m²
- 最小曲線半径：140m

種別	仕様	数量	単位	適用
コンクリート	$\sigma_{ck}=40N/mm^2$	763.5	m³	主桁、横組
鉄筋	SD295A	153.5	tf	
鋼材	SM400AW、SM490AW	101.1	tf	波形鋼板
PC鋼材	SWPR7B 12S12.7、12S15.2	26.2	tf	主ケーブル
	SWPR19 1S21.8	1	tf	横締め

接合構造
- コンクリートと波形鋼板の接合：アングルジベル接合
- 波形鋼板どうしの接合：一面摩擦接合

構造的な特徴
- 平面線形 $R=140M$
- 波形鋼板ウェブとフランジとの実績のある波形形状および接合方法を採用

施工的な特徴
- 豪雪地帯であるため冬期作業休止期間が設けられた。またその間の風荷重に対する検討を行っている。また、最小曲線半径 $R=140M$ となるため施工については様々な諸検討、計測を行い施工している。

実施実験
- 実施項目：振動実験

検証内容	波形鋼板および床版の施工時ひずみ計測
結果	施工中のため未評価

側面図

断面図

支間中央部　柱頭部

接合部

波形鋼板形状

309

VI 資料編

(資料 No.31)

橋梁名　長谷川橋

橋梁概要

長谷川橋は、四国横断自動車道の大洲IC〜宇和南IC間に架かる本線橋で、愛媛県大洲市の西側に位置する肱川の支流である長谷川を跨ぐ橋長395.5m（下り線）のPC5径間連続ラーメン橋である。

- 構造形式：波形鋼板ウェブPC5径間連続ラーメン箱桁橋
- 橋長：395.5m（391.5m）　・支間割り：58.4＋3@92.0＋58.8
- 有効幅員：2@9.035m　・橋面積：7111m²
- 活荷重：B活荷重
- 斜角：90°　・最小曲線半径：600m
- 主要材料（上部工）

種別	仕様	数量	単位
コンクリート	$\sigma_{ck}=40\mathrm{N/mm^2}$	6978.6	m³
鉄筋	SD345	1345.7	tf
鋼材	SM490Y	624.6	tf
PC鋼材	SWPR7B 19S15.2	319.1	tf
	SWPR19 1S21.8	26.9	tf
	SWPR19 1S28.7	18.9	tf

接合構造

- コンクリートと波形鋼板の接合：アングルジベル
- 波形鋼板どうしの接合：重ねすみ肉溶接

構造的な特徴

本橋梁は、急峻な地形への対応や、コスト縮減、施工の省力化および耐久性の向上を図るため以下のような特徴を有している。
① 上部工構造形式は波形鋼板ウェブPC箱桁橋。
② 下部工構造形式は鋼管・コンクリート複合橋脚。
③ 上部工架設工法は全外ケーブル方式による張出し架設工法。
④ 曲線半径 R=600m が橋梁内で反転するS字曲線橋。

施工的な特徴

① 移動作業車の能力を2500kN・m、施工最大延長5mに改造しブロック数を片側3ブロック減じ工事短縮を行った。
② マスコンクリートとなる柱頭部を対象に温度応力解析を行い、柱頭部コンクリートを3リフトに分割打設し、普通コンクリートに変更し施工した。

実施実験

- 実施項目：実験なし

1章　波形ウェブ橋

(資料 No.32)

橋梁名　信楽第七橋

橋梁概要

本橋は、第二名神高速道路の琵琶湖の南東、滋賀県信楽町に位置する波形鋼板ウェブを有する複合PC箱桁橋である。波形鋼板ウェブ橋の片持ち張出し架設工法の施工の合理化、急速化を目的にした新しい架設工法で施工した波形鋼板ウェブ箱桁橋である。

- 構造形式：PC5径間連続ラーメン波形鋼板ウェブ箱桁橋
- 橋　　長：384.0m　・支間割り：57.5＋3@89.0＋57.5m
- 有効幅員：16.5m　・橋面積：6336.0m²
- 活荷重：B活荷重
- 斜　　角：90°
- 主要材料（上部工）：・最小曲線半径：3000m

種別	仕様	単位	適用
コンクリート	$\sigma_{ck}=40N/mm^2$	4952.9	m³	主桁、横桁
鉄筋	SD345	845.8	tf	
鋼材	SM490Y, SS400, F10T	517.9	tf	波形鋼板
PC鋼材	SWPR7B 12S15.2	38.6	tf	外ケーブル
	SWPR7B 19S15.2	171.2	tf	外ケーブル
	SWPR19L 1S21.8	31.4	tf	床版＋横桁横締め
	EP-50	4.5	tf	張出し先端ケーブル

接合構造

- コンクリートと波形鋼板の接合：アンゲル接合
- 波形鋼板どうしの接合：1面重ねすみ肉溶接

構造的な特徴

- 全外ケーブル構造。
- プレキャスト部材を用いたリブ付き床版構造。
- 上フランジを架設材として利用するため、上フランジを高力ボルトにて接合している。

施工的な特徴

波形鋼板を架設材として利用する手法として、プレキャストリブおよび埋設型枠を用いた上床版の合理化施工法の2つの技術を組み合わせ、施工の合理化と急速化を図った工法。

実施実験

実施項目	・模型供試体による外ケーブル定着実験（上床版実物大モデル）
検証内容	・定着部近傍の挙動、定着部周辺での各部の一体性、安全性の確認
結果	・突起部周辺での一体性、安全性が確保できた

Ⅵ　資料編

(資料 No.33)

橋梁名　津久見川橋

橋梁概要

本橋は、東九州自動車道の大分県津久見市の川間部に建設された PC5 径間連続ラーメン波形鋼板ウェブ箱桁橋である。本橋では、波形鋼板の上フランジを接合として張出施工時の架設材に利用するとともに、上床版の施工にプレキャスト部材を使用することにより移動作業車を簡素化し、施工の合理化を図った国内初の工法を採用している。

- 構造形式：PC5 径間連続ラーメン波形鋼板ウェブ箱桁橋
- 橋　　　長：291m　　・支間割り：49.6m ＋ 75.0m ＋ 75.0m ＋ 47.0m ＋ 42.6m
- 有効幅員：9.5m　　　・橋　面　積：2,764.5m²
- 活　荷　重：B 活荷重
- 斜　　　角：90°
- 主要材料（上部工）：

種別	仕様	数量	単位		横組	適用
コンクリート	$\sigma_{ck}=40$N/mm²	1,955	m³	主桁、	波形鋼板	
鉄筋	SD345	385	tf		波形鋼板	
鋼材	SM490	225	tf		外ケーブル	
PC鋼材	SWPR7BN 19S15.2	79.5	tf		横締め	
	SWPR19L 1S21.8	10.1	tf		床版：新工法	
プレキャストストリップ PC板		740	tf		床版：新工法	
		2,020	m²			

- 最小曲線半径：

接合構造

- コンクリートと波形鋼板の接合：上側：頭付きスタッド接合、下側：埋め込み接合
- 波形鋼板どうしの接合：ボルト接合

構造的な特徴

波形鋼板の上フランジを接合として張出施工時の架設材に利用するとともに、上床版の施工にプレキャスト部材を使用することにより移動作業車を簡素化し、施工の合理化を図った国内初の工法を採用。

施工的な特徴

最も大きな特徴は、3ブロック分を同時に施工できることである。N ブロックの波形鋼板フランジに直接簡易移動作業車が乗り、N-1 ブロックの上床版、N ブロックの下床版、N+1 ブロックの波形鋼板架設が同時に施工することができ、従来の波形鋼板ウェブ橋のサイクル工程を大幅に低減できる。

実施実験

- 実施項目：実験なし

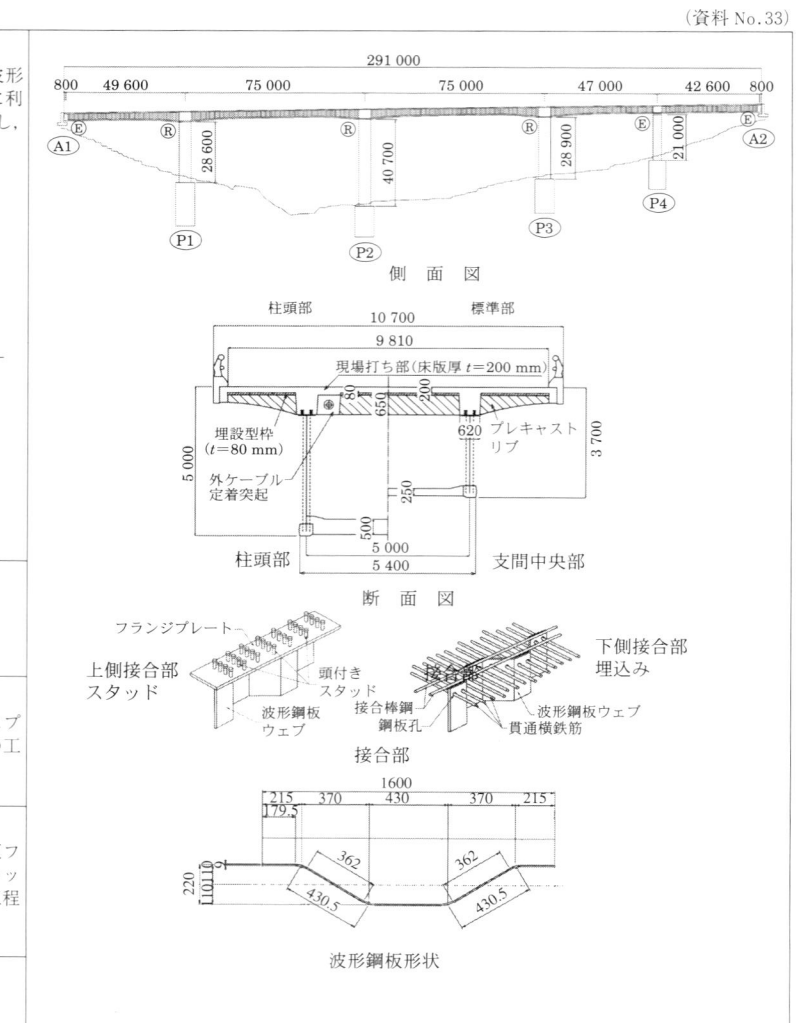

1章 波形ウェブ橋

(資料 No.34)

橋梁名 豊田東JCT Cランプ第二橋

橋梁概要

Cランプ第二橋は、橋長 244.0m、支間 86.0 + 94.1 + 61.9m の PC3径間連続ラーメン波形鋼板ウェブ箱桁橋であり、主桁断面は、標準断面 3 700m、柱頭部断面 6 500m の2室断面を有する板ウェブ箱桁である。

- 構造形式：PC3径間連続ラーメン波形鋼板ウェブ箱桁橋
- 橋　　長：244m
- 有効幅員：11.95m
- 活荷重：B活荷重
- 斜　　角：71°
- 主要材料（上部工）

- 支間割り：86.0 + 94.1 + 61.9m
- 橋面積：2 915.8m^2
- 最小曲線半径：750m

種別	仕様	数量	単位	適用
コンクリート	$\sigma_{ck}=40N/mm^2$	2 981.7	m^3	主桁、横組
鉄筋	SD345、SD490、SD390	565.904	tf	波形鋼板
鋼材	SM490YB、SM490YA	309.2	tf	外ケーブル
PC鋼材	SWPR7L 19S15.2B	107.847	tf	横締め
	SWPR7 1S28.6S	13.396	tf	

接合構造

- コンクリートと波形鋼板の接合：上床版：孔あき鋼板ジベル（ツインパーフォボンド）接合、下床版：孔あき鋼板ジベル（フラスコパーフォボンド）接合＋頭付きスタッド接合、
- 波形鋼板どうしの接合：すみ肉溶接

構造的な特徴

本橋は、P2橋脚に門型の鋼製橋脚を有している。波形鋼板ウェブと上床版の接合にツインパーフォボンド接合、波形鋼板ウェブと下床版の接合にフラスコ形パーフォボンド接合等を採用した特長を有している。

施工的な特徴

- 側径間は固定式支保工工法、中央径間は張出し架設で施工された。

実施実験

- 実施項目：

検証内容	押抜き実験→ツインパーフォボンドリブ接合の側面かぶりの影響確認 引抜き実験→フラスコ形パーフォボンドリブの引抜き耐力の確認
結果	押抜き実験結果→側面かぶりの大きさにより耐力が変わるので、これらを考慮して設計を行った。 引抜き実験→フラスコ形パーフォボンドリブの引抜きの引抜き耐力は、水平せん断耐力の1/10以上有していることを確認。

(資料 No.35)

橋梁名 広内第二橋

橋梁概要

本橋は，北海道横断自動車道に架設された橋長292.5m，有効幅員10.5m，最大支間85.0mの5径間連続橋である。床版コンクリートが打ち下ろされたコンクリートエッジング方式に初めて，ツインパーフォボンドリブ接合が採用された橋梁である。

- 構造形式：5径間連続橋
- 橋　　長：292.5m
- 有効幅員：10.46m
- 活 荷 重：B活荷重
- 斜　　角：90°
- 主要材料（上部工）

種別	仕様	数量	単位	適用
コンクリート	$\sigma_{ck}=40MPa$	2 691	m³	主桁，横組
鉄筋	SD345	453	t	
鋼材	SM490YB	269	t	波形鋼板
PC鋼材	SWPR7B S15.2B	111	t	主ケーブル
	SWPR19 1S21.8	16	t	横締め

- 支間割り：40.9 + 75.0 + 85.0 + 50.0 + 39.4m
- 橋面積：3 053m²
- 最小曲線半径：A=500m

接合構造

- コンクリートと波形鋼板の接合：孔あき鋼板ジベル（ツインパーフォボンドリブ）接合
- 波形鋼板どうしの接合：一面摩擦高力ボルト継手

構造的な特徴

① コンクリート床版が打ち下ろされたコンクリートエッジング方式で初めて，ツインパーフォボンドリブ接合が採用された。
② 波形鋼板ウェブ同士の継手には，一面摩擦高力ボルトが使用された。
③ 主ケーブルはすべて外ケーブルとされた。

施工的な特徴

① 全外ケーブルによる張出し架設で施工された。

実施実験

- 実施内容：ツインパーフォボンドリブ接合の押抜きせん断実験

検証内容	①パーフォボンドリブ（PBL）の縁端距離が小さい場合のツインパーフォボンドリブ接合のせん断耐力の確認 ②PBLの縁端距離が接合部のせん断耐力に及ぼす影響の確認
結果	①PBLの縁端距離が小さいと接合部の荷重は低下することが確認された。 ②PBLの縁端距離が接合部耐力に及ぼす影響を考慮した新しい設計式が提案され，設計に反映された。

側面図

断面図

波形鋼板形状

1章　波形ウェブ橋

(資料 No.36)

橋梁名　杉谷川橋（下り線）

橋梁概要

杉谷川橋は、現在工事が進められている第二名神高速道路（近畿自動車道名古屋神戸線）の大津ジャンクションから東へ向かう路線中の橋梁であり、滋賀県甲賀郡に位置する。
本橋は波形鋼板ウェブPC橋であえ、全ケーブル（透明保護管）方式が採用されている。

- 構造形式：PC6径間連続波形鋼板ウェブ箱桁ラーメン橋
- 橋　　長：453m
- 有効幅員：11.47m
- 活 荷 重：B活荷重
- 斜　　角：90°
- 主要材料（上部工）

・支間割り：52.10 + 4(@87.00 + 51.15m
・橋 面 積：5 196m²
・最小曲線半径：4 000m

種別	仕様	数量	単位	適用
コンクリート	$\sigma_{ck}=40N/mm^2$	4 890	m³	主桁、横組
鉄筋	SD345	1 118	tf	
鋼材	SM490Y	341	tf	波形鋼板
PC鋼材	SWPR7B 19S15.2	220	tf	主ケーブル（全外）
	SWPR19 1S21.8	24	tf	床版横締め
	SWPR19 1S28.6	6	tf	横桁横締め

接合構造
・コンクリートと波形鋼板の接合：アンダルジベル
・波形鋼板どうしの接合：一面重ねすみ肉溶接

構造的な特徴
・横リブ
　張出し架設用外ケーブルの偏向と定着部の補強を目的として、床版の各ブロックに横リブを設置している。

施工的な特徴
・波形鋼板の架設
　通常の移動作業車の上にジブクレーンを設置して、既設ブロックのコンクリート養生期間中に架設を行った。

実施実験
・実施項目：実験なし

側　面　図

断　面　図
柱頭部　支間中央部

波形鋼板形状

接合部
U字鉄筋／貫通鉄筋／アンカル／波形鋼板ウェブ／フランジプレート

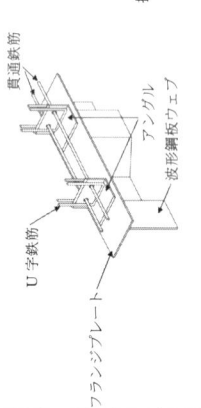

橋梁名 桂島高架橋

(資料 No.37)

橋梁概要

本橋は、第二東名高速道路の静岡県岡部町の山間部に建設されるPC4径間連続波形鋼板ウェブ箱桁橋である。本橋ではコスト縮減を図るため、主桁を分割したコア断面による押出し施工方法を採用し、また重量の低減を図るためウェブを波形鋼板とし、リブストラット付き断面によるコア全箱桁構造としている。この結果我が国初の波形鋼板ウェブ箱桁橋となっている。

- 構造形式: リブストラット付きPC4径間連続ラーメン波形鋼板ウェブ箱桁橋
- 橋　　長: 216m
- 支間割: 52.650m＋54.000m＋54.000m＋52.700m
- 有効幅員: 16.5m
- 橋面積: 3,564m²
- 活荷重: B活荷重
- 斜　　角: 90°
- 最小曲線半径: 4,000m
- 主要材料(上部工)

種別	仕様	数量	単位	適用
コンクリート	$\sigma_{ck}=40\text{N/mm}^2$	1,638	m³	主桁、横組
	$\sigma_{ck}=60\text{N/mm}^2$	287	tf	
鉄筋	SD345	517.16	tf	
鋼材	SM490	184.425	tf	波形鋼板
PC鋼材	SWPR7BN 19S15.2	33.085	tf	外ケーブル
	SWPR7BN 27S15.2	19.462	tf	〃
	SWPR19L 1S21.8	20.392	tf	床版横締め
	SWPR19L 1S28.6	474	tf	横桁横締め
外ケーブル				
プレキャストリブ		448.2	tf	
プレキャストストラット		100.6	tf	
PC板		2,466.2	m²	

接合構造

- コンクリートと波形鋼板床の接合：上側：アングル接合、下側：埋め込み接合
- 波形鋼板どうしの接合：溶接接合

構造的な特徴

- リブストラット付波形鋼板ウェブ箱桁橋の採用
- コア断面による押出し架設
- PC板と場所打ちコンクリートからなる上床版

施工的な特徴

張出し床版を除いた主桁断面（＝コア断面）にて押出し架設を行うことにより、全断面にて押出し架設を行う場合と比較して架設重量が約50%低減でき、架設設備および架設時に必要なPC鋼材量の低減を図ることが可能となった。

実施実験

- 実施項目：実験なし

1章 波形ウェブ橋

(資料 No.38)

橋梁名　中津屋橋

橋梁概要

本橋は、東海北陸自動車道の郡上郡大和町と郡上郡白鳥町の町境に位置し、一級河川長良川、長良川鉄道、国道156号線、その他県道等を、横架する延長1006m（26径間）の橋梁の一部である。

- 構造形式：PC5径間連続波形鋼板ウェブ箱桁橋
- 橋長：295.15m
- 支間割り：2@57.075 + 49.500 + 81.000 + 48.500m
- 有効幅員：8.655m
- 橋面積：2554.5m²
- 活荷重：B活荷重
- 斜角：90°
- 主要材料（上部工）
- 最小曲線半径：1000m

種別	仕様	数量	単位	適用
コンクリート	$\sigma_{ck} = 40N/mm^2$	2,584.2	m³	
鉄筋	SD345	449.24	tf	
鋼材	SM490YA、SM490YB、SM400A	279.464	tf	主桁、横組 波形鋼板
PC鋼材	SWPR7B 19S15.2	92.455	tf	主ケーブル
	SWPR19 1S28.6	26.194	tf	横締め

接合構造
- コンクリートと波形鋼板の接合：フランジ付きアンカレッジシベル
- 波形鋼板どうしの接合：重ねすみ肉溶接

構造的な特徴
本橋は、平面線形的にSの字区間にある斜めウェブ橋であるため、横断勾配の変化に対して主桁勾配・斜めウェブ勾配も変化する。よって、ウェブ高さ・長さ等が順次変化する構造となっている。

施工的な特徴
本橋は、移動台車形式による張出し施工を採用しているが、1期線との離隔が20mm程度となっている。この対策として、移動台車を改造して離隔20mmに水切り幅200mmを加えた合計220mmの幅を、改造移動台車が通過する施工を行っている。

実施実験
- 実施項目：実験なし

Ⅵ 資料編

波形ウェブ橋橋梁データ文献リスト

新開橋（資料 No.1）

1) 宇佐見，中園 他：栗東橋の設計概要－波形鋼板ウェブ PC エクストラドーズド橋－，第 58 回土木学会年次学術講演会，2003
2) 藤田，福原，宇佐見，張：栗東橋の設計概要－波形鋼板ウェブ PC エクストラドーズド橋－，PC 技協第 12 回シンポジウム論文集，2003.10
3) 宮内，安川，中園，森，張：第二名神高速道路栗東橋の計画と設計，橋梁と基礎，2003.12
4) 金子，森：海外企業による張出し架設作業者の導入，橋梁と基礎，2004.8
5) 髙渕，福原，西田：栗東橋の施工概要－波形鋼板ウェブ PC エクストラドーズド橋－，PC 技協第 13 回シンポジウム論文集，2004.10
6) 近藤，清水 他：波形鋼板ウェブを有する PC 橋 新開橋，プレストレストコンクリート，Vol.37, No.2, 1995.3

銀山御幸橋（資料 No.2）

1) 花田，加藤，高橋：波形鋼板ウェブ PC 箱桁橋「松の木 7 号橋」の模型実験，第 5 回 PC シンポジウム，1995.10
2) 石黒，村田，須合 他：松の木 7 号橋（銀山御幸橋）の設計と施工，プレストレストコンクリート，Vol.38, No.5, 1996.9
3) 立神，須合，蝦名，梶川，深田，福島：波形鋼板ウェブを有する 5 径間連続 PC 箱桁橋の振動特性，構造工学論文集，Vol.45A, 1999.3

本谷橋（資料 No.3）

1) 宇佐見，中園 他：栗東橋の設計概要－波形鋼板ウェブ PC エクストラドーズド橋－，第 58 回土木学会年次学術講演会，2003.9
2) 藤田，福原，宇佐見，張：栗東橋の設計概要－波形鋼板ウェブ PC エクストラドーズド橋－，PC 技協第 12 回シンポジウム論文集，2003.10
3) 宮内，安川，中園，森，張：第二名神高速道路栗東橋の計画と設計，橋梁と基礎，2003.12
4) 金子，森：海外企業による張出し架設作業者の導入，橋梁と基礎，2004.8
5) 髙渕，中園，福原，西田：栗東橋の施工概要－波形鋼板ウェブ PC エクストラドーズド橋－，PC 技協第 13 回シンポジウム論文集，2004.10
6) 水口，芦塚，桜田，日高：本谷橋の実橋載荷実験，PC 技協第 8 回シンポジウム論文集，1998.10
7) 加藤 他：波形鋼板ウェブ PC 箱桁橋の設計・施工について，土木学会第 53 回年次学術講演会，1998.10
8) 武村 他：波形鋼板ウェブ PC ラーメン橋 "本谷橋" の振動実験，PC 技協第 9 回シンポジウム論文集，1999.10

鍋田高架橋（資料 No.4）

1) 森山，辻，池田，池田，八木：鍋田高架橋の設計－波形鋼板ウェブ PC 橋，プレストレストコンクリート第 41 巻，第 2 号，p.48-55
2) 澤，辻，池田，池田：波形鋼板ウェブを有するプレストレストコンクリート橋の変形および耐荷挙動に関する研究，プレストレストコンクリートの発展に関するシンポジウム論文集，pp.423-428

中子沢橋（資料 No.5）

1) 宇佐見，中園 他：栗東橋の設計概要－波形鋼板ウェブ PC エクストラドーズド橋－，第 58 回土木学会年次学術講演会，2003.9

2) 藤田, 福原, 宇佐見, 張：栗東橋の設計概要－波形鋼板ウェブPCエクストラドーズド橋－, PC技協第12回シンポジウム論文集, 2003.10
3) 宮内, 安川, 中薗, 森, 張：第二名神高速道路栗東橋の計画と設計, 橋梁と基礎, 2003.12
4) 金子, 森：海外企業による張出し架設作業者の導入, 橋梁と基礎, 2004.8
5) 高瀬, 中薗, 福原, 西田：栗東橋の施工概要－波形鋼板ウェブPCエクストラドーズド橋－, PC技協第13回シンポジウム論文集, 2004.10

小河内川橋（資料No.6）
1) 前田, 津田, 和田, 足立：東九州自動車道小河内川橋（波形鋼板ウェブPC箱桁橋）の設計について, 第10回PCシンポジウム論文集, 2000.10
2) 前田, 今泉, 上干, 津田, 和田：波形鋼板ウェブPC箱桁橋（東九州自動車道・小河内川橋）の振動特性, 土木学会第57回年次講演会概要集, 2002.9
3) 角谷, 青木, 川野辺, 吉川, 立神：波形鋼板ウェブ橋の振動特性その2－振動解析－, プレストレストコンクリート, Vol.45, No.3, 2003.5

白沢橋（資料No.7）
1) 手塚, 小林, 山田, 藤田：曲線を有する波形鋼板ウェブPC箱桁橋の構造特性について, 第10回PCシンポジウム論文集, 2000.10
2) 手塚, 小林, 山田, 藤田：白沢橋（曲線を有する波形鋼板ウェブPC箱桁橋）の設計・施工, 第11回PCシンポジウム論文集, 2001.11

小犬丸川橋（資料No.8）
1) 藤岡, 中薗, 春日, 永元：小犬丸川橋（波形鋼板ウェブPC橋）の設計, PC技協第10回シンポジウム論文集, 1997.10
2) 十河, 尾瀬, 原, 廣瀬, 永元：小犬丸川橋の施工技術と施工管理, 橋梁と基礎 Vol.36, No.12, 2002.12
3) 永田, 安川, 梅津, 永元：波形鋼板ウェブPC橋の実橋載荷試験, プレストレストコンクリート, Vol.45, No.1, 2003.1
4) Sogo, Abe, Kasuga, Nagamoto：DESIGN AND CONSTRUCTION OF KOINUMARUKAWA CORRUGATED STEEL WEB BRIDGE fib2002

前谷橋（資料No.9）
1) 前原 他：前谷橋－全外ケーブル方式による波形鋼板ウェブPC橋－の設計, PC技協第10回シンポジウム論文集, 2000.10
2) 今泉 他：前谷橋－全外ケーブル方式による波形鋼板ウェブPC橋の施工に関する検討, PC技橋第10回シンポジウム論文集, 2000.10
3) 落合 他：波形鋼板ウェブPC箱桁断面の横方向曲げに関する静的載荷・疲労試験, PC技協第10回シンポジウム論文集, 2000.10
4) 角谷 他：全外ケーブル方式による波形鋼板ウェブPC橋の終局耐力に関する検討, PC技協第10回シンポジウム論文集, 2000.10
5) 今泉 他：張出し架設工法による全外ケーブル方式波形鋼板ウェブPC橋の設計・施工, プレストレストコンクリート Vol.43, No.3, 2001.5
6) 阿川 他：波形鋼板ウェブPC橋の施工における施工機械, プレストレストコンクリート, Vol.44, No.2, 2002.3

勝手川橋（資料No.10）
1) 角谷, 正司, 丸山：全外ケーブル方式による波形鋼板ウェブPC橋の終局耐力に関する検討, PC技橋第10回シンポジウム論文集, 2000.10
2) 新井, 原田, 神山, 奥山：勝手川橋（全外ケーブルを用いた波形鋼板ウェブPC橋）の設計・施工, PC技協第11回シンポジウム論文集, 2001.11
3) 木水, 新井, 神山, 奥山：全外ケーブルを採用した波形鋼板ウェブPC箱桁橋（日本海東北自動車道 勝手川橋）の設計・施工について, コンクリート工学, Vol.39 No.10, pp.42-48, 2001.10
4) 木水, 青木, 原田, 神山, 正司, 丸山：勝手川橋の設計・施工と振動実験, 橋梁と基礎, Vol.37, No.1, 2003.1

Ⅵ　資料編

5) 角谷, 青木, 山之辺, 吉川, 立神：波形鋼板ウェブ橋の振動特性その1, プレストレストコンクリート, Vol.45, No.2, 2003.4
6) 角谷, 青木, 山之辺, 吉川, 立神：波形鋼板ウェブ橋の振動特性その2, プレストレストコンクリート, Vol.45, No.3, 2003.5

鍋田高架橋（西工事区）（資料 No.11）

1) 宇佐見, 中園 他：栗東橋の設計概要―波形鋼板ウェブPCエクストラドーズド橋―, 第58回土木学会年次学術講演会, 2003.9
2) 藤田, 宇佐見, 張：栗東橋の設計概要―波形鋼板ウェブPCエクストラドーズド橋―, PC技協第12回シンポジウム論文集, 2003.10
3) 宮内, 中薗, 安川, 森, 張：第二名神高速道路栗東橋の計画と設計, 橋梁と基礎, 2003.12
4) 金子, 森：海外企業による張出し架設作業者の導入, 橋梁と基礎, 2004.8
5) 高渕, 中薗, 福原, 西田：栗東橋の施工概要―波形鋼板ウェブPCエクストラドーズド橋―, PC技協第13回シンポジウム論文集, 2004.10

大宮大台橋（大内山川第二橋）（資料 No.12）

1) 池田博之, 水口和之, 白谷宏司, 藤倉修一：カンチレバー外キーブルの終局前重時の張力増加に対する検討, 第10回プレストレストコンクリートの発展に関するシンポジウム, pp.475～480, 2001

中野高架橋（その1）（資料 No.13）

1) 山中圭介, 井口斉, 小林寛, 水田崇志, 小林和夫：中野高架橋実物大試験体の横方向の静的載荷実験, 土木学会第55回年次学術講演会講演論文集, p. I-A281, 2000.9
2) 蔵本修, 小林寛, 正司明夫, 小林和夫, 栗田章史：波形鋼板とコンクリート床版の接合部せん断耐力に関する研究, 土木学会第55回年次学術講演会講演論文集, p. I-A282, 2000.9
3) 山中圭介, 山本昌孝, 鈴木真, 小林和夫：波形鋼板ウェブPC橋（中野高架橋その1工事）の設計概要, 第10回プレストレスコンクリートの発展に関するシンポジウム論文集, pp.1-6, 2000.10
4) 劉剣軍, 正司明夫, 小林寛：合成構造を用いた波形鋼板ウェブPC箱桁橋の設計, 中国専門誌「世界橋梁」, 2002.3, pp.5-8, 2002.9
5) 劉剣軍, 正司明夫, 原田邦彦, 葉王博文：波形鋼板ウェブPC箱桁橋の力学特性に関する実橋静的載荷試験, 土木学会第57回年次学術講演論文集, 2002.9
6) J. Liu, K. Harata, K. Tajima, H. Hadama : Construction of Prestressed Concrete Box-Girder Bridge With Corrugated Steel Webs (Part1 of Nakano Viaduct), The first fib Congress 2002 (Osaka), 2002.10
7) 南荘享, 小林寛, 正司明夫, 張建東, 山中圭介, 田中寛規：中野高架橋：中野高架橋の設計と施工, 橋梁と基礎, 2003.4
8) 山本昌孝, 葉王博文, 劉剣軍, 原田邦彦, 西向外司秋：中野高架橋の施工, 橋梁と基礎, 2003.5

中野高架橋（その2）（資料 No.14）

1) 宇佐見, 中園 他：栗東橋の設計概要―波形鋼板ウェブPCエクストラドーズド橋―, 第58回土木学会年次学術講演会, 2003.9
2) 藤田, 宇佐見, 張：栗東橋の設計概要―波形鋼板ウェブPCエクストラドーズド橋―, PC技協第12回シンポジウム論文集, 2003.10
3) 宮内, 中薗, 安川, 森, 張：第二名神高速道路栗東橋の計画と設計, 橋梁と基礎, 2003.12
4) 金子, 森：海外企業による張出し架設作業者の導入, 橋梁と基礎, 2004.8
5) 高渕, 中薗, 福原, 西田：栗東橋の施工概要―波形鋼板ウェブPCエクストラドーズド橋―, PC技協第13回シンポジウム論文集, 2004.10

1章　波形ウェブ橋

興津川橋（資料 No.15）

1) 興津川橋実物大試験，第10回プレストレストコンクリートの発展に関するシンポジウム，2001.10
2) Design and Construction of Okitsu-Gawa Bridge - Cantilever Method with All External Cables and Partial Corrugated Steel Web - The First fib Congress 2002, 2002.8
3) 第二東名高速道路 興津川橋のたわみ管理に関する報告，第12回プレストレストコンクリートの発展に関するシンポジウム，2003.10

下田橋（資料 No.16）

1) 池田 他：複合非線形解析による波形鋼板ウェブのせん断座屈耐力評価，土木学会第56回年次学術講演会，2001.10
2) 一宮 他：複合非線形解析による波形鋼板ウェブのせん断座屈耐力評価，PC技協第11回シンポジウム論文集，2001.11
3) 池田，水口，南雲，山本：下田橋（波形鋼板ウェブPC橋）の設計，PC技協第11回シンポジウム論文集，2001.11

日見夢大橋（資料 No.17）

1) 佐川，酒井，岡澤，益子，春日，田添：日見橋（仮称）の設計と施工，橋梁と基礎，2003.6
2) 前田，今泉，春日，田添：日見橋（仮称）の設計と施工，The First fib Congress 2002, 2002.10
3) 田添，酒井，大久保，大西：波形鋼板ウェブエクストラドーズド橋（日見橋（仮称））の施工，第12回プレストレストコンクリートの発展に関するシンポジウム論文集，2003.10
4) 佐川，岡澤，益子：波形鋼板ウェブエクストラドーズド橋の施工と振動実験－日見夢大橋－，プレストレストコンクリート，2004.9

黒部川橋梁（資料 No.18）

1) 杉本，村田，平岡，豊原，溝江，町田：面外曲げを受ける波形鋼板ウェブPC鉄道箱桁橋の接合部の耐疲労性状に関する実験的研究，土木学会論文集，構造工学論文集，2002.3
2) 西田，平岡，金森，豊原：波形鋼板ウェブPC鉄道橋接合部の疲労性状に関する実験的検討（橋軸方向），コンクリート工学論文集，2002.9
3) Saito, Hiraoka, Kanamori, Ochiai：DESIGN AND EXECUTION OF THE PC BRIDGE WITH CORRUGATED STEEL WEBS ADOPTED TO THE RAILWAY BRIDGE, The First fib Congress (Osaka), 2002.10
4) 梅田，亀田，中澤，阿田，西澤：北陸新幹線 黒部川橋梁の設計・施工，プレストレストコンクリート，2003.3
5) 平岡，朝倉，菅原，亀田：北陸新幹線黒部川橋梁の設計と施工，橋梁と基礎，2003.7
6) 西澤，朝倉，桜井，落合：黒部川の設計施工概要，PC技協第12回シンポジウム論文集，2003.10

栗合川橋（資料 No.19）

1) 平ばえ 他：栗谷川橋（波形鋼板ウェブPC箱桁橋）の施工，PC技協12回シンポジウム論文集，2003.10
2) 篠原 他：栗谷川橋の断面変形に対する設計法と載荷試験による検証，PC技協13回シンポジウム論文集，2004.10

栗東橋（資料 No.20）

1) 宇佐見，中國 他：栗東橋の設計概要－波形鋼板ウェブPCエクストラドーズド橋－，第58回土木学会年次学術講演会，2003.9
2) 藤田，福原，宇佐見，張：栗東橋の設計概要－波形鋼板ウェブPCエクストラドーズド橋－，PC技協第12回シンポジウム論文集，2003.10
3) 宮内，安川，中國，森，張：第二名神高速道路栗東橋の計画と設計，橋梁と基礎，2003.12

4) 金子，森：海外企業による張出し架設作業者の導入，橋梁と基礎，2004.8
5) 高渕，中薗，福原，西田，栗東橋の施工概要－波形鋼板ウェブPCエクストラドーズド橋－，PC技協第13回シンポジウム論文集，2004.10

第二東名高速道路 矢作川橋（資料No.21）

1) 平，忽那，伊藤：矢作川橋の主塔へのSC構造の適用とせん断力に対する検討，PC技協第12回シンポジウム論文集，2003.10
2) 白谷，垂水，佐々木，新井：第二東名矢作川橋の主桁側斜ベベル構造と耐荷力，PC技協第12回シンポジウム論文集，2003.10
3) 今井，奥山，忽那：波形鋼板ウェブPC斜張橋（矢作川橋）の主桁斜材定着部に関する実験，PC技協第12回シンポジウム論文集，2003.10
4) 関根，垂水，佐々木，山本，奥山：第二東名高速道路矢作川橋の構造概要，第59回土木学会年次学術講演会，2004.9
5) 坂田，忽那，今井，山内：超低粘性型PCグラウトの第二東名高速道路矢作川橋主桁部への適用，PC技協第13回シンポジウム論文集，2004.10
6) 柳井，奥山，杵木，喜多野，山本：超低粘性型PCグラウトの第二東名高速道路矢作川橋関部への適用，PC技協第13回シンポジウム論文集，2004.10
7) 伊藤，宮本，佐々野，山本：第二東名高速道路矢作川橋における主桁分岐部の急速施工，PC技協第13回シンポジウム論文集，2004.10
8) 藤木，上東，笠原，山本：第二東名高速道路矢作川橋の急速施工，プレストレストコンクリート，Vol.46，No.5
9) 寺田，上東，山本，奥山：第二東名高速道路矢作川橋の設計，プレストレストコンクリート，プレストレス技術協会，Vol.46，No.5

合川橋（資料No.22）

1) 湯浅，小林，高橋：合川橋の設計・施工および実橋載荷実験，橋梁と基礎，Vol.37，No.6，2003.6
2) 高橋，蛯名，湯浅，小林：合川橋（波形鋼板ウェブPC箱桁橋）のウェブと上床版の接合方法の比較，第12回PCシンポジウム論文集，2003.10

第二上品野橋（資料No.23）

1) 安東，忽那，冨田，河邊：波形鋼板ウェブ橋における裏打ちコンクリートの力学的挙動の解明，土木学会第59回年次学術講演会，2004.9
2) 安東，忽那，冨田，河邊：波形鋼板ウェブ橋における裏打ちコンクリートの力学的挙動の解明，PC技協第13回シンポジウム論文集，2004.10
3) 嵯峨，高松，伊黒：第二上品野橋施工報告，PC技協第13回シンポジウム論文集，2004.10

白岩橋（上下線）（資料No.24）

なし

安家4号橋（資料No.25）

1) 古村，濱田，田中，西村：安家ほたる橋の支保工施工に伴う検討，PC技協第12回シンポジウム論文集，2003.10

遊楽部川橋（資料No.26）

1) 東田，中村，金子，吉田，立神，蛯名：遊楽部川橋の設計・施工，橋梁と基礎，Vol.38，No.7，2004.7
2) 東田，小野塚，金子，吉田，青木：波形鋼板ウェブPC橋におけるパーフォボンドリブ接合のせん断耐力に関する実験的研究，第58回年次学術講演概要集，V-298，2003.9
3) 蛯名，東田，中村，立神，関田：ツインパーフォボンドリブ接合を有する波形鋼板ウェブの面外曲げ挙動に関する研究，構造工学論文集，Vol.50A，2004.3

温海川橋（資料 No.27）

1) 石川，柾谷，小野，馬場：温海川橋の設計・施工，PC技協第12回シンポジウム論文集，2003.10

門崎橋（資料 No.28）

なし

鶴巻橋（資料 No.29）

なし

長井ダム11号橋（資料 No.30）

なし

長谷川橋（資料 No.31）

1) 谷，金田，白須，平田：長谷川橋の設計，PC技協第12回シンポジウム論文集，2003.10

信楽第七橋（資料 No.32）

1) 永元，中園，安川，春日：張出し施工時に波形鋼板を架設材として利用した信楽第七橋の設計，PC技協第12回シンポジウム論文集，2003.10
2) 村尾，宮内，毛利，田中，佐川，西村：信楽第七橋，津久見川橋の設計と施工，橋梁と基礎，Vol.38，No.2，2004.2
3) Naoki Nagamoto, Akihiro Nakazono, Yoshiyuki Yasukawa, Toshihiko Mori : Design and Constorution of Shigaraki7thBridge, Steel & Composite Structures (ICSCS'04), 2004.9

津久見川橋（資料 No.33）

1) 村尾，宮内，佐川，他：信楽第七橋，津久見川橋の設計と施工，橋梁と基礎 Vol.38，No.2，2004.2
2) 飯島，西川，亀山：張出施工時に波形鋼板を架設材として利用した津久見川橋の設計，PC技協第12回シンポジウム論文集，pp.449-452，2003.10
3) 山角，西川，右田，西村：東九州自動車道 津久見川橋の施工，PC技協第13回シンポジウム論文集，pp.545-548，2004.10

豊田東JCT Cランプ第二橋（資料 No.34）

1) 秦，山田，和田，島田：豊田東JCT-Cランプ第二橋の設計，第12回PCシンポジウム論文集，2003.10
2) 武部，惣那，立神，蛯名：波形鋼板ウェブPC橋の外ケーブル定着を考慮した断面におけるせん断耐力，第12回PCシンポジウム論文集，2003.10
3) 蛯名，惣那，立神，岡田：孔をフラスコ形状にしたパーフォボンドリブ接合の引抜き耐力に関する実験的研究，コンクリート工学年次学術講演会，2003.9

広内第二橋（資料 No.35）

1) 宇佐見，中園，他：栗東橋の設計概要－波形鋼板ウェブPCエクストラドーズド橋－，第58回土木学会年次学術講演会，2003.9
2) 藤田，稲原，宇佐見，張：栗東橋の設計概要－波形鋼板ウェブPCエクストラドーズド橋－，PC技協第12回シンポジウム論文集，2003.10

Ⅵ　資料編

3) 宮内, 安川, 中薗, 森, 張：第二名神高速道路栗東橋の計画と設計, 橋梁と基礎, 2003.12
4) 金子, 森：海外企業による張出し架設作業者の導入, 橋梁と基礎, 2004.8
5) 高渕, 中薗, 福原, 西田：栗東橋の施工概要－波形鋼板ウェブPCエクストラドーズド橋－, PC技協第13回シンポジウム論文集, 2004.10

杉合川橋（資料No.36）

1) 白浜, 渡邊, 村上, 織田：床版に横リブを有する波形鋼板ウェブPC橋の設計, プレストレストコンクリート技術協会第13回シンポジウム論文集, 2004.10

桂島高架橋（資料No.37）

1) 諸橋, 青木, 和田, 中村：桂島高架橋の計画, PC技協第13回シンポジウム論文集, pp.389-392, 2004.10

中津屋橋（資料No.38）

なし

1章 波形ウェブ橋

1.2 実験一覧

表 1.2.1 主な実験一覧

分類	関連橋梁(研究機関)	検討項目	載荷方法	供試体	結果概要	参考文献
I. 基本性状	（横浜国立大学）	・曲げ、せん断	静的	小型模型桁	・波形鋼板ウェブは曲げモーメントには抵抗せず、せん断力のみに抵抗することを確認。 ・波形鋼板をPC橋のウェブに使用することの有効性を確認。	・波形鋼板をウェブに用いた複合プレストレストコンクリート上部桁の力学的挙動に関する研究、コンストラクト I.学論文集、1997.1
	銀山御幸橋（川田工業）	・曲げ、せん断、ねじり挙動	静的	実物の1/2モデル	・曲げ、せん断に対する設計の安全性を確認。	・波形鋼板ウェブPC連続桁橋「松の木7号橋」の模型実験、第5回PCシンポジウム 1995.10
	木谷橋	・曲げ、せん断、ねじり挙動	静的	実物の1/2モデル	・平面保持の成立を確認。 ・十分な曲げ耐力とせん断耐力を有することを確認。 ・曲げ、せん断、ねじりに対する設計の安全性を確認。	・木谷橋の模型実験と実橋載荷実験、橋梁と基礎、1998.10
	弥富高架橋	・プレキャストセグメントの検討	静的、疲労	実物の縮小モデル	・プレキャストセグメントによる波形ウェブ構造の静的耐荷力および疲労に対する安全性を確認。	・鍋田高架橋の設計、プレストレストコンクリート、1999.3
	大内山川第二橋	・柱頭部の挙動 ・外ケーブルの偏向力の増加張力の検討	静的	実物大モデル	・プレストレス導入による波形ウェブの曲げ・せん断挙動と柱頭部付近の補強について解析の安全性を確認。 ・外ケーブルの偏向力の増加張力を確認。	・波形鋼板ウェブ橋中間支点部の曲げ・せん断挙動特性に関する基礎研究、土木学会論文集、2003.1
	日見夢大橋	・曲げ破壊挙動	静的	実物の1/2モデル	・斜材のある波形鋼板ウェブ橋の曲げ破壊挙動の斜材定着部の設計の安全性を確認	・日見橋（仮称）の設計と施工、橋梁と基礎、2003.6 ・DESIGN AND CONSTRUCTION OF THE HIMI BRIDGE. The First fib Congress、2002.10
	第二上品野橋	・裏打ちコンクリートの力学特性	静的	実物の1/2.5モデル	・裏打ちコンクリートの圧縮耐力を照査する斜材引張鉄筋は、波形鋼板を考慮せず算出する。	・波形鋼板を用いた複合せん断耐力の評価、土木学会第59回年次学術講演会（2004.10）、第13回PCシンポジウム（2004.10）
	(ドーピー建設)	・クリープ特性	静的	実物の1/6モデル	・クリープ変形はコンクリート部のみを考慮すればよい。	・第8回PCシンポジウム論文集、1998.10
	栗東橋	・斜材張力の主桁への伝達 ・斜材定着部の安全性 ・多節格構の性状	静的	実物の1/2モデル	・斜材の有効付着長は10mとほぼ一致した。 ・斜材鋼製ダイヤフラムによる中間ウェブと外ウェブのせん断応力度が適当。	・第二名神高速道路栗東橋の計画と設計、橋梁と基礎、2003.12
II. 波形鋼板の座屈	（横浜国立大学）	・せん断座屈	静的	小型模型桁	・波形鋼板ウェブでも、非弾性域を考慮したせん断座屈強度を適用できることを確認。	・波形鋼板ウェブに用いた複合プレストレストコンクリート上部桁の力学的挙動に関する研究、コンストラクト I.学論文集、1997.1
	大内山川第二橋	・せん断座屈（コンクリート無）	静的	実物の1/4モデル	・弾塑性有限要素解析による座屈耐力評価。	・波形鋼板ウェブの疲労に対する評価、2001.1
	鍋田高架橋内	・せん断座屈（コンクリート有）	静的	桁高1.73m	・コンクリートフランジが付いた波形鋼板においても、弾塑性有限要素解析できることを確認。	・Shear Buckling Behavior of Prestressed Concrete Girders with Corrugated Steel Webs. fib Congress 2002
	下田橋	・せん断座屈（コンクリート有）	静的	支間4.2m、2.1m 桁高1.2m	・幾何学的非線形性の影響が大きく（波の深さが小さい）、前提条件の相違によりせん断耐力が異なることを確認。 ・面内変動に対しては初期不整が大きく影響しない。	・第11回PCシンポジウム論文集、2001.11
III. 継手部の性状	木谷橋	・一面摩擦接合の性状	静的	実物の1/2モデル	・一面摩擦高力ボルト接合が十分な耐力を有することを確認。	・木谷橋の模型実験と実橋載荷実験、1998.10
	(オリエンタル建設・川田工業)	・重ねすみ肉溶接継手の性状	静的、疲労	実物大モデル	・重ねすみ肉溶接部は、縦方向、横方向ともに、十分な疲労耐久性を有することを確認。	・波形鋼板ウェブPC橋の実物大模型載荷試験、プレストレストコンクリート、2001.7
	鍋田高架橋	・スカーラップ部の疲労耐久性	疲労	実物の1/2モデル	・実験したスカラップの形状では、重ねすみ肉溶接継手における高応力振幅は非常に小さいことを実験的に確認。	・波形鋼板ウェブの疲労に対する検討、橋梁と基礎、2002.8
	津久見橋	・高力ボルト軸力の長期間測定	実橋計測	実橋	・高力ボルト接合における高応力振幅の応力振幅測定	・信楽橋・津久見川橋の設計と施工、橋梁と基礎、2004.2
	中野高架橋その1 中野高架橋その2	・すみ肉溶接継手の性状確認	静的	支間8.5m 桁高2.0m	・上下フランジ近傍を除いて、せん断のすみ肉溶接は十分均一に伝達していることを実験確認。	・中野高架橋による波形鋼板ウェブの横方向疲労特性に関する実験的研究、橋梁と基礎、2003.4
	(三井住友建設・住友重機械工業)	・スカーラップ部の疲労耐久性	疲労	実物大モデル	・実験したスカラップの形状では、重ねすみ肉溶接継手を有することを確認。	・波形鋼板ウェブ部の疲労特性に関する実験的研究、PCシンポジウム、2001.11
	(三井住友建設)	・新しい摩擦継手の性状	静的	実物の1/3モデル	・波形鋼板同士の継手で、鉄筋、コンクリートを一体化した場合の耐力の確認	・ウェブに波形鋼板を有するPC箱桁橋の新しい継手工法に関する研究、コンストラクト I.学論文集、第9巻第2号、1998.7
	銀山御幸橋目付橋他	・一面摩擦継手の（フランジ継手）	静的		・せん断座屈耐力の安全性確認、フランジによるスタッド継手、一面摩擦継手の耐力の確認。	・PCシンポジウム、1998.7

Ⅵ 資料編

分類	関連橋梁(研究機関)	検討項目	載荷方法	供試体	結果概要	参考文献
Ⅳ. 接合部の性状	(横浜国立大学)	・埋込み接合の縦方向性状	静的	小型模型試験	・埋込み接合の設計方式を提案。 ・接合部(軸方向鉄筋)を溶接することで、終局まで合成コンクリートと一体が確保できることを確認。	・波形鋼板ウェブ用いた複合プレストレストコンクリート橋主桁の力学的挙動に関する研究、コンクリート工学論文集、1997.1
	(早稲田大学)	・埋込み接合の縦方向性状	静的、疲労	小型模型試験	・埋込み接合部の縦方向の静的耐力、スタッドジベルと同等であることを確認。 ・埋込み接合部の縦方向の疲労耐久性、スタッドジベルを大きく上回ることを確認。	・波形鋼板ウェブコンクリート合成構造の活用に関する実験的研究、1995.11 ・波形鋼板ウェブを有するI形断面合成桁の埋込み接合部の疲労挙動、土木学会論文集I、2001.1
	(早稲田大学)	・埋込み接合部の縦方向性状	静的	小型模型試験	・埋込み接合部は縦方向モーメントに対して、十分な静的耐力、および疲労耐久性を有していることを確認。	・波形鋼板のずれ止めを用いた波形鋼板ウェブを持つ合成桁の面外曲げ挙動に関する研究、土木学会論文集I、2000.4
本谷橋(旧田名建)	・埋込み接合の安全性	静的	実橋の1/2モデル	・埋込み接合は十分なせん断耐力を有していることを確認。	・本谷橋の模型実験と実橋載荷実験、プレストレストコンクリート、1998.10
	弥富高架橋	・埋込み接合部の性状確認	静的、疲労	実橋の縮小モデル	・縦方向、横方向とも、十分な疲労耐久性を有することを確認。	・鋼床版の設計、プレストレストコンクリート、1999.3
	(オリエンタル建設・川田工業)	・アングルジベル性状	静的、疲労	実物大モデル	・アングルジベルの実物大模型試験体を用いた静的および疲労試験に問題がないことを確認。	・波形鋼板ウェブPC橋のアングルジベルの静的・疲労試験、プレストレストコンクリート、2001.7
	黒部川橋梁	・埋込み接合部の縦方向性状	静的、疲労	実物大1/2モデル	・波形鋼板の折り目間を取り付けた埋込み接合部は、常鋼板を取り付けたものと同等の静的耐力および疲労耐久性を有していることを確認。	・波形鋼板ウェブPC鉄道橋梁桁の埋込み接合部の耐荷性状に関する検討、(鋼軸方向)、2002.9
	黒部川橋梁	・埋込み接合部の横方向性状	静的、疲労	実物大1/2モデル	・面外曲げ下で設計した波形鋼板ウェブPC鉄道橋梁桁付接合部は、十分な波形疲労耐久性を有していることを確認。	・面外曲げを受ける波形鋼板ウェブPC鉄道橋の埋込み接合部の耐疲労性状に関する研究、構造工学論文集、Vol.48A、2002.3
	(旧田試験研究所・PC建設)	・各種接合部の横方向性状	静的、疲労	実物大モデル	・スタッド+頭付きせん断鋼板と、横方向モーメントに抵抗しないスタッドが存在することを確認。 ・横方向接合は、設計通り、埋込み接合、埋込み波形耐久性は、十分な波形耐久性を有していることを確認。	・波形鋼板ウェブにおけるコンクリート床版の横方向接合の研究、コンクリート工学論文集、2004.1
	中野高架橋その1 中野高架橋その2	・接合部の横方向性状	静的	実物大モデル 小型試験体	・パーフォボンド+頭付きスタッドジベルによる載荷試験を行い、スタッドジベルの代替としての安全性を確認。 ・パーフォボンド+頭付きスタッドジベルの小型試験体による押抜きせん断試験を行い、検証比較、設計手法の安全性を提案。	・中野高架橋実物大試験体の横方向静的載荷実験、土木学会第55回年次学術講演会、2000.9 ・A-282、p.I-A282、2000.9 ・第9回PCシンポジウム論文集、1999.10
	台沢試験 遊楽部川橋 (ドーピー建設)	・孔あき鋼板ジベル接合の性状 ・アングルジベル接合の性状	静的	実物大モデル	・孔あき鋼板ジベルの耐力の確認。 ・アングルジベルの耐力の確認。	・遊楽部川橋の設計・施工、橋梁と基礎、Vol.38、No.7、2004.7
	豊田東JCT.Cランプ第二橋	・2枚孔あき鋼板ジベル接合の性状	静的	実物大モデル	・2枚孔あき鋼板ジベルの耐力の確認。 ・2枚孔あき鋼板ジベルの横方向ひび割れ幅の関係の影響の確認。	・波形鋼板外ケーブルPC箱桁橋の外ケーブル定着を考慮した第12回PCシンポジウム論文集、2003.10
	豊田東JCT.Cランプ第二橋	・2枚孔あき鋼板ジベル接合の性状	静的	実物大モデル	・2枚孔あき鋼板ジベルの側面かぶりの影響の確認。	・波形鋼板ウェブPC箱桁の側面かぶりに関する研究、橋梁と基礎、Vol.26、No.2、2004.4
	遊楽部川橋	・プラスコ形孔あき鋼板ジベル接合の性状	静的、疲労	実物大モデル	・プラスコ形孔あき鋼板ジベルの引抜耐力を確認。	・孔あき形状にしたパーフォボンドドリブ接合の引抜耐力に関する研究、構造工学論文集、Vol.50A、2004.3
	広内第二橋	・梁端距離が小さいインパーフォボンドドリブ接合の押抜き断耐力を提案	静的	小型模型	・インパーフォボンドドリブ接合の押抜き断耐力低下する梁端距離の影響検討し、せん断耐力式を提案。	・ツインパーフォボンドドリブの押抜き実験とその検証、土木学会第59回年次学術講演会、2004.9 ・ツインパーフォボンドドリブ接合の押抜に関する実験的研究、第13回PCシンポジウム論文集、2004.10
Ⅴ. 床版押抜せん断	本谷橋	・埋込み接合を用いた桁のせん断耐力	静的	実物大1/2モデル	・埋込み接合部は十分な押抜せん断耐力を有している。 ・床版の研究の押抜せん断耐力状に関する実験的研究、1998.10	・本谷橋の模型実験と実橋載荷実験、1998.10

1章 波形ウェブ橋

分類	関連橋梁（研究機関）	検討項目	載荷方法	供試体	結果概要	参考文献
Ⅵ. 実橋載荷	新開橋	・振動特性	動的	実橋	・新開橋の固有振動特性が通常のPC橋に近いことを確認。	・波形鋼板ウェブ橋梁（新開橋）の振動特性，土木学会第49回年次学術講演会，1994.6
	銀山御幸橋	・振動特性	動的	実橋	・外ケーブルとの共振特性がないこと、動的増幅率（衝撃係数）の安定性の確認	・銀山御幸橋の固有値解析，PCシンポジウム，1997.10 ・車両走行による波形鋼板ウェブPC橋の動的応答と衝撃係数に関する研究，橋梁の動的シンポジウム，1998.10
	木谷橋	・曲げ，せん断，ねじり挙動 ・せん断変形 ・振動特性	静的	実橋	・張出し架設中の実橋計測において，設計の妥当性を確認 ・完成後の実橋載荷試験結果と一致となること確認。 ・実橋振動数が固有値解析結果と一致となること確認。減衰定数はPC橋と鋼橋との中間の値となる。	・本谷橋の模型実験と実橋載荷実験，橋梁の振動シンポジウム，1998.10 ・波形鋼板ウェブPCラーメン橋"本谷橋"の振動試験，PCシンポジウム，1999.10
	小夫丸川橋	・曲げ，せん断挙動 ・振動特性	静的 動的	実橋	・コンクリート部および波形鋼板部の挙動が設計での仮定通りであることを確認、構造減衰を計測。	・波形鋼板ウェブPC橋の実橋載荷実験-小夫丸川橋-，プレストレストコンクリート，Vol.45，No.1，2003.1
	日見夢大橋	・曲げ，せん断挙動 ・振動特性	静的 動的	実橋	・コンクリート部および波形鋼板部の挙動が設計での仮定通りであることを確認。 ・吊り形式の波形鋼板式の固有振動数、構造減衰を計測。	・波形鋼板エクストラドーズド橋の施工に関する実験-日見夢大橋-，プレストレストコンクリート，Vol.46，No.5，2004.9
	中野高架橋その1	・曲げ，せん断，ねじり挙動	静的	実橋	・波形鋼板ウェブコンクリート下床版のせん断応力分布、ねじりモーメントおよびトルクに対しては一致することを確認。実験値とFEM解析の主方向応力がほぼ一致する事を確認。適切な隅角部を設けることにより、そり応力の発生を最小値に抑えられる事ができるを確認。	・波形鋼板ウェブPC箱桁橋の力学特性に関する載荷解析的試験，土木学会第57回年次学術講演論文集，2002.9
	勝手川橋	・振動特性	動的	実橋	・波形ウェブ橋のせん断モードの把握およびはり理論における動的特性の検証を確認。	・勝手川橋の振動特性その1，プレストレストコンクリート Vol.45 No.2，2003.4 ・勝手川橋の振動特性その2，プレストレストコンクリート Vol.45 No.3，2003.5
	勝手川橋	・振動特性	動的	実橋	・たわみ振動モードの固有振動数および一解析値を用いた中間値とする構造、押出し工法とする場合の妥当性の確認。	・波形鋼板橋の設計と施工・施工と振動実験，橋梁と基礎，2005.5
	桂島高架橋	・鋼板のせん断変形の影響	静的	実橋	・埋込み接合方式を用いた解析値を用いた構造、押出し工法とする場合の妥当性の確認。	・桂島高架橋の設計と施工，プレストレストコンクリート Vol.47，No.3，2005.5
	粟谷川橋	・曲線橋における断面変形のねじりによるそり応力に対する許容応力度の余裕量の安定性	静的	実橋	・エッジガーダーと鉛直リブ直式における断面変形に対する違いによるそり応力に対する許容応力度の余裕量の安定性 ・曲線橋における許容応力度に対する余裕量の安全性の確認	・粟谷川橋の断面変形に対する載荷試験による検証，2004.10 第13回 PCシンポジウム
	白沢橋	・ねじり挙動	静的	実橋	・ねじり挙動の確認 ・ねじり剛性評価式の妥当性の確認	・白沢橋（曲線を有する波形鋼板ウェブPC箱桁橋）の設計と施工，第11回PCシンポジウム論文集，2001.11
	谷川橋	・橋梁全体挙動 ・2枚孔あき鋼板ジベルの性状	静的	実橋	・平面特性の妥当性の確認 ・2枚孔あき鋼板ジベルの接合方法の比較	・谷川橋（波形鋼板ウェブPC箱桁橋）のウェブと上床版の接合方法の比較，第12回PCシンポジウム論文集，2003.10

1.3 波形鋼板ウェブの設計方法

1.3.1 概　　要

　ここに示す波形鋼板ウェブの設計方法は，旧規準（案）に準じて，せん断座屈パラメータ λ_s が降伏域（0.6以下）になるよう形状を決定するものである。λ_s が0.6より大きくなる場合は使用できないが，本設計方法は簡便で優れた設計方法であるためここに紹介する。

　波形鋼板ウェブ橋は，波形鋼板がウェブとしての優れた性能を有することから合理的な構造といわれている。すなわち，鋼板という質量あたりのせん断強度の大きい特性を持つ材料を使用するとともに，波形加工により薄板の弱点である軸方向圧縮力に対する座屈現象を回避させ，ウェブ本来のほぼ純粋なせん断部材として設計することを可能にした。

　波形鋼板ウェブをほぼ純粋なせん断部材と見なすと，その終局強度としては次の4種類の終局状態でのせん断強度が想定できる。

① 波形鋼板材料のせん断降伏点強度
② 波形鋼板の折り目と折り目の間の平板部分に発生する局部せん断座屈強度
③ 上下スラブ間の波形鋼板ウェブ全体が座屈する全体せん断座屈強度
④ 上記②と③の連成作用で生じるとされる連成せん断座屈強度

　これらの終局強度に対してすべて照査を行うことは，設計作業が煩雑になるばかりで合理的な設計方法とはいえない。上記の終局強度のうち，①の降伏点強度が材料本来の強度を意味しており，あとは形状だけで決まる降伏点強度以下の終局強度である。

　ここで比較のために，鋼プレートガーダ橋のウェブを考えると，一般に平板ウェブを補剛材で補剛することで座屈強度を向上させている。日本道路協会の規準[1]では，まず補剛材の最大間隔を規定することによりウェブ材の降伏強度以下で補剛材間の局部座屈を生じないようにし，さらに補剛材の最小剛度を規定することにより同じく全体座屈を生じさせないようにしている。この設計方法は，経済性の要素を無視すれば，終局強度を材料本来の強度に一元化することで合理的な設計を可能にしている。

　波形鋼板ウェブの場合は，補剛材で補剛する代わりに波形形状を適切に決定することによりせん断座屈に対する十分な強度を確保できる。すなわち，波形鋼板の折り目と折り目の最大間隔を規定することにより局部座屈を抑制でき，さらに波の最小高さを規定することにより全体座屈を抑制できる。これは，補剛板の場合と同様に終局限界状態をせん断降伏だけに一元化できることを意味するとともに，経済性の面では補剛板の場合より優れていること示している。

　この考え方で，波形鋼板ウェブの諸元を決定するための設計フローチャートを図1.3.1に示し，次節以降に，具体的な波形形状の決定方法を示す。

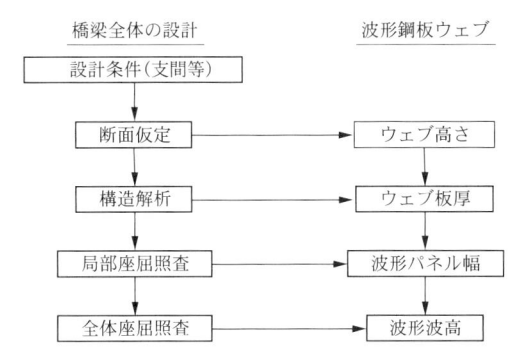

図1.3.1 波形鋼板ウェブの設計フローチャート

1.3.2 記号の定義

以降の数式の説明のために，波形鋼板ウェブの各種諸元と座屈に影響を及ぼす無次元パラメータに対応する記号を次のように定義する。

鋼材の性状に関する諸元

σ_y：基準降伏応力度

τ_y：せん断降伏点応力度（$\tau_y = \sigma_y/\sqrt{3}$）

E：鋼材のヤング係数

μ：鋼材のポアソン比

波形鋼板ウェブの形状に関する諸元

h：ウェブ高さ

t：ウェブ板厚

a：波の底辺パネル長

b：波の斜辺パネルの正接長

c：波の斜辺パネル長

d：波の波高

波形鋼板ウェブの形状に関するパラメータ

α：波形パネルの縦横寸法比（$\alpha = a/h$）

γ：ウェブ板の幅厚比（$\gamma = t/h$）

δ：波形の波高板厚比（$\delta = d/h$）

η：波形による長さ減少率（$\eta = (a+b)/(a+c)$）

その他の諸元

π：円周率

また，鋼材の特性値の諸元が必要な場合には，表1.3.1に示す値を用いる。

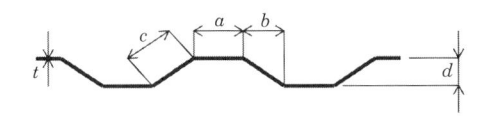

図1.3.2 波形形状寸法

Ⅵ　資料編

表1.3.1　構造用鋼材の特性値（MPa）

許容応力度の種類＼鋼種	SS400 SM400 SMA400W	SM490	SM490Y SM520 SMA490W	SM570 SMA570W
規準降伏点応力度	235	315	355	450
せん断伏点応力度	135	180	205	260
ヤング係数	200 000			
ポアソン比	0.3			

1.3.3　局部座屈照査

図1.3.3に示す局部座屈は，波形鋼板の折り目と折り目の間に発生する座屈現象である．したがって，板厚が薄い（幅厚比：γが小さい）ほど，折曲げピッチが広い（縦横寸法比：αが大きい）ほど発生しやすくなる．

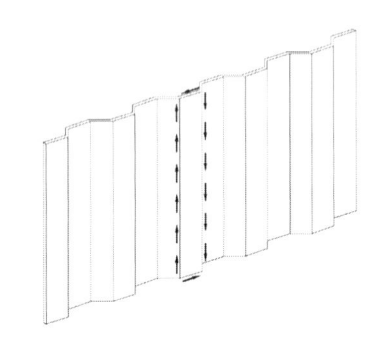

図1.3.3　波形鋼板ウェブの局部座屈

まず，局部座屈の対象となる波形パネルを，4辺が単純支持された長方形の板とみなすと，弾性せん断局部座屈強度は式(1.3.1)[2]で算出できる．

$$\tau^e_{crL} = k_e \frac{\pi^2 E}{12(1-\mu^2)} \gamma^2 \tag{1.3.1}$$

ここに，k_e はせん断弾性座屈係数で，一般に次の式(1.3.2)[2]で求められる．

$$k_e = 4.00 + \frac{5.34}{a^2} \tag{1.3.2}$$

式(1.3.1)に式(1.3.2)を代入すると，

$$\tau^e_{crL} = \left(4.00 + \frac{5.34}{a^2}\right) \frac{\pi^2 E}{12(1-\mu^2)} \gamma^2 \tag{1.3.3}$$

ここで，無次元パラメータ：λ_{sL} を

$$\lambda_{sL} = \sqrt{\frac{\tau_y}{\tau^e_{crL}}} \tag{1.3.4}$$

と定義すると，非弾性域を考慮したせん断局部座屈強度は，土木学会[2]の提案する次の式(1.3.5)で表せる．

$$\frac{\tau_{cr}}{\tau_y} = \begin{cases} 1 & : \lambda_{sL} \leq 0.6 \\ 1-0.614(\lambda_{sL}-0.6) & : 0.6 < \lambda_{sL} \leq \sqrt{2} \\ 1/\lambda_{sL}^2 & : \sqrt{2} < \lambda_{sL} \end{cases} \tag{1.3.5}$$

式(1.3.4)と式(1.3.5)は，$\lambda_{sL} \leq 0.6$ すなわち，$0.36\tau_{crL}^{e} \geq \tau_y$ ならば，局部座屈は波形鋼板ウェブの終局限界状態とならないことを意味する。

この条件式に式(1.3.3)を代入すると，

$$0.36\left(4.00+\frac{5.34}{\alpha^2}\right)\frac{\pi^2 E}{12(1-\mu^2)}\gamma^2 \geq \tau_y \tag{1.3.6}$$

ここで，パラメータ (α/γ) が板厚 (t) に対するパネル幅 (a) の比になることから，式(1.3.6)は次のように表すことができる。

$$a \leq \frac{1}{0.865\sqrt{\frac{1}{k^2}-\gamma^2}} \times t \tag{1.3.7}$$

ここに，

$$k = \sqrt{4.00 \times 0.36 \times \frac{\pi^2 E}{12(1-\mu^2)} \times \frac{1}{\tau_y}} \tag{1.3.8}$$

したがって，式(1.3.7)によってパネル幅を制限すれば，局部座屈強度はせん断降伏点強度を下回らないことになる。

表1.3.1の特性値を式(1.3.8)に代入して求めた k の値を表1.3.2に示す。

表1.3.2 局部座屈に関する係数

鋼種	SS400 SM400 SMA400W	SM490	SM490Y SM520 SMA490W	SM570 SMA570W
k	43.9	38.0	35.6	31.6

図1.3.4に，表1.3.1で示した鋼種ごとに $\tau_{crL}=\tau_y$ となる限界の $\alpha-\gamma$ 曲線と，実橋に実績として使用した波形形状のパラメータ値をプロットした。各鋼種に対応した臨界線の左上になるようパネル幅を決めればよい。

なお，図中の実橋の波形形状の実績値を次の表1.3.3に示す。

Ⅵ　資料編

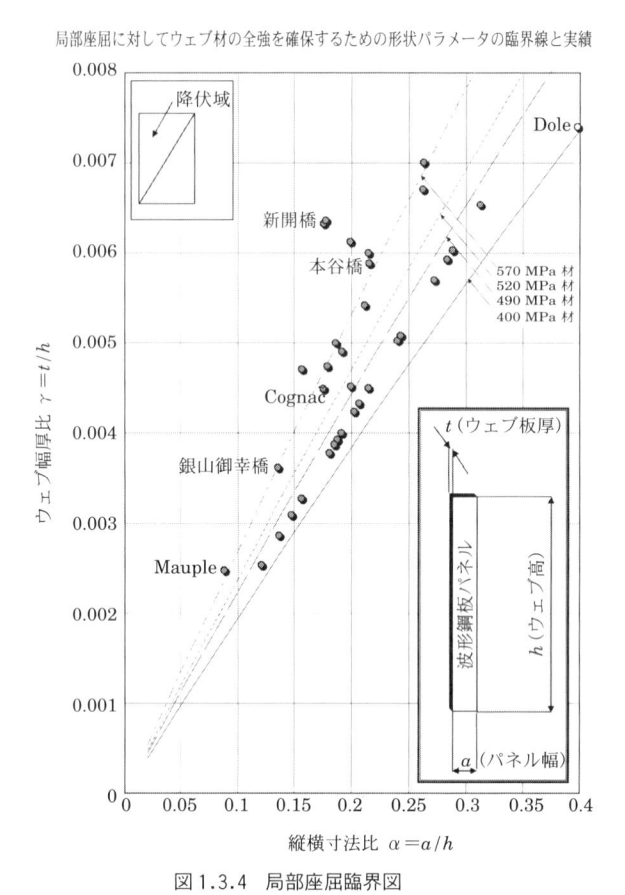

局部座屈に対してウェブ材の全強を確保するための形状パラメータの臨界線と実績

図1.3.4　局部座屈臨界図

表1.3.3　既設橋の波形鋼板ウェブの寸法諸元　（単位：mm）

		新開橋	銀山御幸橋	本谷橋	Cognac	Mauple	Dole
ウェブ高さ	h	1 423	2 210	1 530 5 126	1 771	3 231	1 081 4 011
ウェブ板厚	t	9	8 12	9 14	8	8	8 10
波形形状 底辺長	a	250	300	330	353	284	430
正接長	b	200	260	270	320	241	370
斜辺長	c	250	300	336	353	284	430
波高	d	150	150	200	150	150	220
縦横寸法比	$\alpha=a/h$	0.1757	0.1357	0.2157 0.0644	0.1993	0.0879	0.3978 0.1072
幅厚比	$\gamma=t/h$	1/158	1/276 1/184	1/170 1/366	1/221	1/404	1/135 1/401
波高板厚比	$\delta=d/t$	16.67	18.75	22.22 14.29	18.75	18.75	27.50 22.00
長さ減少率	$\eta=(a+b)/(a+c)$	0.9000	0.9333	0.9009	0.9533	0.9243	0.9302

1.3.4 全体座屈照査

図1.3.5に示す全体座屈は，上下スラブ間の波形鋼板ウェブ全体が座屈する現象で，ウェブ高が大きい（幅厚比：γ が小さい）ほど，波の高さが小さい（波高板厚比：δ が小さい）ほど発生しやすくなる。

弾性せん断全体座屈強度は，波形鋼板を直行異方性版として扱い，模型実験により確認したEasley[3]による式(1.3.9)で求められることが確認されている。

$$\tau^e_{crG} = 36\beta \frac{(EI_y)^{\frac{1}{4}}(EI_x)^{\frac{3}{4}}}{h^2 t} \tag{1.3.9}$$

ここに，β：材端の固定度を示す係数（単純支持の場合：$\beta=1.0$，固定支持の場合：$\beta=1.9$）
　　　　I_x：波形鋼板ウェブの橋軸方向中立軸に関する単位長さ断面2次モーメント
　　　　I_y：波形鋼板ウェブの高さ方向中立軸に関する単位長さ断面2次モーメント

まず，I_x を求める。

図1.3.6に示すように，波形の1波長分を中空ボックスに置き換えると，1波長分の橋軸方向の断面2次モーメントは，

$$I = \frac{(a+tc/d)(d+t)^3}{12} - \frac{(a-tc/d)(d-t)^3}{12} \tag{1.3.10}$$

で計算でき，$\delta = d/h$ を考慮して整理すると

$$I = \frac{t^3}{6}\{a(3\delta^2+1) + c(\delta^2+3)\} \tag{1.3.11}$$

となり，単位長さあたりに直すと

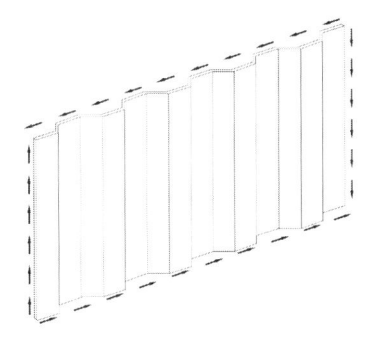

図1.3.5　波形鋼板ウェブの全体座屈

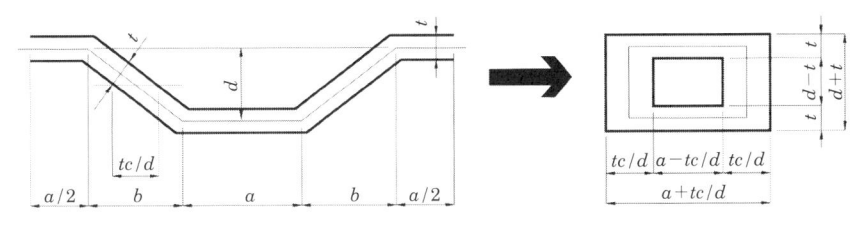

図1.3.6　波形鋼板の剛性

$$I_x = \frac{t^3}{12(a+b)}\{a(3\delta^2+1)+c(\delta^2+3)\} \tag{1.3.12}$$

また，I_y は，

$$I_y = \frac{t^3}{12(1-\mu^2)} \tag{1.3.13}$$

で計算できるので，式(1.3.12)，(1.3.13)を式(1.3.9)に代入して，$\gamma = d/t$ を考慮すると，

$$\tau^e_{crG} = \frac{36\beta E}{12(1-\mu^2)^{1/4}} \gamma^2 \left\{ \frac{a}{a+b}(3\delta^2+1) + \frac{c}{a+b}(\delta^2+3) \right\}^{3/4} \tag{1.3.14}$$

とくに $a=c$ の場合は，

$$\tau^e_{crG} = \frac{36\beta E}{12(1-\mu^2)^{1/4}} \gamma^2 \left\{ \frac{2(\delta^2+1)}{\eta} \right\}^{3/4} \tag{1.3.15}$$

ここで，局部座屈の場合と同様に無次元パラメータ：λ_{sG} を

$$\lambda_{sG} = \sqrt{\frac{\tau_y}{\tau^e_{crG}}} \tag{1.3.16}$$

と定義して，非弾性域を考慮したせん断全体座屈強度を式(1.3.17)で表せるものとする。

$$\frac{\tau_{cr}}{\tau_y} \begin{cases} 1 & : \lambda_{sG} \leq 0.6 \\ 1-0.614(\lambda_{sG}-0.6) & : 0.6 < \lambda_{sG} \leq \sqrt{2} \\ 1/\lambda_{sG}^2 & : \sqrt{2} < \lambda_{sG} \end{cases} \tag{1.3.17}$$

式(1.3.16)と式(1.3.17)は，$\lambda_{sG} \leq 0.6$ すなわち，$0.36\tau^e_{crG} \geq \tau_y$ ならば全体座屈は波形鋼板ウェブの終局限界状態とならないことを意味する。

この条件式に式(1.3.15)を代入すると，

$$\frac{0.36 \times 36\beta E}{12(1-\mu^2)^{1/4}} \gamma^2 \left\{ \frac{2(\delta^2+1)}{\eta} \right\}^{3/4} \geq \tau_y \tag{1.3.18}$$

であるから，これを δ について解き，$\delta = d/t$ を考慮すると

$$d \geq \sqrt{\frac{1}{\sqrt[3]{(k\cdot\gamma)^8}}-1} \cdot t \tag{1.3.19}$$

ここに，

$$k = \sqrt{\frac{0.36 \times 36\beta E}{12(1-\mu^2)^{1/4}} \left(\frac{2}{\eta}\right)^{3/4} \frac{1}{\tau_y}} \tag{1.3.20}$$

ここで，η（波形による長さ減少率）は d（波高）の関数であるため，k は厳密には定数とはいえないが，表1.3.3の既設の橋梁の実績をみると，η は 0.900〜0.953 となっている。これは，実橋では十分な高さの d を確保してあるためで，式(1.3.19)を満たす最小の波高 d に対応する η を繰り返し計算で求めてみると，η は 0.946〜0.996 とかなり 1 に近い値となる。さらに，η は大

きい方が安全側であることから，実用上 $\eta=1.00$ として差し支えない。試算の結果では，$\eta=1.00$ としたとき厳密解に比べて d は 0.2～2.9％大きくなる程度である。

$\eta=1.00$ として式(1.3.20)の数値部分をまとめると k は次の式(1.3.21)となる。

$$k = \sqrt{\frac{1.816\beta E}{\sqrt[4]{1-\mu^2}}\frac{1}{\tau_y}} \qquad (1.3.21)$$

ここで，材端の固定度を示す係数：β を評価しなければならないが，Easley[3]は，$\beta=1.0$（単純支持の場合）～1.9（固定支持の場合）の範囲を与えているだけで，端部の拘束状態と β の関係式は示していない。波形鋼板ウェブとコンクリートスラブの接合形式で，ウェブ端部をスラブに埋め込む場合，剛結合（固定支持）とみなすことができるとの報告[4]もあるが，一方，鋼フランジを介してずれ止めを設ける場合は，ずれ止めの種類と配置によってはかなりピン結合（単純支持）に近いと思われる。

表1.3.4に，$\beta=1.0$ および $\beta=1.9$ の場合に，表1.3.1の特性値を式(1.3.21)に代入して求めた k の値を示す。ウェブ端部の固定度の評価ができない場合は，安全側の k（$\beta=1.0$）を用いて，式(1.3.19)により波の高さを確保すれば全体座屈強度はせん断降伏点強度を下回らない。

図1.3.7に，表1.3.1で示した鋼種ごとに $\tau_{crG}=\tau_y$ となる限界の δ-γ 曲線と，表1.3.3に示す実橋に実績として使用した波形形状のパラメータ値をプロットした。各鋼種に対応した臨界線の右上になるよう波の高さを決めればよい。

表1.3.4 全体座屈に関する係数

鋼 種	SS400 SM400 SMA400W	SM490	SM490Y SM520 SMA490W	SM570 SMA570W
$k(\beta=1.0)$	52.5	45.5	42.6	37.8
$k(\beta=1.9)$	72.4	62.7	58.7	52.1

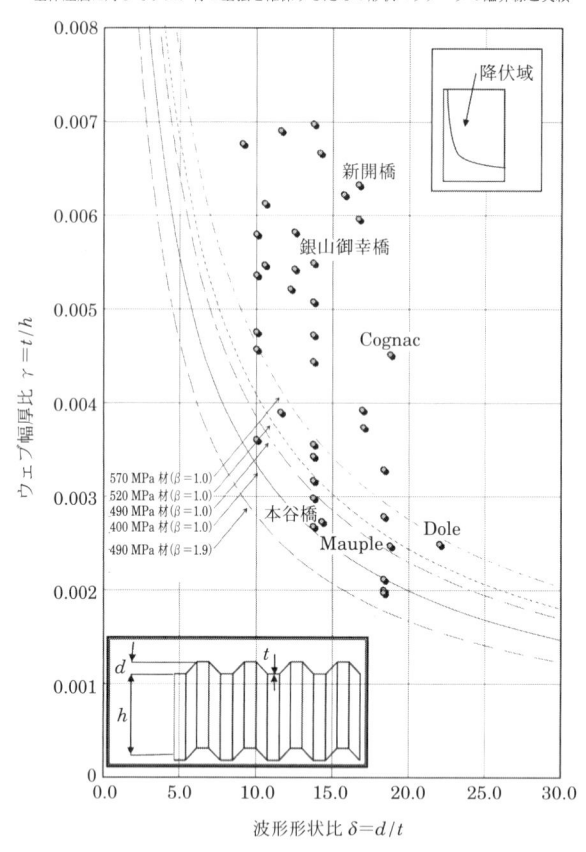

全体座屈に対してウェブ材の全強を確保するための形状パラメータの臨界線と実績

図1.3.7 全体座屈臨界図

1.3.5 連成座屈照査

波形鋼板ウェブのせん断座屈には，上記の局部座屈と全体座屈の他に，この2つのモードが互いに影響しあう連成座屈がある。

Cheyrezy[5]は，ウェブ高さ：hをパラメータにした波形鋼板モデルのせん断座屈に関する数値解析を行い，連成座屈現象を検証した。解析結果の座屈強度は，hが十分小さいときと十分大きいときは，それぞれ上記の弾性せん断局部座屈強度と弾性せん断全体座屈強度に一致するが，hがその中間の範囲ではどちらの強度より小さな座屈強度を示している。ただし，その範囲は，$1/410 < \gamma < 1/1100$と実橋では用いられない幅厚比であり，連成座屈強度を算定するにはパラメータが不足している。

その後，連成座屈強度に関する同様の数値解析[6],[7]が行われているが，いずれもウェブ高さだけをパラメータにしたものである。したがって，現時点では連成座屈を終局状態としないような規定はできないが，連成座屈が局部座屈と全体座屈の相互作用で生じることから，局部座屈と全体座屈に対して，降伏点強度を下回らない座屈強度を余裕を持って確保できる波形形状をしておけば，連成座屈に対しても安定性を確保できるものと思われる。

参考文献

1) 日本道路協会:道路橋示方書・同解説　[II鋼橋編], 1996.12
2) 土木学会:座屈設計ガイドライン, 1987.10
3) John T Easley : Buckling Formulas For Corrugated Metal Shear Diaphrams, Journal of the Structual Division Proc. of ASCE, Vol.101, No.ST7, pp.1403-1417, 1975.7
4) 内田, 山崎, 御子柴:波形鋼板ウェブ〜コンクリートウェブ複合桁実物大モデルの接合部面外強度特性確認実験, 土木学会第54回年次学術講演会講演概要集, pp.792-793, 1999.10
5) M. Cheyrezy : Ponts mixtes. Analyse des conditions de flambage des ames plissees. Actes du 3e colloquie Genie civil et Recherche, pp.95-102, Paris 4 et 5 Juni 1987
6) 関井, 大浦, 依田:波形鋼板ウェブのせん断座屈強度に関する一考察, 土木学会第48回年次学術講演会講演概要集, pp.218-219, 1993.9
7) 岩田, 今井, 中沢:波形腹板のせん断座屈強度, 土木学会西部支部研究発表会, pp.56-57, 1993.3

2章 複合トラス橋

2.1 実績一覧および橋梁データ

表 2.1.1 実績一覧(平成16年度完成の国内橋梁)

No.	橋梁名	発注機関	場所	竣工年	橋長(m)	有効幅員(m)	支間割(m)	形式	架設工法	格点構造	格点材	設計会社(基本設計および詳細設計) 施工会社	資料の有無
1	木ノ川高架橋	国土交通省 近畿地方整備局	和歌山県	2003	268.0	10.5	51.85+2@85.0+43.85	連続桁橋	片持ち張出し架設工法	鋼製ボックス構造	φ406(SKT490)	鹿島	○
2	猿田川橋・巴川橋	静岡県	静岡県		625.0 479.0			連続ラーメン橋	片持ち張出し架設工法	三面ガセット格点構造 三重管格点構造		アジア航測,新日本技研(基本設計) 大林・昭和コンクリート・ハルテックVJ	○
	旧JR静岡建設局	下り線(予定) 2006		16.5		63.5+2(@90.0+100.0 +2@110.0+58.5					φ457.2(SM490YB)	大林・昭和コンクリート・ハルテックJV	
3	志津見大橋	国土交通省 中国地方整備局	島根県	2005	280.0	7.25+2.50	64.0+75.0+60.0+ 45.0+34.0	連続桁橋	ピロン併用片持ち張出し架設工法および固定支保工	リングジョイ・キー構造	φ508(STK490, SM490, SM490Y, SM570, SCW480)	アジア航測 オリエンタル建設・富士ピー・エスJV	○
4	山倉川橋梁	JR東日本	新潟県	2003	53.2	6.75	51.8	単純桁橋	支保工架設	鋼製ボックス構造	φ457.2(SM490Y)	鹿島	○
5	巌門関地内側路橋	石川県	石川県 羽咋郡富来町	2001.10	39.000m	1.500m	37.000m	自碇式吊り床版橋	下床版:セグメントの懸垂架設 上床版:セグメントの送り出し架設	上部:横析+テンケルジベル 下部:ベースプレート+アンカーボルト STK490,STK400 φ114.3 t=6mm SFC520CF φ114.3 t=10mm		日本海コンサルタント 三井住友建設	○
6	青雲橋	山城町	徳島県山城町	2004.12	97.000m	5.000m	93.800m	PC複合トラス橋 (自碇式)	吊構造を利用したプレキャストセグメント架設	上部:ねじ鉄筋による埋込み接合 下部:孔あき鋼板ジベル接合 STK490 φ406.4 t=9〜12mm STK400 φ406.4 t=9mm		エイトコンサルタント 三井住友建設	○

表 2.1.1 実績一覧(海外の主な橋梁)

No.	橋梁名	発注機関	場所	竣工年	橋長(m)	有効幅員(m)	支間割(m)	形式	架設工法	格点構造	格点材	設計会社(基本設計および詳細設計) 施工会社	資料の有無
7	SBSリンクウェイ橋 住友ベーケーライト シンガポール橋		シンガポール	1997.1	63.257m	1.400m	32.560+29.847m	2径間複合斜張橋 (スペーストラス構造)	支保工架設	U字形鉄筋+T形プレートのコンクリート埋めぬみ接合 下弦材:STK400 φ318.5 t=10.3mm トラス材:STK400 φ114.3 t=6.0mm		三井住友建設	○

(資料 No.1)

2章 複合トラス橋

橋梁名	木ノ川高架橋 [複合トラス橋（4径間連続鋼管トラスウェブPC箱桁橋）]

橋梁概要

木ノ川高架橋は，一般国道42号のバイパスとなる自動車専用道路 那智勝浦道路のうち，和歌山県新宮市内の木ノ川を渡河する高架橋である．発注方式として，国土交通省の橋梁としては初めて設計・施工一括発注方式が採用され，また上下部一体として発注された．
- 橋長：268m
- 支間：51.85m＋2@85m＋43.85m
- 有効幅員：10.5m
- コンクリート（上部工）：約2,600m³ (σ_{ck}＝40N/mm²)
- 鋼管トラス（格点部含む）：約240t （STK490, SM490）

格点構造

鋼製ボックスタイプ：
本格点構造は，2本の斜材を鋼製ボックスと呼ばれる舟形のボックスに一体化して上下弦材に埋め込んだ構造で，斜材から上下弦材のコンクリートへの力の伝達はこの鋼製ボックスを介して行われる．引張斜材は鋼製ボックスの底板と溶接によって接合され，この鋼製ボックスは引抜きに対するアンカーとしての機能を有する．一方，圧縮斜材は表面に丸鋼を取り付けたずれ止めとファックにによってコンクリートに定着されている．また，格点部に作用するせん断力に対しては，鋼製ボックス側面の孔あき鋼板とその内部のコンクリートとの合成構造に加え，せん断補強鉄筋を周囲に配置したコンクリート構造で抵抗する構造である．

構造的な特徴

本橋は，PC箱桁橋のウェブを鋼管で置き換えた構造である．格点部には鋼製ボックスタイプ格点構造を採用している．桁高は6mの一定とし，斜材に作用する軸力を低減する目的で，柱頭部から下床版に向けて放射状に外ケーブルを配置している．斜材には直径φ406.4mmの鋼管（STK490）を使用し，圧縮斜材内部には主桁と同じ配合のコンクリートを充填した鋼管コンクリート（CFT）とすることで鋼管肉厚の低減を図っている．免震橋としていることや，中間隔壁を省略している点も特徴がある．

施工的な特徴

柱頭部および側径間部主桁：支保工施工．
その他主桁：移動作業車を用いた場所打ち張出し架設（ブロック長4m）

実施実験

検証項目	実施内容：格点部の実物大模型による載荷試験
	①格点部構造の疲労耐久性
	②疲労試験後の破壊構造の残留耐力

結 果
①200万回の繰り返し荷重載荷後も格点部の剛性低下は見られることを確認した．
②疲労試験後の静的載荷試験では，載荷設備の容量の部合で破壊までをらせることができなかったが，設計荷重の1.3倍までの載荷を行った結果，荷重低下などの現象は見られなかった．

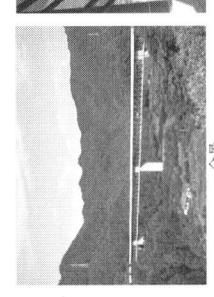

Ⅵ 資料編

(資料 No.2)

橋梁名 猿田川橋・巴川橋 [複合トラス橋（7径間＋5径間連続ラーメン鋼管トラスウェブPC箱桁橋）]

橋梁概要

猿田川橋・巴川橋は、第二東名高速道路静岡I.C.～清水I.C.(仮称)の静岡市北東部の山間部を横断する高架橋であり、土工区間約60mを挟んで全長1.2kmにわたる有効幅員16.5m (3車線、最大支間長119m) の長大橋である。

上部工にPC複合トラス構造を採用している。また、橋脚は鋼管・コンクリート複合構造である。

- 橋長：猿田川橋 625m (支間割：63.5＋2@90.0＋100.0＋2@110.0＋58.5m)
  巴川橋 479m (支間割：57.0＋3@119.0＋62.0m)
- 有効幅員：猿田川橋、巴川橋ともに16.5m
- 鋼材：巴川橋 約1,400t (SM490A、SM490YB、SM490B、SM520C-H)
  猿田川橋 約1,300t (SM490A、SM490YB、SM490B、SM520C-H)
- コンクリート：猿田川橋 約11,700m³ ($\sigma_{ck}=40N/mm^2$)
  巴川橋 約9,400m³ ($\sigma_{ck}=40N/mm^2$)

格点構造

「二重管格点構造」と「二面ガセット格点構造」の2つのタイプの構造を採用している。
- 二重管格点構造：コンクリート、せん断補強鉄筋および連結鋼プレートがせん断力を分担する。
- 二面ガセット格点構造：ガセットプレートを高力ボルトで鋼部材接合することで鋼部材が主としてせん断力を伝達する。

構造的な特徴

有効幅員16.5m (3車線) と広幅員のため、断面方向に4構面のPC複合トラス橋としては世界最長となる。また、巴川橋の最大支間119mは連続桁形式のPC複合トラス橋としては世界最長となる。

施工的な特徴

移動作業車により1ブロック5m毎の片持ち張出し施工を行う。

実施実験

実施項目	格点部耐力実験
検証内容	格点部の最大耐荷力および破壊性状の確認
結果	格点部の最大耐荷力および破壊性状を確認した。

実施項目	はり模型実験
検証内容	橋梁全体としての挙動確認
結果	格点部の破壊モードおよび橋梁全体として十分な耐荷性能と変形性能を有することを確認した。

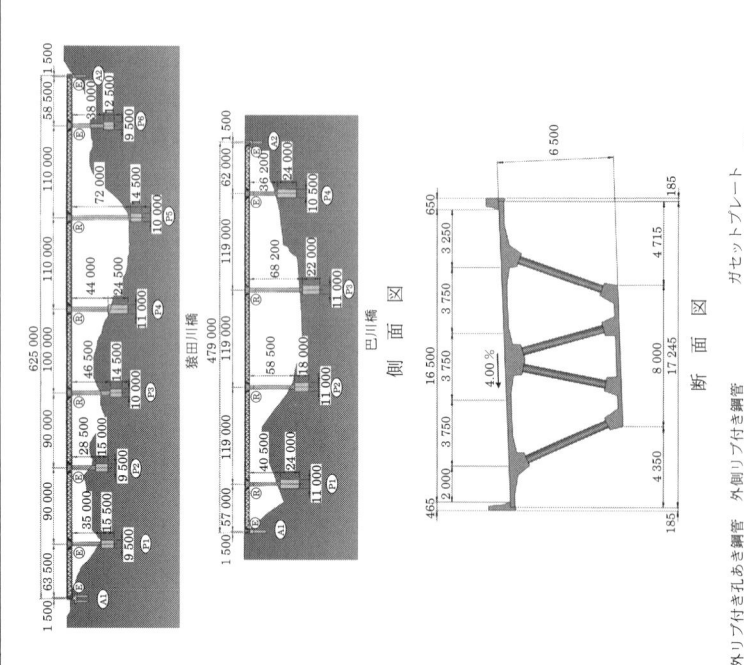

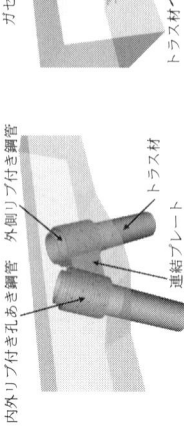

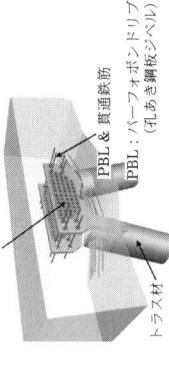

猿田川橋

巴川橋

側面図

断面図

二重管格点構造 接合構造

二面ガセット格点構造

2章 複合トラス橋

(資料 No.3)

橋梁名	志津見ダム志津見大橋 [複合トラス橋 (5径間連続鋼管トラスウェブPC箱桁橋)]

橋梁概要

志津見大橋は、志津見ダムの建設により、付替えとなる主要地方道川本波多線の神戸川を跨ぐ湖面橋であり、景観面から鋼トラスウェブPC橋が採用されている。本橋は、国内初の変断面構造の鋼トラスウェブPC橋であり、P3–A2径間は通常のPC箱桁橋である。

- 橋長：280m（支間割：64.0＋75.0＋60.0＋45.0＋34.0m）
- 有効幅員：7.250＋2.500m
- 鋼材：約230t（SM490YB，SCW480）※詳細検討中
- コンクリート：約2400m³（$\sigma_{ck} = 40\,\mathrm{N/mm^2}$）

格点構造

「リンゲシェア・キー」と呼ぶせん断キーでせん力を伝達するタイプの構造を採用している。

構造的な特徴

鋼トラスウェブPC構造とPC箱桁構造はP3橋脚上で連続しており、これは世界で初めての構造である。

施工的な特徴

- 移動作業車により1ブロック5m毎の片持ち張出し施工を行う。

実施実験

実施項目：	格点部耐荷力実験
検証内容	格点部耐荷力の確認
結 果	格点部の最大耐荷力および破壊性状を確認した。
実施項目：	格点部疲労実験
検証内容	格点部の疲労強度の確認
結 果	格点部は十分な疲労強度を有することを確認した。

Ⅵ 資料編

(資料 No.4)

橋梁名 山倉川橋梁 [複合トラス橋（単径間鋼管トラスウェブPC桁）]

橋梁概要

山倉川橋梁は、羽越線神山・月岡間に位置し、折居川の河川改修に伴い改築される支間長51.8mの鋼管トラスウェブPC橋である。この形式は、PC下路桁橋のウェブを鋼管斜材に置き換えた構造で鋼管とコンクリート相互の長所を取り入れたものとなっている。

- 橋長：53.2m
- 支間長：51.8m
- 幅員：6.75m～7.05m
- 鋼材：約50t（SM490Y）
- コンクリート：約360m³（$\sigma_{ck}=40N/mm^2$）

格点構造

鋼製ボックスタイプ：

本格点構造は、2本の斜材を鋼製ボックスと呼ばれる舟形のボックスに一体化して上下弦材に埋め込んだ構造で、上下弦材のコンクリートへの力の伝達はこの鋼製ボックスのコンクリートと溶接によって接合され、この鋼製ボックスは引抜きに対するアンカーとしての機能を有する。一方、圧縮斜材は表面に丸鋼を取り付けたずれ止めとフックによってコンクリートに定着されている。また、格点部に作用するせん断力に対しては、鋼製ボックス側面の孔あき鋼板とその内部のコンクリートとの合成構造に加え、せん断補強鉄筋を周囲に配置したコンクリート構造で抵抗する構造である。

構造的な特徴

本構造は、PC下路桁橋のウェブを鋼管斜材に置き換えた構造であり、格点には鋼製ボックスタイプ格点構造を採用している。斜材と上下弦材と同じ配合のコンクリートを充填している。これにより、斜材は鋼・コンクリートの合成部材となるため、圧縮斜材の静的載荷試験では、格点に先行して斜材が降伏することを確認しており、構造系の安全性を確認している。また、鋼管部材は鋼管肉厚の低減を図っている。本構造では、鋼管肉厚の低減策のために底版を開放式としている。

施工的な特徴

支保工施工

実施実験

実施項目：格点部の1/2縮尺モデルによる載荷試験

検証内容：
① 格点構造の疲労耐久性
② 疲労試験後の格点構造の残留耐力

結　果：
① 200万回の繰り返し荷重載荷後も格点部の剛性低下はないことを確認した。
② 疲労試験後の静的載荷試験では、格点部に先行して斜材が降伏することを確認した。

2章 複合トラス橋

(資料 No.5)

橋梁名	巌門閣地閣路橋 [複合トラス橋（床版構造を応用した複合トラス橋）]

橋梁概要

巌門閣地閣路橋は、吊床版構造を応用した複合トラス橋として世界で初めて建設された橋であり、2001年10月に完成した。この形式の橋は、トラス橋として建設できない場合や吊橋形式の採用が不良好できない架橋地点には適合する構造となる。また、上路式吊床版橋の建設で用いられている懸垂架設工法により架設されるため、下床版軸線が放物線形状であることなど、特徴ある形態を有している。

本橋のコンクリートの設計基準強度は40N/mm²である。上床版、下床版ともにプレキャストセグメントを主体とし、セグメント同士の間隙部には、現場で間詰めコンクリートを打ち込んでいる。下床版1次PC鋼材はエポキシ樹脂塗装仕様、2次PC鋼材はエポキシ樹脂塗装仕様としている。下床版1次PC鋼材はポリエチレン被覆仕様、2次PC鋼材はエポキシ樹脂塗装仕様としている。

斜材は、STK400、STK490を主体とし、塗装は耐候性に優れたふっ素樹脂塗装仕様である。耐久性向上に十分な配慮が払われている。

接合構造

斜材は鋼管であり、下床版プレキャストセグメントおよびトラス格点部の構造を単純化するために、工場で逆V形にした1組の斜材ユニットを、1枚の下床版セグメントに取り付ける構造としている。この構造により、架設時に下床版セグメントに固定している1次PC鋼材の位置を避けることができる。下床版に生じる曲げモーメントを小さくすることができる。

逆V形斜材ユニットにおける隣り合う斜材同士は、鋼管同士を直接溶接することによって伝達させている。斜材と上床版との結合は、ベースプレートとアンカーボルトによっている。また、斜材と上床版との結合部には、アングルシベルを配置して水平せん断力に抵抗させている。

構造的な特徴

この形式の橋では、懸垂架設時の横方向の安定確保がもっとも重要な課題であり、架設時の重心をできるだけ下げるために斜材を軽量にする必要がある。下床版厚を抑えるために斜材から伝達する断面力を小さくすることなどが、細径の鋼管を採用できるような構造を全体構造力としている。また、懸垂架設時の下床版の幅は最大限広くとる構造としている。

施工的な特徴

吊床版構造を応用したトラス橋の最も大きな特徴は、まず、この複合トラス橋の実現性を確認するために、大型複合トラス模型を用いて、他施設の自由構造への構造変換時における挙動、および自立構造となった試験体の曲げ性状を、構造変換時における挙動。構造変換後には、構造解析に骨組モデルを用いた微小変位解析を適用する試験が行われた。また、この複合トラス橋の構造解析に骨組モデルを用いた微小変位解析を適用することで、構造解析の妥当性を確認すること、および本構造の構造特性を把握することを目的としている。

実証試験

吊床版構造を応用したトラス橋を自碇構造に変換して完成させるという、独創的な施工法にある。

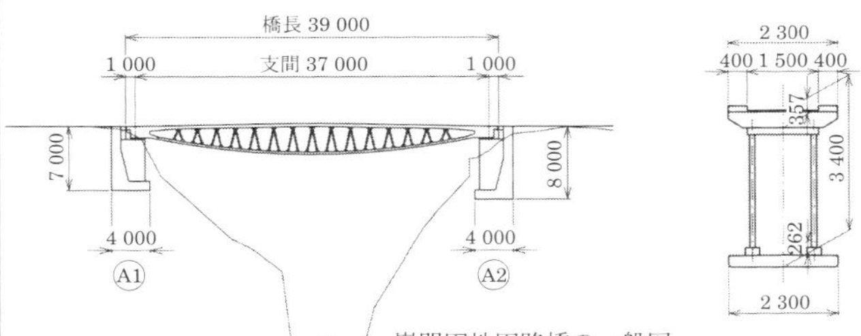

橋長 39 000
支間 37 000
巌門閣地閣路橋の一般図

step-1 端部セグメントの施工、下床版1次PC鋼材の張り渡し
step-2 下床版セグメント懸垂架設／プレキャストセグメント
step-3 上床版セグメントの送り出し架設／架設レール、プレキャストセグメント
step-4 上床版後打ち部／下床版後打ち部
step-5 構造系の変換
step-6 橋面工の施工／下床版1次PC鋼材の定着を橋体端部に盛り換え

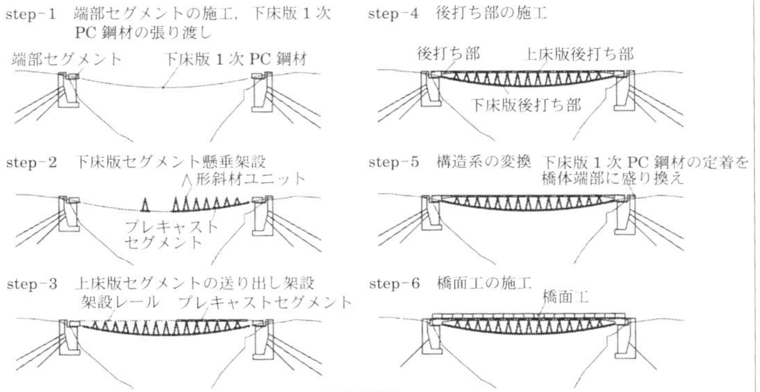

架設要領

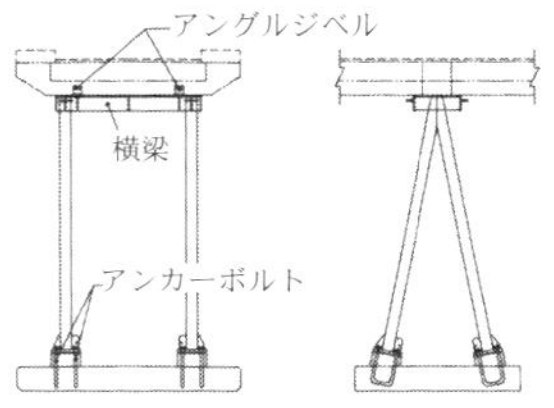

斜材の構造（横梁、アンカーボルト、アングルシベル）

343

Ⅵ　資料編

(資料 No.6)

橋梁名	青雲橋　[複合トラス橋（吊床版構造を応用した複合トラス橋）]
橋梁概要	青雲橋は、徳島県山城町に位置する橋長97m、有効幅員5mの二車線道路橋であり、自碇上路式PC吊床版構造の複合トラス橋である。 急峻な渓谷沿いの大型重機の設置が困難な地形条件下においてトラス形式やプレキャストコンクリート部材を採用し、自重を軽量化することで建設コストを低減した。 上部工構造は、およそ直径40cmの鋼トラスの3要素でできており、これらが一体化となって複合トラス構造を構成している。プレキャスト補剛桁の上に場所打ちされたPC吊床版、引張下弦材、斜材となって複合トラス構造を構成している。
接合構造	鋼トラスとコンクリート床版の接合には、信頼性が高くコンパクトな鋼板接合構造として、上端は鉄筋接合、下端はパーフォボンドリブ接合を十字に組んだ接合構造が採用されている。上下ともに鋼管の内部にはコンクリートを充填するが、それ以外の十字リブ部が溶接されている。端部から1Dは内部にコンクリートを充填するが、それ以外の部分は軽量化を図るため、中空構造となっている。 接合部の性能は、1/2サイズの部分模型実験にて確認している。
構造的な特徴	吊床版床版構造としては上路形式の採用により、比較的サグ量を大きく設定することが可能であるため、従来の吊床版橋と比較して架設時に必要なアンカーや大幅に削減させることが可能である。また、完成系では自碇式の単純トラス橋となるため、アンカー材は不要である。 斜材を構成する鋼管トラスはV型とし、斜材に作用する軸力をV字下端の接合部でキャンセルさせることにより、吊床版部の断面形を箱小化を図している。V字上端部は、圧縮力・引張力が直接伝わるため、曲げ剛性の高い箱桁構造としている。 床版、リブ付き床版+PC版+場所打ちコンクリートとすることにより、耐久性および施工性に配慮した構造となっている。
施工的な特徴	吊床版構造を応用した複合トラス橋の最も大きな特徴は、他碇構造として架設した下床版上に橋体を架設した後、構造系を自碇式複合トラス構造に変換して複合トラス構造を完成させる施工方法にある。また、本橋は自重の軽量化を図るため、斜材をV型とし、ケーブルエレクションによる1次ケーブル上架設した鋼材と鋼トラスを現場組立てのユニットとし、ケーブルエレクションによる1次ケーブル上架設した。 ・架設した鋼トラスにレールを敷設し、これを利用して補剛桁を送り出し架設 ・上床版をリブ付きとし、リブ間にPC板を敷設し、これを埋型枠として場所打ちにより床版を構築 ・架設時には、ワイヤーロープにより横方向から控えを取り、直角方向の安定性を確保 ・架設完了後、自碇式に構造変換を行って複合トラス橋の安全性を検証する
実施実験	実施項目：接合部の1/2サイズモデルによる静的載荷試験 検証内容：接合部の圧縮耐力が設計値に対する安全率の確保を検証する。 結果：終局荷重時の断面力以上に耐力を持つことを確認。曲げ圧縮側断面力以下のパーフォボンドリブ接合の妥当性を確認 上側の鉄筋接合の妥当性を確認

344

2章 複合トラス橋

(資料 No.7)

橋梁名 SBSリンクウェイ橋 [複合トラス橋（スペーストラス構造）]

橋梁概要	SBSリンクウェイ橋は、シンガポールの工場内に建設された支間長約30m、幅員2.4mの歩道橋である。 この橋の主桁にはコンクリート床版と鋼トラスを接合したスペーストラス構造を採用しており、主桁を斜材で吊った二径間連続斜張桁となった。支保工上で施工された。また、主塔は鋼製、橋脚はコンクリートであり、それらが柱頭部での複合構造（混合構造）になっている。トラスの下弦材とコンクリートには鋼管を用いており、コンクリート床版との接合は、上弦材を介さないで直接接合部をコンクリートに埋め込む方法をとっている。接合部の耐力は、実物大の部分模型載荷試験にて確認を行っている。
接合構造	鋼重量の低減や美観的な配慮から、上弦材やガセットを介さないで鋼トラス斜材を直接コンクリート床版に埋め込む方法を採用している。
構造的な特徴	採用された接合構造は、斜材の軸力による曲げモーメントと水平せん断力が発生するが、前者に対してはプレート、後者に対してはU形鉄筋が抵抗する構造になっている。設計においては、それぞれが単独に抵抗するものとし、コンクリートの寄与は考慮されていない。
施工的な特徴	支保工上に設置した鋼トラスに、場所打ち床版を施工する。
実施実験	実施項目：接合部の実物大モデルによる静的載荷試験 検証内容：接合部のせん断耐力が設計値に対してどのくらいの安全性を有しているかを検証し、設計の安全性を確認する。 結果：接合部が先に破壊することなく、その耐力は設計荷重時の応力に対して3倍以上の安全率を有している。接合部の力をU形鉄筋とプレートで分担する考え方は安全側であった。

345

複合トラス橋橋梁データ文献リスト

木ノ川高架橋（資料 No.1）

1) 木村, 本田, 山村, 山口, 南：那智勝浦道路木ノ川高架橋の設計―鋼・コンクリート複合トラス橋―, 橋梁と基礎, 2002.10
2) 三木：わが国初の鋼管トラスウェブ PC 橋―那智勝浦道路木ノ川高架橋―, 土木学会誌, 2003.5
3) 梅原, 南：新形式橋梁の性能評価事例「那智勝浦道路木ノ川高架橋ノ鋼管トラスウェブ PC 橋ー, プレストレストコンクリート, 2003.12
4) 南, 小野, 瀬戸, 尾鋼：那智勝浦道路木ノ川高架橋の施工―鋼管トラスウェブ PC 橋―, 橋梁と基礎, 2004.1

猿田川橋・巴川橋（資料 No.2）

1) 野村, 本間, 星加, 松原：PC 複合トラス橋桁部の構造特性に関する実験的研究, 土木学会第 58 回年次学術講演会講演概要集第 5 部, pp.463-464, 2003
2) 富永, 青木, 野村, 星加：PC 複合トラス橋格点部におけるせん断耐荷機構の解析的検討, 土木学会第 58 回年次学術講演会講演概要集第 5 部, pp.465-466, 2003
3) 松田, 加藤, 野村, 星加：PC 複合トラス橋格点部の引き抜き耐力に関する実験的研究, 土木学会第 58 回年次学術講演会講演概要集第 5 部, pp.467-468, 2003
4) 加藤, 本間, 青木, 星加：PC 複合トラス橋格点構造に関する研究, PC 技術協会第 12 回シンポジウム論文集, プレストレストコンクリート技術協会, pp.277-280, 2003
5) 大野, 本間, 加藤：PC 複合トラス橋における格点構造の疲労性能に関する研究, コンクリート工学年次大会 2004, 日本コンクリート工学協会

志津見ダム志津見大橋（資料 No.3）

1) 高田, 深田, 植：志津見ダムにおける志津見大橋の検討, 中国地方整備局技術研究会論文集, pp.137-140, 2000
2) 二井谷, 江口, 室井, 野呂：複合トラス構造格点部の試験, 第 9 回プレストレストコンクリートの発展に関するシンポジウム論文集, pp.85～90, 1999.10
3) 二井谷, 江口, 関口, 野呂：鋼管トラスウェブ PC 橋の実験的研究, 構造工学論文集, Vol.46A, pp.1509-1516, 2000
4) 野呂, 室井, 二井谷, 江口：複合トラス橋梁の格点部の実験的研究, 構造工学論文集, Vol.47A, pp.1485-1490, 2001

山倉川橋梁（資料 No.4）

1) 浅野, 石田, 渡部, 大久保：JR 羽越本線山倉川橋梁の施工―鋼・コンクリート複合トラス橋の施工, PC 技術協会第 12 回シンポジウム論文集, プレストレストコンクリート技術協会, pp.269-272, 2003
2) 木戸 他：羽越線山倉川橋りょうの設計・施工―鋼管トラスウェブ PC 開床式下路桁―, プレストレストコンクリート, Vol.46, No.2, 2004.3

巌門園地園路橋（資料 No.5）

1) 小松原隆之, 近藤真一, 加藤幸則：巌門園地園路橋―懸垂工法で架設する PC 曲弦トラス橋の構造と施工, 北陸の建設技術, Vol.12, No.1, pp.22-25, 2002.1
2) 小松原隆之, 近藤真一, 加藤幸則：吊床版構造を応用した新しい PC 曲弦トラス橋の建設―巌門園地園路橋―, 土木技術, Vol.57, No.10, pp.99-104, 2002.10
3) 熊谷紳一郎, 近藤真一, 池田尚治：吊床版構造を応用した新しい PC 複合トラス橋に関する研究, プレストレストコンクリート, Vol.44, No.1, pp.73-82, 2002.1
4) 熊谷紳一郎, 近藤真一, 梅津健司, 梅津隆之, 加藤幸則, 小原隆之：吊床版構造を応用した新しい PC 複合トラス橋の設計と施工, プレストレストコンクリート, Vol.44, No.6, pp.128-136, 2002.11

5) S. Kondoh, S. Ikeda, T. Komatsubara, S. Kumagai : Construction of curved chord truss bridge using stress ribbon erection method, Proceedings of the first fib congress, Osaka, Japan, Session 2, pp.155-160, 2002.10
6) 近藤真一, 梶川康男, 深田宰史, 前田研一：コンクリート曲弦トラス橋の構造特性と道路橋への適用, 土木学会論文集, No.753/Ⅴ-62, pp.107-126, 2004.2
7) PC橋梁架設工法2002年版, pp.179-185, プレストレストコンクリート技術協会, 2002.8

青雲橋（資料 No.6）
1) 青雲橋の設計と施工, 橋梁と基礎, 2005.4

SBS リンクウェイ橋（資料 No.7）
1) 春日, 益子, 杉村：SBS リンクウェイ橋の設計と施工, 橋梁と基礎, Vol.31, No.7, 1997
2) 星埜, 大野, 永井, 大舘：スペーストラス構造接合部の静的載荷実験, プレストレストコンクリート技術協会第8回シンポジウム論文集, 1998.10

2.2 実 験 一 覧

表 2.2.1 実験一覧

橋梁名・実験名	試験の種類	検討項目	供試体	結果概要	参考文献
木ノ川高架橋格点構造試験	疲労試験	繰り返し回数 200 万回の疲労試験	実物大模型	格点部全体の荷重低下および剛性低下は見られず、格点構造の繰り返し荷重に対する安全性を確認した。	日紫喜, 古市, 平, 本田, 山村, 山口, 南：鋼・コンクリート複合トラス橋における格点部の開発－格点構造（鋼製日ボックス構造）の実物大模型実験－, 鹿島技術研究所年報第 50 号 pp.25-32, 2002
	疲労試験後静的載荷試験	疲労試験後の耐力の確認		疲労載荷試験中に荷重低下の現象は見られず、疲労時の最大荷重の 1.6 倍, 設計荷重の 1.3 倍以上の耐力を有することを確認した。	
	逆方向静的載荷試験	静的載荷, 試験終了後の試験体に逆方向載荷し, 終局耐力を確認		圧縮斜材は設計値の約 2 倍の終局耐力を有することを確認した。	
	圧縮斜材引張試験	引張力に対して補強した圧縮斜材の終局耐力を有することの確認		圧縮斜材先端のずれ止め, 鋼管内の孔あき鋼板ジベルおよび補強鉄筋による補強は, 設計値の 3.1 倍の終局耐力を有することを確認した。	
猿田川橋・巴川橋格点構造試験	静的載荷試験	格点部部分模型により耐力と構造特性を確認	1/2 部分模型	終局耐力は、設計荷重の 2.5 倍の耐力を有することを確認した。	加藤, 木間, 青木, 星加：PC 複合トラス橋格点構造に関する研究, PC 技術協会第 12 回シンポジウム論文集, pp.277-280, 2003
	はり模型試験	はり部の最大耐力および破壊性状の確認	1/2 はり模型	二面ガセット格点構造および二重管格点部の最大耐力おおよび複合トラスはりの安定した破壊性状などの構造性能が達することがないことを確認した。	
スペーストラス橋格点構造試験	静的載荷試験	格点部部分模型により耐力と構造特性の確認	1/2 部分模型	鉄筋接合と孔あき鋼板リブ接合の 2 つの格点構造を提案し、終局荷重レベル以上の耐力を有することを確認した。また、回転性能が先に破壊することを確認した。	浅井, 諸藤, 永元, 吉野：斜材定着部を伴う複合トラス接合部に関する実験的研究, 橋梁と基礎, Vol.39, No.9, 2005
SBS リンクウェイ橋格点構造試験	静的載荷試験	格点部の最大耐力および破壊性状の確認	実物大模型	格点構造は, 約 3 倍の終局耐力を有するとともに, 格点部が先に破壊することがないことを確認した。	星加, 大野, 永井, 大舘：鋼トラス・コンクリート接合部の実験的研究, PC 技術協会論文集, Vol.45A, pp.1423-1430, 1999
第二東名高速道路鋼・コンクリート複合トラス橋格点構造試験 1	疲労試験	繰り返し回数 200 万回の疲労試験	1/2.5 部分模型	格点部のひずみや目視による観察からも変化は認められず, 繰り返し荷重に対する弾性的な挙動を認めた。P_L 荷重の 1.5 倍までは弾性挙動を示し, 3 倍以上の終局耐力を有することを確認した。	木間, 黒岩, 益子, 藤田：鋼・コンクリート複合トラス接合部の疲労試験, PC 技術協会シンポジウム論文集, pp.59-64, 1998 猪熊, 黒岩, 永井, 日紫喜：鋼トラスウェブ PC 橋の格点構造に関する実験と解析, PC 技術協会第 9 回シンポジウム論文集, pp.73-78, 1999
	静的載荷試験	疲労試験後の耐力の確認	1/2.5 部分模型		
第二東名高速道路鋼・コンクリート複合トラス橋格点構造試験 2	疲労試験	繰り返し回数 200 万回の疲労確認試験	1/2.5 部分模型	格点部の約 2 倍で帯鉄切れによるずれを生じ、約 3 倍まで鋼とボルトに支圧による荷重が保持できることを確認した。	猪熊, 黒岩, 益子, 日紫喜：鋼トラスウェブ PC 橋の格点構造に関する実験的研究, 格点構造の活用に関するシンポジウム講演論文集, Vol.4, pp.197-202, 1999
	静的載荷試験	疲労試験後の耐力の確認試験		P_L 荷重の 1.5 倍までは弾性挙動を示し, 繰り返し荷重に対する弾性的な挙動を認めた。	
第二東名高速道路鋼・コンクリート複合トラス橋格点構造試験 3	静的載荷試験	疲労試験後の耐力の確認試験	1/2.5 部分模型	格点部のひずみや目視による観察からも変化は認められず, 繰り返し荷重に対する弾性的な挙動を認めた。P_L 荷重の 1.5 倍耐力を有することを示し, 3 倍以上の終局耐力を有することを確認した。	

(1) 木ノ川高架橋 格点構造試験

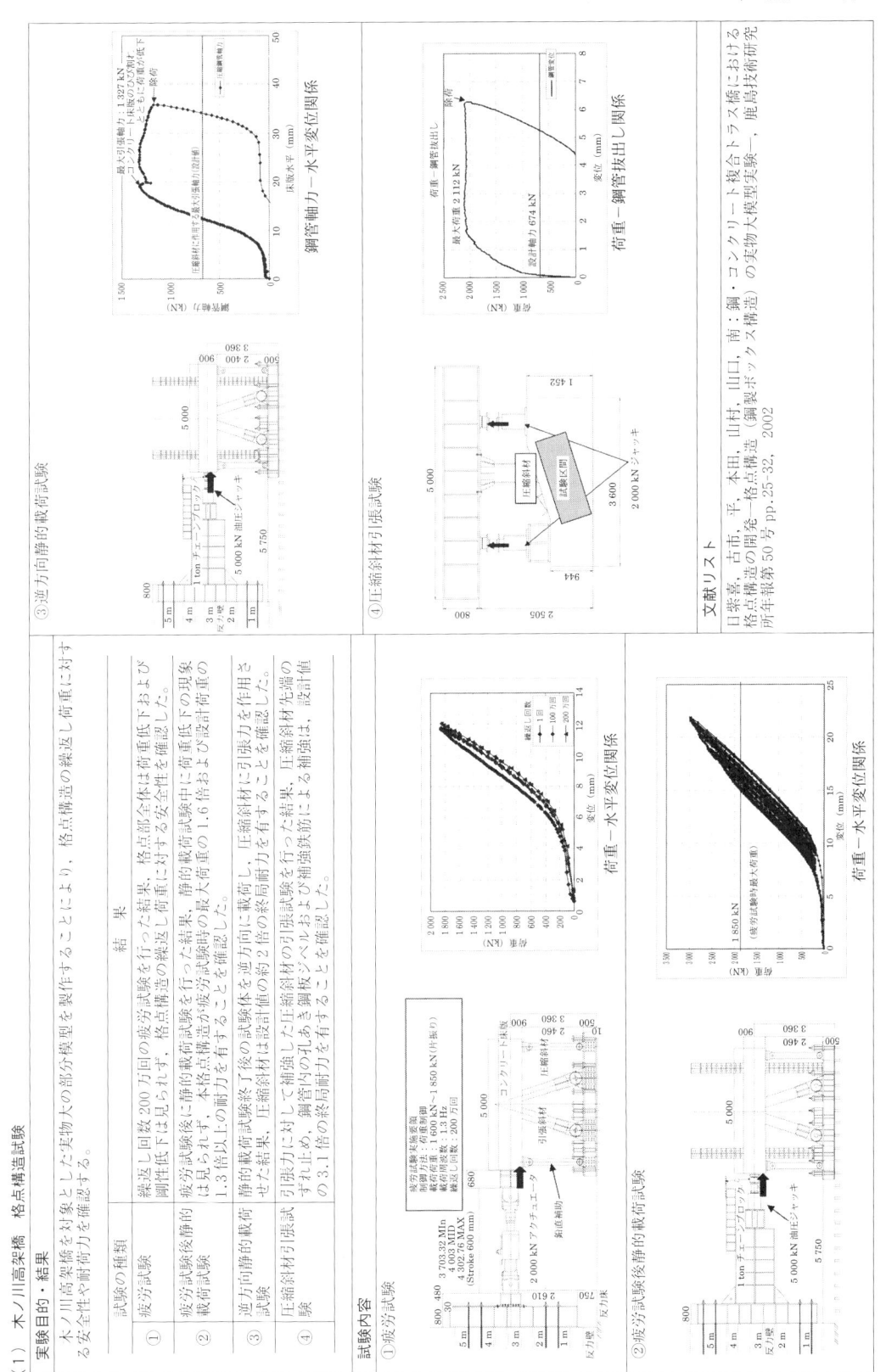

実験目的・結果

木ノ川高架橋を対象とした実物大の部分模型を製作することにより、格点構造の繰返し荷重に対する安全性や耐荷力を確認する。

試験の種類	結 果
① 疲労試験	繰返し回数200万回の疲労試験を行った結果、格点部全体は荷重低下および剛性低下は見られず、格点構造の繰返し荷重に対する安全性を確認した。
② 疲労試験後静的載荷試験	疲労試験後に静的載荷試験を行った結果、静的載荷試験中に荷重低下の現象は見られず、本格点構造が疲労試験時の最大荷重の1.6倍および設計荷重の1.3倍以上の耐力を有することを確認した。
③ 逆方向静的載荷試験	静的載荷試験終了後の試験体を逆方向に載荷し、圧縮斜材に引張力を作用させた結果、圧縮斜材は設計値の約2倍の終局耐力を有することを確認した。
④ 圧縮斜材引張試験	引張力に対して補強した圧縮斜材の引張試験を行った結果、圧縮斜材先端のずれ止め、鋼管内の孔あき鋼板ジベルおよび補強鉄筋による補強は、設計値の3.1倍の終局耐力を有することを確認した。

試験内容

① 疲労試験

疲労試験装置
制御：荷重制御
載荷荷重：1 600 kN～1 850 kN (片振り)
載荷周波数：1.3 Hz
繰返し回数：200万回

② 疲労試験後静的載荷試験

③ 逆方向静的載荷試験

④ 圧縮斜材引張試験

文献リスト

日紫喜、古市、平、木田、山村、山口、南：鋼・コンクリート複合トラス橋における格点構造の開発－格点部ボックス構造（鋼製ボックス構造）の実物大模型実験－、鹿島技術研究所年報第50号 pp.25-32, 2002

Ⅵ 資料編

(2) 猿田川橋・巴川橋 格点構造試験

実験目的・結果

猿田川橋・巴川橋を対象とした実物の1/2スケールの模型による耐荷力実験により、格点構造および複合トラス橋り構造の安全性を確認する。

試験の種類、結果

① 格点部耐荷力実験
一格点部を取り出した部分模型により、格点部の耐荷力と構造特性を確認した。耐荷力は設計荷重時の2.5倍の耐荷力を有することを確認した。

② はり模型実験
上下床版コンクリートと鋼トラス材により構成された実橋の1/4構面の複合はり模型により、格点部の最大耐荷力および橋梁全体としての破壊性状の確認を行った。

実験内容

① 格点部耐荷力実験

模型概要図

試験体写真

荷重変位曲線

② はり模型実験

模型概要図

試験体写真

荷重変位曲線

文献リスト

1) 野村、本間、松田、星加：PC複合トラス橋格点部の構造特性に関する実験的研究、土木学会第58回年次学術講演会講演概要集第5部、pp.463-464、2003
2) 富永、青木、野村、星加：PC複合トラス橋格点部におけるせん断耐荷機構の解析的検討、土木学会第58回年次学術講演会講演概要集第5部、pp.465-466、2003
3) 松田、加藤、本間、星加：PC複合トラス橋格点部の引き抜き耐力に関する実験的研究、土木学会第58回年次学術講演会講演概要集第5部、pp.467-468、2003
4) 加藤、本間、青木、星加：PC複合トラス橋格点構造に関する研究、PC技術協会第12回シンポジウム論文集、プレストレストコンクリート技術協会、pp.277-280、2003
5) 大野、本間、青木、加藤：PC複合トラス橋における格点構造の耐荷性能に関する研究、コンクリート工学年次大会2004、日本コンクリート工学協会

2章　複合トラス橋

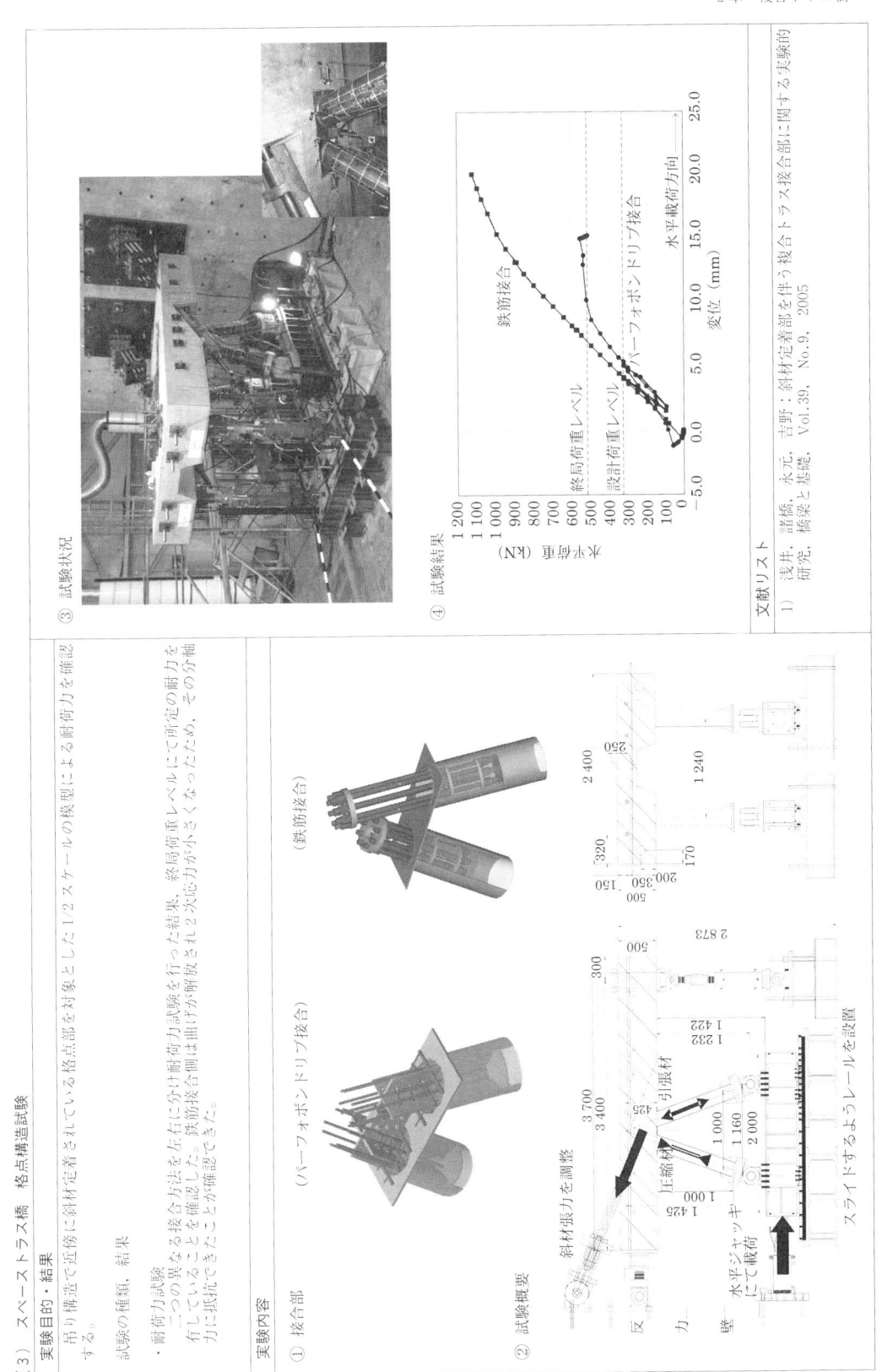

(3) スペーストラス橋　格点構造試験

実験目的・結果

吊り構造で近傍に斜材定着されている格点部を対象とした1/2スケールの模型による耐荷力を確認する。

試験の種類、結果

- 耐荷力試験
- 二つの異なる接合方法を左右に分け耐荷力試験を行った結果、終局荷重レベルにて所定の耐力を有していることを確認した。鉄筋接合側は曲げが解放されると2次応力が小さくなったため、その分軸力に抵抗できたことが確認できた。

実験内容

① 接合部

（パーフォボンド接合）　（鉄筋接合）

② 試験概要

③ 試験状況

④ 試験結果

文献リスト

1) 浅井、諸橋、永元、吉野：斜材定着部を伴う複合トラス接合部に関する実験的研究、橋梁と基礎、Vol.39, No.9, 2005

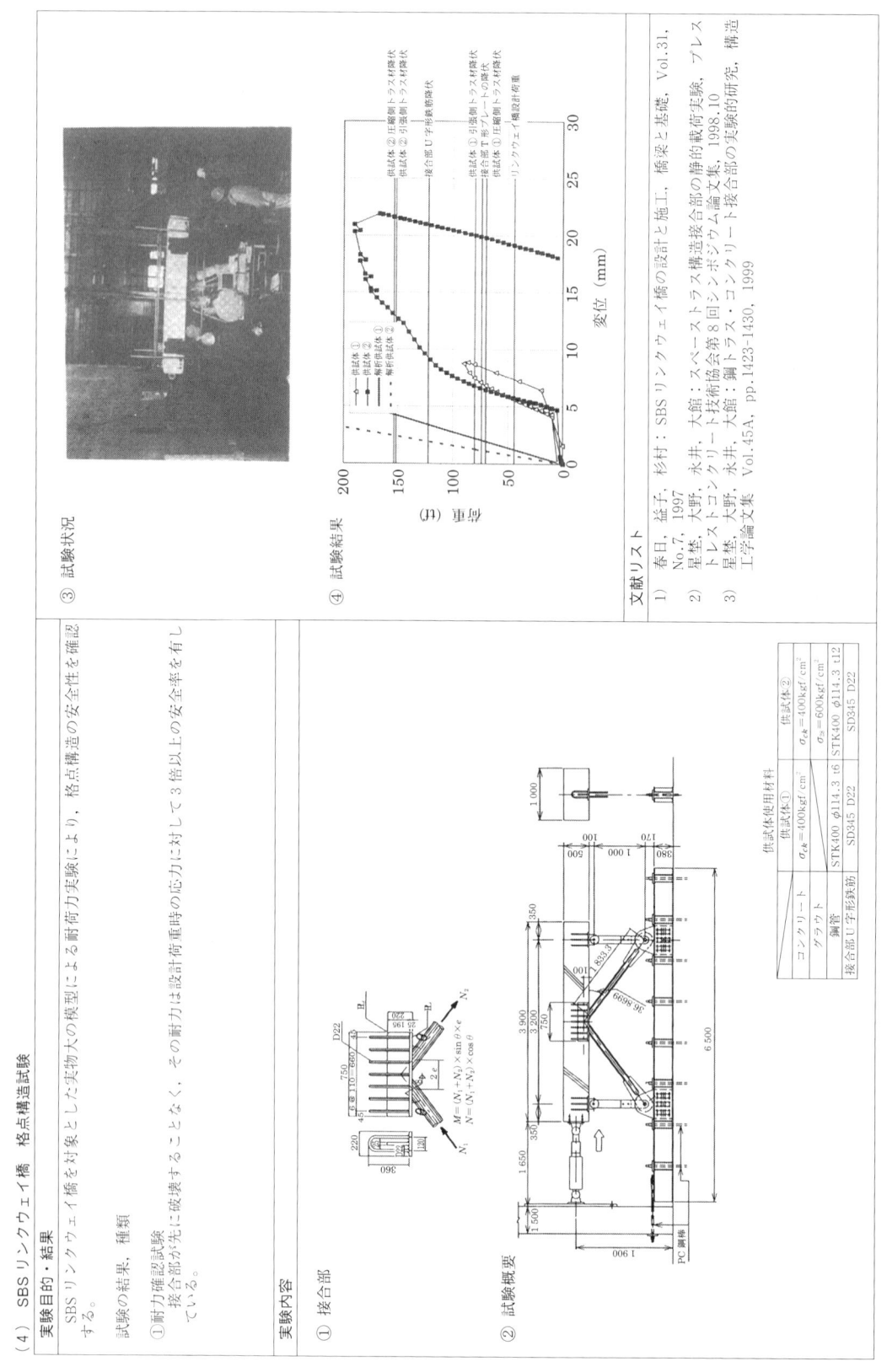

（4） SBSリンクウェイ橋 格点構造試験

実験目的・結果

SBSリンクウェイ橋を対象とした実物大の模型による耐荷力実験により、格点構造の安全性を確認する。

試験の結果、種桁

① 耐力確認試験
接合部が先に破壊することなく、その耐力は設計荷重時の応力に対して3倍以上の安全率を有している。

実験内容

① 接合部

② 試験概要

$M = (N_1 + N_2) \times \sin\theta \times e$
$N = (N_1 + N_2) \times \cos\theta$

供試体使用材料

	供試体①	供試体②
コンクリート	$\sigma_{ck} = 400 \text{kgf/cm}^2$	$\sigma_{ck} = 400 \text{kgf/cm}^2$
グラウト		$\sigma_a = 600 \text{kgf/cm}^2$
鋼管	STK400 φ114.3 t6	STK400 φ114.3 t12
接合部U字形鉄筋	SD345 D22	SD345 D22

③ 試験状況

④ 試験結果

（荷重(tf) vs 変位(mm)）
- 供試体①
- 供試体②
- 解析供試体①
- 供試体② 圧縮側トラス材降伏
- 供試体② 引張側トラス材降伏
- 接合部①引張側トラス材降伏
- 接合部下形プレートの降伏
- 供試体①圧縮側トラス材降伏
- リンクウェイ橋設計荷重

文献リスト

1) 春日、益子、杉村：SBSリンクウェイ橋の設計と施工、橋梁と基礎、Vol.31、No.7、1997
2) 星埜、大舘、永井、大野：スペーストラス構造接合部の静的載荷実験、プレストレスコンクリート技術協会第8回シンポジウム論文集、1998.10
3) 星埜、大舘、永井、大野：鋼トラス・コンクリート接合部の実験的研究、構造工学論文集 Vol.45A、pp.1423-1430、1999

2章 複合トラス橋

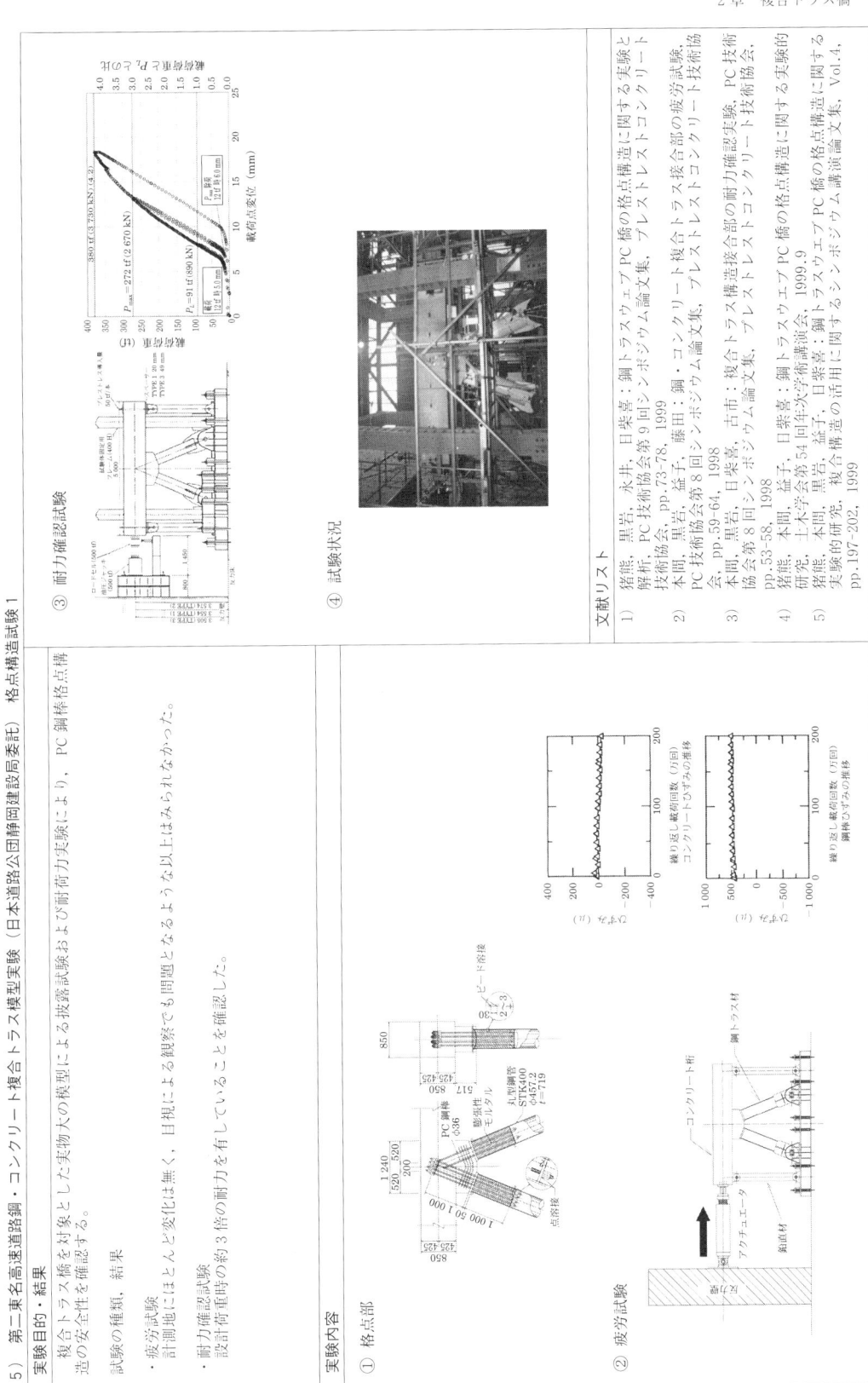

(5) 第二東名高速道路鋼・コンクリート複合トラス模型実験（日本道路公団静岡建設局委託）格点構造試験1

実験目的・結果

複合トラス橋を対象とした実物大の模型による披露試験および耐力試験により、PC鋼棒格点構造の安全性を確認する。

試験の種類、結果

- 疲労試験
 計測箇所にはほとんど変化は無く、目視による観察でも問題となるよう以上はみられなかった。
- 耐力確認試験
 設計荷重時の約3倍の耐力を有していることを確認した。

実験内容

① 格点部

② 疲労試験

③ 耐力確認試験

④ 試験状況

文献リスト

1) 黒岩, 里岩, 永井, 日柴堂：鋼トラスウェブPC橋の格点構造に関する実験と解析, PC技術協会第9回シンポジウム論文集, pp.73-78, 1999
2) 本間, 黒岩, 藤田：鋼・コンクリート複合トラス接合部の疲労試験, PC技術協会, pp.59-64, 1998
3) 本間, 黒岩, 日柴堂, 古市, 日柴章：複合トラス構造接合部の耐力確認実験, プレストレストコンクリート技術協会第8回シンポジウム論文集, pp.53-58, 1998
4) 猪熊, 本間, 益子, 日柴堂：鋼トラスウェブPC橋の格点構造に関する実験的研究, 土木学会第54回年次学術講演会, 1999.9
5) 猪熊, 本間, 黒岩, 益子, 日柴章：鋼トラスウェブPC橋の格点構造に関する実験的研究, 複合構造の活用に関するシンポジウム講演論文集, Vol.4, pp.197-202, 1999

Ⅵ　資料編

(6) 第二東名高速道路鋼・コンクリート複合トラス模型実験（日本道路公団静岡建設局委託）格点構造試験2

実験目的・結果

複合トラス橋を対象とした実物大の模型による接合部試験および耐力確認実験により、ガセット格点構造の安全性を確認する。

試験の種類、結果
- 疲労試験
  計測地にはほとんど変化は無く、目視による観察でも問題となるようなひびわれはみられなかった。
- 耐力確認試験
  設計荷重時の約2倍で高力ボルトの滑り切れによるずれが生じるが、その後は鋼とボルトの支圧により約3倍の荷重に耐え得ることを確認した。

実験内容

① 格点部

② 疲労試験

③ 耐力確認試験

④ 試験状況

文献リスト

1) 猪信、黒岩、永井、日紫喜：鋼トラスウェブPC橋の格点構造に関する実験と解析、PC技術協会第9回シンポジウム論文集、プレストレストコンクリート技術協会、pp.73-78、1999
2) 本間、黒岩、益子、藤田：鋼・コンクリート複合トラス接合部の疲労試験、PC技術協会第8回シンポジウム論文集、プレストレストコンクリート技術協会、pp.59-64、1998
3) 本間、黒岩、日紫喜、古市：複合トラス構造接合部の耐力確認実験、PC技術協会第8回シンポジウム論文集、プレストレストコンクリート技術協会、pp.53-58、1998
4) 本間、土木学会第54回年次学術講演会、1999.9
5) 猪信、黒岩、日紫喜、益子：鋼トラスウエブPC橋の格点構造に関する実験的研究、複合構造の活用に関するシンポジウム講演論文集、Vol.4、pp.197-202、1999

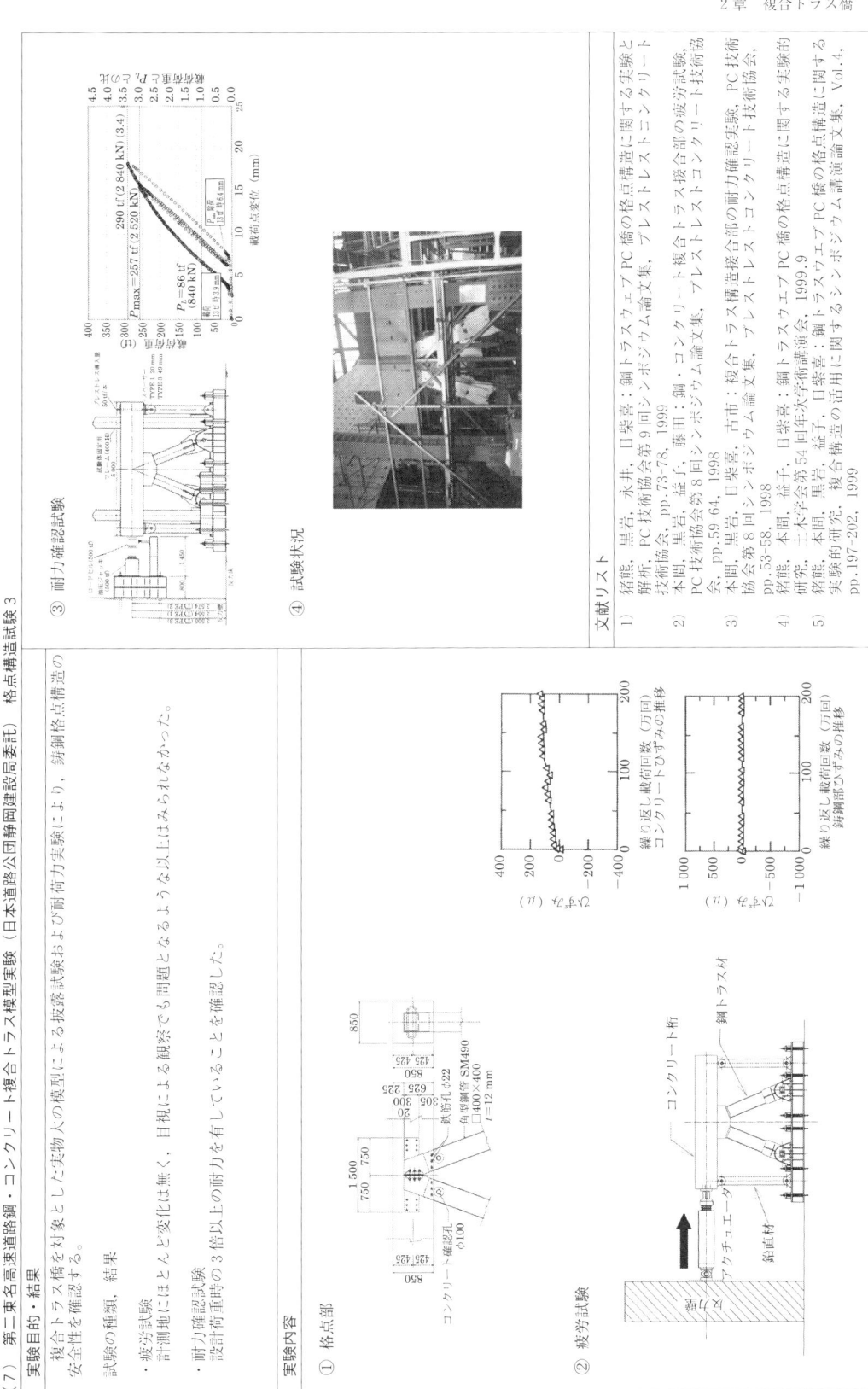

(7) 第二東名高速道路鋼・コンクリート複合トラス模型実験（日本道路公団静岡建設局委託）格点構造試験 3

実験目的・結果

複合トラス橋を対象とした実物大の模型による披露試験および耐力確認試験により、鋳鋼格点構造の安全性を確認する。

試験の種類、結果

- 疲労試験
  計測地にはほとんど変化は無く、目視による観察でも問題となるようなひびは見られなかった。
- 耐力確認試験
  設計荷重時の3倍以上の耐力を有していることを確認した。

実験内容

① 格点部

② 疲労試験

③ 耐力確認試験

④ 試験状況

文献リスト

1) 猪俣、黒岩、永井、日紫喜：鋼トラスウェブPC橋の格点構造に関する実験と解析，PC技術協会第9回シンポジウム論文集，プレストレストコンクリート技術協会，pp.73-78, 1999
2) 本間、黒岩、藤田、益子：鋼・コンクリート複合トラス接合部の疲労試験，PC技術協会第8回シンポジウム論文集，プレストレストコンクリート技術協会，pp.59-64, 1998
3) 本間、黒岩、日紫喜、古市、益子：複合トラス構造接合部の耐力確認実験，PC技術協会第8回シンポジウム論文集，プレストレストコンクリート技術協会，pp.53-58, 1998
4) 猪能、本間、益子、日紫喜：鋼トラスウェブPC橋の格点構造に関する実験的研究，土木学会第54回年次学術講演会，1999.9
5) 猪能、本間、黒岩、日紫喜：鋼トラスウェブPC橋の格点構造の活用に関するシンポジウム講演論文集，複合構造の実験的研究，Vol.4, pp.197-202, 1999

2.3 複合トラス構造に関する立体FEM解析と棒理論によるねじり挙動の比較

2.3.1 解析の目的

本解析は，複合トラス構造のねじり挙動が棒理論におけるねじり挙動に適合できるか確かめるために行った。

2.3.2 解析モデル

解析対象構造は図2.3.1に示す4枚ウェブの複合トラス橋とし，解析モデルは，図2.3.2に示すように，ねじり挙動の把握ということで，上下のコンクリート床版については，床版厚を考慮した薄肉シェルモデルとし，鋼トラス材については，棒部材とした。

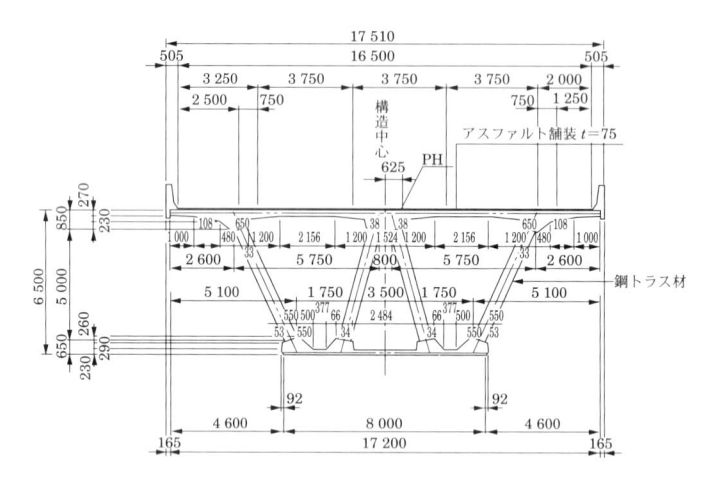

図2.3.1 解析対象構造

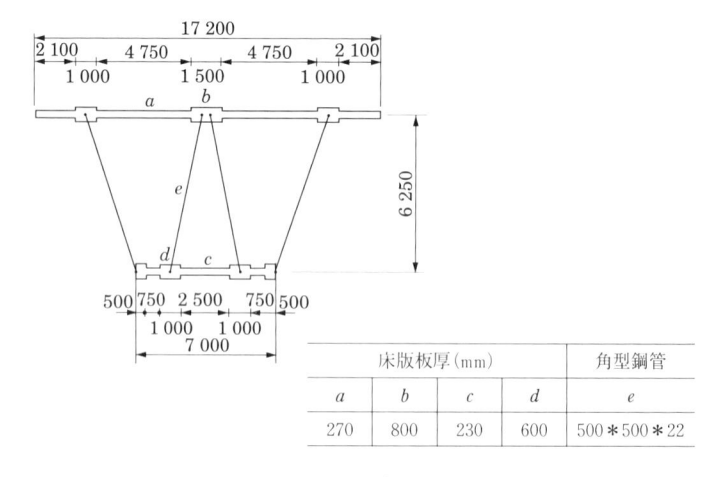

図2.3.2 解析モデル

床版板厚(mm)				角型鋼管
a	b	c	d	e
270	800	230	600	500*500*22

2.3.3 解 析 条 件
(1) モデルの概要

コンクリート上床版：幅17.2m，板厚270mm（ハンチ部800mm），シェル要素。

コンクリート下床版：幅7m，板厚230mm（ハンチ部600mm），シェル要素。

角型鋼管トラス部：500mm＊500mm＊t22，梁要素

延長：30m

拘束条件：一端完全固定

荷重：自由端にねじりモーメント100tm

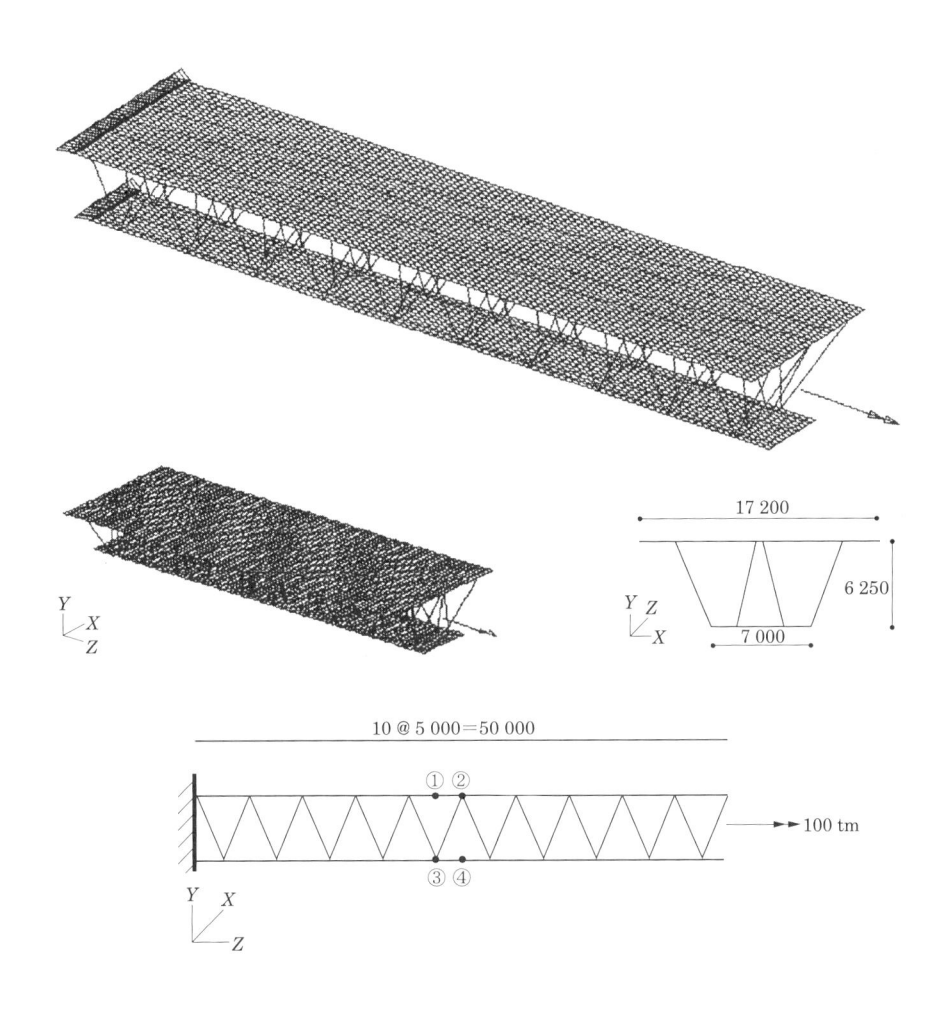

(2) 材 料

	ヤング率	ポアソン比
コンクリート	310 000kgf/cm^2	1/6
角鋼管	2 100 000kgf/cm^2	0.3

Ⅵ 資料編

2.3.4 解析結果

ねじり角の分布

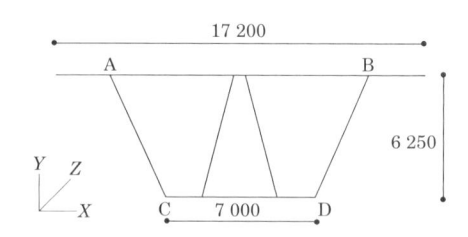

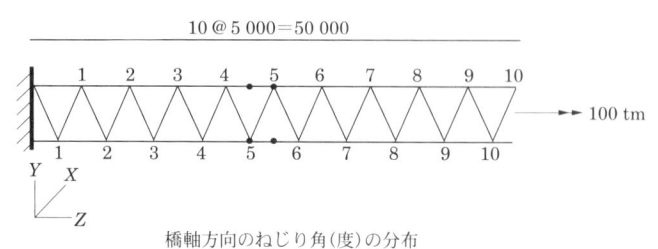

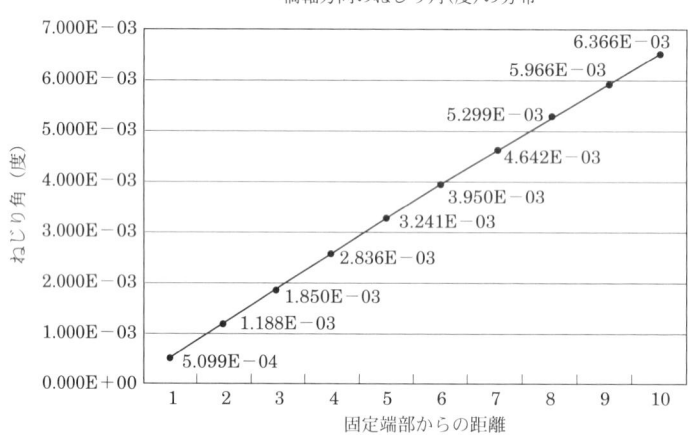

橋軸方向のねじり角(度)の分布

2章　複合トラス橋

上床版一般部
ねじりせん断応力度

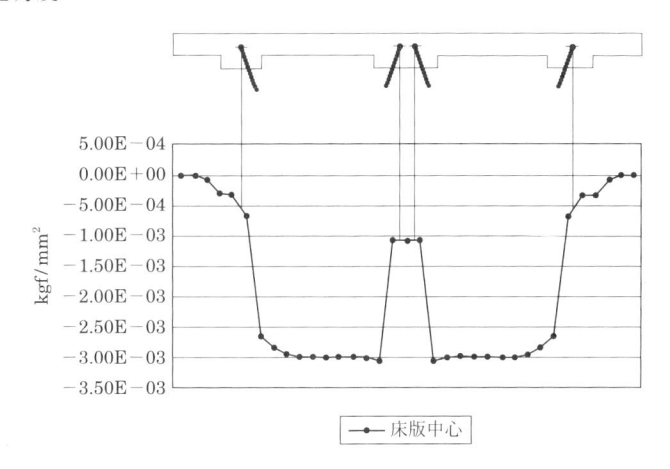

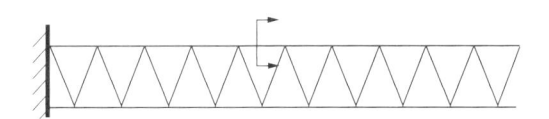

下床版トラス結合部
ねじりせん断応力度

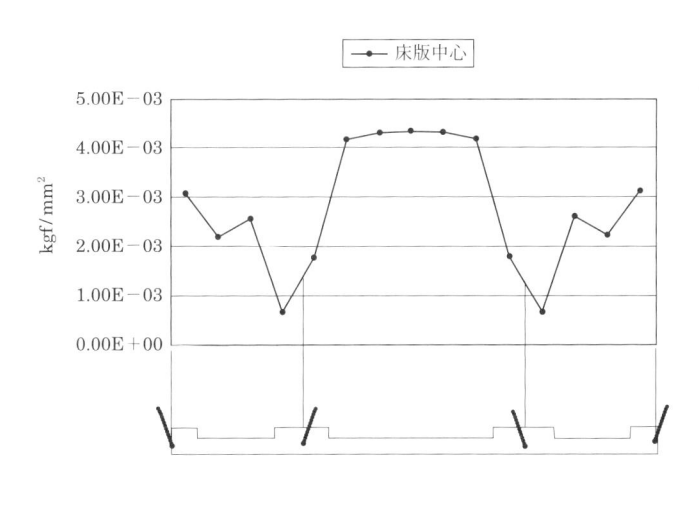

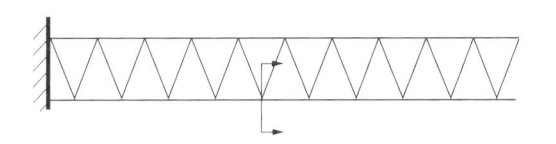

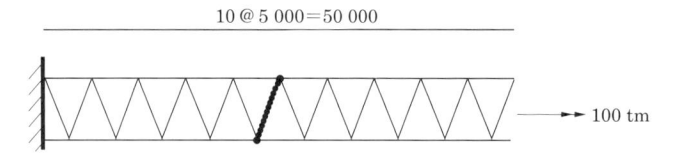

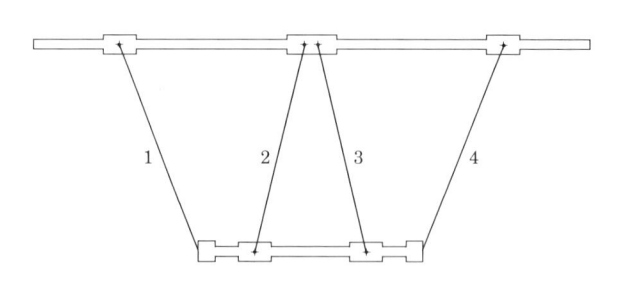

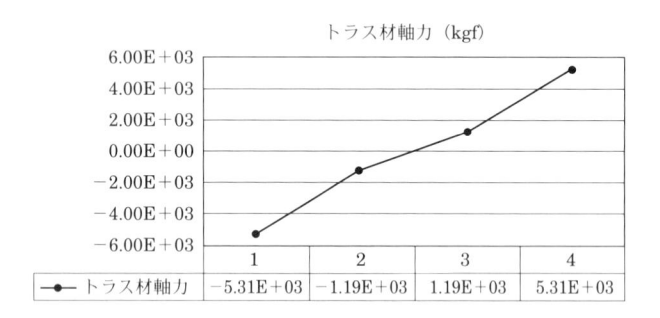

	1	2	3	4
トラス材軸力	−5.31E+03	−1.19E+03	1.19E+03	5.31E+03

2.3.5 棒理論によるねじり挙動との比較

(1) 鋼トラス材の換算板厚の評価

　鋼トラス材の換算板厚の評価は図2.3.3に示すように，構造物に作用するねじりせん断流はトラス材から床版端部のエッジビームを通して伝達されるとする。またせん断流は，鋼トラス材からエッジビームに伝達され，伝達されたせん断流は，エッジビームに沿って格点間で直線分布と仮定する。そして，格点間の1/2間での各部材のひずみエネルギーの釣合い条件より鋼トラス材と等価なウェブの板厚を誘導して評価式とした。

(2) ねじり角の検証

　微小変形での純ねじり挙動においては，ねじりモーメントとねじり率およびねじり定数との関係は，以下のようになる。

$$M_t = G \cdot \Theta \cdot J_t \tag{2.3.1}$$

ここに，M_t：ねじりモーメント
　　　　G　：コンクリートのせん断弾性係数
　　　　Θ　：ねじり率
　　　　J_t　：ねじり定数

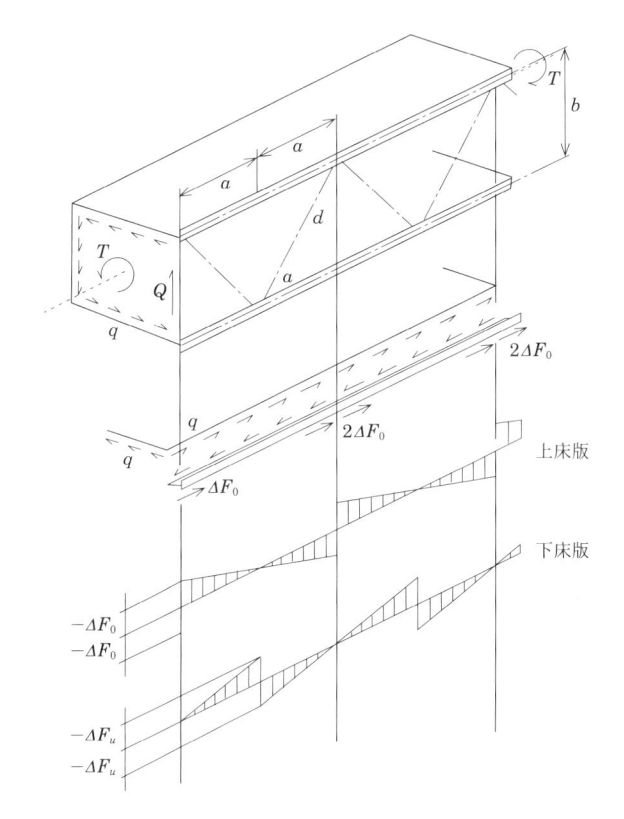

図2.3.3 トラス構造に伝達されるせん断流の流れ

ここで，式(2.3.1)のねじり定数J_tは，Ⅲ編3.3.2項の式（解3.3.3）より計算でき，この場合，鋼トラス材の換算板厚は，Ⅲ編2.3.1項の式（解2.3.1）より計算できる。

したがって，換算板厚$t^*=0.027$mとなり，中ウェブの無い2枚ウェブでは，ねじり定数$J_t=24.6$m^{4}となるが，解析モデルに忠実に中ウェブを考慮して4枚ウェブでねじり定数を計算すると，$J_t=25.7$m^{4}となる。

そこで，式(2.3.1)より，ねじり率は，$\Theta=M_t/(G\cdot J_t)=100/(1347826\cdot 25.7)=2.89\times 10^{-6}$rad/m

ここで，FEM解析結果から，ねじり率を計算すると，先端のねじり角が6.566×10^{-3}（度）となっているので，$\Theta=1.146\times 10^{-4}$ラジアンとなって，結局ねじり率は，$\Theta=1.146\times 10^{-4}/50\mathrm{m}=2.29\times 10^{-6}$rad/m。

これらの結果から，FEM解析値と棒理論による計算値は若干異なってはいるが，これは，そりねじりの影響や中ウェブのトラス材の拘束効果と考えられる。

(3) コンクリート床版のねじりせん断応力度

ねじりによるせん断応力度は，$\tau=M_t/(2\cdot A_m\cdot t_i)$で計算できる。

(i) 上床版

$\tau=100/(2\times 59.4\times 0.27（標準部))$

$=3.1$tf/m^2

FEM 解析結果（上床版一般部）では，$\tau=3.0\mathrm{tf/m^2}$ となっているため，計算値と非常によく合っている。

（ⅱ）下床版

$\tau=100/(2\times59.4\times0.23（標準部））$
$\quad=3.7\mathrm{tf/m^2}$

FEM 解析結果（下床版格点部）では，$\tau=4.3\mathrm{tf/m^2}$ 程度となっているが，これは，下床版においては，トラスの格点の縦げたの影響が大きいと考えられる。FEM 解析結果の平均的な応力度をみると比較的合っているように思える。

（4）鋼トラス材の軸力

鋼トラス材の軸力は，ねじりせん断流より，$N=q\cdot d$ で表現できる。ここで q は，せん断流，d はトラス材の長さである。

ここで，せん断流は上記（2）項の（ⅰ）で計算されたせん断応力度より，$q=3.1\times0.27=0.837\mathrm{tf/m}$ となる。

したがって，$N=0.837\times7.18\mathrm{m}=6.0\mathrm{tf}$ となる。

FEM 解析値は，$N=5.5\mathrm{tf}$ 程度となっていることから，ねじりによる鋼トラス材の軸力も簡易な棒理論より計算できることが解った。

2.3.6 評　価

全体的には，FEM 解析と棒理論との解析比較では，比較的よく合っていると考えられる。したがって，設計レベルでは，鋼トラス材を連続するウェブに置換して一本の閉断面を有する棒としての挙動としてよいと考えられる。

3章 鋼合成桁

3.1 実績一覧および橋梁データ

表3.1.1 実績一覧(平成16年度完成の国内橋梁)

No.	橋梁名	発注機関	場所 竣工年	橋長(m) 有効幅員(m)	形式	支間割(m)	平面曲線半径(m) 斜角(°)	架設工法	床版形式	ずれ止めの形式	備考 施工会社	資料の有無
1	千鳥の沢川橋	旧JH北海道支社	北海道 1998年11月	194.0 10.49	4径間連続I桁	46.5+2×53+40.4	R=2200 90	手延べ式送り出し	場所打ちPC床版(PRC) / 移動型枠	ずれ止め型枠 頭付きスタッド	川崎重工業	
2	利別川第一橋	旧JH北海道支社	北海道 1999年11月	917.0 10.49	(6+3+7)径間連続I桁	65.2+2×57.5+2×86.5+55.2、55.2+70+52.2、48.2+4×49+41.5+40.7	R=∞ 90	TCベント+手延べ式送り出し	場所打ちPC床版(PRC) / 移動型枠	合成床版 頭付きスタッド	川田・トピーJV	○
3	瀬馬視高架橋	旧JH中部支社	岐阜県 1999年11月	205.0 10.49	4径間連続I桁	41.5+2×60.5+41.4	R=1020〜A=700〜 85.843〜94.976	TCベント	場所打ちPC床版(PRC) / 移動型枠	頭付きスタッド	住友重機械	○
4	日出平橋	旧JH中部支社	岐阜県 1998年12月	193.0 13.00	4径間連続I桁	47.4+2×48.5+47.4	R=1200 90	TCベント	場所打ちPC床版(PRC) / 移動型枠	頭付きスタッド	名村造船所	
5	三阿南橋(A1〜A2)	旧JH中部支社	岐阜県 1999年12月	324.0 10.49	6径間連続I桁	55.3+2×56+2×52+51.3	A=550〜R=1200 95.994〜84.006	TCベント	場所打ちPC床版(PRC) / 移動型枠	頭付きスタッド	神戸製鋼所	
6	年分利川橋(上り線)	旧JH関西支社	京都府 2002年9月	476.0 8.66	8径間連続I桁	58+3×60.5+59.1+61.5+60.2+55.7	R=1200 90	TCベント	場所打ちPC床版(PRC) / 移動型枠	頭付きスタッド	IHI・高田JV	
7	年分利川橋(下り線)	旧JH関西支社	京都府 2002年9月	481.0 9.04	8径間連続I桁	58+3×60.5+59.1+61.5+60.2+55.7	R=1200 90	TCベント	場所打ちPC床版(PRC) / 移動型枠	頭付きスタッド	IHI・高田JV	
8	堂奥高架橋A1-P8	旧JH関西支社	京都府 2002年9月	444.0 10.27	8径間連続I桁	54.65+6×55.5+54.7	900〜7000 90	TCベント	場所打ちPC床版(PRC) / 固定型枠	頭付きスタッド	日立造船・サノヤス・ヒノノ明昌JV	
9	堂奥高架橋P8-P15	旧JH関西支社	京都府 2002年9月	409.5 10.27	7径間連続I桁	34.7+5×59+58.1	7000 90	TCベント	場所打ちPC床版(PRC) / 固定型枠	頭付きスタッド	日立造船・サノヤス・ヒノノ明昌JV	
10	子生川橋	旧JH関西支社	京都府 2002年9月	195.0 10.27	4径間連続I桁	44.9+2×52.0+44.9	R=∞ 90	TCベント	場所打ちPC床版(PRC) / 移動型枠	頭付きスタッド	東海鋼材	
11	前川橋	旧JH関西支社	京都府 2002年9月	216.0 10.27	4径間連続I桁	53.4+2×54.0+53.4	R=∞ 90	TCベント	場所打ちPC床版(PRC) / 移動型枠	頭付きスタッド	瀧上工業	
12	大津呂川橋	旧JH関西支社	福井県 2001年7月	396.0 10.31	8径間連続I桁	47.35+6×50.0+47.35	R=2200〜A=400〜 R=1095(S字) 90	TCベント	場所打ちPC床版(PRC) / 移動型枠	頭付きスタッド	片山ストラテック	
13	竹原高架橋		兵庫県 2001年5月	354.0 9.36	7径間連続I桁	41.2+5×54.0+41.2	A=300〜A=300〜 R=700〜A=300〜(S字) 90	TCベント	場所打ちPC床版(PRC) / 移動型枠	頭付きスタッド	アルス製作所	
14	旧月川橋(上り線)	旧JH関西支社	滋賀県 2001年11月	326.4 16.50	7径間連続I桁	45.1+5×47.0+45.1	8000 90	TCベント	場所打ちPC床版(PRC) / 固定型枠	頭付きスタッド	片山ストラテック	
15	旧月川橋(下り線)	旧JH関西支社	滋賀県 2001年7月	318.4 16.50	7径間連続I桁	45.1+5×47.0+45.1	90.169〜88.831 90	TCベント	場所打ちPC床版(PRC) / 固定型枠	頭付きスタッド	片山ストラテック	
16	東一馬高架橋(下り線)	旧JH関西支社	滋賀県 2002年2月	167.1 9.87	3径間連続I桁	39.1+45.0+4×47.0+45.1	88.831〜91.112 90	TCベント	場所打ちPC床版(PRC) / 固定型枠	頭付きスタッド	松尾橋梁	
17	東二馬高架橋(上り線)	旧JH関西支社	滋賀県 2002年2月	14.67〜19.40	3径間連続I桁	58.15+60.0+47.25	R=∞〜A=450 90	TCベント	場所打ちPC床版(PRC) / 移動型枠	頭付きスタッド	松尾橋梁	
18	第一東部谷橋	旧JH関西支社	福井県 2002年11月	106.5 10.27	2径間連続I桁	53.00+53.00	1200A=500 90	手延べ式送り出し	場所打ちPC床版(PRC) / 移動型枠	頭付きスタッド	栗本鉄工所	
19	第二東部谷橋	旧JH関西支社	福井県 2002年11月	109.0 10.27	2径間連続I桁	54.25+54.25	1200A=500 90	手延べ式送り出し	場所打ちPC床版(PRC) / 移動型枠	頭付きスタッド	栗本鉄工所	
20	貝戸川橋	旧JH中部支社	愛知県 2001年	373.5 14.6	4径間連続鋼I桁	86.2+91.5+97.5+96.7	R=1000〜∞ 90	TCベント	プレキャストPC床版(PRC)	頭付きスタッド	IHI・日立JV	
21	猿渡川橋	旧JH中部支社	愛知県 2001年12月	244.0 14.5	4径間連続鋼I桁	64.2+116.0+83.2	1000〜9999 90	TCベント+手延べ式送り出し	プレキャストPC床版(PRC)	頭付きスタッド	三菱・日立	
22	上鶴見高架橋	旧JH中部支社	愛知県 2003年4月	640.0 14.64,14.52	8径間連続鋼I桁	56+95.25+95.25+103.5+40+58.5+100+90.7	R=∞ 90	TCベント+手延べ式送り出し	プレキャストPC床版(PRC)	頭付きスタッド	横河・住重・片山JV	○
23	大井川橋	旧JH静岡建設局	鹿児島県 2005年	704.3 16.50	6径間連続鋼I桁	97.0+4@127.0+97.0	A=1200〜R=∞〜A=1200 90	手延べ式送り出し	場所打ちPC床版(PRC) / 移動型枠	頭付きスタッド	横河・東骨・トピーJV	○

363

Ⅵ　資料編

(資料 No.2)

側面図

平面図(3径間部)

標準断面図

移動型枠断面図 (A1〜P9間)

橋梁名　利別川第一橋　[鋼合成桁]

橋梁概要

利別川第一橋は、北海道横断自動車道中川郡池田町に位置する6径間+3径間+7径間のPC床版連続合成鋼2主桁橋であり、同形式の橋梁としては国内最大規模となる支間長86.5mの支間を2つ有している。

- 橋　長：917m
- 支　間：65.2m+2@57.5m+2@86.5m+55.2m、55.2m、70.0m+52.2m、
  48.2m+4@49.0m+41.5m+40.7m
- 有効幅員：10.49m

構造概要

- 主桁間隔：5.70m
- 主桁桁高：6径間部2.50m〜4.80m、3径間部：2.70m〜3.20m、7径間部：2.70m
- 使用材料
  PC床版(A1-P6部)──床版厚=310mm、コンクリート σ_{ck}=40N/mm²、プレグラウト形PC鋼材 SWPR19-21.8φ
  鋼コンクリート合成床版(P6-A2部)──床版厚=290mm、鋼材 SS400、コンクリート σ_{ck}=30N/mm²
  主要鋼材──SMA400W、SMA490W、SMA570W、HTB M22 (S10TW)

構造的な特徴

主桁フランジへのLP鋼材の採用
- 床版の剛性効果を考慮した主桁腹板の薄板化と省鋼設計の採用

ラスコールN処理による耐候性鋼材の採用
- 安定さびが形成されるまでの景観保持を目的に、耐候性鋼材の表面処理としてラスコールN処理を採用している。ラスコールN処理の特徴は、被覆下に存在する腐食要因(水分・Feイオンの流出など)を補足する機能を付与したプライマー処理を塗布することにより、15年以上初期の外観を維持させることができる。

全断面現場溶接の採用
- 主桁継手を溶接継手と比較すると、2主桁橋では上下フランジの板厚が厚くなるために、ボルト継手と溶接継手の方が効率的になる。主桁の現場継手は変断面部の水平継手を含め全断面現場溶接継手を採用している。

施工的な特徴

鋼桁架設：送り出し架設、トラッククレーン、ベント架設
- 6径間部については河川に対する架設時阻害率の確保から、7径間のA2側、その他の区間についてはトラッククレーン、ベント工法を採用。
- A1側とA2側にそれぞれ組立ヤードを設け、軌条桁上に組組立てた鋼桁を、クレビスジャッキを装備した台車と橋台と橋脚上の7径間部は、送り出し架設終了時に所定の高さに降ろして据え付け、変断面桁の6径間部は、架設時の支点反力を低減するために一部の支点の上昇・降下を伴いながら送り出し架設を行った。

床版施工：移動型枠式
- 移動型枠は、6径間(A1-P6)の床版施工に施工長15mタイプを使用する計画とした。
- 床版打設順序は先行部の硬化したコンクリートにひび割れが発生しないように、支点の逐次ジャッキアップダウンを行い、床版に付加応力を導入して施工を行った。

(資料 No.3)

橋梁名　瀬馬測高架橋　[鋼合成析]

橋梁概要
瀬馬測側橋は、東海北陸自動車道の一部で、清見ICの南約3km上り小鳥トンネルの北川に隣接し、国道158号おおよび鳥川を跨ぐPC床版4径間連続合成鈑桁橋である。
本橋は橋梁建設のコスト削減に向け、移動型枠装置による現場打ちプレストレストコンクリート床版（PC床版）を用いた2主鈑桁橋を採用している。

- 橋　長：205m
- 支　間：41.4m＋2@60.5m＋41.4m
- 有効幅員：10.49m

構造概要
- 主桁間隔：6.00m
- 主桁析高：2.90m
- 使用材料
  - PC床版――コンクリート $\sigma_{ck} = 40\mathrm{N/mm^2}$、プレグラウト形PC鋼材 SWPR19-28.6$\phi$
  - 主要鋼材――SM400, SM490Y, SM570, HTB M24 (F10T)
  - PC床版厚：310mm

構造的な特徴
- 曲線桁の採用（主桁位置 100mmシフト）
  移動型枠施工上、床版の張り出しを一定とするため、曲線桁を採用。また両主桁の断面力を平均化するため、構造中心を100mmシフトさせている。
- 析高アップと上下面基準のセット
  上フランジは上面基準のセットに、また下フランジは連結部フィラープレートのハンドドリングと上下フランジの見えがかりに配慮して、上下フランジの下面間を2,900mm一定としている。
- 水平・垂直補剛材の省略（正面i区域）
  床版の合成効果により、正面i桁部の腹板のほぼ全高が引張状態となるため、水平補剛材を省略。また腹板厚が19mmと厚く、床版剛性も高いため、中間垂直補剛材も省略。
- 端横析へのコンクリート巻き立て
  伸縮継手部の振動、騒音対策と、地震や風による水平荷重を確実に下部工に伝達するため、主桁の横防れ座屈に対して剛性を確保。コンクリートを連続しで耐荷力照査にて確認。
- 合理化横桁（H鋼）の採用
  横桁を省略した曲線桁上での移動型枠による床版打設作業が、安全であることと、弾性・大変形解析を用いた耐荷力照査にて確認。
  $\sigma = 51\mathrm{N/mm^2} \leq \sigma_a = 123\mathrm{N/mm^2}$

施工的な特徴
鋼桁架設：トラッククレーンベント架設
床版施工：移動型枠架設
- ジャッキアップダウンによるプレストレス導入
  本橋では、床版コンクリートに有害なひび割れが発生しないように、完成時死荷重の床版応力度を圧縮状態にするため、ジャッキアップ・ジャッキダウンによる横軸方向圧縮プレストレスの導入を行った。
- 橋長が長く、一括ジャッキダウンすると、床版施工の進捗に合わせて5ステップに分けたジャッキダウンを行うことで、P2支点においては2mを超える大きなジャッキダウンが必要となるため、床版の連接に合わせて5ステップに分けたジャッキダウンを行うこととより、ジャッキダウン量を700mmに抑え、床版打設作業とジャッキダウン作業の安全を確保した。

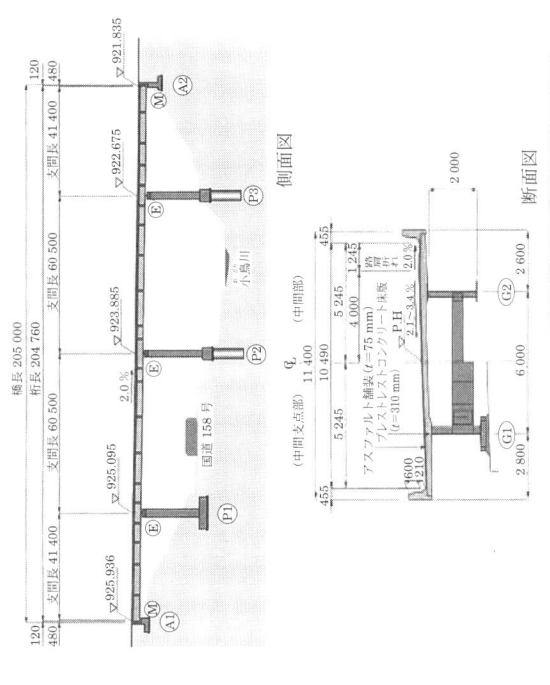

（側面図、断面図、鋼桁架設完了、移動型枠装置、PC床版完成状況、主桁ブロック搭載の写真・図）

(資料 No.12)

橋梁名 大津呂川橋 [鋼合成桁]

橋梁概要

大津呂川橋は、近畿自動車道敦賀線大飯IC(仮称)～小浜西IC(仮称)間に位置する橋長396mの鋼8径間PC床版連続合成2主桁橋である。

- 橋　　長：396.0m
- 支　　間：47.350m+6@50.000m+47.350m
- 有効幅員：10.31m

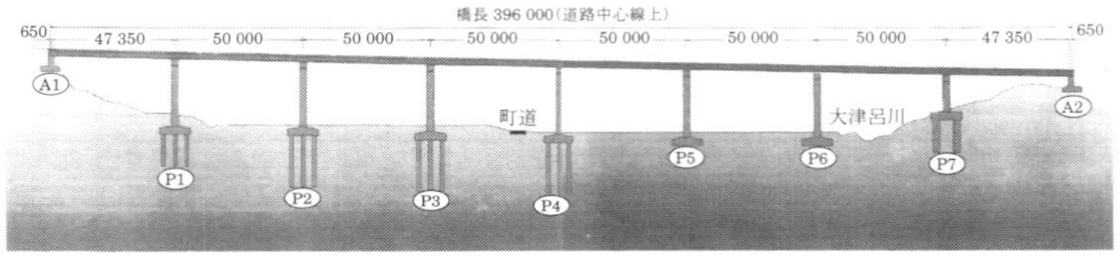

構造概要

- 主桁間隔：6.00m
- 主桁桁高：2.75m
- 使用材料
  - PC床版————コンクリート $\sigma_{ck}=40N/mm^2$、プレグラウト形PC鋼材 SWPR19-21.8φ
  - 主要鋼材————SM400、SM490Y、SM570
- PC床版厚：320mm

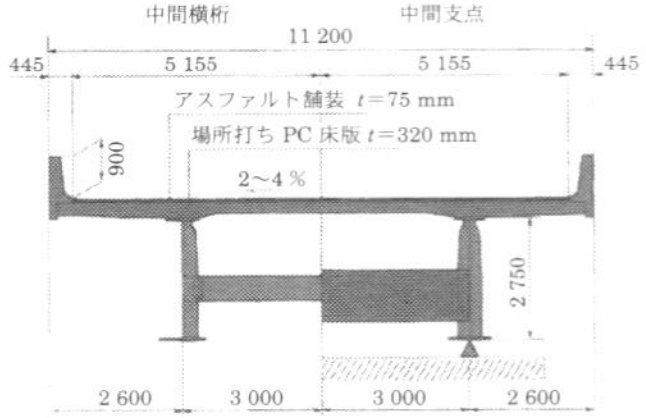

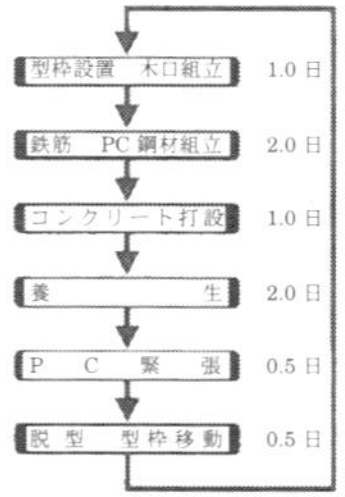

構造的な特徴

- 簡易モデルによる死荷重曲げモーメントの算出と立体FEM解析による照査
  床版の橋軸直角方向の死荷重曲げモーメントを簡易的に、かつ適切に評価できる同軸ばねモデルを採用し、その妥当性を確認するため、立体FEM解析を実施した。
- ずれ止めの合理的な設計法
  床版と鋼桁との間に生じる橋軸方向のせん断力に対しては、スタッドを採用。「土木学会鋼構造物設計指針 PARTB 合成構造物」を参考にスタッドのずれに対する限界強度から本数を定め、従来の設計法に比べて8割程度の本数とした。
  橋軸直角方向の曲げモーメントによりスタッドに生じる引き抜き力に対しても、安全性を照査した。
- 移動型枠を採用した床版工による施工を考慮した設計(逐次合成設計)
  移動型枠による床版工による施工段階に反映するために、施工ステージ毎の荷重状態、主桁剛性を考慮した格子解析を行った。中間支点部の負曲げによる床版への引張応力を打ち消すため、ジャッキアップ・ダウン工法を採用。床版に引張応力が生じないことを目標とした。
- 主桁腹板の無補剛薄板化
  支間中央部では、床版による上フランジの拘束効果と、床版硬化後の中立軸が上フランジ近くになることを補剛設計に折り込んで、水平補剛材および垂直補剛材を省略した。
  床版打設時に鋼桁が座屈を生じる恐れがあるため、初期不整を考慮した弾塑性有限変位解析(大阪大学所有プログラム：NAFRAM)によって安全性の確認を行った。

施工的な特徴

- 鋼桁架設：トラッククレーンベント架設
- 床版施工
  - 移動型枠装置————合理化を図るために移動型枠を用いた場所打ちを採用。全体を14m以下の31ブロックに分割し、初期のクラック防止に留意した打設順序とした。1サイクル7日で計画。
  - ジャッキアップダウンによるプレストレス導入

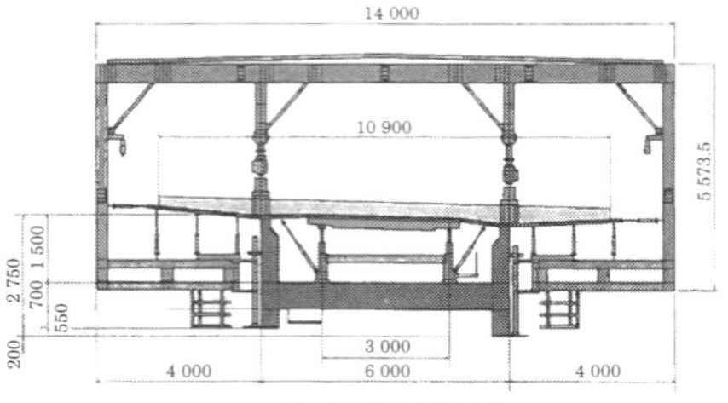

橋梁名 上郷高架橋［鋼合成桁］　　　（資料 No.22）

橋梁概要

上郷高架橋は、第二東名高速道路の豊田南 IC（仮称）から現在の東名高速道路と第二東名高速道路を結ぶ豊田ジャンクション（仮称）の間に位置する鋼 8 径間連続箱桁（上下線）橋である。本橋は床版にプレストレストコンクリートを用いることで鋼桁の少数化を図り、部材数の削減による合理化を図った構造形式である。

- 橋　長：（上り線）640.0m、（下り線）636.5m
- 支　間：（上り線）56.0m + 2@95.25m + 103.5m + 40.0m + 58.5m + 100.0m + 90.7m
　　　　　（下り線）56.0m + 2@95.25m + 88.0m + 43.5m + 70.5m + 100.0m + 88.0m
- 有効幅員：（上り線）14.640 ～ 18.640m
　　　　　　（下り線）14.520 ～ 16.387m

構造概要

- 主桁間隔：9.80m
- 主桁桁高：2.20m ～ 3.05m
- 使用材料
　PC 床版——コンクリート σ_{ck} = 50N/mm²、プレグラウト形 PC 鋼材 SWPR19-28.6φ
　主要鋼材——SM400、SM490Y、SM570、HTB M22（S10T）
- PC 床版厚：310mm

構造的な特徴

- 主桁は断面変化位置と現場継手位置を一致させ、工場での突合せ溶接を省略。
- 合理化構造の採用
　主桁高を統一し、かつフランジ幅は一定。
　腹板を厚くして、水平補剛材と垂直補剛材を削減。
　主桁本数の削減により、横構を省略するとともに、架設工数が大幅に低減。
- 主桁は横構を省略するとともに、構造を単純な横桁を 13m 程度の間隔で配置することで、架設コストを削減および施工性、景観性を向上。
　一部を一断面とし、製作・架設の合理化が可能。
- 橋梁全体の剛性が従来に比べて大きいため、たわみや交通荷重による疲労の影響が減少。
- 資源の有効利用
　PC プレキャスト床版の採用により、施工の合理化、工期短縮化が可能、安全性の向上。また、高炉スラグ微粉末を 50% 置換したセメントを用いることにより、資源の有効利用に貢献。
- 中間支点部の床版に発生する引張力に対し PC 鋼材で補強することで、連続合成構造の実現。床版にひび割れの発生を許容しないため、ひび割れの発生を防止。
- 高強度スタッド（SM570 相当）の使用

施工的な特徴

- 鋼桁架設：トラックタークレーンベント架設、送り出し架設
- 床版施工：プレキャスト床版—プレキャスト PC 床版を導入し、送り出し架設時に PC 鋼材によるプレストレスを導入し、ひび割れの発生を防いだ。

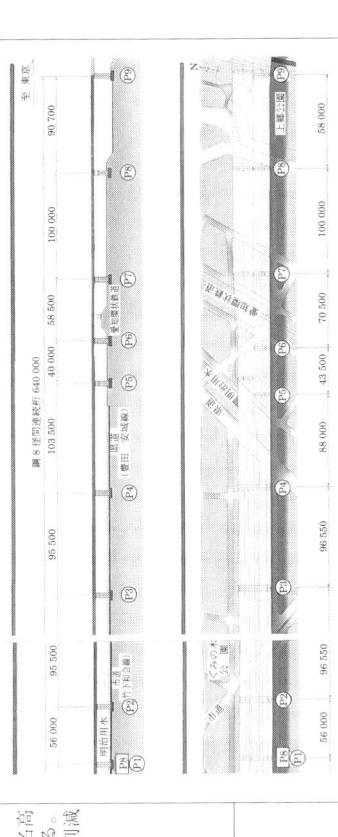

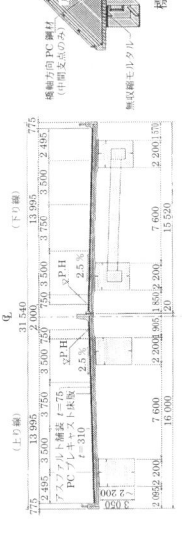

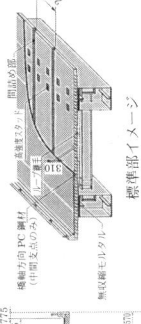

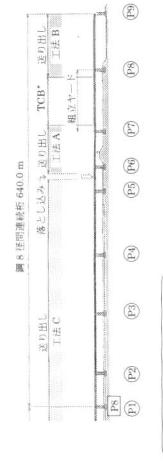

Ⅵ　資料編

(資料 No.23)

橋梁名　大井川橋　[鋼合成桁]

橋梁概要

大井川橋は、第二東名高速道路の静岡県榛名郡金谷町牛尾から、島田市相賀に至る約950mの橋梁のうち、渡河部の鋼6径間連続合成箱桁橋である。

- 橋　　長：704.25m
- 支　　間：97.0m+4@127.0m+97.0m
- 有効幅員：16.500m（上り線）、16.500m（下り線）

構造概要

- 主桁間隔：8.80m
- 主桁桁高：3.10m～5.65m
- 使用材料
  PC床版──コンクリート $\sigma_{ck}=40N/mm^2$、プレグラウト形PC鋼材 SWPR19-28.6ϕ
  主要鋼材──SM400、SM490Y、SM570、HTB M24 (F10T)
- PC床版厚：260mm～390mm

構造的な特徴

- 場所打ちPC床版における閉断面箱桁の採用
- 架設工法が送出し架設方法であり、架設時に作用する応力度が大きいため、閉断面箱桁の採用している。場所打ちPC床版と閉断面箱桁の組合せは日本において施工例がないため、立体FEM解析にて設計をおこない、さらにプレストレス導入試験にて安全性を検証した。
- カウンターウェイト工法の採用。大反力に引張力が作用し、ひび割れの原因となることから、カウンターウェイト工法を採用して床版に圧縮力を導入することでひび割れ幅を制限した。
- 中間支点上は床版に引張力が作用し、ひび割れの原因となることから、カウンターウェイト工法を採用して床版に圧縮力を導入することでひび割れ幅を制限した。

施工的な特徴

鋼桁架設：変断面連続桁の送り出し架設
- 河川内の作業を最小限にするため送出し架設を採用。
- 強制変位量を最小限に抑えた手延べ機の採用
- 変断面形状・大反力に対応した送出し型枠支保工

床版施工：移動型枠支保工
- 主桁高さが大きい変断面桁であることから、作業性および安全性に配慮し、主桁ウェブ上方に取り付けた吊り金具で張出し部先端を吊り上げて支持する手法を採用した。
- 床版施工時に床版コンクリートのひび割れ対策として、温度応力解析による照査、カウンターウェイトを利用した打設ステップの検討を行い採用した。

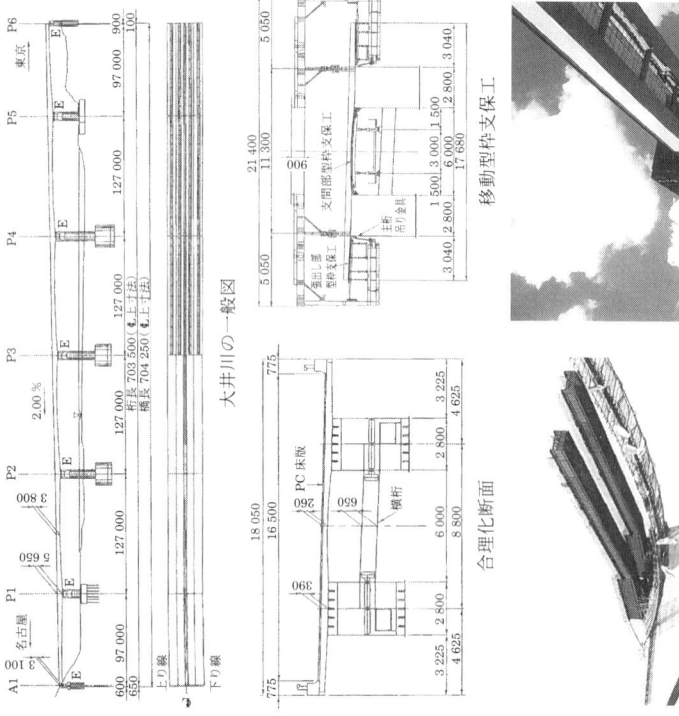

鋼合成桁橋橋梁データ文献リスト

利別川第一橋（資料 No.2）
1) 日本道路公団北海道支社，帯広工事事務所，川田工業，トピー工業共同企業体：利別川第一橋（パンフレット）

瀬馬淵高架橋（資料 No.3）
1) 日本道路公団名古屋建設局，住友重機械工業：瀬馬淵橋（パンフレット）

大津呂川橋（資料 No.12）
1) 日本道路公団関西支社：大津呂川橋（パンフレット）

上郷高架橋（資料 No.22）
1) 今泉，伊藤，山岡，向江，白水：第二東名高速道路上郷高架橋の設計と施工，橋梁と基礎，2004.3
2) 日本道路公団中部支社豊田工事事務所：上郷高架橋（パンフレット）

大井川橋（資料 No.23）
1) 日本道路公団静岡建設局 静岡工事事務所：大井川橋（パンフレット）
2) 第二東名高速道路大井川橋の設計と施工，橋梁と基礎（2003年10月号），2003

3.2 実験一覧

表 3.2.1 主な実験一覧

分類	実施者	関連橋梁	検討項目	載荷方法	供試体	結果概要	参考文献
I. 静的試験、橋計測	・旧JH ・川重	千鳥の沢川橋	・主桁腹板の少補剛設計	静的	実橋の1/2モデル	・支間部の正曲げ場でアスペクト比 =3 の適用が可能であることを確認	・合成2主桁橋の鋼主桁補剛設計に関する実験的研究、構造工学論文集、Vol.44A、pp.1229-1239、1998.3. ・PC床版連続合成2主桁橋「千鳥の沢川橋」の設計、橋梁と基礎、pp.18-22、1998.3.
	・旧JH ・川重	千鳥の沢川橋	・合成桁としての挙動	静的	実橋	・中間支点部においても合成桁の挙動を示していることを確認	・千鳥の沢川橋－PC床版連続合成2主桁橋－の実橋載荷試験、土木学会第54回年次学術講演会、I-A366、pp.732-733、1999.9.
	・旧JH ・横河ブリッジ	千鳥の沢川橋	・中間支点部のPC床版のひび割れ	静的、移動輪荷重	実物大モデル	・連続合成桁の中間支点床版では、負曲げモーメントによる初期ひび割れの発生および伝播を橋軸方向鉄筋で制御できることを確認	・実物大モデルを用いた鋼連続合成桁中間支点部のPC床版疲労実験、構造工学論文集、Vol.46A、pp.1335-1346、2000.3.
	・旧JH ・川重	千鳥の沢川橋	・合成2主桁橋の橋軸直角方向曲げモーメントに対する横フレーム・垂直補剛材近傍スタッドの配置に関する実験的研究	静的	実験を対象とした部分モデル	・合成2主桁橋の橋軸直角方向曲げモーメントに対する横フレーム・垂直補剛材近傍スタッドの配置方法について提案	・合成2主桁橋の橋軸直角方向曲げモーメントに対する横フレーム・垂直補剛材近傍スタッドの配置に関する実験的研究、土木学会論文集、No.717/I-61、pp.119-135、2002.10.
	・旧JH ・IHI・高田JV	佐分利川橋	・ジャッキアップダウンによる導入プレストレスと計測の計測と設計値との比較	長期計測	実橋	・ジャッキアップダウン工法による床版のプレストレスのひずみが計測されていることを確認したとおりであることを確認	・逐次合成2主桁橋場所打ちPC床版2主桁橋の施工時挙動－佐分利川橋－、土木学会第57回年次学術講演会、CS4-031、pp.119-135、2002.9.
	・旧JH ・片山ストラテック	堂奥高架橋	・施工時の外力による床版の応力	計測	実橋	・実橋の施工時の外力による床版のひずみが計測されていることを確認	・連続合成2主桁橋の静的載荷試験、土木学会第57回年次学術講演会、I-172、pp.171-172、2002.9.
	・旧JH ・片山ストラテック	大津呂川橋	・連続合成桁としての合成効果	静的	実橋	・橋梁全体の挙動は計算値と一致し、設計どおりの性能を有していることを確認	・連続合成2主桁橋（大津呂川橋）の静的載荷試験、土木学会第57回年次学術講演会、I-733、pp.1465-1466、2002.9.
	・旧JH ・片山ストラテック	大津呂川橋	・ジャッキアップダウンによるプレストレス導入効果	長期計測	実橋	・ほぼ設計どおりのプレストレスが導入されていることを確認	・鋼連続合成2主I桁橋におけるプレストレス導入効果の確認実験、構造工学論文集、Vol.49A、pp.1135-1142、2003.3.
	・旧JH ・IHI・日立JV	貝井川橋	・φ25かつ高強度スタッドの静的強度	静的	試験体	・押し抜きせん断試験によりφ25の高強度スタッドの静的強度を確認	・プレキャストPC床版用スタッドの強度特性に関する実験的検討－貝井川橋－、土木学会第54回年次学術講演会、I-A156、pp.312-313、1999.9.
	・旧JH ・横河・住重・片山JV	上郷高架橋	・鋼桁に壁高欄と床版を搭載して送出す工法の妥当性	計測	実橋	・計測結果と解析結果のひずみ分布はほぼ同様であり、鋼桁に壁高欄と床版を搭載した送出し工法を行う場合、PC鋼材による補強を適切に行えば問題ないことを確認	・プレキャストPC床版および壁高欄を装着した鋼桁の送出し架設計画およびその解析、第13回プレストレストコンクリートの発展に関するシンポジウム論文集、pp.225-228、2004.10. ・第二東名高速道路上郷高架橋の設計と施工、橋梁と基礎、pp.5-12、2004.3.
	・旧JH ・横河・東骨・トピーJV	大井川橋	・PC床版へのプレストレス導入効果	プレストレス導入	実橋の2/3モデル	・計測結果と解析結果はよく一致し、FEMによってプレストレスの評価が可能であることを確認 ・床版支間中央では有効プレストレスの低下はほとんどなく、鋼桁上の床版断面では、有効プレストレスが低下する。ただし、この低下が構造上問題にならないことを確認	・鋼箱桁橋における場所打ちPC床版の応力性状に関する研究、構造工学論文集、Vol.49A、pp.19-28、2003.3. ・第二東名高速道路大井川橋における施工と基礎、pp.2-11、2003.10.

分類	実施者	関連橋梁	検討項目	載荷方法	供試体	結果概要	参考文献
II. 実橋振動実験	・旧JH ・川重	千鳥の沢川橋	・振動特性	動的	実橋	・固有振動数は解析結果と概ね一致．動的解析の妥当性を確認 ・曲げおよびねじれ1次の減衰定数は1%程度	千鳥の沢川橋－PC床版鋼連続合成2主桁橋－の実橋振動試験，土木学会第54回年次学術講演会，1-B253，pp.504-505，1999.9.
	・旧JH ・川田・トピー JV	利別川第一橋	・振動特性	動的	実橋	・固有振動数は解析結果と概ね一致． ・従来の鋼2主桁橋に比べ，ねじれ1次の構造減衰が大きい．	利別川第一橋（PC床版鋼連続合成2主桁橋）の実橋振動試験，土木学会第55回年次学術講演会，1-B108，pp.216-217，2000.9.
	・旧JH ・フジエンジニアリング	日計平高架橋	・振動特性	動的	実橋	・2本の主桁が各々独立した振動モードを持つことを確認 ・構造減衰は同形式同規模の他桁梁と概ね一致	PC床版鋼連続合成2主桁橋（日計平高架橋）の実橋振動試験，土木学会第55回年次学術講演会，1-B103，pp.206-207，2000.9.
	・旧JH ・片山ストラテック	大津呂川橋	・振動特性	動的	実橋	・固有振動数および2本の主桁が一体となって挙動していることを確認	連続合成2主桁橋（大津呂川橋）の実橋振動実験，土木学会第57回年次学術講演会，1-586，pp.1171-1172，2002.9. 連続合成2主桁橋（大津呂川橋）の起振機による定常加振実験，土木学会第57回年次学術講演会，1-587，pp.1173-1174，2002.9.

4章 混合桁橋

4.1 実績一覧および橋梁データ

表 4.1.1(a) 実績一覧（平成16年度完成の国内橋梁）

No.	橋梁名	発注機関	場所	竣工年	橋長(m) 有効幅員(m)	形式	支間割(m)	接合部 接合方法と荷重分担率	ずれ止めの種類	接合部前後の断面 コンクリート桁	接合部前後の断面 鋼桁	設計会社（基本設計および詳細設計）	施工会社	資料の有無
1	生口橋	旧本州四国連絡橋公団	広島県	1991	790.0 17.0	斜張橋	150+490+150	後面支圧板方式 ずれ止め：65%（圧縮，100%（引張）後面支圧板：35%（圧縮）	頭付きスタッド 角鋼ジベル	PC4室箱桁	鋼床版箱桁	総合技術コンサルタント，日本構造橋梁研究所 日立造船，川田工業，トピー工業，瀧上工業，日本橋梁，栗本鐵工所，春本鐵工所，松尾橋梁，東京鐵工，橋本，山九，トラック，住友建設，オリエンタル建設，片鉄高組，川田建設，ピー・エス，富士ピー・エス		○
2	松山高架橋	旧川田国支社	愛媛県	1996	58.0 9.3	桁橋	11.5+34+11.5	ずれ止め接合方式 ずれ止め：100%（圧縮，引張）	頭付きスタッド	RC中空床版桁	鋼桁		山九	○
3	サンマリンブリッジ 浜名湖競艇企業団	静岡県	1996	200.0 10.5	斜張橋	144.3+54.3	後面支圧板方式 ずれ止め：65% 後面支圧板：35%	頭付きスタッド	PC2室箱桁	鋼床版箱桁	開発コンサルタント	鹿島建設，りんかい建設，中建	○
4	涸沼前川橋	旧川日東京建設局	茨城県	1998	424.5 9.9	桁橋	18.02+7@22.5 +7@23+46.94	ずれ止め接合方式 ずれ止め：100%（圧縮，引張）	頭付きスタッド	PRC中空床版桁，PRC桁	鋼桁	計画エンジニアリング（基本設計）東鋼橋梁，極東工業（詳細設計）	東鋼橋梁，極東工業	○
5	多々羅大橋	旧本州四国連絡橋公団	広島県，愛媛県	1999	1480.0 25.0	斜張橋	270+890+320	後面支圧板方式 ずれ止め：65% 後面支圧板：35%	頭付きスタッド 角鋼ジベル	PC3室箱桁	鋼床版箱桁	長大，大日本コンサルタント／三菱重工業，川田工業，宮地鐵工所，日立造船，駒井鉄工，石川島播磨重工業，横河ブリッジ，日本鋼管，三菱重工業，瀧上工業，川田工業，宮地鐵工所，日立造船，駒井鉄工，石川島播磨重工業，横河ブリッジ，日本鋼管，瀧上工業，松尾橋梁		○
6	新川橋	旧川田国支社	香川県	2000	278.0 19.8	桁橋	39.4+40+118+40 +39.4	後面支圧板方式 ずれ止め：35%（圧縮，60%（引張）後面支圧板：65%（圧縮），40%（引張）	孔あき鋼板ジベル	PRC5室箱桁	鋼床版箱桁	千代田エンジニヤリング（基本設計）／川田工業，日本高圧コンクリート（詳細設計）	川田工業，日本高圧コンクリート	○

4章 混合桁橋

	橋名	支社	所在地	竣工年	橋長(m)	最大支間(m)	橋梁形式	接合方式	ずれ止め	PC桁形式	鋼桁形式	設計・施工	継手
7	吉田川橋	JH四国支社	香川県	2000	155.0	19.8	桁橋 39.35+76+39.35	後面支圧板方式 ずれ止め：35%(圧縮)、60%(引張) 後面支圧板：65%(圧縮)、40%(引張)	孔あき鋼板ジベル	PRC5室箱桁	箱桁	復建調査設計(基本設計)/川田工業、日本高圧コンクリート、日本高圧コンクリート(詳細設計)　川田工業、日本高圧コンクリート	○
8	揖斐川橋	JH中部支社	三重県	2000	1397.0	28.0	エクストラドーズド橋 154+4@271.5+157	前後面支圧板方式 ずれ止め：せん断、ねじり	頭付きスタッド	PC3室箱桁	鋼床版箱桁	建設技術研究所(基本設計)/ピーエス、住友建設、横河ブリッジ、三菱重工業(詳細設計)　ピーエス、大成建設、横河ブリッジ、住友建設、ドーピー建設工業、三菱重工業	○
9	木曽川橋	JH中部支社	三重県	2000	1145.0	28.0	エクストラドーズド橋 160+3@275+160	前後面支圧板方式 ずれ止め：せん断、ねじり 前後面支圧板：前後の応力度差分	頭付きスタッド	PC3室箱桁	鋼床版箱桁	日本構造橋梁研究所(基本設計)/鹿島建設、錢高組、日本鋼管、オリエンタル建設、川田工業(詳細設計)　鹿島建設、錢高組、オリエンタル建設、日本高圧コンクリート、川田工業	○
10	大洲高架橋	JH四国支社	愛媛県	2001	113.8	9.7	桁橋 27.5+38+27.5	ずれ止め接合方式 ずれ止め：100%	頭付きスタッド	PRC中空床版桁	鈑桁	片平エンジニヤリング(基本設計)/駒井鉄工(詳細設計)　駒井鉄工、西田興産	○
11	宮野目橋	JH東北支社	岩手県	2001	154.2	9.5	桁橋/ラーメン橋 16+41.4+26.4+28+26.4+16	ずれ止め接合方式 ずれ止め：100%(圧縮、引張)	頭付きスタッド	PRC中空床版桁	鈑桁	建設技術研究所(基本設計)/熊谷組(詳細設計)　熊谷組、高弥建設、前田建設工業	○
12	なぎさ・ブリッジ	青森県	青森県	2002	110.2	4.0	斜張橋/吊橋 25+110.15+19	前面支圧板方式	頭付きスタッド	PC4室箱桁	鋼床版箱桁	ユニコンエンジニアリング　ピーエス三菱、三井造船	○
13	勅使西高架橋	JH四国支社	香川県	2002	248.1	9.9	桁橋/ラーメン橋 52.9+77.5+63.5+52.8	後面支圧板方式 ずれ止め：35% 後面支圧板：65%	孔あき鋼板ジベル	PRC3室箱桁	鈑桁	四電技術コンサルタント(基本設計)/駒井鉄工、日本鋼弦コンクリート(詳細設計)　駒井鉄工、日本鋼弦コンクリート	○
14	塩坪橋	福島県	福島県	2004	117.9	11.0	桁橋 75.65+42.25	後面支圧板方式 ずれ止め：35%(圧縮)、70%(引張) 後面支圧板：65%(圧縮)、30%(引張)	孔あき鋼板ジベル	PC1室箱桁	開断面箱桁	アジア航測	○
15	美濃関ジャンクションEランプ橋	JH中部支社	岐阜県	2004	524.6	9.0	桁橋 39.1+2@44+69.5+48.5+3@40+38.5+42.5+43.8+33.3	後面支圧板方式 ずれ止め：54.0%(圧縮)、96.4%(引張) 後面支圧板：46.0%(圧縮)、4.6%(引張)	孔あき鋼板ジベル	PRC2室箱桁	鋼床版箱桁	日本構造橋梁研究所(基本設計)/川田工業、極東工業(詳細設計)　川田工業、極東工業	○

表 4.1.1 (b) 実績一覧（海外の主な橋梁）

No.	橋梁名	発注機関	場所	竣工年	橋長(m)	有効幅員(m)	形式	支間割(m)	接合部 接合方式と荷重分担率	ずれ止めの種類	接合部前後の断面 コンクリート桁	鋼桁	設計会社（基本設計および詳細設計）／施工会社	資料の有無
16	美濃関ジャンクションFランプ橋	旧JH中部支社	岐阜県	2004	503.0	10.8	桁橋	71+89+55+8@36	後面支圧板方式 ずれ止め：54.0%（圧縮, 96.4%（引張） 後面支圧板：46.0%（圧縮, 4.6%（引張）	孔あき鋼板ジベル	PRC2室箱桁	鋼版箱桁	千代田コンサルタント（基本設計）／川田工業、極東工業（詳細設計）／川田工業、極東工業	○
17	矢作川橋		愛知県		820.0		波形ウェブ橋		前後面支圧板方式 ずれ止め：前後の応力度差分 前後面支圧板：せん断 後面支圧板：せん断、ねじり	頭付きスタッド	波形ウェブPC5室箱桁	鋼床版箱桁	八千代エンジニヤリング（基本設計）／鹿島建設、三井住友建設、大成建設、川田建設、横河ブリッジ、オリエンタル建設、大成建設、三井住友建設、横河ブリッジ、オリエンタル建設、川田建設	○
18	鐙川橋	旧JH中部支社	2005		43.3		桁橋	175+171.5+127 +171.5+175	ずれ止め接合方式 ずれ止め：100%（圧縮、引張）	頭付きスタッド	PC3室箱桁	鋼床版箱桁	建設技術研究所（基本設計）／ドービー建設工業（詳細設計）／新日本製鐵、ドービー建設工業	○
19	北郷立体交差	旧JH東北支社	宮城県	2005	196.9	9.5	桁橋	50+94.5+50	支圧接合方式 前面支圧板：100%（摩擦力）	—	PC2室箱桁	鋼床版箱桁	ドーコン 岩田建設、杉原建設、ドービー建設工業、ミサセ・コンステック、日栄建設、横河ブリッジ	○
		札幌市、JR	北海道	2005	278.0	13.7	桁橋	28+32+36+74 +4@30						
20	ノルマンジー橋	Direction Départementale de l'Equipement de la Seine-Maritime	フランス	1995	2141.3	18.7	斜張橋	27.7+32.5+9@43.5 +96+856+96 +14(@43.5+32.5	支圧接合方式 支圧板：軸力、曲げ U字筋、支圧板：せん断、ねじり	U字筋	PC3室箱桁	鋼桁	CETE de Rouen, Quadric, SEEE, Setec TPI, Service d'Etudes Techniques des Routes et Autoroutes, SOFRESID, SOGELERG Bouygues Construction, Campenon Bernard, Dumez-GTM, Monberg & Thorsen, Quillery, SOGEA, Spie Batignolles TP	○
21	日本・パラオ友好橋	パラオ共和国資源開発省	パラオ共和国	2001	412.7	8.6	エクストラドーズド橋	82+247+82	後面支圧板方式	頭付きスタッド	PC1室箱桁	鋼床版箱桁	日本工営 鹿島建設	○

4章 混合桁橋

(資料 No.1)

橋梁名　生口橋[混合桁橋(斜張橋、PC4室箱桁+鋼床版箱桁)]

橋梁概要

生口橋は、本州と四国を結ぶ自動車道・今治ルート(西瀬戸自動車道)のうち、因島西岸と生口島東岸を結ぶ斜張橋である。地形条件よりアンバランスな支間割となり、側径間側に負反力が生じることから、これを解消するために中央径間部を鋼箱桁とし、側径間部をPC箱桁としている。接合位置は、作用曲げモーメント、作用せん断力が小さく、経済性に優れる位置として、主塔中間水平梁上とし、PC桁を鉛直にも安定感があり、施工性、経済性に優れた構造が比較的単純となった。接合部の構造が比較的単純となっている。

- 橋長：795.8m (支間割：150m+490m+150m)
- 有効幅員：車道 2(@6.0m、歩道 2@2.5m (暫定2車線)
- 鋼材：主桁 5,990t、主塔 4,641t、ケーブル 1,111t (SM570、SM490Y、SS400、SCW490CF、SCW480、AWPR77B)
- コンクリート：約 8,300m³ (σ_{ck}=40N/m²)

接合構造

- 中詰めコンクリート後面支圧板方式 (鋼床版、斜・下フランジ、ウェブおよび鋼セルウェブには角鋼セルフランジには頭付きスタッドを配置し、鋼セルウェブには角鋼ブロックを配置し荷重分担)
- 各セル中央部にはコンクリートに引張応力が発生しないようにPC鋼棒を配置している。
- 接合部のコンクリートと鋼板間に作用する摩擦力は無視している。
- 応力は鋼板から後面支圧板、ずれ止めを介してPC桁に伝達される。

構造的な特徴

- PC4室箱桁+鋼床版2箱桁+PCA室箱桁の3径間連続混合箱桁斜張橋であり、両側径間部はPC4室箱桁+鋼床版2箱桁となっていることから、実質的には7径間連続の斜張橋となっている。接合部は斜張橋としても7径間の規模(中央径間490m)としても、世界最大級である。

施工的な特徴

- PC箱桁部は、張出し架設工法と支柱支保工法と梁・支柱支保工法による組み打ち工法を併用
- 主塔部は、フローティングクレーンによるブロック架設工法
- 鋼床版桁部は、直吊り張出し架設工法

実施実験

実施項目：接合部の力の伝達機構についての実験(圧縮試験)、ずれ止めの選定に関する実験(押抜試験)

検証内容：
1. 前面支圧板構造は、後面支圧板構造の力の伝達方式、ずれ止めの種類にも影響があるので、機構に使用するずれ止めの種類を選定するために、各種のずれ止めの効果を確認した。
2. 中詰めコンクリート部の鋼板挙動を実施した。

結果：
1. 後面支圧板構造は、接合部での応力集中が小さく、ずれ止めの効果も大きく、応力の流れがスムースであることを確認した。
2. 上・下フランジについては、中詰めコンクリートとの合成効果を高めるために頭付きスタッドを採用し、鋼殻セルの隅角部については、鋼殻コンクリート工作としては溶接施工性より角鋼を採用した。腹板については、幅厚比を大きくするため、水平・鉛直方向に力を伝達効果のあるスタッドを採用した。

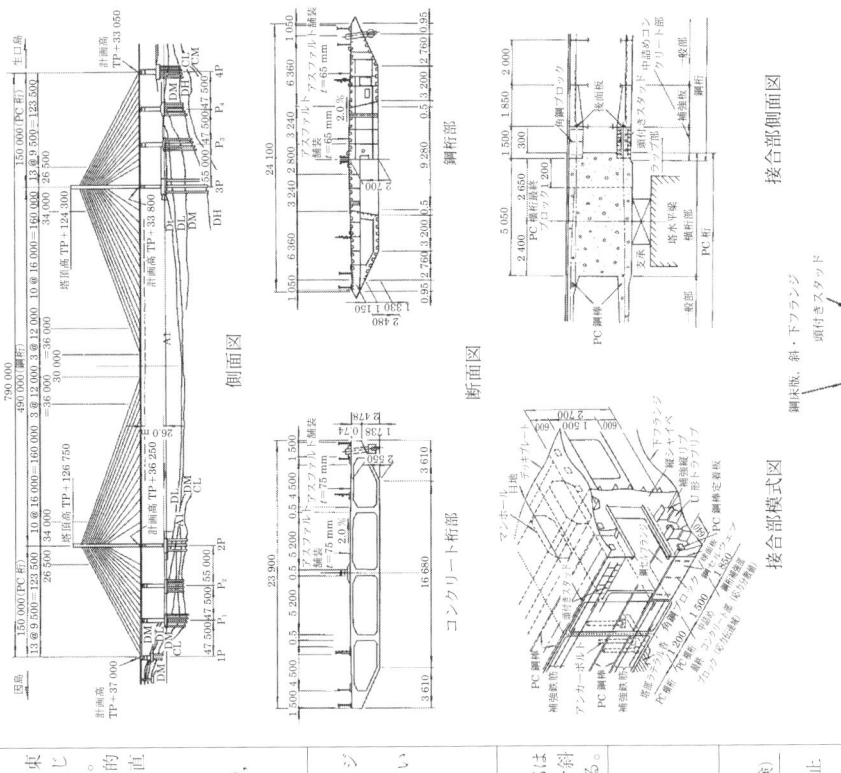

Ⅵ 資料編

(資料 No.20)

橋梁名	ノルマンジー橋 [混合桁橋（斜張橋，PC3室箱桁＋鋼床版箱桁）]

橋梁概要

ノルマンジー橋は、セーヌ川河口を跨ぎ Le Havre と Honfleur を結ぶ斜張橋である。当初計画では主塔を航路に接近させており、北側主塔は河川内に位置し、セーヌ川を航行する大型船舶の衝突の可能性を有していたため、河川内には橋脚を設けず左岸から北側堤防までを跨ぐこととした。その結果、中央径間は856mとなり、世界最長の斜張橋（複合斜張橋）となっている。接合位置は、中央径間と側径間のバランスのため主塔から中央径間側に52mの位置となっており、これにより風による橋軸直角方向の曲げモーメントが減少し、接合部でのPCストレスを小さくすることが可能となった。

- 橋長：2 211.5m（支間割：618.0m＋856.0m＋737.5m）
- 有効幅員：車道 2@8.0m，歩道 2@1.35m
- 鋼材：主桁5 700t，ケーブル2 000t
- コンクリート：約80 000m³
- 鉄筋：11 600t
- PC鋼材：800t

接合部構造

- 前面支圧板方式（メタルプレート構造）であり、軸方向力、せん断力、ねじりモーメントはメタルプレートの摩擦とU字筋のせん断により鋼桁へ伝達される。曲げモーメントはメタルプレートから鋼桁補強部、鋼桁へと伝達される。
- 鋼床版桁標準断面にはPC鋼材を設けていないが、PC桁との接合部付近の約10m区間には、応力の伝達をスムーズにするためコンクリート断面に合わせてウェブを設けている。
- 橋軸方向および橋軸直角方向の曲げモーメントに対してはコンクリートのみとしては大きすぎないため、プレストレスにより補強する必要があり、斜張張力による軸力部分だけとして必要なPC鋼材を使用し、残りについては鋼桁部にアンカーする短いPC鋼棒を配置している。

構造的な特徴

PC3室箱桁＋鋼床版箱桁＋PC3室箱桁の3径間連続混合箱桁斜張橋であるが、両側径間部は各々12径間および15径間連続桁となっていることから、実質的には28径間連続の斜張橋となっている。これにより、中央径間と側径間の重量差による負反力がどの支点上においても発生せず、桁や主塔の変位も低減させることが可能であり、側径間の桁の曲げモーメントも従来の3径間形式に比べると大きく減少している。

施工的な特徴

- PC箱桁部：アプローチ部 押出し架設工法、主塔付近 張出し架設工法
- 鋼床版箱桁部：直吊り張出し架設工法
- 主塔部：移動型枠により施工

実施実験

実施項目：なし

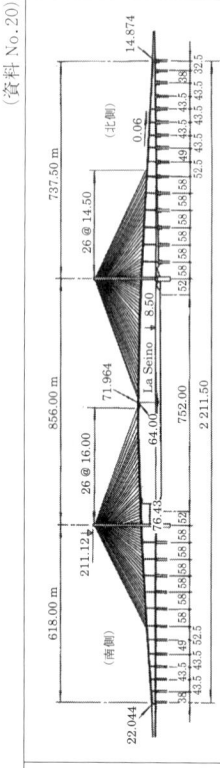

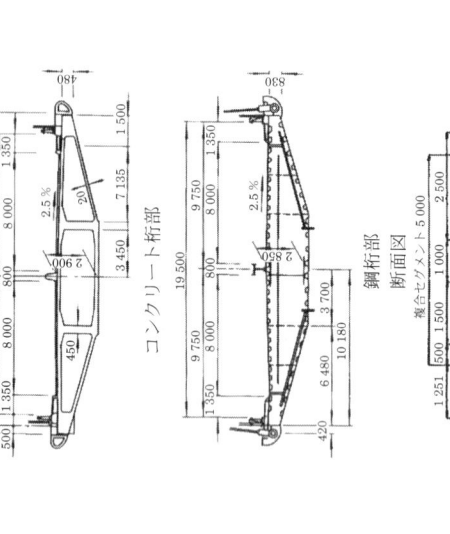

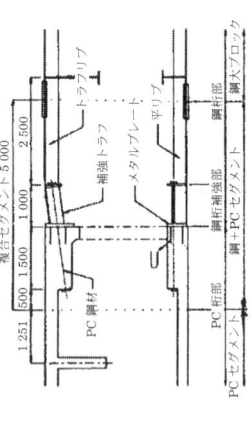

4章 混合桁橋

(資料 No.2)

側面図

平面図

断面図

支点部

鋼桁部

接合部の設計の考え方

フランジ
$S_H = \pm M/h + N/2$ （水平せん断抵抗）
$n = S_H/Q_n$

ウェブ
$S_v = S$ （鉛直せん断抵抗力）
M, S, N : 曲げモーメント，せん断力，軸力
n : スタッドの本数
Q_n : スタッドの設計耐力

橋梁名 松山高架橋 [混合桁橋（桁橋，RC中空床版桁＋鋼鈑桁）]

橋梁概要

松山高架橋は，松山自動車道の中の道後平野を横過する全長4.37kmの高架橋であり，一般国道との交差部に位置する。中央径間を含む側径間の支点付近までが鋼桁，その外側がコンクリート桁（RC桁）となっている。走行性改善のためのノージョイント化およびメンテナンスコストの低減を目的として混合構造を採用している。接合部は，側径間部の曲げモーメントが極大となる支点付近としている。

- 橋長：58.0m（支間割：11.0m＋34.0m＋12.0m）
- 有効幅員：9.25m（上下線）
- 鋼材：主桁71.8t（SS400，SM490Y）
- コンクリート：320.4m³（$\sigma_{ck}=24$N/mm²）

接合構造

頭付きスタッドによるずれ止めの接合方式である。

接合部は，鋼構造とRC構造の合成構造として抵抗すると考えられるが，接合区間が短いこと，および鋼構造とRC構造の移行区間であることから，鋼構造・RC構造それぞれ単独の断面で作用外力に抵抗するものとして設計している。

接合部のコンクリートと鋼板間に作用する摩擦力は無視している。

横桁は，鋼断面のみで抵抗できる抵抗力は無視している。

応力はスタッドを介してRC桁に伝達する。

頭付きスタッドの設計は，部材の曲げモーメント・軸力に対してはフランジとコンクリート間の水平せん断力で抵抗させ，部材のせん断力に対してはウェブとコンクリート間の鉛直せん断力で抵抗させている。

構造的な特徴

RC中空床版＋鋼鈑桁＋RC中空床版の3径間連続混合桁橋である。従来は，鋼桁とRC桁の接合構造として，PC鋼線（鋼棒）を用いた構造が採用されていたが，本橋ではコストの低減を目的に頭付きスタッドを用いた接合構造を採用している。

施工的な特徴

- RC桁部は，固定支保工場所打ち工法
- 鋼鈑桁部は，トラッククレーンベント工法

実施実験

実施項目：接合部の要素実験，模型実験

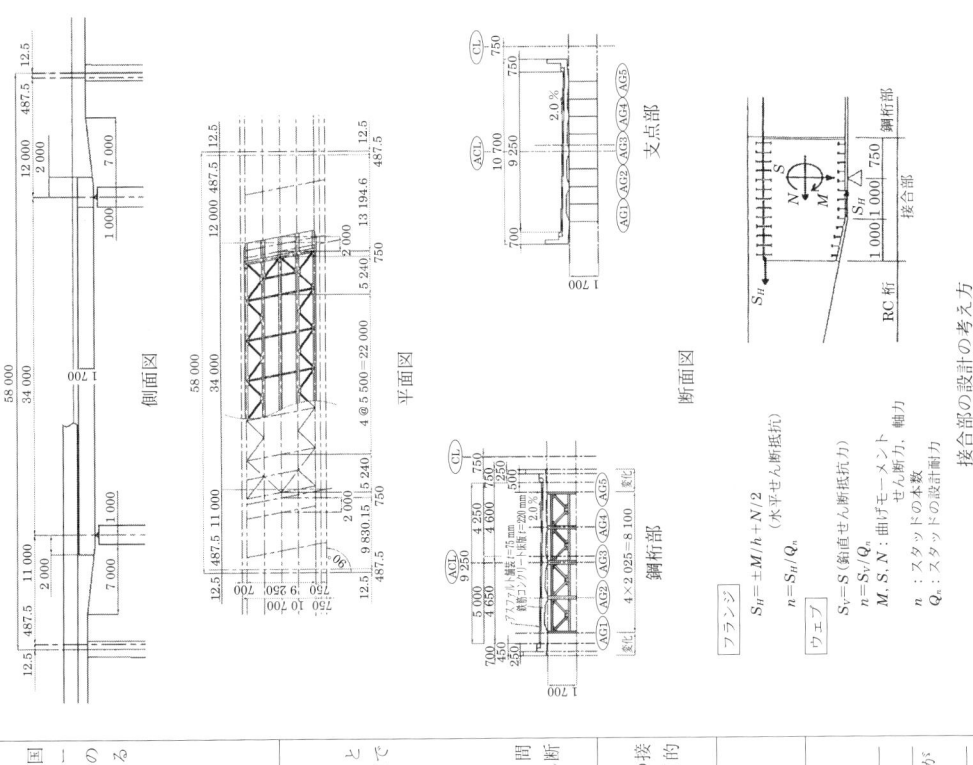

検討内容：接合部の性能確認

結果：接合部は合成構造として挙動すること，上記の設計法で安全に設計できることが確認された。

VI 資料編

(資料 No.3)

橋梁名 サンマリンブリッジ [混合桁橋（斜張橋、PC2室箱桁＋鋼床板箱桁）]

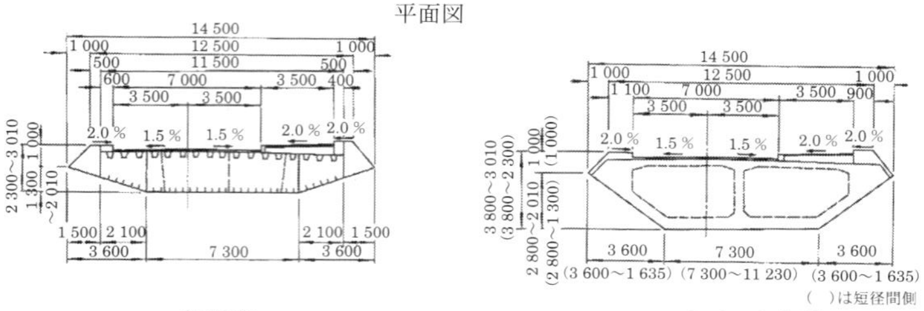

橋梁概要

サンマリンブリッジ主橋部は、長径間側126mの鋼桁と短径間側74mのコンクリート桁からなるに2径間連続非対称複合斜張橋である。河川上の桁は死荷重の軽い鋼床版桁とし、陸上部はアンバランスな径間割りへの対処として PC 箱桁とした。接合部位置は断面力状態と施工性を考慮して柱頭部前面から長支間側に 6.6m の位置とした。

- 橋長：260m（支間割：144.3＋54.3m）
- 有効幅員：10.5m
- 鋼材：約790t（SS400、SM400、SM490Y）
- コンクリート：約16 000m³（$\sigma_{ck}=40N/mm^2$）

接合構造

応力伝達が比較的明確であること、応力分布の均等化が容易であり連続一体化に優れていることから、中詰め方式のコンクリート後面支圧板方式を採用した。

構造的な特徴

軸圧縮力は後面支圧板ですべて止めかつ伝達することとし、荷重分担率を65：35とした。すべり止めとしては、セルの上下プレートには肌離れ防止効果のある頭付きスタッドジベルを、セル側板には施工性を考慮し、かつずれ止め効果の大きい角鋼ブロックジベルを配置した。

施工的な特徴

河川上にあり重量物の架設ができないため、鋼製接合桁を支保工により正規の位置に据え付け、ぬコンクリートを打ち付けした。接合桁へのコンクリートの充填施工には、確実性を図るため自己充填コンクリートを使用した。

実施実験

実施項目：接合部施工性確認実験

検証内容：自己充填コンクリートの充填状況の確認

結果：コンクリートは滑らかに水平に打ち上がり、施工性も良好であった。また、コンクリート硬化後の解体調査により、十分な充填性があることが確認できた。

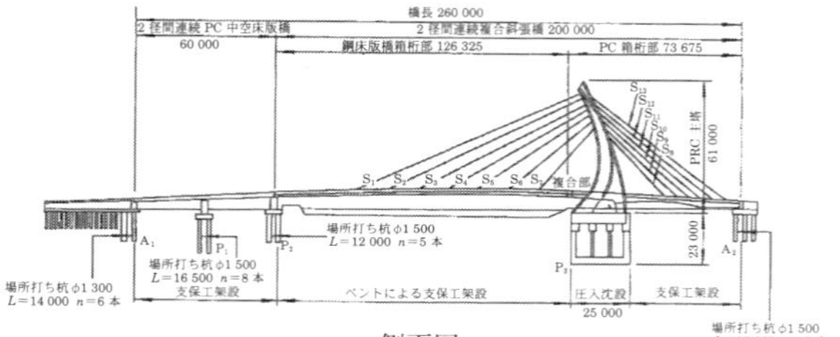

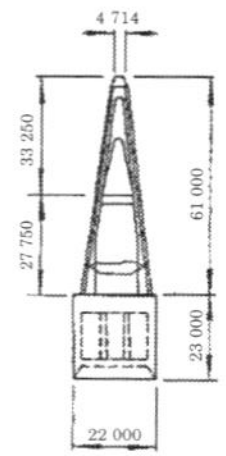

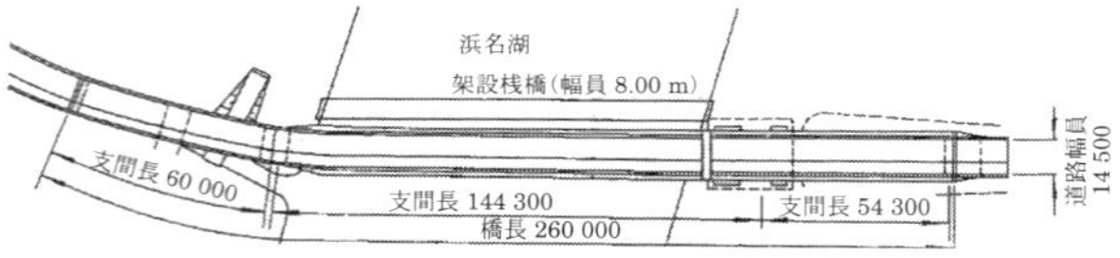

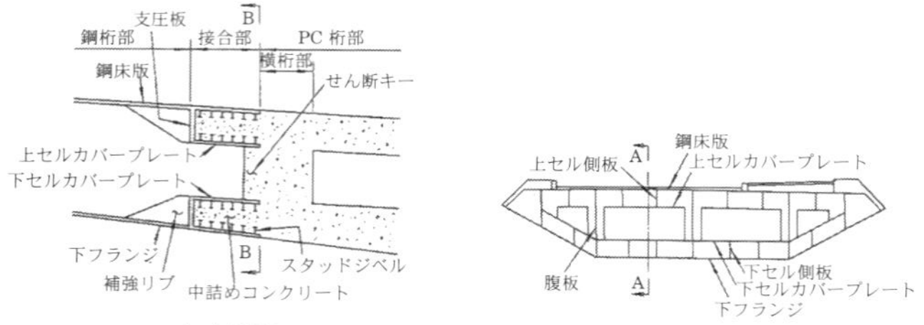

4 章 混合桁橋

(資料 No.4)

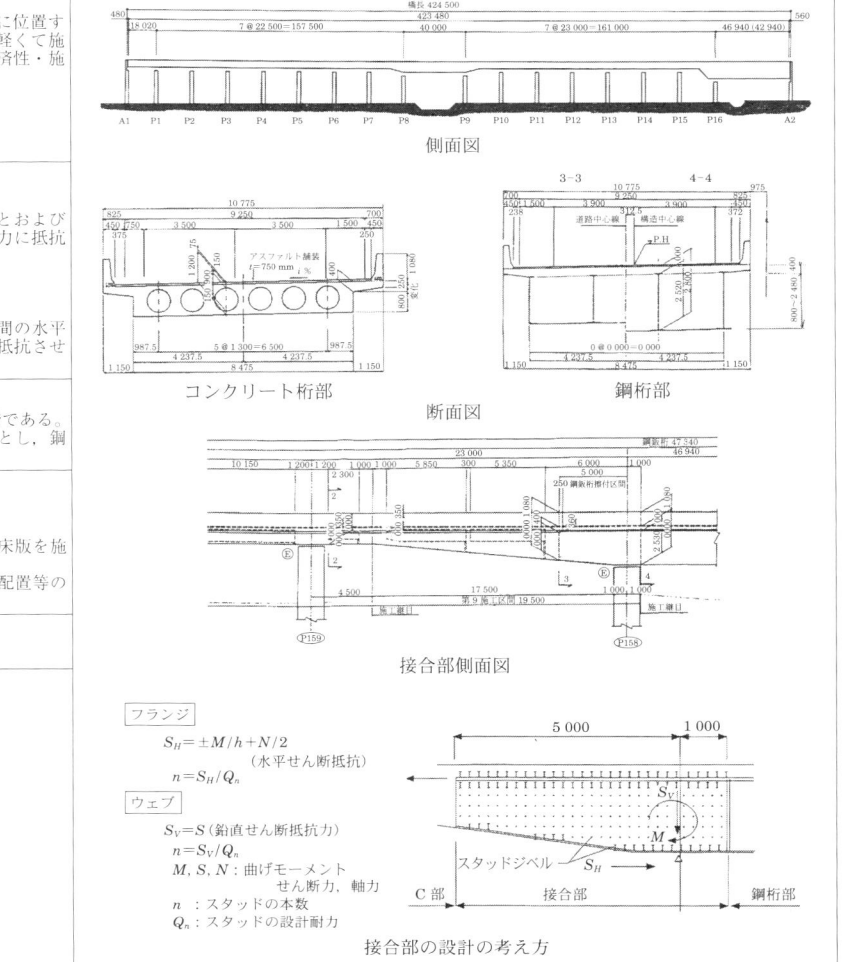

側面図

断面図

鋼桁部

コンクリート桁部

接合部側面図

接合部の設計の考え方

フランジ
$S_H = \pm M/h + N/2$ (水平せん断抵抗)
$n = S_H/Q_n$

ウェブ
$S_V = S$ (鉛直せん断抵抗力)
$n = S_V/Q_n$
M, S, N : 曲げモーメント、せん断力、軸力
n : スタッドの本数
Q_n : スタッドの設計耐力

橋梁名	涸沼前川橋 [混合桁橋(箱桁、PRC中空床版桁+PRC箱桁+鋼鈑桁)]
橋梁概要	涸沼前川橋は、北関東自動車道友城西IC~友城東IC間の一級河川と主要地方道の交差部に位置する連続高架橋であり、支間長が約45m程度ある2橋上となる河川上をできるだけ軽くて施工性・景観性の良い鋼桁を、その他の径間にはコンクリート桁(PRC桁)を用いている。接合位置は、施工性・景観性の良点から鋼桁の支点上横桁を含む支点付近の6.0m区間としている。 ・橋長: 424.500m 支間割: 18.02m+7@22.50m+40.00m+7(@23.00m+46.94m) ・有効幅員: 主桁9.875m(上下線) ・鋼材: 主桁232t(SM520, SM490Y, SM490, SM400, SS400) ・コンクリート: 6,184m³ ($\sigma_{ck} = 36 N m^2$)
接合構造	・頭付きスタッドによるずれ止め接合方式である。 ・接合部は、鋼構造とRC構造の移行区間であることから、鋼構造・RC構造単独の断面で作用外力に抵抗するものとして設計している。 ・接合部のコンクリートと鋼桁間の接合は、頭付きスタッドのみで抵抗するように設計している。 ・横桁はコンクリートと鋼桁間に作用する鉛直せん断力として抵抗し、頭付きスタッドから伝達する。 ・応力は鋼構造のみで抵抗し、接合部はコンクリートに伝達する。 ・頭付きスタッドはフランジとコンクリート間の水平せん断力および部材の曲げモーメント・軸力に対してはフランジとコンクリート間の鉛直せん断力で抵抗させている。
構造的な特徴	PRC8径間連続中空床版桁+PRC箱桁+PRC7径間連続中空床版桁+鋼鈑桁の17径間連続混合桁橋である。ずれ止め接合方式の実績が少ないため、類似構造である松江大橋を参考に支点付近を接合部とし、鋼鈑桁は単純桁と連続桁のどちらの連続桁でも対応できるように設計している。
施工的な特徴	・PRC桁部は、梁式支保工によるブロック分割施工し、 ・鋼鈑桁部は、トラッククレーンベント工法 ・施工順序はPRC箱桁からPRC中空床版を2径間毎に施工し、鋼鈑桁施工後接続部PRC中空床版を施工し上部を完成した。 ・接合部のコンクリート打設対策は、マスコンクリートとなるため3層打設とし、用心鉄筋配置等の配慮を行った。
実施実験	なし

Ⅵ 資料編

(資料 No.5)

橋梁名　多々羅大橋 ［混合桁橋（斜張橋、PC3室箱桁＋鋼床版箱桁）］

橋梁概要

本橋梁は、本州四国連絡橋尾道～今治ルートのほぼ中間に位置し、広島県の生口島と愛媛県の大三島をつなぐ橋梁である。

- 支間：270m＋890m＋320m
- 総幅員：30.6m
- 工事数量（愛媛県側PC桁橋）
  コンクリート：2,637m³
  型枠：4,392m²
  鉄筋：357t
  PC鋼材：145t
- 定着管の製作据付：16基

接合構造

後面支圧板を用いた部分接合中詰コンクリート形式

構造的な特徴

PC桁と鋼桁の間の間詰部として隔壁（横桁）を有する。

施工的な特徴

中詰・間詰コンクリートを現場にてNVコンクリートで同時施工した。

実施実験

実施項目：1. NVコンクリート充填性試験、2. 高所圧送性試験

検証内容：
1. 中詰・間詰同時打設に際し、上床版部の実物大模型（スタッド類、シース、鉄筋を用いて忠実に再現）を用いた充填性の確認、適切な打設速度の確認を行った。
2. 鉛直配管約40m、水平配管約60mを圧送する場合の圧送性の確認、筒先の性状の確認を行った。

結果：
1. 流動による骨材の分離も見られず、良好に充填された。コンクリートとキープレートとの間に僅かながら肌離れが生じた。
2. 圧送性、筒先の性状とも良好であった。

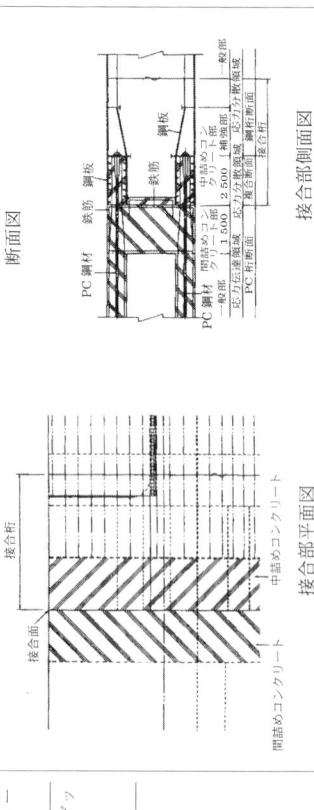

4章 混合桁橋

(資料 No.6, 7)

橋梁名	新川橋・吉田川橋 [混合桁橋 (桁橋, PRC5室箱桁+鋼床版箱桁, PRC5室箱桁+非合成箱桁)]
橋梁概要	新川橋および吉田川橋は、四国横断自動車道高松東IC～高松西ICを結ぶ徳島自動車道高松東IC～高松西IC区間の国道11号線上に位置する一連の都市内高架橋である。河川、交差道路、ボックスカルバートなどをまたぐ中央径間部に比較的軽くて架設時の施工性がよい鋼桁を、側径間部にコンクリート桁(PRC桁)を用いて全体のバランスをとっている。接合部は側径間部の曲げモーメントの変動が小さい交番部付近(負曲げモーメント寄り)としている。 ・橋長：新川橋 278m(支間割：39.2+40.0+118.0+40.0+39.2m) 　　　　吉田川橋 156m(支間割：39.35+76.0+39.35m) ・有効幅員：新川橋、吉田川橋ともに 19.76m ・鋼材：新川橋 約1,700t (SM570, SM490Y, SM400) 　　　　吉田川橋 約950t (SM570, SM490Y, SM400) ・コンクリート：新川橋 約2,390m³ ($\sigma_{ck}=36N/mm^2$) 　　　　　　　　吉田川橋 約1,270m³ ($\sigma_{ck}=36N/mm^2$)
接合構造	中詰コンクリート後面支圧板方式。鋼殻セル内の孔あき鋼板ジベルで荷重分担) 接合部のPC鋼材は新川橋では接合部専用のPC鋼材を使用、吉田川橋では主桁のPC鋼材を延長して使用している。
構造的な特徴	新川橋は鋼床版箱桁とPRC5室箱桁の5径間連続混合桁橋、吉田川橋はRC床版非合成箱桁とPRC5室箱桁の3径間連続混合桁橋である。
施工的な特徴	・鋼桁部：新川橋 トラッククレーンベント工法、ワイヤークランプ吊上工法 　　　　　吉田川橋 トラッククレーンベント工法、トラッククレーン相吊工法 ・コンクリート桁部：固定保工場所打ち工法
実施実験	実施項目：実物大部分モデルによる載荷試験 1. 鋼殻セルの拘束効果と耐荷力 2. 高流動コンクリートの充填性 1. 鋼殻セルの拘束効果により孔あき鋼板ジベルのすれ耐力が2～3割増加、接合部の耐力も設計荷重レベルを上回ることを確認した。 2. 増粘剤系高流動コンクリートを使用して自己収縮性を確認、自己収縮に対処するため膨張剤を併用した。

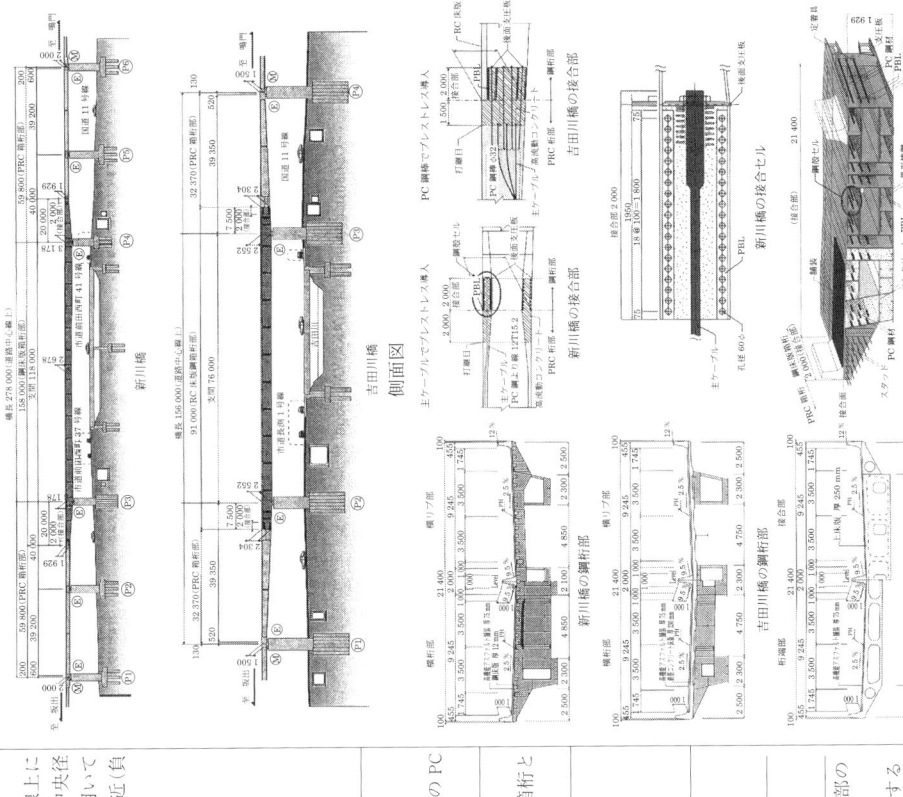

Ⅵ 資料編

(資料 No. 8, 9)

橋梁名	揖斐川・木曽川橋 [混合桁橋 (エクストラドーズド橋, PC3室箱桁+鋼床版箱桁)]
橋梁概要	揖斐川橋および木曽川橋は、第二名神高速道路が愛知・三重両県の県境の揖斐川・木曽川を横過する位置に架かる世界で初めてのPC混合エクストラドーズド橋である。いずれも中央径間のうち約100mに鋼床版箱桁を用いて上部工重量を低減している。 接合位置は斜めケーブルの桁定着位置を避けた支間中央寄りとしている。 ・橋長：揖斐川橋 271.5m (支間割：154.0+4@271.5+157.0m) 　　　　木曽川橋 275.0m (支間割：160.0+3@275.0+160.0m) ・有効幅員：揖斐川橋、木曽川橋とも 28.0m ・鋼材：揖斐川橋 約7 200t (SM570, SM490Y, SM400) 　　　　木曽川橋 約6 000t (SM570, SM490Y, SM400) ・コンクリート：揖斐川橋 約35 500m³ (σ_{ck}=60N/mm²) 　　　　　　　　木曽川橋 約26 700m³ (σ_{ck}=60N/mm²)
接合構造	中詰めのコンクリート前後面支圧板方式(前面支圧板の頭付きスタッドでせん断力を伝達) 接合部のPC鋼材は接合部専用のPC鋼材を使用
構造的な特徴	揖斐川橋は最大支間長271.5mの6径間連続、木曽川橋は最大支間長275.0mの5径間連続の複合エクストラドーズド橋である。主塔頂部の斜材定着体は鋼製であることから、主塔直下の主桁と接合された一種の混合構造となっている。さらに、接合面から1.0mの主桁とコンクリート桁定着区間を設けており、鋼桁部に応力伝達区間を設けており、接合面の前面支圧板は無機ジンクリッチプライマーとエポキシ樹脂にて防錆処理を施している。
施工的な特徴	コンクリート桁部は、架橋地点から10km離れた9万m²のヤードにて最大重量が400tのプレキャストセグメントとして製作。台船にて海上輸送されたブロックはエレクションノーズによって張出し架設した。 製作ヤードにてコンクリート桁と鋼桁を接合した接合セグメントは、張り出し施工部の先端にて接合桁部のコンクリートを膨張剤を配合した高流動コンクリートを一括打設し、接合セグメントを架設した。 鋼桁部は、2 000tの大ブロックにて架設、接合終了後に膨張剤入り施工終了後に接合セグメントをボルトにて連結した。
実施実験	実施項目：接合部輪荷重疲労走行試験
	検証内容：床版接合部のひび割れの発生の有無による安全性、輪荷重の移動載荷による疲労性能について確認する。
	結果：鋼板接合部にはひび割れの発生は認められなかったが、デッキプレート厚を接合部だけ18mmから20mmに増厚することとした。

4 章 混合桁橋

(資料 No.10)

橋梁名	大洲高架橋 [混合桁橋（箱桁, PRC中空床版桁＋鋼鈑桁）]
橋梁概要	大洲高架橋は、四国縦貫自動車道の終点大洲から一般国道56号大洲道路に連絡させる高架橋であり、一般国道56号とJR予讃線を跨ぐ区間の橋梁である。本橋は、中央径間を鋼4主鈑桁とし、側径間をPRC中空床版桁で構成とすることで、断面力のバランスおよび経済性の改善を図った。鋼・PRC3径間連続混合桁橋である。接合部は支点近傍に設けている。 ・橋長：114.0m（支間割：27.5m+58.0m+27.5m） ・有効幅員：W＝9.370〜9.732m ・鋼材：約200t（SM570, SM490Y, SM400） ・コンクリート：約870m³（σ_{ck}＝36N/mm²）
接合構造	・ずれ止め接合方式（ずれ止め100%） ・頭付きスタッドジベル
構造的な特徴	力学特性と経済性の改善を目的に、中央径間を重量の軽い鋼桁で、側径間を重量の重いPRC桁で構成する鋼・PRC3径間連続混合桁橋。
施工的な特徴	・鋼桁：トラッククレーンベント工法 ・PRC桁：固定支保工 ・施工ステップは、鋼桁架設→鋼桁1次床版打設→PRC桁打設→鋼桁2次床版打設
実施実験	検証項目：接合部マスコンクリートの温度計測 検証内容：温度応力度解析およびそれらを踏まえた施工対策の妥当性の検証。 結　果：コンクリート温度の計測値と解析値はほぼ一致しており、また、温度降下の勾配もほぼ一致していた。

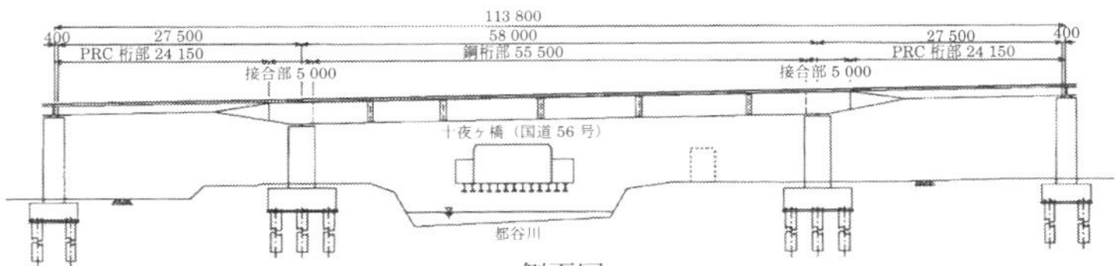

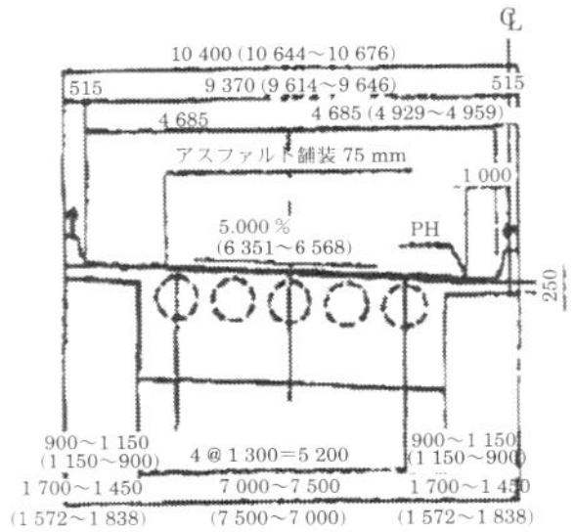

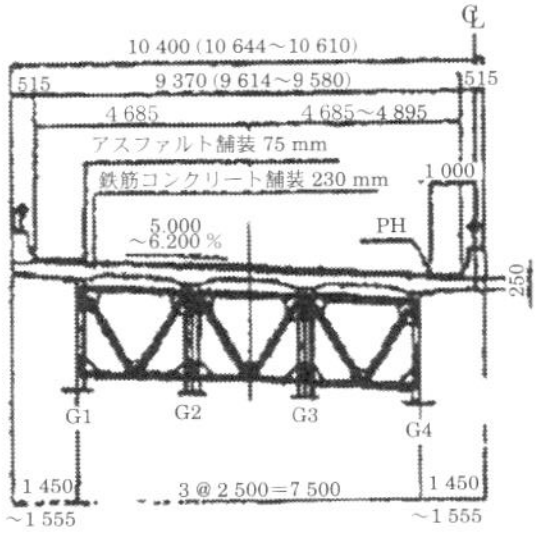

383

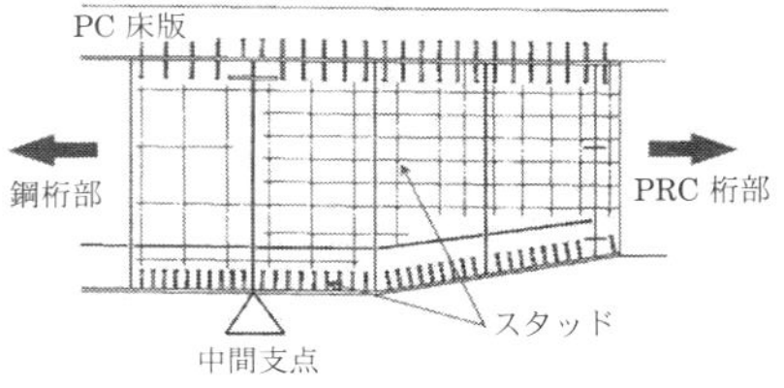

Ⅵ 資料編

(資料 No.21)

橋梁名 日本・パラオ友好橋 [混合桁橋（エクストラドーズド橋，PC1室箱桁＋鋼床版箱桁）]

橋梁概要

日本・パラオ友好橋は1996年に突然落橋したコロール・バベルダオブ橋(有ピンジPC箱桁橋)の架け替え橋梁として建設され，2002年1月に開通した3径間連続複合エクストラドーズド橋である。現地で資機材を調達することはほとんど不可能であるため，主要な資機材・建設材料，仮設資機材，鉄筋および鋼材など，主要な資機材をすべて海上輸送により調達し，PC桁はフォームトラベラを使用して両側張出し架設工法により施工された。また鋼桁は海峡に係留した台船からの大ブロック一括架設工法により施工された。

- 橋長：412.7m（支間割：82.0＋247.0＋82.0m）
- 有効幅員：8.6m
- 鋼材：約540t (SS400, SM400, SM490)
- コンクリート：約4 000m³ (σ_{ck}=40N/mm²)

接合構造

PC桁と鋼桁の接合部方法は後面支圧板方式である。後面支圧板には1断面あたり42本のPC鋼棒φ32mmおよび4本のPCケーブル12S15.2を定着し引張応力が発生しないようにプレストレスを与え，鋼セル内側の頭付きスタッドおよび鋼ブロックによる角鋼ブロックにより断面力を伝達する。

構造的な特徴

本橋が跨ぐ海峡は潮流が速く水深が深いこと，また海洋環境への影響に配慮して本橋の橋脚は海岸部に設置された。このため，主径間中央部の82mを鋼桁としてアンバランスな支間割に対処するとともに，鋼桁はPC桁に比べて軸剛性が小さくコンクリートのクリープ・乾燥収縮に伴う不静定力が低減されることを利用してPC桁と橋脚・主塔を剛結し，スライド支承を省略して工費縮減，メンテナンス低減を図った。

施工的な特徴

大ブロック(長さ77m，鋼重470t)および接合部に架設される鋼殻(長さ4m，鋼重37t×2)の製作は，ベトナム・ハノイ(パネル製作)および中国・広州(組立・塗装)にて実施し，台船(7 000t)により大ブロックの上に鋼殻を載せて架設現場に輸送した。架設現場では台船上から鋼殻をエレクションノーズにより吊り上げてフォームトラベラにより固定後，漏斗管を使用して高流動コンクリート(スランプフロー60cm)を打設し，ヘッド差により鋼セル内部へ充填させた。

実施実験

実施項目：高流動コンクリート施工性試験

検証内容：鋼セルのウェブおよび下床版の一部分を模擬した実物大型枠を使用して，高流動コンクリートの分離抵抗性と流動性を確認する。

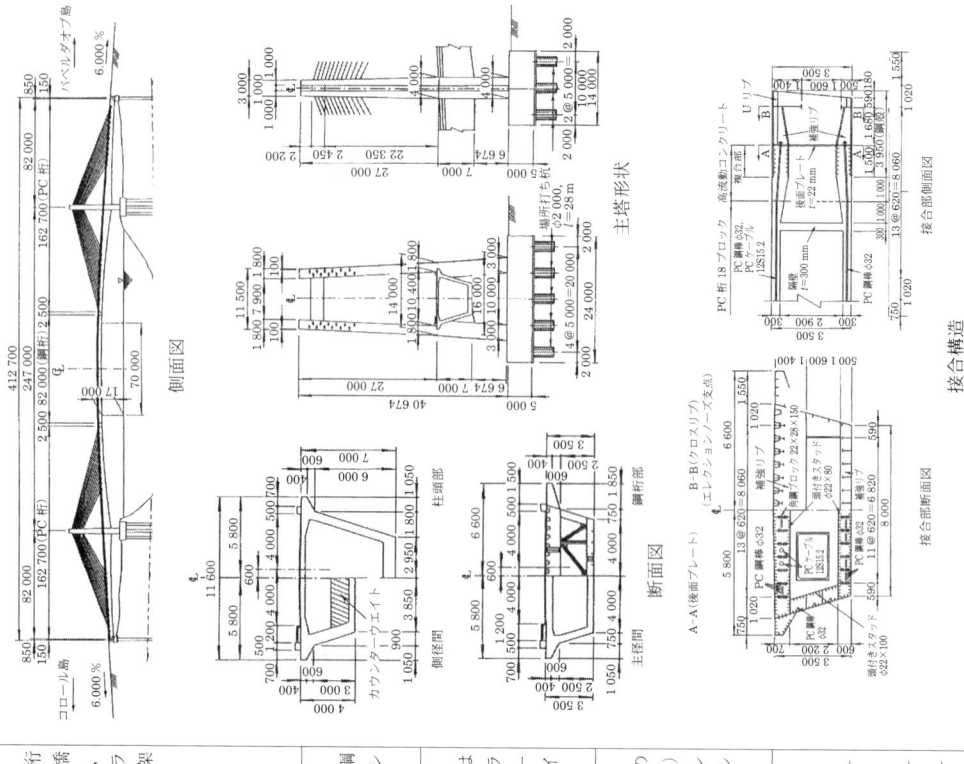

結果：材料分離することなく鋼セル内部の隅々にまで充填できることが検証できた。

側面図

主塔形状

断面図

接合構造

接合部側面図

接合部断面図

4章 混合桁橋

(資料 No.11)

橋梁名　宮野目橋　[混合桁橋（桁橋ラーメン橋，PRC 中空床版桁＋鋼鈑桁）]

橋梁概要

宮野目橋は，東北縦貫自動車道との分岐点（岩手県花巻市）から東方に約 1km 離れた JR 東北本線を横断する箇所に架設された橋梁である。本橋は，JR 東北本線を跨ぐ区間を鋼 4 主鈑桁とし，その他の径間をコンクリート構造（RC 中空床版アーチ＋鋼 4 主単純鈑桁＋PRC3 径間連続中空床版＋RC 中空床版アーチ）で構成とすることで，伸縮装置の省略による走行性の改善や維持管理費の低減を図った。鋼・PRC3 室箱桁 6 径間連続混合桁橋である。接合部は支点上に設けている。

- 橋長：154.2m（支間割：16.0m＋41.40m＋26.4m＋28.0m＋26.4m＋18.0m）
- 有効幅員：9.510m
- 鋼材：約 90t（SS400，SM400，SS490Y）
- コンクリート：約 700m³（σ_{ck}＝30N/mm²）
  約 680m³（σ_{ck}＝36N/mm²）

接合構造

- ずれ止め接合方式（ずれ止め 100%）
- 頭付きスタッドジベル

構造的な特徴

JR 東北本線を跨ぐ区間を鋼鈑桁形式とし，その他の区間はコンクリート構造とした PRC3 径間連続混合桁橋である。鋼鈑桁とコンクリート桁は橋脚上で接合しており，端径間主桁をアーチ形状とし地中に埋め込み，伸縮装置を無くした構造としている。

施工的な特徴

- 鋼桁：トラッククレーンベント工法
- PRC 桁：固定支保工
- 施工ステップは，鋼桁架設 → PRC 桁打設 → 接合部打設

実施実験

実施項目：実橋載荷試験
検証内容：設計の妥当性の確認
結　　果：変形量は，鋼，コンクリート桁連続部材として解析した値とほぼ一致していた。

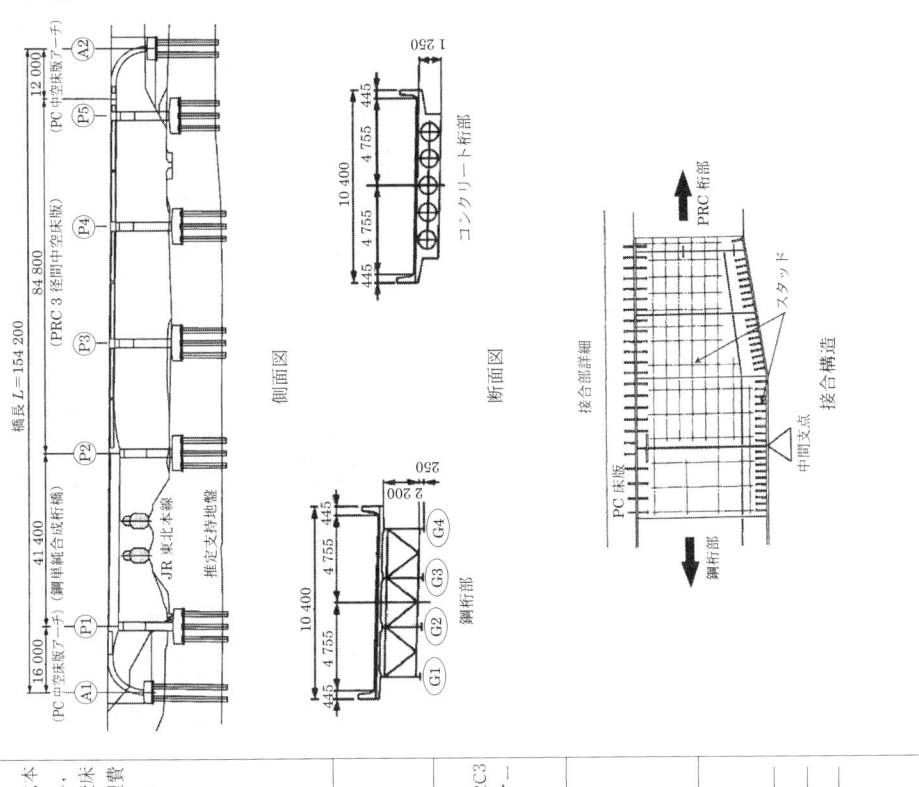

Ⅵ 資料編

(資料 No.12)

橋梁名　なぎさ・ブリッジ　[混合桁橋（斜張橋・吊橋，PC4室箱桁＋鋼床版箱桁）]

橋梁概要

なぎさ・ブリッジは，青森県鰺ヶ沢町に計画されている"鯵ヶ沢の海園"の利用促進を目的で，公園内を流れる中村川の河口に架けられた人道橋である。本橋は，中村川における魚類の遡上を妨げとなる河川内の橋脚や主塔の設置の必要がなく，公園を代表する公園内におけるランドマークとしての景観を有する。単径間ハイブリッドPC斜張橋として建設された。

- 橋長：112.30m（主塔中心間隔：110.150m）
- 有効幅員：4.0m
- 鋼材：約90t（SS400，SM400A，SM490YA，SM490YB）
- コンクリート：約630m³（σ_{ck}＝40N/mm²）
  約230m³（σ_{ck}＝50N/mm²）

接合構造

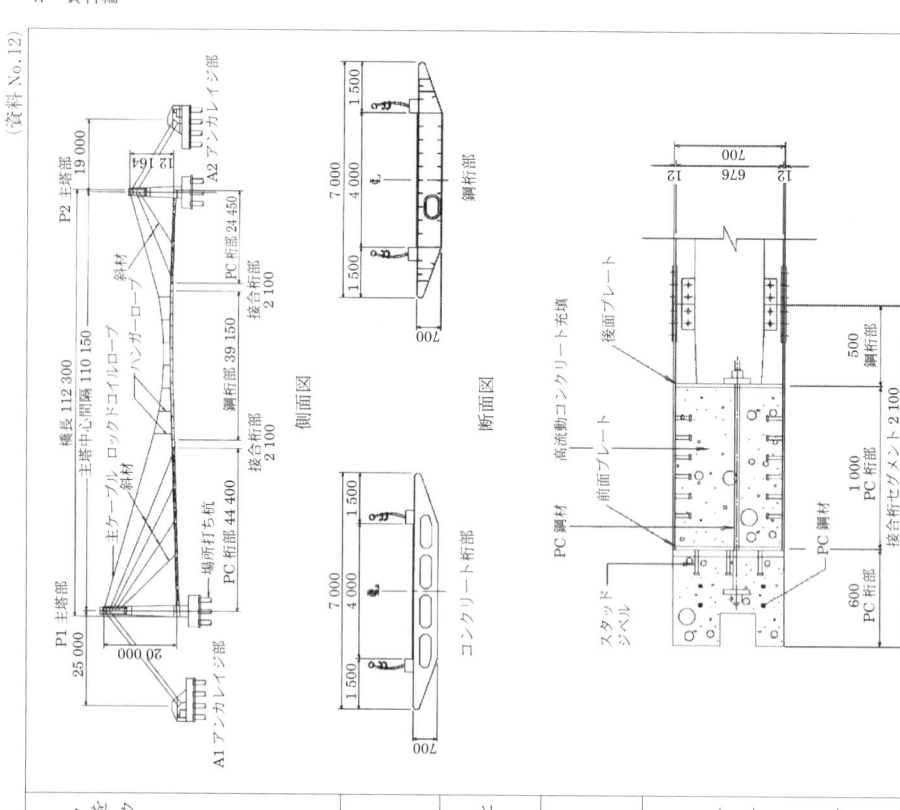

前後面支圧板方式
頭付きスタッドジベル

構造的な特徴

主塔近傍の主桁は斜張橋ケーブルによって支持されたPC桁で，径間中央の主桁は主ケーブルとハンガーケーブルにより支持された鋼桁で構成されたハイブリッドPC斜張橋。

施工的な特徴

- 鋼桁：クローラークレーンによる直吊架設
- PC桁：クローラークレーンによる張出し架設

実施実験

実施項目	実橋載荷および振動実験
検証内容	静的載荷および振動実験により静的特性，振動特性および解析手法の確認
結果	主桁の鉛直変位は，実験値より解析値の方が若干大きいが，温度の影響と考えられる。固有振動数は全体的に実験値より高めとなっており，解析モデルの妥当性が確認された。

4章 混合桁橋

(資料 No.13)

橋梁名 勅使西高架橋 ［混合桁橋（桁橋/ラーメン橋，PRC3室箱桁＋鋼鈑桁）］

橋梁概要

勅使西高架橋は，四国横断自動車道高松中央IC～高松西IC間の国道11号上に並行して建設する都市高架橋の内，香東川東端に位置する橋梁である。施工区間には国道と市道の交差部を2箇所有しており，交差条件より最大支間が77.5mと長支間になっている。本橋の上部工構造形式は混合桁橋の優位性である長支間化および軽量化を図るために，支間部に1主3室PRC箱桁と支間部に4主鈑桁とした鋼・PRC混合ラーメン橋である。柱頭部は支点より10.0mまたは13.0mの位置に設けている。

- 橋長：248.05m（支間割：52.90m＋77.50m＋63.50m＋52.80m）
- 有効幅員：上り線9.915m，下り線9.845m
- 鋼材：約930t（SM570，SM490Y，SM400，SS400）
- コンクリート：約1950m^3（σ_{ck}=36N/mm^2）
  約1200m^3（σ_{ck}=30N/mm^2）

接合構造

- 後面支圧板方式（ずれ止め65％，後面支圧板35％）
- 孔あき鋼板ジベル

構造的な特徴

長支間化と軽量化を目的に，支間部を重量の軽い鋼桁とし，柱頭部を重量の重いPRC桁で構成する鋼・PRC4径間連続混合ラーメン橋。

施工的な特徴

- 鋼桁：トラッククレーンベント工法
- PRC桁（柱頭部）：固定支保工
- 施工ステップは，PRC桁（柱頭部）→鋼桁架設→床版打設

実施実験

検証項目	高流動コンクリート充填実験
検証内容	高流動性コンクリート充填（粉体と増粘剤を用いた併用系）実験
結 果	充填性およびコア抜き検査により材料分離の発生がないことを確認。

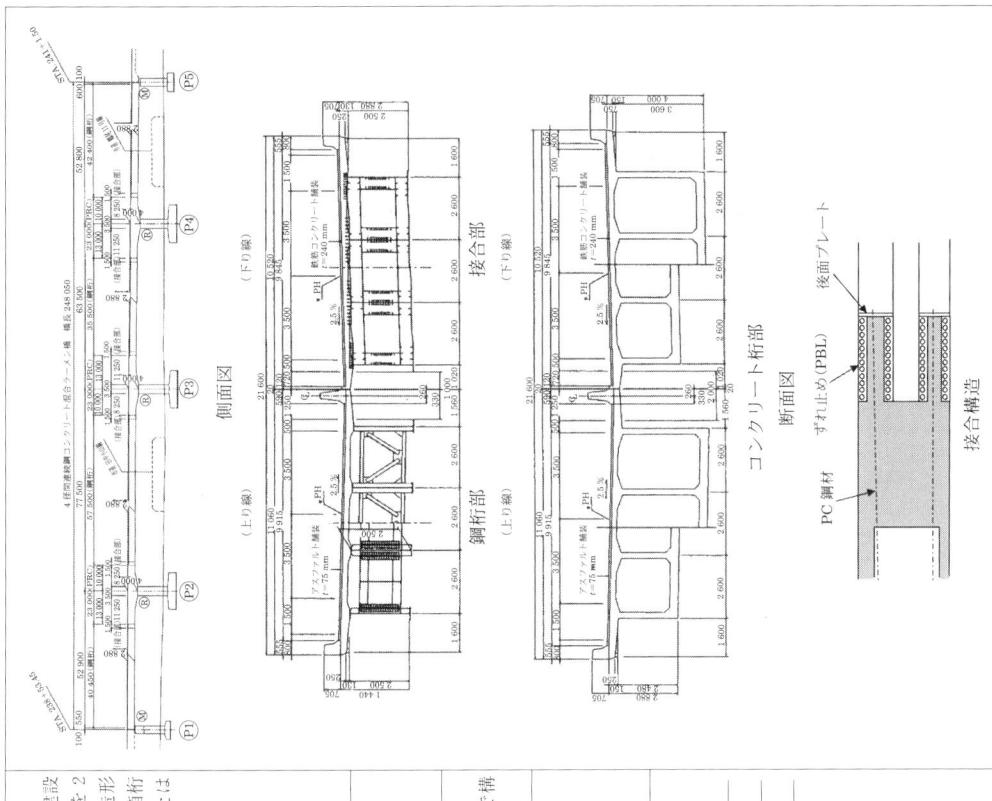

387

Ⅵ 資料編

(資料 No.14)

橋梁名 塩坪橋 ［混合桁橋（桁橋，PC1室箱桁＋開断面箱桁）］

橋梁概要

塩坪橋は，福島県耶麻郡高郷村にて上郷舟渡線が阿賀川をまたぐ位置に架かる混合桁橋である。地形上，中間橋脚位置の制約を受けて約2：1というアンバランスな支間割りであり，橋梁全体のバランスをとるために河川をまたぐ長支間側の約7割に鋼桁を用いている。橋軸方向プレストレスを導入しない床版張出し部に引張応力が作用しないように，接合位置を交番部付近の正曲げモーメント寄りとしている。

- 橋長：119.4m（支間割：75.65＋42.25m）
- 有効幅員：8.0～11.0m
- 鋼材：約230t（SMA570W，SMA490W，SMA400W）
- コンクリート：約1 100m³（σ_{ck}=40N/mm²）

接合部

- 中詰コンクリート後面支圧板方式（鋼殻セル内の孔あき鋼板ジベルで荷重分担）
- 接合部のPC鋼材は主桁のPC鋼材を延長して使用

構造的な特徴

鋼桁部は1主開断面箱桁に合成床版を採用している。橋軸方向のPC鋼材が合成床版部に配置できないため，床版張出し部に引張応力が作用しないように，接合位置を交番部付近の正曲げモーメント寄りとしている。

施工的な特徴

- 鋼桁部：送り出し工法
- コンクリート桁部：固定支保工場所打ち工法，張出し架設工法

実施実験

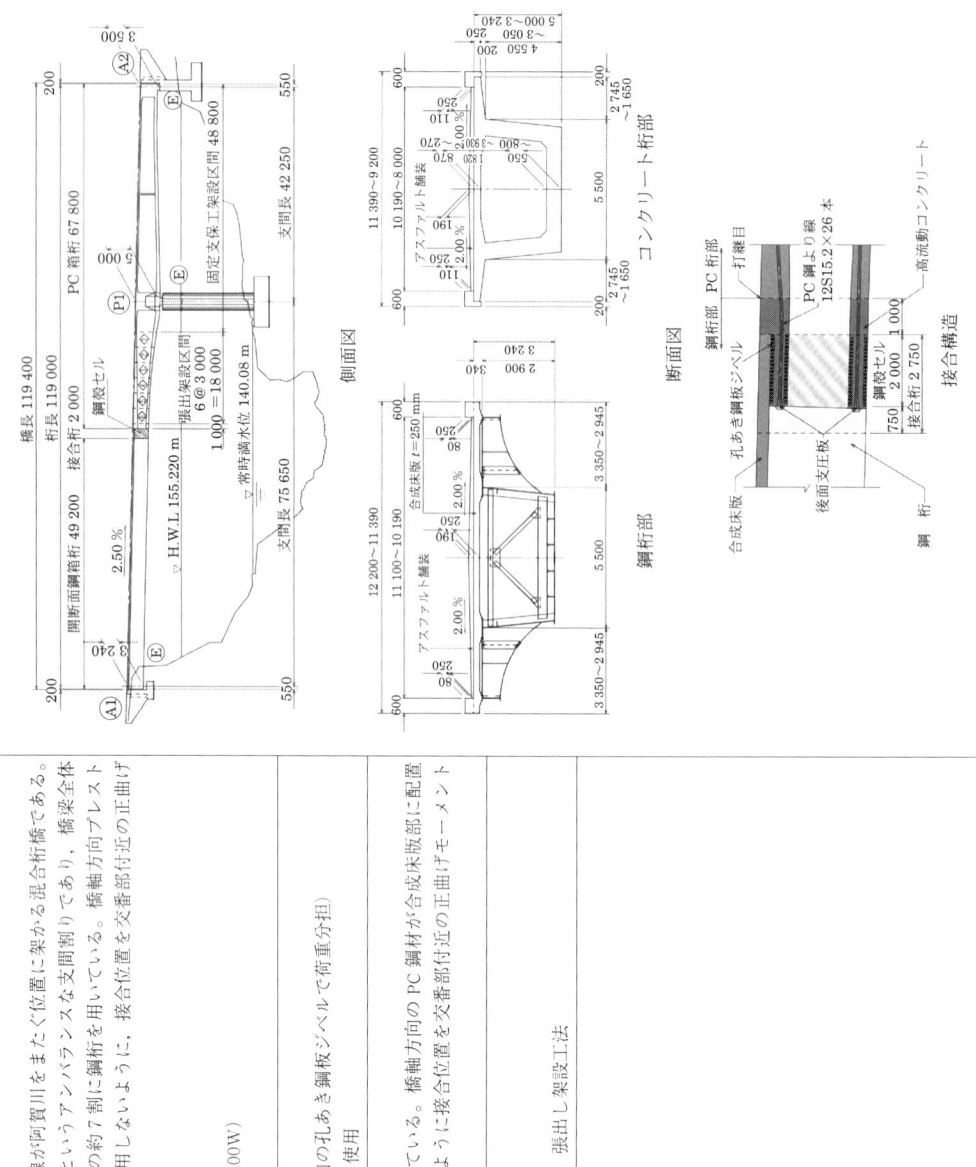

4章 混合桁橋

(資料 No.15, 16)

橋梁名	美濃関ジャンクションEランプ橋・美濃関ジャンクションFランプ橋 [混合桁橋（桁橋，PRC2室箱桁＋鋼末版箱桁）]
橋梁概要	美濃関ジャンクションEランプ橋およびFランプ橋は，岐阜県美濃市と関市の市境に位置し，東海環状自動車道から東海北陸自動車道南行きに接続する流入（Eランプ）・流出（Fランプ）の両ランプである。上部工重量の軽減，ベント撤去時の鉛直変位や発生応力を抑えるために，東海北陸自動車道跨道部の鋼桁を階接する中間橋脚間の交番部付近（正曲げモーメント寄り）まで伸ばして接合部を設けた。 ・橋長：Eランプ橋　524.6m（支間割：39.1＋2@44.0＋69.5＋48.5＋3@40.0＋38.5＋42.5＋43.8＋43.8＋33.3m） 　　　　Fランプ橋　503.0m（支間割：71.0＋89.0＋55.0＋8@36.0m） ・有効幅員：Eランプ橋　6.81～8.96m 　　　　　　Fランプ橋　6.86～10.81m ・鋼材：Eランプ橋　約1200t（SM570，SM490Y，SM400） 　　　　Fランプ橋　約1100t（SM570，SM490Y，SM400） ・コンクリート：Eランプ橋　約1900m³（σ_{ck}＝36N/mm²） 　　　　　　　　Fランプ橋　約2400m³（σ_{ck}＝36N/mm²）
接合構造	・中詰めのコンクリート後面支圧板方式，鋼殻セル内の孔あきセル内のPC鋼材で桁軸力分担 ・接合部のPC鋼材は接合部専用のPC鋼材を使用
構造的な特徴	本橋は東海北陸自動車道跨道部の長支間部に鋼末版箱桁，その他をPRC2室箱桁としたランプ橋である。Eランプ橋が最小半径110m，Fランプ橋が最小半径80mの「馬蹄形」をしており，大きな曲率を有する曲線橋である。 道路線形は「くの字形」，Fランプ橋付近にはねじりモーメントを伝達させ，セル内コンクリートの応力集中を緩和している。 セルウェブをセル端部より500mm控えて段階的にねじりモーメントを伝達させ，セル内コンクリートの応力集中を緩和している。
施工的な特徴	・鋼桁部：東海北陸自動車道跨道部　大ブロック一括架設工法，その他トラッククレーンベント工法 ・コンクリート桁部：固定支保工場所打ち工法
実施実験	

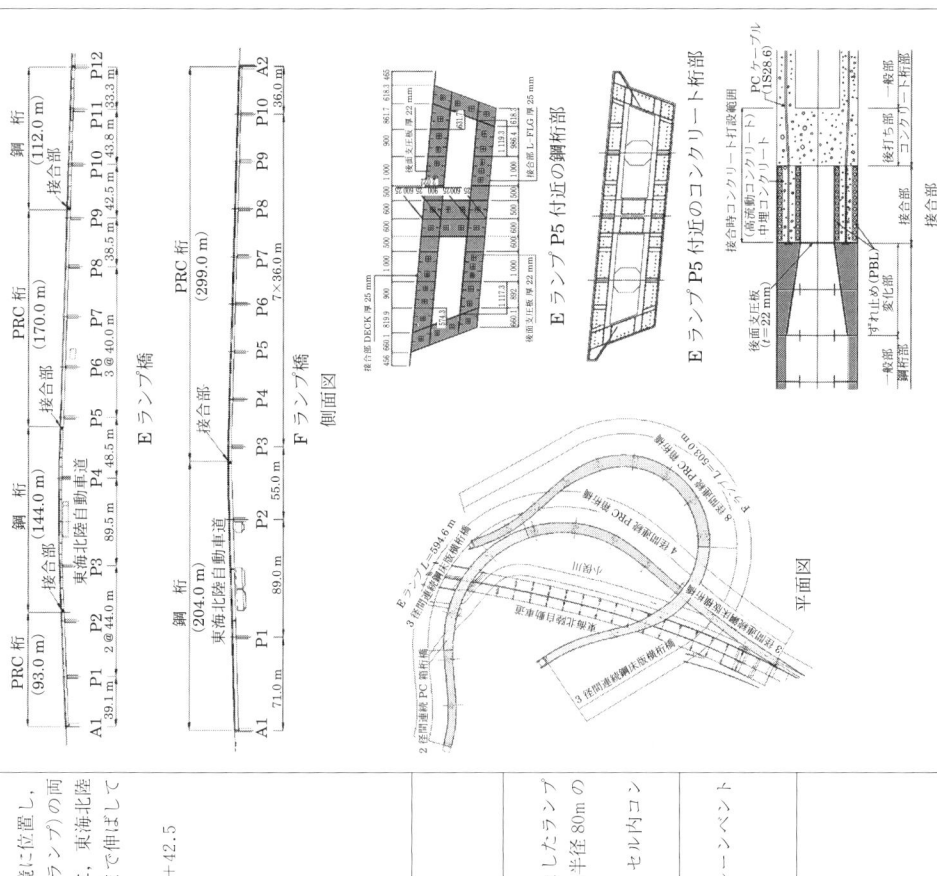

389

(資料 No.17)

橋梁名 矢作川橋 [混合桁橋（波形ウェブ橋）斜張橋、波形ウェブ PC5 室箱桁＋鋼床版箱桁]

橋梁概要

矢作川橋は、4径間連続PC・鋼複合斜張橋で、車道8車線の上下線一体構造となっている。主桁は波形鋼板ウェブを用いた5室箱桁断面で、径間中央部4.0mと変化している。主塔は、高さ109.6m、主塔柱は柱頭部6.0m、径間中央部4.0mと変化している。主塔の特徴としては、鋼製となっている。波形鋼板ウェブPC箱桁と鋼桁の混合構造から成る。本橋は、超大型の6主桁移動作業車を用いて張出し施工、中央径間閉合部は一面吊支保工、側径間部は支保工による施工とする。

- 有効幅員：40.000〜43.367m
- 橋長：820m（支間割：173.4＋2@235.0＋173.4m）
- 鋼材：波形、約4 250t（SS400、SM400、SM490Y、SM570）
  横桁 約5 240t（SS400、SM400、SM490、SM570）
  主塔鋼殻 約4 160t（SS400、SM400、SM490、SM570）
- コンクリート：主桁 約27 400m³（σ_{ck}=60N/mm²）
  主塔 約24 800m³（σ_{ck}=60N/mm²）

接合構造

接合部は曲げモーメントの交番点付近に設けられ、接合面にはり引張応力が発生しないようにPC鋼材で緊張力を与えている。せん断力に対しては、スタッドジベルで応力を伝達している。波形鋼板ウェブとコンクリートの上下床版は、アンカーバーにて貫通鉄筋およびU字鉄筋を用いた埋込み接合である。また、波板鋼板ウェブ同士の接合方法は、外フェブと中フェブで異なった方法を用いており、すみ肉溶接接合と1面摩擦高力ボルト接合としている。それぞれ、

構造的な特徴

本橋は、世界初の波形鋼板ウェブを有するPC斜張橋である。
最大支間235mは橋長820mとともに波形鋼板ウェブPC橋として世界最大である。
主桁接合部は、構造的かつ施工的な理由から波形鋼板後面プレート構造が採用されている。また、接合面から1.0m鋼桁部に応力伝達区間を設けている。コンクリート桁部は波板鋼板のスタッドジベルにて、コンクリート部のせん断伝達はスタッドジベルにてである。
主桁側斜材定着部およびパーフォボンドジベルを用いた逆Y型となっており、上部工の重量軽減を目的として、鋼構造を有している。定着部にはパーフォボンドジベルを用いた複合構造としており、曲線が多く捻れた逆Y型となっている。基部・受梁部には大きな断面力が作用することから、大型の鋼殻部材を用いたSC構造としている。

施工的な特徴

主桁接合部は、鋼桁を先行架設し、接合部コンクリートを吊支保工にて施工する。なお、応力伝達区間のコンクリートには膨張剤を入れた高流動コンクリートを圧入する。

実施実験

実施項目	主塔および主桁の各部の性能確認
検証内容	1. 主桁受梁部耐力実験、2. 主塔基部耐力実験、3. 主桁斜材定着部耐力実験、4. 主桁斜材定着部疲労試験
結果	1. 主桁受梁部の耐力を確認、2. 主塔基部の曲げ耐力を確認、3. 主桁定着部の妥当性および耐力を確認、4. 斜材定着部の疲労耐久性を確認

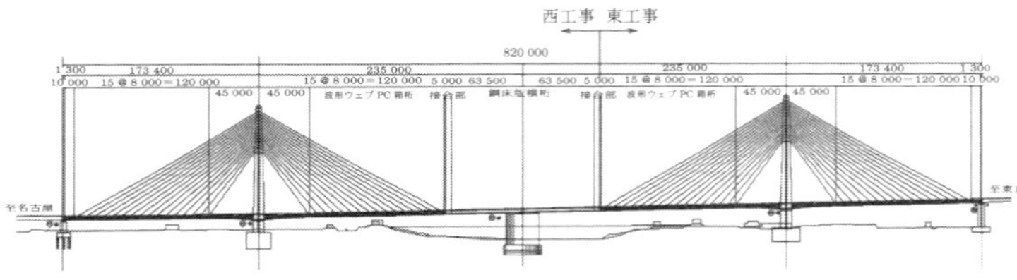

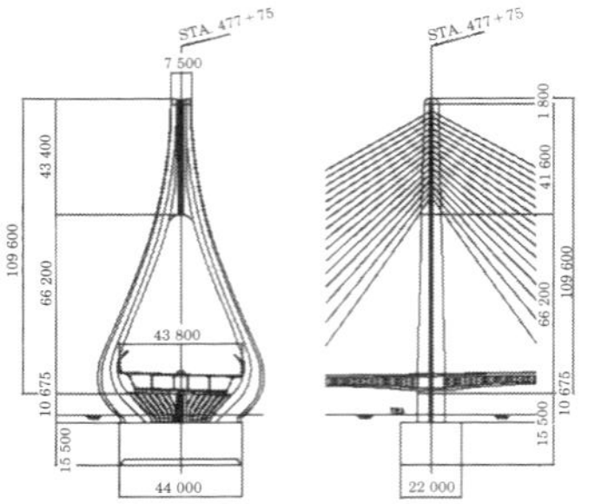

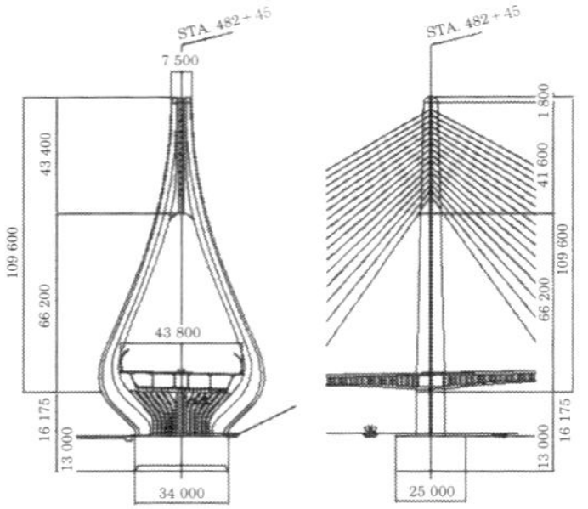

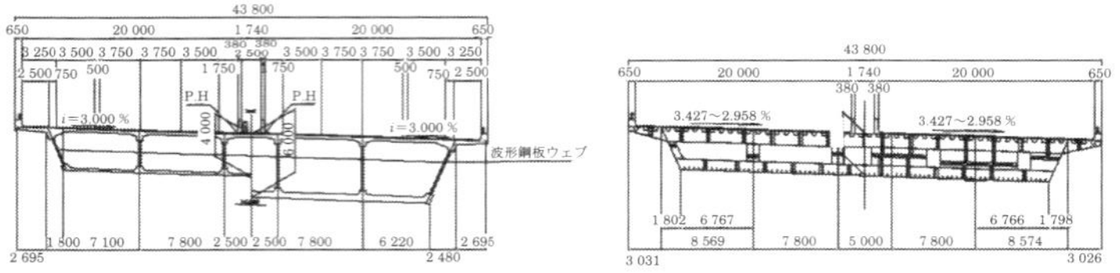

4章 混合桁橋

(資料 No.18)

橋梁名 鐙川橋 [混合桁橋（桁橋，PC3室箱桁＋鋼床版箱桁）]

橋梁概要

鐙川橋は，常磐自動車・山元 IC（仮称）～亘理 IC（仮称）の鐙川に架かる橋梁である。本橋の上部工構造形式は混合桁橋の優位性である長支間及び軽量化を図るために，長径間部に3室鋼箱桁と側径間部に3室 RPC 箱桁とした鋼・PRC 混合連続桁橋である。接合部は支点より 18.0m の位置に設けている。

- 橋長：196.9m（支間長：50.0＋94.500＋50.0m）
- 幅員：W＝9.5m
- 鋼材：約 730t（SM520, SM490Y, SM400, SS400）
- コンクリート：約 620m³（σ_{ck}＝36N/mm²）
  約 440m³（σ_{ck}＝30N/mm²）

接合構造

- すれ止めの接合方式（すれ止め 100%）
- 頭付きスタッドジベル

構造的な特徴

鐙川橋は3径間連続3室鋼箱桁＋3室 PRC 箱桁で，接合部はコンクリートを充填して，頭付きスタッドジベル 100%で鋼桁から PRC 桁に断面力を伝達する構造である。

施工的な特徴

- 鋼桁：送出し架設
- PC 桁：固定支保工
- 施工ステップは，鋼桁架設→ PRC 桁打設→接合部打設（主桁連結）→ RC 床版打設→仮支点撤去

実施実験

VI 資料編

(資料 No.19)

橋梁名 北郷立体交差 [混合桁橋（桁橋，PC2室箱桁＋鋼床版箱桁）]

橋梁概要	北郷立体交差は，札幌市の北郷通りの踏み切りによる渋滞緩和を目的として計画された都市内高架橋であるが，鉄道輸送量が最も多い千歳線，函館本線を跨ぐ跨線橋となるため，鉄道跨線部の支間が長く，側径間とのバランスが悪くなる。側径間における重要路線上での落橋，伸縮装置の維持管理および大規模地震時における重要路線上での落下，伸縮装置の維持管理および耐震性能が懸念されたため，鋼床版箱桁とPC箱桁を連続化させた鋼・コンクリート混合桁橋である。接合部は支点より7.0mの位置に設けており，接合形式は，支圧接合方式を採用している。 ・橋長：278.0m（支間割：28.0m＋32.0m＋36.0m＋60.0m＋4@30.0m） ・幅員：W＝14.5m ・鋼材：約410t（SS400，SM400A，SMA400，SMA490） ・コンクリート：2310m³（σ_{ck}＝36N/mm²）
接合部	・支圧接合方式（前面支圧板100%） ・摩擦力
構造的な特徴	耐震性，走行性および維持管理の向上を目的に，鉄道跨線部を鋼桁とし，その他の径間をPRC桁で構成する鋼・PRC8径間連続混合桁橋。
施工的な特徴	・PC桁：送出し架設 ・鋼桁：固定支保工 ・施工ステップは，鋼桁架設→PRC桁打設→接合部打設（主桁連結）→仮支点撤去
実施実験	実施項目：部分および全体模型による載荷実験
検証内容	1. 部分模型実験は，接合面の摩擦係数の評価と接合面処理方法の確認 2. 全体模型実験は，疲労耐久性の確認（変動荷重）と破壊形態の確認。
結果	1. 摩擦係数は，接合部設計において想定している0.4を大幅に上回ることが確認され，珪砂接着状態での付着強度は，コンクリートのせん断強度を大幅に上回っていた。 2. 曲げ，せん断のいずれのケースでも，想定S-N曲線は，実橋の大型車交通量を満足しており，支圧接合方式による疲労耐久性を有する接合部は十分な疲労耐久性を有していた。また，接合部の破壊形態は，曲げ破壊型であり，通常のRC梁と同様に靱性のある挙動を示すことが明らかになった。

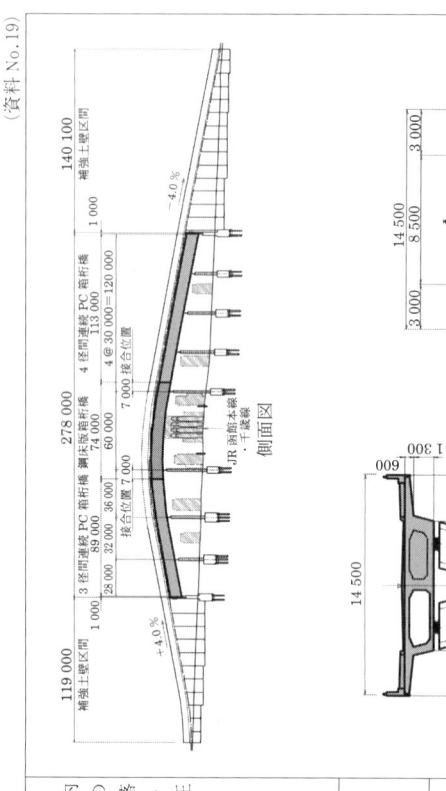

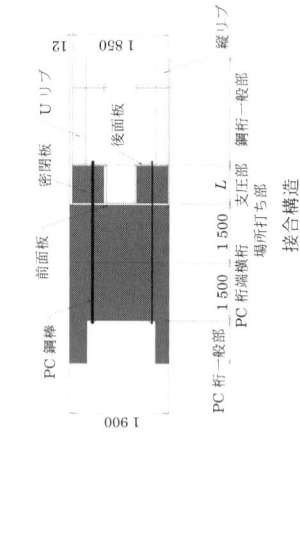

392

混合桁橋梁データ文献リスト

生口橋（資料 No.1）

1) 森、帆足、村井：生口橋接合部実験報告、本四技報、Vol.13, No.49, pp.48-52, 1989.1
2) 土木学会・本州四国連絡橋協会：本州四国連絡橋鋼上部構造研究小委員会：本州四国連絡橋鋼上部構造に関する調査研究報告書、昭和60年度、昭和61年度、昭和62年度
3) 海洋架橋調査会：生口橋主桁複合構造に関する調査報告書、昭和60年度、昭和61年度、昭和62年度、昭和63年度
4) 宮下、藤原：複合斜張橋「生口橋」の設計と施工、コンクリート工学、Vol.30, No.2, pp.31-45, 1992.2
5) 松井、梶川、森谷、岩崎、新井、木本：複合斜張橋・生口橋接合部の設計・施工、川田技報、Vol.10, pp.60-67, 1991.1
6) 松井、梶川、森谷、新井、竹之熊：複合斜張橋・生口橋の施工、川田技報、Vol.11, pp.40-48, 1992.1
7) 富岡、天野、仁木：生口橋の計画と下部工設計、本四技報、Vol.11, No.44, 1987.10
8) 山岸：生口橋、橋梁と基礎、Vol.22, No.8, 1988.8
9) 山岸、木村：生口橋の設計・施工して接合部について、土木学会第2回合成構造の活用に関するシンポジウム講演論文集、1989.9
10) 多田、川岸、梶川：生口橋 PC 桁部の設計、プレストレストコンクリート技術協会第29回研究発表講演会論文集、1989.11
11) 川岸、森田、西木、矢野：生口橋主桁接合部の設計について、第12回コンクリート工学年次講演会論文集、1990.6
12) 多田、川岸、西木、矢野：生口橋上部工の設計(上)、橋梁と基礎、Vol.24, No.7, 1990.7
13) 多田、川岸、西木、矢野：生口橋上部工の設計(下)、橋梁と基礎、Vol.26, No.9, 1990.9
14) 川岸、西木、矢野：生口橋接合部の設計・施工、本四技報、Vol.15, No.58, 1991.4
15) 川岸、西木、矢野：生口橋 PC 桁ケーブル定着部の設計、本四技報、Vol.15, No.58, 1991.4
16) 宮下、藤原：生口橋上部工の施工、橋梁と基礎、1991.12

ノルマンジー橋（資料 No.20）

1) 世界最長のノルマンジー橋、橋梁と基礎、Vol.23, No.4, 1989年4月
2) Cable-stayed and Suspension Bridges、Federation Internationale de la Precontrainte、Proceedings-Volume 1, October, 1994

松山高架橋（資料 No.2）

1) 湯川、中原：松山高架橋における複合構造の採用について、高速道路技術センター、1997.3
2) 松田、長合、柴桃、西海、田浦：スタッドを用いた鋼桁－RC 桁結合部の力学特性について（その1 スタッドレベルの荷重変形挙動）、土木学会年次学術講演会、Vol.50, I-124, pp.248-249, 1995.9
3) 松田、湯川、長合、西海、奥田：スタッドを用いた鋼桁－RC 桁結合部の力学特性について（その2 連結部の曲げせん断挙動）、土木学会年次学術講演会、Vol.50, I-333, pp.266-267, 1995.9

VI 資料編

サンマリンブリッジ (資料 No.3)

1) 山下:複合斜張橋橋 サンマリンブリッジの計画と設計, プレストレストコンクリート, Vol.37, No.2, 1995.3
2) 宮野, 山下, 横田, 夏目, 竹房, 鴻上:サンマリンブリッジの設計と施工, 橋梁と基礎, 1996.10

涸沼前川橋 (資料 No.4)

なし

多々羅大橋 (資料 No.5)

1) 平原:多々羅大橋, 橋梁と基礎, 98-9, pp.16-21, 1998
2) 平原:多々羅大橋上部工工事, 橋梁, 1997.12, pp.46-58, 1997

新川橋・吉田川橋 (資料 No.6, 7)

1) 白木:ロマンと碧のハイウェイ 四国横断自動車道・高松市内区間, 土木学会誌, Vol.84, pp.68-71, 1999.12
2) 縄田, 高田, 宮地, 柳澤, 岩田, 宮地:新川橋 (鋼・PC複合上部工) 工事の設計・施工, 川田技報, Vol.19, pp.41-46, 2000
3) 望月, 安藤, 宮地, 柳澤, 高田:孔明き鋼板ジベルを用いた混合桁接合部の静的力学特性に関する実験的検討, 土木学会構造工学論文集, Vol.46A, pp.1479-1490, 2000.3
4) 望月, 安藤, 岩田, 宮地, 木本, 山本:混合桁接合部に設けた孔明き鋼板ジベル (PBL) に対する軸力分担率の簡易推定法, 土木学会年次学術講演会, Vol.55, I-A262, pp.524-525, 2000.9
5) 山田, 安藤, 柳澤, 縄田, 牛島, 山本:鋼殻セル内部に設置した孔あき鋼板ジベルの静的ずれ耐荷力特性, 土木学会年次学術講演会, Vol.55, I-A262, pp.560-561, 2000.9
6) 望月, 安藤, 縄田, 高田, 宮地:鋼・PC混合橋 (新川橋) の設計と施工, 橋梁と基礎, pp.2-8, 2000.11
7) 縄田, 高田, 宮地:鋼とコンクリートをつなぐ, 川田技報, Vol.20, pp.86-87, 2001
8) 望月, 安藤, 高田, 宮地:鋼・PC混合橋 (新川橋) の設計と施工, プレストレストコンクリート, Vol.43, No.1, pp.82-89, 2001.1

揖斐川・木曽川橋 (資料 No.8, 9)

1) 前田, 酒井, 小宮:PC・鋼複合エクストラドーズド橋 (木曽川橋) の主桁に関する検討, 土木学会年次学術講演会, I-A256, pp.512-513, 1996.9
2) 角合, 酒井:大偏心ケーブルPC橋 木曽川橋・揖斐川橋の計画 第二名神高速道路, プレストレストコンクリート, Vol.39, No.2, pp.100-105, 1997.3
3) 高速道路技術センター:平成9年度 第二名神高速道路 木曽三川橋の設計施工に関する技術検討, 1998.3
4) 小松, 中須・東名・名神橋梁・名神橋梁 木曽川橋, 揖斐川橋エクストラドーズド橋の設計・施工 複合エクストラドーズド橋の設計, プレストレストコンクリート, Vol.41, No.2, 1999.3
5) 前田, 小松, 明橋, 古賀:PC・鋼複合エクストラドーズド橋 木曽川橋における接合桁の設計, 土木学会年次学術講演会, I-A136, pp.270-271, 1999.9
6) 三浦, 谷中, 小西 他:複合構造における接合面処理, 土木学会年次学術講演会, I-A135, pp.272-273, 1999.9
7) 池田, 中須, 水口, 前田, 小松:第二名神高速道路 木曽川橋・揖斐川橋上部工の設計, 橋梁と基礎, Vol.33, No.11, pp19-28, 1999.11
8) 池田:世界初の橋梁形式の実現 複合エクストラドーズド橋-木曽川橋・揖斐川橋-, 土木学会誌, Vol.85, pp.73-76, 2000.1
9) 小松, 中須, 中道, 中止, 高宮, 小川:揖斐川橋・揖斐川橋複合桁構造部の設計と施工, プレストレストコンクリート, Vol.42, No.1, pp.37-45, 2000.1
10) 中須, 伊藤, 谷中, 前田:木曽川橋・揖斐川橋の上部工の施工, 橋梁と基礎, Vol.34, No.1, pp.7-11, 2000.1
11) 池田, 小松, 伊藤, 中須:PC構造物の景観設計事例 木曽川橋・揖斐川橋 PC構造物の景観設計, プレストレストコンクリート, Vol.42 No.2, pp.67-72, 2000.3

12) 角, 角谷, 酒井：花咲くエクストラドーズド橋 第二名神高速道路 木曽川橋・揖斐川橋の概要, 橋梁, Vol.32, No.4, pp.25-31, 2000.4

大洲高架橋（資料 No.10）

1) 坂東, 小川, 長髪, 神原：大洲高架橋（鋼・PRC混合桁）接合部の温度応力解析, 土木学会第57回年次学術講演会概要集, pp.769-770, 2002.9
2) 小川, 神原, 小沼, 高橋：大洲高架橋の設計・施工, 駒井技法, Vol.21, pp.39-47, 2002

日本・パラオ友好橋（資料 No.21）

1) 大島, 鈴木, 柏村, 織田：パラオ共和国・日本パラオ友好橋の施工（上）, 橋梁と基礎, Vol.35, No.12, pp.2-9, 2001.12
2) 大島, 鈴木, 柏村, 織田：パラオ共和国・日本パラオ友好橋の施工（下）, 橋梁と基礎, Vol.36, No.1, pp.19-25, 2002.1

宮野目橋（資料 No.11）

1) 新井, 菅原, 波田, 村田：鋼・コンクリート混合連続橋（宮野目橋）の設計・施工, プレストレスコンクリート技術協会 第11回PCシンポジウム論文集, pp.169-172, 2001.11
2) 菅原, 松川, 波田, 村田：鋼・コンクリート混合連続橋（宮野目橋）の実橋計測, 土木学会第57回年次学術講演会概要集, pp.755-756, 2002.9

なぎさ・ブリッジ（資料 No.12）

1) 佐藤, 野口, 鈴木, 中井：ハイブリッドPC斜張橋"なぎさ・ブリッジ"の設計・施工, プレストレスコンクリート, pp.22-27, 2003.5
2) 佐藤, 諸橋, 佐々木, 鈴木：なぎさ・ブリッジの施工と実橋載荷実験, 橋梁と基礎, pp.2-9, 2003.7
3) 鈴木, 佐々木, 佐藤：ハイブリッドPC斜張橋とその適用（なぎさ・ブリッジの設計・施工）, プレストレスコンクリート技術協会 第12回PCシンポジウム論文集, pp.669-672, 2003.10

勅使西高架橋（資料 No.13）

1) 山本, 横畑, 岡田, 今井：勅使西高架橋（鋼・PRC複合ラーメン橋）の施工, プレストレスコンクリート技術協会 第12回PCシンポジウム論文集, pp.509-512, 2003.
2) 小林, 望, 有水, 坂手：連続高架橋の設計と色彩計画―高松自動車道高松～高松間、鋼コンクリート混合連続箱桁橋の接合部の設計―, 橋梁と基礎, pp.20-26, 2000.6

塩坪橋（資料 No.14）

なし

美濃関ジャンクションEランプ橋・美濃関ジャンクションFランプ橋（資料 No.15, 16）

1) 市川, 山形, 本條, 水野, 岩田：鋼・コンクリート混合連続曲線箱桁橋の接合部の設計, 第5回複合構造の活用に関するシンポジウム論文集, pp.323-328, 2003.11

矢作川橋（資料 No.17）

1) 垂水, 忽那, 山野辺, 伊藤：矢作川橋の主塔におけるSC構造の採用と受梁部のせん断力に対する実験的検討
2) 垂水, 忽那, 山野辺, 平, 山本：鉄骨コンクリートティービームのせん断耐力に関する実験的研究

Ⅵ　資料編

3) 垂水, 忽那, 佐々木, 大島, 辻村：矢作川橋の主桁側斜材定着部における孔あき鋼板ジベルの耐力確認実験
4) 垂水, 忽那, 浦川, 今井：波形鋼板ウェブPC斜長橋（矢作川橋）における斜材定着部耐荷力試験報告
(以上, 土木学会第58回年次学術講演会 2003.9)
5) 平, 垂水, 忽那, 伊藤：矢作川橋の主塔へのSC構造の適用とせん断力に対する検討
6) 今井, 奥山, 垂水, 忽那：波形鋼板ウェブPC斜長橋（矢作川橋）の主桁斜材定着部に関する実験
7) 白谷, 垂水, 佐々木, 新井：第二東名矢作川橋の主桁側斜材定着部における孔あき鋼板ジベル構造と耐力確認実験
(以上, プレストレストコンクリート技術協会 第12回シンポジウム論文集 2003.10)

鎧川橋（資料No.18）

なし

北郷立体交差（資料No.19）

1) 田中, 皆川, 小泉, 上田：混合橋接合部の縮小模型供試体による実験的研究, 土木学会 第5回複合構造の活用に関するシンポジウム講演論文集, pp.329-334, 2003

4.2 実験一覧

4章 混合桁橋

表 4.2.1 主な実験一覧

分類	関連橋梁	検討項目	載荷方法	供試体	結果概要	参考文献
I 接合部性能	生口橋	力の伝達機構	静的, 動的	実物大セル	後面支圧板構造は, 接合部の応力集中が小さく, ずれ止めの効果も大きいことを確認。	生口橋の設計・施工「主としこて接合部について」, 第2回剛性構造の活用に関するシンポジウム講演論文集, 1989.9 他
	松山高架橋	ずれ止めの選定	静的	小型模型	各種ずれ止めの押し抜き試験から, 鋼殻セルの隔壁には角鋼ジベル, その他配力筋付きスタッドを採用。	
		接合要素の性能	静的	1/3模型	ずれ止めの接合方式の接合部が合成構造として挙動すること, および接合部の設計方法の妥当性を確認。	スタッドを用いた鋼桁ーRC桁結合部の力学特性について, 土木学会年次学術講演会講演概要集, 1995.9 他
	新川橋	鋼殻セルの拘束効果	静的	実物大	鋼殻セルの拘束効果により, 孔あき鋼板ジベルのずれ耐力が向上, 耐力が十分であることを確認。	鋼・PC混合橋（新川橋）の設計と施工, 橋梁と基礎, 2000.11 他
	吉田川橋 揖斐川橋 木曽川橋	床版接合部の疲労	輪荷重走行	実物大	輪荷重走行試験により, 鋼床版とコンクリート床版の接合部の疲労安全性を確認, 接合部のデッキプレート厚さ 26mm に決定。	PC・鋼複合エクストラドーズド橋における接合桁の設計, 土木学会年次学術講演会講演概要集, 1999.9 他
II 施工性	サンマリンブリッジ	コンクリートの充填性	ー	実物大	自己充填コンクリートの充填性が十分であることを確認。	サンマリンブリッジの設計と施工, 橋梁と基礎, 1996.10 他
	多々羅大橋	コンクリートの充填性	ー	実物大	NVコンクリートの充填性が良好であること, および適切な打設速度を確認。	多々羅大橋, 橋梁と基礎, 1998 他
		高所圧送	ー	実物大	鉛直配管 40m, 水平配管 60m にて, 圧送性, 筒先の性状ともに良好であることを確認。	
	新川橋 吉田川橋	コンクリートの充填性	ー	実物大	増粘剤系高流動コンクリートの自己充填性を確認。自己収縮の対処に膨張剤を採用。	鋼・PC混合橋（新川橋）の設計と施工, 橋梁と基礎, 2000.11 他
	大洲高架橋	コンクリートの温度	ー	実橋	接合部のマスコンクリートの水和熱の計測を実施し, 解析値の妥当性を確認。	大洲高架橋（鋼・PC混合桁）接合部の温度応力解析, 土木学会年次学術講演会講演概要集, 2002.9 他
	日本・ブラオ友好橋	コンクリートの充填性	ー	実物大	高流動コンクリートが材料分離せず, 十分に充填できることを確認。	パラオ共和国・日本パラオ友好橋の施工（上）, 橋梁と基礎, 2001.12 他
	勅使西高架橋	コンクリートの充填性	ー	実物大	粉体と増粘剤を併用した高流動コンクリートの充填性が十分で, 材料分離しないことを確認。	勅使西高架橋（鋼・PC複合ラーメン橋）PC複合桁の施工, 第12回PCシンポジウム論文集, 2003
III 実橋試験	宮野目橋	たわみ剛性	静的	実橋	実橋載荷試験により, 鋼げたとコンクリートげたが連続部材として変形することを確認。	鋼・コンクリート混合連続橋（宮野目橋）の実橋計測, 土木学会年次学術講演会講演概要集, 2002 他
	ながさき・ブリッジ	たわみ剛性	静的	実橋	鉛直変位の解析値の妥当性を確認。	ながさき・ブリッジの施工と実橋載荷実験, 橋梁と基礎, 2003.7 他

Ⅵ 資料編

4.3 接合部の検討例

Ⅴ編6章に従った混合げた橋の接合部におけるずれ止めの検討例を記す。

4.3.1 検討構造

a．接合部の構造

検討する接合構造は，図4.3.1に示す中詰めコンクリート後面支圧板方式とする。

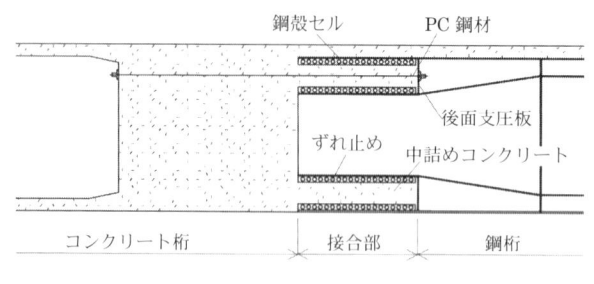

図4.3.1 接合構造

b．鋼殻セルの構造

鋼殻セルは，図4.3.2に示すとおり幅600mm，高さ600mm，長さ2 000mmとする。

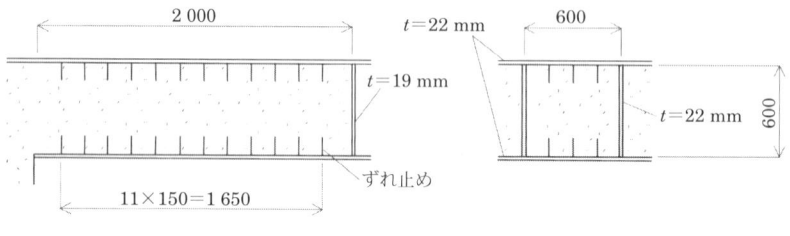

図4.3.2 鋼殻セル

このとき，ずれ止めの配置（ずれ止めの分布ばね定数：k）によって，鋼殻セルから中詰めコンクリートへの伝達軸力の分布は図4.3.3のようになる。

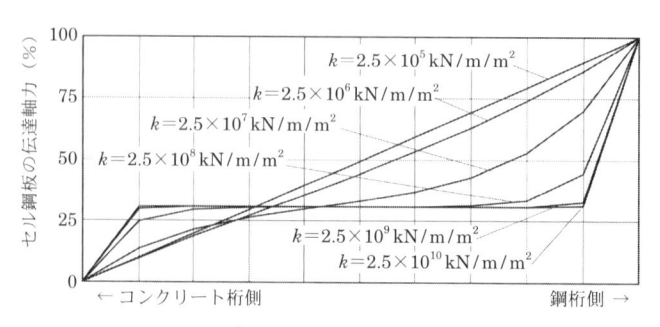

図4.3.3 ずれ止めの分布ばね定数と伝達軸力

4.3.2 ずれ止めの配置

図 4.3.3 より,鋼殻セルから中詰めコンクリートへスムーズに応力伝達がされるために,ずれ止めの分布ばね定数 k が $2.5\times10^7 \mathrm{kN/m/m^2}$ 以下であればよいとする。

a. 頭付きスタッドを使用する場合

頭付きスタッド(ばね定数:$K=2.5\times10^5 \mathrm{kN/m}$ とする)を使用する場合の最大配置数は,
$$N_{\max}=k/K=2.5\times10^7 \mathrm{kN/m/m^2}/2.5\times10^5 \mathrm{kN/m/本}=100 \text{ 本}/\mathrm{m^2}$$
であり,鋼殻セル 1 箇所(フランジ面積合計:$A_f=2.4\mathrm{m^2}$)に設置する頭付きスタッドは,
$$n\leq N_{\max}\times A_f=100\text{本}/\mathrm{m^2}\times2.4\mathrm{m^2}=240 \text{ 本}$$
とすればよい。

そこで,頭付きスタッド 72 本を図 4.3.4 のように配置して検討を行う。

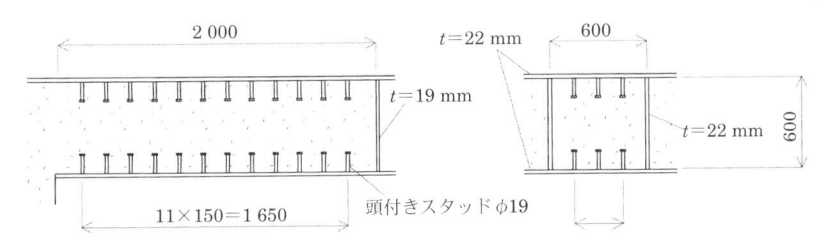

図 4.3.4 鋼殻セル(頭付きスタッドを使用する場合)

b. 孔あき鋼板ジベルを使用する場合

孔あき鋼板ジベル(ばね定数:$K=2.0\times10^6 \mathrm{kN/m}$ とする)を使用する場合の最大配置数は,
$$N_{\max}=k/K=2.5\times10^7 \mathrm{kN/m/m^2}/2.0\times10^6 \mathrm{kN/m/個}=12.5 \text{ 個}/\mathrm{m^2}$$
であり,鋼殻セル 1 箇所(フランジ面積合計:$A_f=2.4\mathrm{m^2}$)に設置する頭付きスタッドは,
$$n\leq N_{\max}\times A_f=12.5\text{個}/\mathrm{m^2}\times2.4\mathrm{m^2}=30 \text{ 個}$$
とすればよい。

そこで,孔あき鋼板ジベル 26 個を図 4.3.5 のように配置して検討を行う。

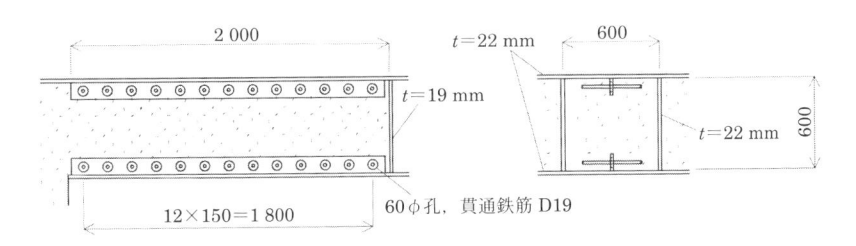

図 4.3.5 鋼殻セル(孔あき鋼板ジベルを使用する場合)

4.3.3 各限界状態における断面力

各限界状態における接合部総断面に作用する断面力から算出した,表 4.3.1 に示す鋼殻セル単位の断面力で検討を行う。

Ⅵ　資料編

表4.3.1　各限界状態における断面力（引張側および圧縮側の鋼殻セル単位）

	供用限界状態	終局限界状態	疲労限界状態
鋼殻セルに作用する軸力（kN）	1 200	1 600	500

4.3.4　ずれ止めの荷重分担率

鋼殻セルに着目して，接合要素の荷重分担率を算出する。

a．頭付きスタッドを使用する場合

　ⅰ）ずれ止めのばね剛性

$$K_p = k_p \times n = 2.5 \times 10^5 \text{kN/m/本} \times 72 \text{本} = 1.8 \times 10^7 \text{kN/m}$$

　鋼殻のばね剛性

$$K_s = E_s \times A_s/(L/2) = 2.0 \times 10^8 \text{kN/m}^2 \times 0.0396\text{m}^2/(2.0\text{m}/2) = 7.9 \times 10^6 \text{kN/m}$$

　中詰めコンクリートのばね剛性

$$K_c = E_c \times A_c/(L/2) = 3.1 \times 10^7 \text{kN/m}^2 \times 0.3468\text{m}^2/(2.0\text{m}/2) = 1.1 \times 10^7 \text{kN/m}$$

　後面支圧板のばね剛性

$$K_b = P/w = 1\text{kN}/(5.5 \times 10^{-6}\text{m}) = 1.8 \times 10^5 \text{kN/m}$$

　ⅱ）ずれ止めと鋼殻の合成ばね剛性

$$K_{ps} = K_p \times K_s/(K_p + K_s) = 5.5 \times 10^6 \text{kN/m}$$

　中詰めコンクリートと後面支圧板の合成ばね剛性

$$K_{cb} = K_c \times K_b/(K_c + K_b) = 1.8 \times 10^5 \text{kN/m} \text{（引張側）}$$
$$= K_c = 1.1 \times 10^7 \text{kN/m} \text{（圧縮側）}$$

　ⅲ）ずれ止めの荷重分担率

$$R = K_{ps}/(K_{ps} + K_{cb}) = 0.97 \text{（引張側）}$$
$$= K_{ps}/(K_{ps} + K_{cb}) = 0.33 \text{（圧縮側）}$$

b．孔あき鋼板ジベルを使用する場合

　ⅰ）ずれ止めのばね剛性

$$K_p = k_p \times n = 2.0 \times 10^6 \text{kN/m/個} \times 26 \text{個} = 5.2 \times 10^7 \text{kN/m}$$

　鋼殻のばね剛性

$$K_s = E_s \times A_s/(L/2) = 2.0 \times 10^8 \text{kN/m}^2 \times 0.0396\text{m}^2/(2.0\text{m}/2) = 7.9 \times 10^6 \text{kN/m}$$

　中詰めコンクリートのばね剛性

$$K_c = E_c \times A_c/(L/2) = 3.1 \times 10^7 \text{kN/m}^2 \times 0.3468\text{m}^2/(2.0\text{m}/2) = 1.1 \times 10^7 \text{kN/m}$$

　後面支圧板のばね剛性

$$K_b = P/w = 1\text{kN}/(5.5 \times 10^{-6}\text{m}) = 1.8 \times 10^5 \text{kN/m}$$

　ⅱ）ずれ止めと鋼殻の合成ばね剛性

$$K_{ps} = K_p \times K_s/(K_p + K_s) = 6.9 \times 10^6 \text{kN/m}$$

　中詰めコンクリートと後面支圧板の合成ばね剛性

$$K_{cb} = K_c \times K_b/(K_c + K_b) = 1.8 \times 10^5 \text{kN/m} \text{（引張側）}$$
$$= K_c = 1.1 \times 10^7 \text{kN/m} \text{（圧縮側）}$$

iii) ずれ止めの荷重分担率
$R = K_{ps}/(K_{ps}+K_{cb}) = 0.97$ (引張側)
$ = K_{ps}/(K_{ps}+K_{cb}) = 0.39$ (圧縮側)

4.3.5 各限界状態における応答値

断面力および荷重分担率より応答値を算出する。ここで，ずれ止めに作用するせん断力は引張側では均等分布として平均値を，圧縮側では三角形分布の最大値（平均値の2倍）を考えるものとする。

a. 頭付きスタッドを使用する場合
  i) 供用限界状態
   $S_{jo} = N \times R/n = 1\,200\text{kN} \times 0.97/72\text{本} = 16\text{kN/本}$ (引張側)
   $S_{jo} = N \times R/n = 1\,200\text{kN} \times 0.33/72\text{本} \times 2 = 11\text{kN/本}$ (圧縮側)
  ii) 終局限界状態
   $S_j = N \times R/n = 1\,600\text{kN} \times 0.97/72\text{本} = 22\text{kN/本}$ (引張側)
   $S_j = N \times R/n = 1\,600\text{kN} \times 0.33/72\text{本} \times 2 = 15\text{kN/本}$ (圧縮側)
  iii) 疲労限界状態
   $S_{jrd} = N \times R/n = 500\text{kN} \times 0.97/72\text{本} = 7\text{kN/本}$ (引張側)
   $S_{jrd} = N \times R/n = 500\text{kN} \times 0.33/72\text{本} \times 2 = 5\text{kN/本}$ (圧縮側)

b. 孔あき鋼板ジベルを使用する場合
  i) 供用限界状態
   $S_{jo} = N \times R/n = 1\,200\text{kN} \times 0.97/26\text{個} = 45\text{kN/個}$ (引張側)
   $S_{jo} = N \times R/n = 1\,200\text{kN} \times 0.39/26\text{本} \times 2 = 36\text{kN/本}$ (圧縮側)
  ii) 終局限界状態
   $S_j = N \times R/n = 1\,600\text{kN} \times 0.97/26\text{個} = 60\text{kN/個}$ (引張側)
   $S_j = N \times R/n = 1\,600\text{kN} \times 0.39/26\text{本} \times 2 = 48\text{kN/本}$ (圧縮側)
  iii) 疲労限界状態
   $S_{jrd} = N \times R/n = 500\text{kN} \times 0.97/26\text{個} = 19\text{kN/個}$ (引張側)
   $S_{jrd} = N \times R/n = 500\text{kN} \times 0.39/26\text{本} \times 2 = 15\text{kN/本}$ (圧縮側)

4.3.6 各限界状態における制限値

各限界状態における制限値は以下のとおりとする。

a. 頭付きスタッドを使用する場合
  i) 供用限界状態
   $R_{jo} = 35\text{kN/本}$
  ii) 終局限界状態
   $R_j = 69\text{kN/本}$
  iii) 疲労限界状態
   $R_{jrd} = 26\text{kN/本}$

b. 孔あき鋼板ジベルを使用する場合

　ⅰ) 供用限界状態

　　　$R_{jo} = 87\text{kN/個}$

　ⅱ) 終局限界状態

　　　$R_j = 261\text{kN/個}$

　ⅲ) 疲労限界状態

　　　$R_{jrd} = 87\text{kN/個}$

4.3.7 各限界状態の照査

各限界状態における照査を行う。

ここで，一般部において，

供用限界状態：一般部の余裕値の最小　　$F_{o\min} = 1.2$

終局限界状態：一般部の耐力比の最小　　$F_{d\min} = 1.3$

疲労限界状態：一般部の応力度比の最小　$F_{fd\min} = 1.1$

であるとする。

a. 頭付きスタッドを使用する場合

　ⅰ) 供用限界状態

　供用限界状態のずれ止めの余裕値

　　　$F_{jo} = R_{jo}/S_{ji} = 35\text{kN/本}/16\text{kN/本} = 1.8 > 1.2 = F_{o\min}$　（引張側）

　　　$F_{jo} = R_{jo}/S_{ji} = 35\text{kN/本}/11\text{kN/本} = 3.2 > 1.2 = F_{o\min}$　（圧縮側）

　ⅱ) 終局限界状態

　終局限界状態のずれ止めの耐力比

　　　$F_{jd} = R_j/\gamma_{bj}/(S_j \gamma_{aj}) = 69\text{kN/本}/1.15/(22\text{kN/本} \times 1.0) = 2.7 > 1.3 = F_{d\min}$　（引張側）

　　　$F_{jd} = R_j/\gamma_{bj}/(S_j \gamma_{aj}) = 69\text{kN/本}/1.15/(15\text{kN/本} \times 1.0) = 4.0 > 1.3 = F_{d\min}$　（圧縮側）

　ⅲ) 疲労限界状態

　疲労限界状態のずれ止めの応力度比

　　　$F_{jd} = F_{jrd}/\gamma_b/R_{jrd} = 26\text{kN/本}/1.0/(7\text{kN/本}) = 3.7 > 1.1 = F_{d\min}$　（引張側）

　　　$F_{jd} = F_{jrd}/\gamma_b/R_{jrd} = 26\text{kN/本}/1.0/(5\text{kN/本}) = 5.2 > 1.1 = F_{d\min}$　（圧縮側）

b. 孔あき鋼板ジベルを使用する場合

　ⅰ) 供用限界状態

　供用限界状態のずれ止めの余裕値

　　　$F_{jo} = R_{jo}/S_{ji} = 87\text{kN/個}/45\text{kN/個} = 1.9 > 1.2 = F_{o\min}$　（引張側）

　　　$F_{jo} = R_{jo}/S_{ji} = 87\text{kN/個}/36\text{kN/個} = 1.9 > 1.2 = F_{o\min}$　（圧縮側）

　ⅱ) 終局限界状態

　終局限界状態のずれ止めの耐力比

　　　$F_{jd} = R_j/\gamma_{bj}/(S_j \gamma_{aj}) = 261\text{kN/個}/1.15/(60\text{kN/個} \times 1.0) = 3.8 > 1.3 = F_{d\min}$　（引張側）

　　　$F_{jd} = R_j/\gamma_{bj}/(S_j \gamma_{aj}) = 261\text{kN/個}/1.15/(48\text{kN/個} \times 1.0) = 4.7 > 1.3 = F_{d\min}$　（圧縮側）

iii) 疲労限界状態

疲労限界状態のずれ止めの応力度比

$F_{jd}=F_{jrd}/\gamma_b/R_{jrd}=87\mathrm{kN}/個/1.0/(19\mathrm{kN}/個)=4.6>1.1=F_{d\min}$ （引張側）

$F_{jd}=F_{jrd}/\gamma_b/R_{jrd}=87\mathrm{kN}/個/1.0/(15\mathrm{kN}/個)=5.8>1.1=F_{d\min}$ （圧縮側）

PC技術規準シリーズ
複合橋設計施工規準

定価はカバーに表示してあります

2005年11月30日　1版1刷発行

ISBN 4-7655-1694-6 C3051

編　者	社団法人プレストレストコンクリート技術協会
発行者	長　　滋　彦
発行所	技報堂出版株式会社

〒102-0075　東京都千代田区三番町8-7
（第25興和ビル）

電　話　営　業　(03)(5215)3165
　　　　編　集　(03)(5215)3161
FAX　　　　　　(03)(5215)3233
振　替　口　座　00140-4-10
http://www.gihodoshuppan.co.jp/

日本書籍出版協会会員
自然科学書協会会員
工学書協会会員
土木・建築書協会会員

Printed in Japan

© Japan Prestressed Concrete Engineering Association, 2005

装幀・印刷・製本　技報堂

落丁・乱丁はお取替えいたします。
本書の無断複写は，著作権法上での例外を除き，禁じられています。

社団法人プレストレストコンクリート技術協会編

■**PC技術規準シリーズ**■

【好評発売中】

外ケーブル構造・プレキャストセグメント工法設計施工規準

ISBN 4-7655-2486-8

B5判・250頁

複合橋設計施工規準

ISBN 4-7655-1694-6

B5判・420頁

貯水用円筒形PCタンク設計施工規準

ISBN 4-7655-1695-4

B5判・140頁

【以下続刊】

PPC構造設計施工規準

PC構造物耐震設計規準

PC斜張橋・エクストラドース橋設計施工規準

PC吊床版橋設計施工規準

■技報堂出版 | TEL 営業 03(5215)3165 編集 03(5215)3161
FAX 03(5215)3233